문화공간의 생산과 소비

Cultural Spaces, Production and Consumption by Graeme Evans All Rights Reserved.
Authorised translation from the English language edition published by Routledge,
a member of the Taylor & Francis Group
Korean translation copyright ⓒ 2025 by Purengil Co. Ltd.

이 책의 한국어판 저작권은 Taylor & Francis Group LLC와의 독점 계약으로 (주)푸른길에 있습니다.
저작권법에 의해 한국 내에서 보호를 받는 저작물이므로 무단 전재와 무단 복제를 금합니다.

문화공간의 생산과 소비

초판 1쇄 발행 2025년 6월 23일

지은이 그레임 에번스
옮긴이 남기범
편집 김란, 고소영
디자인 조정이
펴낸이 김선기
펴낸곳 (주)푸른길
출판등록 1996년 4월 12일 제16-1292호
주소 (08377) 서울시 구로구 디지털로 33길 48 대륭포스트타워 7차 1008호
전화 02-523-2907, 6942-9570-2
팩스 02-523-2951
이메일 purungilbook@naver.com
홈페이지 www.purungil.com

ISBN 979-11-7267-050-4 93980

Cultural Spaces, Production and Consumption

문화공간의
생산과 소비

그레임 에번스 지음

남기범 옮김

감사의 글

이 책에서 사용한 대부분의 자료와 아이디어는 도시연구소, 마스트리흐트 대학교, 런던예술대학교에서 수많은 연구 프로젝트를 함께한 동료들과의 협력 작업에서 나왔다. 지역연구 메가이벤트연구 네트워크, 인문사회과학연구재단의 스마트도시 네트워크 등의 국제 워크숍과 미국지리학회, 세계사회학회의 국제 컨퍼런스에서 귀중한 통찰력을 얻었다.

이 책은 그동안 협력했던 파트너들이 없었다면 불가능했을 것이다. 너무 많아 다 말할 수는 없지만, 문화미디어스포츠부, 잉글랜드 예술위원회, 유럽평의회, OECD, 유네스코, 영국문화원 등의 아트센터, 박물관, 런던 건축축제, 문화 기관과 예술인문학연구위원회AHRC, 잉글랜드 사적위원회 등의 연구 지원, 런던시, 토론토시, 퀘벡주, 림뷔르흐주, 영국 미들랜드주의 지자체에 감사드린다.

특별히 나의 동료 오즐렘 타시에디젤 박사, 예술가 로렌 리슨, 사이먼 리드, 레베카 페이너, 예술연구자 필리다 쇼, 해크니윅 문화관심단체, 시티 프린지 파트너십, 스리마일스 헤리티지 트러스트, 디지털 쇼디치, 크라우치엔드 보존 트러스트에 감사를 전한다.

차례

감사의 글 · *4*

그림 차례 · *6*
표 차례 · *7*
1. 서론 · *9*
2. 예술공간 · *28*
3. 이벤트와 축제 · *80*
4. 문화유산 · *121*
5. 창조·문화 지구 · *159*
6. 디지털 문화공간 · *198*
7. 패션공간 · *227*
8. 그라피티와 거리예술 · *263*
9. 사회적 참여 실천과 문화 매핑 · *291*

참고문헌 · *338*
찾아보기 · *375*

그림 차례

2-1 마스트리흐트의 스핑크스와 헹크의 시-마인 • 45
2-2 마르세유의 라프리시와 유럽지중해문명박물관 • 48
2-3 태즈메이니아의 모나 예술박물관(MONA) • 53
2-4 게이츠헤드 자치구 도서관의 입지, 거버넌스, 회원의 마지막 이용 도서관 • 59
2-5 디자인 품질 지표(DQI) 파일럿 조사: 개인별 영향 • 70
2-6 로테르담의 스하우뷔르흐플레인 • 78
3-1 베네치아 자르디니의 헝가리 파빌리온 • 85
3-2 2010년 상하이 엑스포의 네덜란드 파빌리온과 2015년 밀라노 엑스포의 이탈리아 파빌리온 • 88
3-3 런던 클러컨웰의 런던 건축 비엔날레 • 106
3-4 2022년 코번트리, 영국 문화도시 • 118
4-1 장소-경제-문화 • 150
4-2 트래펄가 광장 제4의 좌대에 놓인 「디엔드」 • 154
4-3 서턴하우스 GIS 참여자 논평 • 156
5-1 대도시와 소도시의 창조도시 정책의 논거 • 162
5-2 빌바오 내부 도시의 예술 지향 클러스터, 2006 • 166
5-3 클러컨웰의 토지이용: 1층, 2층, 3층 • 173
5-4 암스테르담 노르트: 톨후이스틴 파빌리온, 아이 빌딩, 옛 로열더치셸 타워 • 178
5-5 토론토 디스틸러리 지구 • 183
5-6 토론토 리버티빌리지 • 185
6-1 인쇄·출판업과 ICT 기업 분포, 런던 시티 프린지 • 211
6-2 아웃터넷, 런던 토트넘코트로드 • 223
7-1 패션의 위계와 패션공간 • 233
7-2 패션섬유박물관, 런던 • 240
7-3 파리 LVMH 박물관과 밀라노 프라다 박물관 • 241
7-4 뉴욕시 패션 디자인 생산 시스템 • 244
7-5 시티 프린지의 디자이너 패션과 패션 기업의 집중 • 246
7-6 런던패션대학, 옥스퍼드스트리트와 스트랫퍼드, 이스트뱅크 • 247
7-7 존스메들리 공장, 더비셔 • 253
7-8 부렐 방직 공장, 포르투갈 만테이가 • 254
7-9 자선 의류 수거함, 커뮤니티 수영장 주차장, 북런던 • 257
7-10 종이 봉투로 만든 구니코 마에다 패션 • 261

8-1 빅펀(Big Pun)의 '메모리얼(Memorial)', 뉴욕 브롱크스 • 266
8-2 스톡홀름 '지하철의 예술', 암스테르담 버스 정류장의 그라피티 • 271
8-3 거리예술, 리스본 • 277
8-4 전기박물관과 저장탱크의 그라피티(빌스(Vhils)의 전시회, '절개(dissection)'), 리스본 • 278
8-5 옛 로열더치셸 본사에 있는 그라피티 예술, 암스테르담 노르트 • 279
8-6 그라피티를 주제로 한 운하 프로젝트, 해크니웍 • 283
8-7 그라피티 예술, 해크니웍 • 284
8-8 쇼디치 그라피티: 스틱, 뱅크시, 디스크리트 • 285
8-9 벌 그라피티, 쇼디치 • 286
9-1 노스노샌츠의 커뮤니티 문화시설과 성장 지역 • 301
9-2 울위치의 문화시설과 유산 자산 • 303
9-3 다목적 시각공연예술센터 영향권 • 304
9-4 혼지 타운홀, '비매품' • 313
9-5 혼지 타운홀 전시회 피드백 벽 • 314
9-6 덴시티 축제, 피시아일랜드 • 317
9-7 문화생태계 서비스의 개념적 틀 • 320
9-8 밀하우스, 수력 터빈과 학생들, 스리밀스 • 323
9-9 '침몰하는 미래', 스리밀스 전시회 • 326

표 차례

2-1 관객이 아트센터를 좋아하는 요소 • 38
2-2 아트센터의 참석 빈도 • 39
2-3 관람 예술의 형식 • 40
2-4 아마추어와 자발적 예술 참가 • 57
2-5 디자인 품질 지표 설문 요약 • 69
4-1 올드퀘벡 주민 설문조사 • 138
4-2 장소, 유산, 장소 형성의 관계 • 151
5-1 도시 설계 유형과 지구 • 169
5-2 복합용도 개발의 장점 • 190

제1장

서론

> 예술은 사회적 산물이다. … 역사적·맥락적·생성적으로 보아야 한다.
>
> (『예술의 사회적 생산』, Wolff 1981, 1)

20여 년 전의 저서 『문화 계획: 도시의 르네상스?Cultural Planning: An Urban Renaissance?』(2001)에서 저자는, 문화의 역할과 문화공간은 고대, 중세, 산업혁명 초기, 후기자본주의 사회에서도 도시와 지역의 발전에 중요하다고 강조했다. 이미 50여 년 전에 시작된 도시재생과 그 후의 장소만들기의 노력에 힘입어 문화는 다양한 예술적·형성적·정치경제적·공간적·상징적 형태로 어메니티*와 일상의 우수한 커뮤니티 자원으로 사용되었고, 때로는 과잉 사용되

---

* 역주: 사전적 의미로는 '어떠한 지역의 장소, 환경, 기후 등이 주는 쾌적성'이지만, 정책·계획 용어로서는 "총체적인 쾌적한 상태로 '있어야 할 것이 있어야 할 곳에 있는 것'"(Holford, W., 1964, *The Build Environment: Its Creation, Motivations, and Control*, London, University College, London)이다. 나아가 지역의 정체성을 반영하는 요소들로서 사회 구성원에게 휴양적·심미적 가치를 제공하는 것이고, 환경을 구성하는 문화, 시설 등이 서로 공생과 조화가 취해짐으로

기도 했다. 나아가 상상력의 생산과 소비, 전 세계적인 문화·창조 산업의 성장을 지속적으로 촉진하고 있다(Wu 2005; Evans 2009c). 물론 많은 장소 기반의 문화가 유용하고 혼합경제 체제에서 공공이 문화 진흥을 위해 관중, 이용자, 소비자, 방문자, 현대의 **산책자**flaneurs 등 수많은 참가자에게 의존한다. 사실상 매캐널이 밝혔듯이(MacCanell 1996), 관광은 세계화의 문화적 요소이며, 오늘날은 디지털 미디어의 등장으로 인해 문화의 독보적인 역할은 약화되었으나, **현장**에서의 문화 소비는 여전히 문화 생산의 장소로 사람들이 이동하여 문화를 누리는 활동에 의존한다. 문화는 큐레이션되고 무대화되거나(영화 스튜디오 관광, 박물관 등), 성지순례, 지역 축제, 국가 및 국제적 이벤트와 같이 스펙터클하거나 신성시되거나와 상관없이 확산되고 일상생활에서 경험된다(도서관, 지역 축제, 방송, 영화 등)(Bauman 1996). 디지털 플랫폼 또한 갈수록 많이 사용되는데, 이 책에서 증명하듯이 '라이브' 장소와 공연을 집합적 경험의 지역 장소로 이동시킬 뿐 아니라, '실제' 문화적 경험을 가상의 경험으로 치환시킨다. 컴퓨터 게임, 몰입형 예술과 공연이 아카이브 소장품으로 치환되듯이.

앙리 르페브르의 『공간의 생산Production of Space』(Lefebvre 1974)이라는 저작은 50년 전에 도시의 환경, 권력, 공간—지역의 어메니티, 공공공간, 사적 공간—의 관계와 이러한 환경을 창출하고 때로는 이 환경에 부가되는 사회적 맥락, 정부 체제, 규범, 나아가 이러한 환경이 소비되는 것이 아니라 어떻게 경험되는가에 대해 논리를 제공했다. 르페브르가 지적했듯이, 당신은 조각품과 같은 예술 작품을 **사용**하는 것이 아니라 **경험**한다. 이는 오늘날 더욱 명백하다. 소위 체험경제experience economy(Pine and Gilmore 1998)의 논의에 의

써 이들과 인간 사이에 진정한 조화가 유지되는 감각, 효과를 의미하는 것으로 확장된다.

하면—마치 경험처럼 소비의 오락성과 심미적 행위는 이전에는 부재했으나(Paterson 2006)—기업이 상품에서 브랜드 가치로 전환하고, 이 전환은 소비재 상품에 국한되지 않고 장소 자체가 창조적인 장소 **브랜딩**의 개념과 실천으로 확대되어(Kavaratzis, Warnaby and Ashworth 2014; Evans 2014a), 장소**만들기**place-making(Markusen and Gadwa 2010)와 장소 **형성**place-shaping(Evans 2016)으로 진화했다. 이 책에서는 이러한 문화공간의 장소-가치화 과정에 대해 예측 가능한 장소뿐만 아니라 예상 밖의 장소에 대해서도 논의할 것이다. 도시 경제공간의 최근 패러다임은 인문지리학자 앨런 스콧Alan Scott이 지적한 대로, **인지문화자본주의**cognitive cultural capitalism*(Scott 2014)이다. 스콧은 탈산업화 시대의 도구적 성장 모델을 창조계급이 거주하는 창조도시의 개념(Landry 2000; Florida 2002)으로 대치한다. 창조도시는 유목민 같은 '창조적'이고 문화적인 관광객(Richards and Wilson 2006)들로 특성이 형성된다. "창조도시의 창조적 영역의 핵심 요소는 기술집약적, 서비스·문화 생산자들의 클러스터로 구성된다"(Scott 2014, 570). 하지만 문화공간의 사회적·창조적 양식은 현대 도시의 이러한 경제적 거대서사metanarrative의 특징보다는 세부적인 어메니티의 가치를 통해 구현된다.

    예술-문화-창조적 생산의 '사슬'과, 문화예술 시설, 창조산업 클러스터에서 발견되는 긍정적인 공간에서 발생하는 문화 콘텐츠의 흐름은 다시 수많은 문화 생산과 소비를 창출한다(Noonan 2013). 지난 50년 동안 지어진 수많은 **스타 건축가**starchitectural의 공공건물들이 문화적으로—공연예술에서 주민센터, 박물관, 갤러리, 도서관, 대형 조각품, 시설, 광장 등에 이르기까지(Sud-

---

* 역주: 정보와 지식이 새로운 부의 창출에 중요한 역할을 하는 자본주의 사회. 지식은 새로운 공유물이 될 수도 있고, 여러 사람이 함께 만드는 협업의 생산물이 될 수 있으며, 시장경제의 바깥에 존재하는 공유와 나눔의 공공재가 될 수도 있다.

jic 2005; Ponzi and Nastasi 2016; Foster 2013)—기여했다는 점은 우연이 아니다. 이는 디지털 경제와 네트워크 사회의 시대에 모순적인 것처럼 보인다. 하지만 집합적이면서 장소 기반적인 문화 교류의 수요는 감소하지 않았다. 오히려 이러한 현상은 사회적 분화의 필연적인 결과임이 밝혀졌다. 디지털 경제는 문화 생산을 주도하는 콘텐츠산업에 의존하고 있다. 생활문화는 발전, 지식 및 기술 획득을 위한 공간, 전통적이고 새로운 문화적 실천을 위한 공간, 접근 가능하고 배타적이지 않은 장소를 필요로 한다. 장소를 기반으로 하지 않은 문화는 파편적이며, 궁극적으로는 무익하다. 따라서 문화의 사회적 생산의 조건에는 사회의 문화적 건강성이 필수적이다.

르페브르 공간 생산의 삼항 논법—**공간적 실천, 공간의 재현, 재현공간**spatial practice, representations of space, representational space(Lefebvre 1991)—에서는 문화공간을 어느 정도 고려한 개념적 틀을 제시한다. 하지만 이 책에서 주장하듯이, 문화를 이용자와 참가자의 관점과, 생산과 소비의 관계에서 바라보는 시각이 필요하다. 르페브르 개념의 기반은 공간 창조, 생산, 이용의 모호성과 유동성, 그리고 이러한 인식, 개념, 체험의 양식을 수용하는 것이다. 일상적 실천으로서의 문화, 특별하고 고양된 활동으로서의 문화는 상징적·사회적 지식, 기존의 경험과 문화자본의 영향을 강하게 받는다. 공식적 문화공간의 생산 또한 계획('기술관료적 칸막이'), 기능적·정서적 디자인 규범 등을 통해 강하게 인식되고 기호화된다. 예술가의 작품을 포함한 문화 콘텐츠와 기획도 예술 정책, 교육, 취향, 패션 등을 통해 선입견을 품게 되며(Wolff 1981), 문화의 사회적 생산, 확산, 복제에 직접 영향을 준다. 주류문화도 하위문화, 아방가르드, 급진적 예술, 저항, 그리고 그동안 주류의 헤게모니 밖에 있었던 전통 예술에 의해 전복되며, 문화의 핵심인 실험적인 본질에 의해 재생된다. 문화 참여의 양태도 그 강도와 참여 정도, 능동적 혹은 수동적 참여 등 다양하지만, 참여 관객을 극장이나 영화관 등 문화공간의 단순한 **이용자**나 관찰자로 보거나, 박물관 방문객으로 여기는 것은 잘못이다. 그들은 적극적 참여자이다(Bourdieu and Darbel 1991). 체험은 우리가 살고 있는 사회적 환경의 영향을 받는다. "공간은 사람들보다도 먼저, 공간이 존재하는 사회적 현실이 녹아든 시각적 요체가 가득한 상징과 자극을 담고 현전한다"(Brown 2020, 3). 당신은 골프장에 가지 않으면, 골프를 치거나 배울 수가 없다. 일부 문화는 자기생성적이거나 내발적이지만, 집합적 문화는 일정한 품질과 규모의 공간과 시설이 있어야 한다. 공간에서 기술과 협력이 성장하고, 문화적 창작물과 전문적인 공연이 상연되며, 교류와 경험에 의해 성숙될 수 있다. 나아가 문화적 경험에 대한 접근성이 역사적으로 다양하고, 사회 및 정치 제도에 따라 본질적으로 불균등한 것도 현실이다. 문화적 권리의 개념은 1968년 파리에서 발간된 르페브르의 『도시에 대한 권리Rights to the City』(그는 문화적 권리도 포함시켰다) 이후 다양한 헌장과 조약에 문화적 권리가 명시되었다(Lefebvre 1968, 1970).

문화적 권리

사회적 생산의 개념을 적용하면, 즉 도시에 대한 권리 개념(Lefebvre 1996)에 문화 어메니티와 그에 대한 접근성, 문화공간의 계획을 병합하고 혼합하면, 이 책의 기초 개념이 된다. 사회적·경제적 관심에 비하면 문화는 아마도 부수적이고 크게 중요하지 않을 수 있다. 문화적 권리(문화권, CEC 1992; Fisher 1993)와 유럽도시헌장(Council of Europe 1992)[1]은 인권과 지속가능한 발전 원칙의 중요한 요소로 부상했으며, 사회·경제·환경과 함께 지속가능성의 **4번째 축**으로 간주된다(UCLG 2004; UNESCO 2009; Hawkes 2001; Evans 2013). 문화적 활동과 전통 또한 전체주의적 통치, 전쟁, 갈등의 첫 번째 희생양이며,

공간의 세계화, 상품화, 사유화의 영향에 취약할 수밖에 없다. 나아가 기존 권력 구조로 인해 소위 소수자와 커뮤니티 문화는 자원 이용과 다양성을 제약받는다. 예를 들어, 문화시설과 문화 프로그램을 위한 금융 지원과 공간적 분포는 명백히 불균등하며(Evans 2016), 이에 대한 대항으로 예술 및 문화 단체가 저항하며 문화적·사회적 정의를 추구하기 위해 활동한다(Lacy 1995).

사회적 변화와 인구학적 변화로 인해 공공 문화와 문화공간에 대한 수요가 증가하고 있다. 가족구성원 수가 줄어들고, 1인 가구와 고령인구가 증가하여, 집 밖의 사회적 기회에 쉽게 접근할 수 있도록 요구하는 수요가 증가한다. 작업장도 변화했다.

기술 발전과 효율성을 이유로 사회적·창조적 콘텐츠 관련 직업이 줄어들고 있다. 사람들은 이전에 비해 더 많은 여유 시간을 가지면서, 커뮤니티 센터에서 도시의 광장까지, 전통적인 곳(가정)과 직장 이외의 시설—주거 지역, 도시, 공공공간—을 통해 많은 사회적·창조적인 수요를 충족시키고 싶어 한다(Gehl 2001, 52).

전 지구적 이동과 전치displacement*도 후기산업사회의 관광뿐만 아니라, 디아스포라, 소수민족 커뮤니티와 클러스터 등을 통해 문화 발전과 문화공간의 형성과 경험에 영향을 준다. 박물관이나 새로운 공공영역을 통해 다문화 공간과 문화 간 공간을 형성한다(Bagwell et al. 2012). 반대로 국가의 문화 수출은 **하드브랜딩**hard branding/**소프트파워**soft power(Evans 2003a)의 사례가 된다. 이러한 수출은 문화와 교육 기구들이 문화외교 프로그램(영국의 영국문화

---

* 역주: 젠트리피케이션에 의한 경제적·사회적 약자의 기존 공간에서의 이전 현상.

원British Council, 독일의 DAAD, 프랑스의 알리앙스 프랑세Alliance Français 등)을 통해 실시하며, 문화 소비와 대학 교육의 신시장 지역에 기업이 대규모 투자를 통해 지사를 설립하거나 프랜차이즈 개설을 통해서도 이루어진다. 이 사례로는 아부다비, 카타르, 아랍에미리트 등 중동 지역(구겐하임, 루브르, 스미스소니언 박물관의 분관)과 '역외offshore' 캠퍼스[2](UCL, NYU)가 있다. 이러한 유형의 문화공간 생산은 바람직하지도 않을 뿐만 아니라, 의도와는 달리 사회적 영향도 적다. 하지만 이러한 문화공간은 '문화' 권력과 부를 자랑하고 휘두르려는 진흥론자들의 열망을 보여 준다. 유기적이고 사회참여적인 문화 유형과 문화 교류의 장소와는 대비되는 공간이다.

이 책에 사용된 사례와 자료들은 저자가 직접 세심하게 고찰했고, 저자 자신이 수행한 장기간의 경험 연구에서 집약적으로 선택한 것이다. 저자는 운 좋게도 영국과 네덜란드의 선도적인 연구 센터와 기관에서 사회과학, 인문학, 예술 및 디자인 실무 분야에서 개인이나 연구 그룹의 팀원으로 연구할 기회가 많았으며, 문화, 건축, 계획, 환경 등 영역의 의사결정자뿐만 아니라 현업 예술가와 함께 작업했다. 이러한 점은 관찰 대상과의 피상적이고 먼 관계에 의존하여 도시 문화에 대해 작업하거나, 기업, 거래, 빌딩, 공간에 대한 기술적인 분석만 하거나, 문화공간을 일상적이고 특별한 방식으로 생산하고 경험하는 이해관계자들과의 피상적인 관계를 유지하여 완성된 저작이나 보고서와는 대비된다. 이와 같은 저자들은 일반적으로 예술 및 문화 활동 연구를 사회학적 계층화를 통해 연역적으로 재현하고(혹은 재현하지도 못하고), 2차 자료와 관객/이용자 설문조사, 통계자료에 의존한다(Evans 2016b). 따라서 이들 연구는 일반적으로 공식적인 문화와 문화공간의 사용에 한정된다. 특히 사회경제적으로 일반적 장소와는 다른, 선택적인 고급 예술이나 세부 분야의 예술, 갤러리, 박물관과 문화유산 장소들의 이용 빈도와 강도(문화 장소의 이용 시간) 등만 과장되고 증폭되어 제시된다. 이러한 서사는 1960년대 중반 유럽 대륙의 박물관에 대한 부르디외Bourdieu의 초기 작업 이후로, 영원히 지속될 것 같은 현내 정부 지원의 문화 활동 조사(Evans 2016b)에 이르기까지도 변하지 않고 (비판받지도 않고) 있다. 하지만 그동안 집과 직장 밖에서 보내는 시간과 이동에 걸리는 시간은 두 배가 되었다(nVision 2006). 겔이 지적했듯이, "이제 문화적 가정은 끊임없이 변화하는 취향, 활동, 향유의 네트워크를 의미한다. 이 네트워크는 인종, 계급, 나이, 젠더의 일반적인 사회적 범주와 쉽게 연관되지 않는다"(Gehl 2001, 52). 마찬가지로 창조산업에 대한 학술적·공식적 서사는 전형적으로 미확인 기업의 집합으로 표현되며, 현대 산업 분류 체계로 분야를 나누어 분석한다. 현대의 문화적·창조적 생산 과정은 전혀 고려되지 않으며(사실상 문화예술의 생산 전체를 누락시켜 버린다, Metro-Dynamics 2010), 소비와 체험의 과정도 누락시킨다(O'Connor 2007, 2010; Higgs, Cunningham and Bakhshi 2008). 스콧이 우리에게 경고한 대로, "'창조성'은 엄청나게 세심한 주의가 요구되는 개념이다"(Scott 2014, 566).

따라서 질적인 연구 접근 방법을 통해 민족지학적, 참여관찰적, 참여예술적 현장 연구가 요구되며, 연속성을 관찰하기 위한 종단면적 틀과 문화공간과 커뮤니티가 연계되는 장소 기반적 연구가 필요하다. 이 책의 기반이 되는 연구 작업은 런던과 캐나다 온타리오의 국제기구(**창조공간 연구**), 유네스코 창의도시 네트워크 및 국제기념물유적협의회ICOMOS 세계유산 구상(**다양성과 발전-영국, 멕시코, 한국 연구**), 영국문화원(동중국, 퀘벡 연구), 유럽평의회(**문화 루트, 문화 간 공간** 연구), 지역연구학회(**메가 이벤트 연구 네트워크** 연구), CABE(건축과 건조환경위원회-**디자인 품질** 연구), 예술인문학연구위원회AHRC(**커뮤니티 연결** 프로그램 연구) 등과 협력적 프로젝트를 통해 이루어졌다. 국제협력 연구들은 장소 기반 문화 매핑을 통한 참여형 연구개발과 문화공간 발전에 커뮤니티, 문화 클러스터, 예술과 디자인에 영감을 받은 지역의 전문가와 협력을 통해 이루어졌다. 특히 저자의 이전 경력이 아트센터 소장, 음악가·예술 네트워크 감독이어서 근린 단위 예술 제공과 프로그램의 가치에 대한 깊은 이해와 지속적인 통찰을 할 수 있었으며, 커뮤니티 생활과 어메니티에서 문화공간의 중요성과 긍정적인 상호관계에 대해 전 세계적인 조망을 할 수 있었다.

문화공간

왜 문화공간이며, 무슨 문화공간인가? 지난 저서에서 밝혔듯이(Evans 2001), 문화를 위한 공간은 일반적으로 오랜 세월에 걸쳐 도시와 사회적 삶의 지속적인 특징이었으며, 특정 도시와 사회의 핵심적인 특성을 입혀 주고 드러내 준다(Hall 1998). 이러한 공간, 시설, 전통은 유형이든 무형이든 간에 오늘날 문화활동의 중요한 물리적·상징적 유산이 된다. 하지만 스콧이 지적하듯이, "한편으로 산업 및 상업 도시와 다른 한편으로 예술 및 문화 도시 간의 차이는 흔하게 나타났다"(Scott 2014, 569). 오늘날 정교하게 의도한 기획과는 상관없이 창조도시와 문화유산 지정 및 경쟁에 의한 도시들만이 부각된다. 문화공간은 문화 조직과 형태가 세계화되어 제도화되거나 유행이 되어도 보편적이거나 특성이 같지 않으며, 동일한 문화공간을 구상해도 이용자와 주민은 이러한 공간을 여전히 다르게 인식하고 경험한다(Lefebvre 1991). 따라서 이 분야에서 정책 수렴과 전환이 분명하고(Peck 2005), 지역에 맞춘 정책 형성과 지원 정책의 형태와 주제가 유사하게 만들어지지만(**문화와 재생, 도시 브랜딩, 창조도시**), 역사적·사회적·문화적 정체성에 따른 지역의 특성과 차이, 거버넌스와 지리적 스케일에 따른 지역의 특성과 변이도 같은 비중으로 중요하게 다루어져야 한다. 그래야만 다름의 중요성을 이해하는 비용을 감수하고라도 보편성의 연역적 함정reductive trap of universality에 빠지는 오류를 피할 수 있다(Evans 2009c, 1006).

포스트모너니즘과 연관된 소위 문화적 전환에서는 예술과 문화의 역할과 가시성을 강조한다. 사회적 변화뿐만 아니라 고급 예술에만 한정되지 않는 의미, 인식, 상징으로의 개념적 전환도 중요하다. 따라서 스콧은 다음과 같이 주장했다.

> 오늘날에는 도시에 대한 복합주의적 관점이 강해지고 도시 간 차이가 사라지고 있다. 포스트포디즘 도시라는 명제 아래 등장한 **창조도시**가 그 사례이다. 창조도시는 생산, 작업, 여가, 예술, 물리적 환경이 상호 조화 속에 혼합된다(Scott 2014).

일찍이 제임슨은 이러한 문화 영역의 확대를 보면서 문화를 다음과 같이 규정했다.

> 문화적인 것은 더 이상 이전의 전통적이거나 실험적인 형태에 국한되지 않고 쇼핑, 전문적 활동, … 시장을 위한 생산, 시장 상품의 소비 등 일상생활 전반에 걸쳐 소비되는 방식으로 시장경제와 밀접하게 연관되어 있다. … 사회공간은 이제 문화 이미지로 가득 차 있다(Jameson 1998, 111; Paterson 2006).

크레이크는 다음과 같이 지적했다.

> 소비가 발생하는 공간과 장소는 상품과 서비스가 소비되는 것과 똑같이

중요하다. … 소비는 그 목적으로 건축된 공간에서 이루어지고 조절된다. 이곳은 소비 관련 서비스, 시각적 소비, 문화 상품 제공으로 구성되어 있다(Craik 1997, 125).

도시적 스케일에서 보면, 지멜이 주장하기를 소비는 또한 공동체적인 것과 개인적인 것과의 교량 역할을 담당하며(Simmel 1950), 패션의 사례에서 보듯이 자아와 사회 관계의 중개 역할을 한다. 생산과 소비의 중개 관계는 마르크스의 초기 저작에서도 보인다. 그는, 생산에는 인간의 에너지, 자원, 원자재 등이 사용되므로 생산은 소비이기도 하며, 소비는 예술과 심미적 생산의 경우 우리의 상상력과 감수성의 성장을 누리는 수단을 제공하므로 생산이기도 하다고 주장했다(Chanan 1980, 122). 이로써 심미적 취향이 발전한다. 즉 "예술의 목적은 다른 상품과 마찬가지로 대중의 예술에 대한 감수성을 증진하고 아름다움을 누리게 하는 것이다. 따라서 생산은 주체를 위한 객체를 창출할 뿐만 아니라, 객체를 위한 주체를 생성한다"(Marx 1973, 88). 하지만 생산과 소비는 통합될 수 없다(Wolff 1981). 양자는 보완적이며, 문화공간은 공급과 수요, 구조와 행위 주체자의 관계에 의존한다. 부르디외가 주장하듯이, "경제 세계가 뒤집힌 곳"에서는 문화 생산의 영역에서 특정 시간과 장소에 따른 특정한 조건(권력, 위계/권위)을 고려해야 할 필요가 있다(Bourdieu 1993). 여기서 문화 매개자cultural intermediaries(Bourdieu 1993; Jacob and van Heur 2014) 역할의 중요성이 부각된다. 문화 매개자는 건축가, 계획가/총괄건축가, 사회·공간 엔지니어 등 전문가와 유사하게 문화공간의 생산에 영향을 준다. 문화 매개자는 공공공간을 기존의 지식, 코드, 기호에 기반한 재현을 통해 인식한다. 따라서 문화공간의 접근성과 기능을 지시하고, 이는 시간이 흐름에 따라 '위'에서부터 변동될 수도 있다.

하지만 문화공간과 장소를 상품화와 과시적 소비에 탐닉한 사람과 그를 지원하는 협력자들에게만 제공되는 교류와 체험, 참여를 위한 공간으로 축소하는 것은 잘못된 일이다. 이러한 지배적인 서사는, 소비의 공간(Miles 2010), 도시재생에서의 문화 조직의 협력(혹은 협력처럼 보이는 것, Evans 2005), 장소 브랜딩(Protherough and Pick 2002, 349), 공공투자, 보존과 생존이라는 명분으로서 창조산업에서의 문화융합 등의 증거로 볼 때 설득력이 있다. 하지만 문화민주화로 향하는 점진적인 추세로 인해 문화공간과 프로그램의 광범위한 접근성과 분포를 확대할 수 있게 되었으며, 사회적 건축, 비판적 큐레이팅, 포용적 디자인inclusive design 등 문화 생산의 다양성을 많이 고려하게 되었다(Evans 2018). 이와 같은 현상은 진정성, 자율성(예술가와 대리인으로서의 참가자), 혁신의 상실 위기를 낳았지만, 문화민주화를 통해 궁극적으로 이러한 자유가 번성하는 개방형 문화경제를 제공해야 한다.

대부분의 문화적 참여는 참여자에 의해 소비되지 않고 소비로도 간주되지 않지만, 이는 기념할 만하고, 공동체적이며, 참여적인 활동이다. 아마추어부터 커뮤니티 예술, 예술교육 활동에 이르기까지 본질적으로 자생적이며, 문화적 참여 공간은 일상 예술, 공예, 전시, 공연, 기억을 수용하기 위한 장소이다. '일상'은 전문가, 지식인, 예술가, 고도로 창의적인 사람들이 구상하는 '특별한' 공간과 이분법적으로 대립되는 경우가 많다. 이러한 편향된 의미에서 일상적 경험은 전문가의 분석이 아닌 상식에서 발생하기 때문에, 플라톤이 제시한 일종의 지식이나 억견doxa이다. 이 관점에서 상식에 기반한 지식은 "연관되지 않고, 일회적이며, 단편적이고, 모순적"이지만(Hall 1996, 431), 우리 모두가 참여자이기 때문에 그러한 지식은 (또한) 본질적으로 민주적이다(Duncum 2002, 4). 이와 같은 관점에서 보면 일상생활은 지루하고(그리고 겉으로는 위대한 사건과 특별한 일에 영향을 받지 않는 것처럼 보이며), 새로운 사고방식과 행동

양식의 생산이 아니라 삶의 재생산과 유지를 의미한다(Duncum 2002, 4). 그러나 이러한 관점은 (더 이상) 광장Agora에서만이 아니라 공식·비공식 공간, 미디어, 주변부 등 모든 부분에서 발생할 수 있고, 실제로 발생하는 문화 교류와 참여(그리고 혁신)의 가치를 과소평가하고 놓치고 만다.

문화공간의 공공성 정도 또한 문화공간이 속해 있는 사회에 대한 역할과 기여를 보여 준다.

공공영역은 전혀 자연적으로 주어진 것이 아니다. 이는 역사가 준 선물이며, 최근 역사의 총아이다. 공공영역은 문자 그대로 값을 매길 수 없는 선물이다. 공공영역의 중요성은 시장 기준으로 가치를 계산할 수 없으며, 공공공간의 환대, 무료 공공도서관, 오페라 공연 지원 … BBC 월드서비스 방송까지, 그 무엇보다도 귀하다(Marquand 2004, in Worpole 2013, v).

그럼에도 이러한 공리는 경제학자들(그리고 자칭 '문화경제학자들')이, 형식적으로는 정책과 의사결정을 돕는다는 명분으로 정부의 문화기관과 관련 기관의 지원하에 시장경제 가치평가 방법으로 공공문화를 재단하는 것을 막지는 못했다.3

이 책의 구성

이 책의 주제인 문화공간과 이와 연관된 도시 현상은, 도시 문화가 경험되고 소비되고—그리고 생산되며—문화와 도시 현상의 관계와 도시 경관에 영향을 주는 사회적 맥락과 힘의 **연속성과 변화** 시나리오의 절충적이고 종합적이며 현대적인 표출이다. 이는 문화 활동이 발생하고 실천되며—나아가 관찰될 수 있는(어떤 경우에는 숨겨져 있는)—공식·비공식 공간과 규정된 공간을 모두 포괄한다. **제2장(예술공간)**과 **제3장(이벤트와 축제)**에서는 제도적으로 규정된 문화공간과 아트랩 및 아트센터, 박물관, 갤러리, 극장, 예술 기관, 도서관과 같은 문화시설, 이벤트와 축제, 전통 유산 등의 시간이 만들어 준 공간이 위치한 지역의 문화예술 활동에 의한 진화 과정을 추적한다. 이벤트와 축제는 구상, 실행, 반복을 통해 진화하면서 변화한다. 이는 고정적이고 유동적인 문화공간 생산의 특정한 현상이며, 물리적으로나 기억 속에, 그리고 커뮤니티의 문화 발전에 독특하고 호기심을 유발하는 유산을 생산한다.

문화유산의 장소는 해석, 재현, 보존뿐만 아니라, 한편으로는 역사적 선택과 지정의 위계를 통해, 다른 한편으로는 살아 있거나 일상적인 유산과 무형 유산을 통해 특성이 드러나는 특별한 **문제**를 안고 있다. 따라서 **제4장(문화유산)**에서는 문화공간 형성과 활용에 중요한 문화유산의 역할을 고찰하고, 일반적인 예술 참여 조사와 유사하게 진행되는 문화유산에 대한 참여와 태도 조사의 문제점을 강조한다(Evans 2016b). 문화유산 건물의 재사용과 개조는 문화공간 재생산을 위한 풍부한 시나리오를 제시하며, 커뮤니티 주민이 표출하는 기억의 장소와 장소감sense of place을 보여 준다. 세계유산도시 간의 사례와 차이점도 극명하다. 문화유산 장소에서 생활하는 주민들의 태도는 표면적으로는 유사하지만, 다른 지역과 사회에 있는 산업유산 건축에 대한 태도와는 근본적으로 다르다. 즉 살아 있는 문화공간에서는 문화유산의 물질적 내용보다는 사회적으로 생산된 감각이 있는 장소가 그 차이점을 드러낸다. 예술과 축제 공간에 대한 비평과 마찬가지로, 문화유산은 제도적 형태뿐만 아니라 장소감과의 관계, 지역 역사와 기억의 장소에서의 사용자 참여를 통해 탐구되어야 한다.

제5장(창조·문화 지구)에서는 문화 생산과 전시의 공간에 주목한다. 이러한

창조산업 클러스터는 패션과 같은 전통산업 부문뿐만 아니라, 디지털 경제 부문에서도 장소 브랜딩 기회의 창출, 혁신과 투자가 있는 역동적인 지역이다. 초기 형태의 문화 생산, 신흥 산업지구, 새로운 창조산업 클러스터 간의 역사적·상징적·경제적·문화적 관계는 되풀이되는 중요한 주제이다. 이는 아마도 의미화와 수행성을 갖춘 생산의 연속성에 대한 마르크스의 견해를 반영한, 현재의 문화 소비 선호를 포괄하는 현상이다(Joseph 1998). 문화 생산과 소비를 위한 장소로서 이들 지역이 함께 모이는 것은 장소만들기 전문가와 투자자(벤처캐피털과 부동산개발업), 도시 주민에게 거리예술, 노상 시장, 소셜 네트워크, 카페 문화, 클럽, 유행하는 의류 매장 등을 배경으로 한 현장에서 문화 생산의 장소를 공유할 기회를 제공한다. 이와 같은 서사는 도시의 경제성장과 관련된 창조계급의 개념과 연관이 있는 것으로 보인다(Florida 2003; Clark 2011). 하지만 더 미묘하고 복잡한 문화 생산의 행위유발성affordance과 아상블라주assemblages* 등의 더욱 강력한 역사적·문화적 요인이 특히 발생 단계에서 이러한 혁신의 장소를 결정한다(Storper and Scott 2009). 히벨스와 반알스트가 제시한 것처럼, "향후 연구는 창조 활동의 생산 측면과 소셜 네트워크의 역할, 창조 부문에서 새로운 아이디어를 창출하는 장소의 품질"(Heebels and van Aalst 2020, 361)을 깊게 탐구해야 한다. 이 장에서는 사례 연구와 관련 문헌 분석을 통해 고찰한다.

제6장(디지털 문화공간)과 **제7장**(패션공간)에서는, 각각 '새로운' 창조적 생산과 '오래된' 창조적 생산을 대표하는 디지털 문화공간과 패션공간을 상세히 탐구한다. 이 부문은 전 세계적으로 확산했음에도 불구하고, 여전히 장소 기반을 선호하고 장소의 가치를 중요시한다. 패션 공예품과 디자인 아이콘의 박

---

* 역주: 이질적 요소들이 우연적 관계를 맺으면서 그에 따라 완전히 안정된 것은 아니지만 한동안 공동의 기능을 하도록 혼종체, 다양체로서 존재하는 현상.

물관화는 종종 저급한 생산 현장과 대조되지만, 패스트패션fast fashion과 오트 쿠튀르haute couture가 함께하면서 공간적·경제적 창조와 소비로 수렴된다. 극단적인 경제적 성공 사례인 패션 브랜딩은 자신의 장소 연관성(원산지/뿌리, 세계 패션도시)을 활용하고 이를 패션위크, 대학, 신규 시장을 통해 전 세계의 선망하는 도시로 수출한다. 그러나 이러한 생산 패러다임의 단점은, 상품의 재활용을 거부하고, 미세 플라스틱과 난분해성 물질을 통해 오염시키며, 아이러니하게도 자선 매장과 중고 상점을 통해 원하지 않는 옷을 수출하여 제3세계 의류 생산에 피해를 주는 폐기물에 있다. 여기에는 수선하여 오래 쓰기 운동make-do-and-mend movements, 지속가능한 소재 개발, 창의적인 재활용 등을 통한 대응이 어느 정도 가능성을 제공하지만, 패션의 생산과 소비는 여전히 그대로이고, 장소와 유리된 채 진행되어 제한받지 않고 지속불가능한 성장을 하고 있다.

    창조산업은 제조업과 달리 청정하거나 연기 없는 산업(Page 2020)으로 여겨지는 경우가 많아, 디지털 경제로 칭송받는다(그러나 축적되는 전자 폐기물, 난분해성 금속, 대용량 데이터 저장 서버의 난방과 환기 등 기하급수적인 에너지 비용은 무시한다). 창조적 디지털 생산지구는 '신경제'가 갑자기 등장함에 따라 신기술의 영향을 받은 문화 생산 부문(인쇄, 출판, 그래픽디자인 등)이 기존 공간에 집적하면서 나타난다(Leadbetter 1999). 따라서 제6장 디지털 문화공간에서는 빅테크Big Tech와 모두가 열망하는 **실리콘 에브리웨어**Silicon Everywheres를 통해 이러한 진화 과정을 고찰한다. 디지털 클러스터는 실리콘밸리를 모방하거나 적어도 장소 브랜딩을 통해 독특한 생산지구를 구축하려고 한다. 그중 도시의 기존 문화·창조 지구에 함께 입지하는 것이 더 성공적이다. 예술과 엔터테인먼트 산업 또한 라이브 공연과 전시를 보완, 확장, 대체하는 몰입형 VR 및 AI 경험을 통해 창작물과 제작물에 가상 시각화를 시작했으며, 진위성, 저작권/

소유권, 예술가와 창작 프로듀서의 자율성에 대한 문제를 제기했다. 이 장에서 제시하듯이, 물리적 공간에서 디지털 방식으로 증폭된 경험을 제시하는 것은 특별한 과제를 안겨 준다.

문자 그대로 문화가 도시 구조 자체에 깊이 뿌리내린 곳에서는 도시 문화 영역에서 **그라피티와 거리예술**graffiti and street art**(제8장)**이 도시적·상업적 공간 생산과 소비에 대한 해독제를 제공한다. 하지만 여기에서도 **벽이 없는 그라피티 박물관**은 갤러리, 경매장, 문화관광에 길들여지면서 거리예술, 예술 시장, 장소 브랜딩이 갈수록 충돌하고 있다. 그라피티(와 그라피티의 성숙한 표현인 거리예술)는, 여러 도시와 근린의 거리예술 사례를 통해(학계, 정치인, 부동산 소유자, 대중에 의해) 논의된 것처럼 다양하지만 수렴하는 경향이 있다. 그라피티 지역 대부분은 집약적 창조산업의 생산과 새로운 방문객의 목적지와 일치한다.

물론 문화공간, 특히 생산과 소비를 위한 장소와 시설은 예술·문화 건물, 센터, 축제, 기관을 통해 쉽게 식별되고(Evans 2013), 공적 및 사적 공간에서 유행하는 시각문화를 통해 잘 알려져 있다고 추정된다. 그러나 극장, 영화관, 박물관, 갤러리를 지원할 수 있는 도심, 시내, 규모가 큰 지역을 벗어나면, 일상적인 장소 대부분에서 문화시설이 부족하거나, 교육 및 종교 센터처럼 문화활동이 커뮤니티와 공유공간 속에 '숨어 버린다'. 워런과 존스가 지적했듯이, "성공을 지향하는 [문화·창조 산업] 클러스터를 강조하는 경제지리학적 접근방법과, 도시 내외의 주변부에서 커뮤니티의 창의성을 지향하는 접근 방법과는 거리가 있다"(Warren and Jones 2015, 16). 이러한 커뮤니티 기반의 문화는 간과되거나 과소평가될 수 있으며, 도시와 근린 지역은 문화의 황무지나 사막이라고 무시되거나 비판을 받는다. 반면에 문화시설, 문화유산, 피상적인 활동이 풍부해 보이는 도시와 지역이 실제로는 문화적으로 황폐하고, 관광 지향적이며, 보여 주기식이고, 일상적인 공간과 장소에 숨겨져 있을 수 있는 사회적 참여, 관계, 창의성과 같은 면이 부족할 수 있다(Evans 2015a).

따라서 문화 매핑의 개념과 실행(Duxbury 2015)은 계속 발전하면서 연구 조사의 주류로 등장했다. 문화 매핑은 커뮤니티의 문화와 유산 자산을 식별하여, 공식적이고 민주적이며 공동 설계/공동 창작, 공동 제작을 하는 접근 방법을 통해 지역의 문화자원과 문화공간을 지원한다. 문화 매핑의 발전과 실천을 통해 커뮤니티의 문화적 열망을 확인하고, 문화공간의 설계에 참여하는 방법과 주민의 역할과 중요성을 보여 준다. 이 접근 방법은 사회적 참여(예술) 분야이며, **제9장(사회적 참여 실천과 문화 매핑)**에서 주로 다룬다. 문화공간에서의 협력은, 일상적 문화공간이나 '비문화적' 공간에서의 예술가 주도의 환경 및 문화 생태계 프로젝트의 사례처럼 문화 행사장의 외부에 있으며, 커뮤니티에서 거리를 캔버스 삼아 공동 설계를 하는 공간적 실천이다. 여기서 문화 매개자와 문화 매개의 중대한 차이로 인해 전문적인 문화 생산자와 **프로슈머** prosumer 사이에 권력 이동이 나타난다. 이러한 변화로 인해 지속가능한 발전의 개념을 가진 문화공간의 역할이 재조명된다. "'장소'는 커뮤니티, 정책, 창의성을 함께 묶어 준다. 중요한 것은 장소를 특별한 스케일scale이나 보편적 스케일로 간주하지 않고, '커뮤니티'에 근접한 '진정성' 있는 실체로도 보아야 한다는 점이다. 장소는 관계적이고, 스케일을 횡단하며, 커뮤니티+문화=경제적 성공이라는 정책 처방 만능주의 비판의 근거가 된다"(Warren and Jones 2015, 16).

이 책의 각 장은 특정 유형의 문화공간과 소비, 참여와 관련된 문화공간 생산의 특성을 고찰한다. 이를 위해 개별 문화시설, 문화유산 장소, 이벤트와 축제를 통한 확산, 문화 매핑, 계획의 모범 사례로 공간적 규모를 탐구한다. 문화 생산 클러스터와 문화지구는, 상호관계성과 문화 소비의 문화 실천의 수

렴, 창조경제, 장소 브랜딩과 젠트리피케이션gentrification*의 사례를 통해 문화 생산-소비 장소의 일치 등 다양한 장소 기반 관점의 중요성을 보여 준다. 이는 패션의 전통적 문화 장소와 디지털 콘텐츠 생산을 다룬 장에서 논의하듯이, 예술 생산과 전시 활동의 몰입으로의 전환immersive-turn(디지털 콘텐츠 부분이 더 강하다)과 디지털-창조 생산이 전통적인 문화 클러스터와 문화공간에서 이루어지며, 디지털 경제와 기술 기반 패션 생산지구는 **거리의 종언**death of distance(Cairncross 1995)이라는 명제를 부정한다.

이 책에서 주장하는 바와 같이, 모든 점에서 문화 생산은 장소의 중요성과 문화공간의 품질 향상에 기여한다. 이러한 현상은 단순히 공동 설계와 공동 생산을 통해 문화 발전에 대한 사회적 참여가 실천되는 장소에만 국한되지 않는다는 점을 강조한다. 르페브르는, 국가와 자본주의의 통제를 벗어나 도시공간의 이용자가 운영해야 한다는 도시에 대한 급진적인 관점을 제시했다. 여기에는 문화공간과 문화의 자유도 포함되어야 한다. 하지만 예술가는 문화공간의 생산에 대부분 제외되어 있으며, 단순히 재현공간의 기록자와 서술자로서만 존재한다(Lefebvre 1991). 따라서 예술가의 역할과 도전은 사회적 참여 예술 실천의 이해관계자로서 구조-주체의 변증법적 상호작용을 고양시킨다. 이 책의 마지막 장은 문화공간과 문화유산 장소에서 예술가 기반의 협력에 대한 사례 연구를 통해 이러한 내용을 탐구한다.

---

* 역주: 도심과 그 주변의 쇠퇴 지역이 개발되면서 외부인과 자본이 유입되고, 임대료 상승 등으로 기존에 거주하거나 상업 활동을 하고 있던 임차인이 쫓겨나는 현상. 도심과 주변 지역은 도시 초기에는 중심지이기 때문에 부유한 중상층gentry이 거주하다가, 도시 확장과 교외화로 도시 주변부로 이동했다가, 도심재개발로 인해 다시 점유하는 현상을 의미한다.

제2장
예술공간

문화시설과 장소의 역사—예술, 극장, 오페라를 공연하는 웅장한 대성당에서 대중 엔터테인먼트와 지역과 근린의 문화 어메니티에 이르기까지—는 우리의 사회문화적 진화에 큰 영향을 주었다. 많은 문화공간이 여전히 어떤 행태로든 집합적 모임과 사용을 위한 장소로 존재하는 것은 단순히 문화공간이 오래간다는 사실만이 아니라 장소감sense of place에 대한 그 상징적 중요성과 기여도가 크다는 것을 함축한다. 문화시설이 점유한 건축물은 내구성이 강하게 지어졌고, 정책과 사회의 변화에도 살아남았다. 예를 들어 슈버트는, "박물관은 놀라울 정도로 적응력이 높은 문화적 구성물이다. 외부 간섭에는 매우 취약하지만, 동시에 엄청난 강인함을 보인다"(Schubert 2000, 153)라고 주장했다. 문화공간의 입지는 마을회관과 커뮤니티 센터, 시청과 시민 광장처럼 주로 다양한 규모의 도시 중심에 있다. 문화공간은 도시 성장과 신도시 발전의 문화적 요소로 인식된다(Evans 2001, 2008). 많은 도시에서 이러한 단일 문화공간은 개별적인 거대 박물관이나 박물관지구, 극장지구, 예술 복합지역 등으로 성장했다. 이러한 현상은 전 세계적으로 확산하여 국제적인 예술, 건축, 문화 시장이 관련 주변 환경과 어울리는 일련의 문화 순환과 문화 스타일로 확장된다.

특정한 유형의 문화공간(이들은 시간이 흐름에 따라 유동적이지만)은 문화 역사의 중요한 줄기를 형성하며, 학술적 연구의 주제가 된다. 주요 사례로는 극장(Southern 1962), 오페라하우스(Beauvert 1995), 박물관과 갤러리(Schubert 2000), 아트센터(Hutchison and Forrester 1987)뿐만 아니라, 전시장, 뮤직홀, 댄스홀(Crowhurst 1992; Weightman 1992), 영화관(Chanan 1980)과 같은 대중적인 엔터테인먼트 공간이 있다. 이러한 여가 시설 대부분이 동일한 건물과 문화공간에 시간의 흐름에 따라 기술, 취향, 재능 등이 진화하면서 다른 기능이 입주하고 변모한다. 하지만 문화공간의 사회적 중요성이 쾌락에만 국한된 것은 아니다. 세넷이 지적하듯이, 초기 도시의 주민은 증가하는 부르주아에 발맞추어 공공공간을 건설했다(Sennett 2000). 하지만 공공영역은 경제 교류를 통해서만이 아니라 "훨씬 많은 정치적·사회적 교류 … 커피하우스와 살롱, 극장과 오페라하우스에서의 만남 등 자유로운 시민 간의 토론을 통해 존재했다"(Burgers 1995, 151). 이러한 문화공간에서는 급진적이고 개혁적인 경향이 지속되어 왔는데, 여가와 엔터테인먼트, 문화적 환경을 위해 어메니티를 제공한다는 공인된 목적에도 불구하고, 문화 제공의 분배적 정의라는 미명하에 정부 및 기능적 표준화를 선호하는 정책과 계획에 의해 이들 공간의 독립성은 상당히 침해되었다(Evans 2001, 2008). 1960년대 이래로 이러한 계획적 접근 방법을 통해 아트센터 운동과 모델을 촉진했지만(결코 창조된 것은 아니지만)(Evans 2016), 몇 가지 예외를 제외하면 단지 제한된 혁신과 저항이 있었을 뿐이었다(Jeffers and Moriarty 2017; Shaw et al. 2006). 이처럼 새로운 문화공간에 미치는 영향, 특히 아트랩과 아트센터의 진화 과정을 탐구하는 것이 이 장의 핵심이다.

도시의 발전에 따른 문화의 장소, 유형, 기능의 변화는 저자의 이전 저서

『문화 계획Cultural Planning』(2001)에서 깊이 있게 다루었다. 그중에서 몇 가지 이슈와 현상은 이 책에서 다시 다룰 예정이다. 특히 새로운 문화시설은 도시 재생, 경쟁력 있는 **창조도시**(Evans 2017), 이벤트가 풍부한 도시 전략으로 등장했다. 문화와 그에 대한 비평 역시 생산성 중심의 사회 경향과 생산성 중심의 방정식과 담론에 치우친 전문가와 지지자 때문에 어려움을 겪는다. 따라서 예술과 문화의 이용자, 소비자, 관객에 대해 초점을 두는 것은 문화공간에 대한 논의에서는 보증된 가치이다. 이는 그들이/우리가 문화적 경험 안에서 살고, 검증하고, 왜곡하고, 실현하기 때문일 뿐만 아니라, 문화공간이 표면적으로는 그들/우리를 **위해** 개발되었기 때문이다. 대부분은 우리에 의해/우리와 함께 개발된 것은 아니다. 특히 디자인 품질이라는 사고는, 여러 사용자의 관점에서는 새로운 문화시설에 미치는 영향을 평가하는 **선험적**priori 방법으로 간주되며, 이는 당연하게 다양한 견해와 경험을 생성한다. 일상적인 문화 활동과 공간에 초점을 맞추면, 도서관과 영화관 등이 제공하는 공공적·상업적 어메니티뿐만 아니라, 문화 간 도시공간이라는 개념으로 설명할 수 있다. 이처럼 생성된 비공식적인 공간은 다양한 **헤테로토피아**heterotopia*로 볼 수 있으며, 불변의 문화라는 개념에 도전한다.

예술을 위한 장소(센터)

50여 년 전, 아트센터에 대한 설문조사와 세계 8대 지역을 대표하는 25개국의 응답을 결합하여 170개 개별 아트센터와 아트랩을 문서화하고 건축 계획

---

* 역주: 미셸 푸코Michel Foucault가 제시한 조어로, 현실에 존재하는 장소이면서도 다른 다양한 장소에 대해 이의 제기를 하고, 그 장소들을 전도시키는 장소, 실제로 위치에 있지만 모든 장소의 바깥에 있는, 일종의 '현실화된 유토피아'를 의미한다.

을 포함한 『예술을 위한 장소A Place for the Arts』라는 책이 출간되었다(Schou-valoff 1970). 당시 영국에는 **아트랩**Arts Labs이라고 명명한 장소가 공식적인 아트센터만큼이나 많았으며, 그 무렵 프랑스 파리에서는 정부 계획에 의해 10개의 도시에 **문화의 집**Maisons de la Culture이 지어졌다. 첫 번째 문화의 집은 1935년 파리에 '혁명적 작가와 예술가협회'의 본부로 설립되었다. 양국은 전후 아트센터 건설 프로그램을 각각 제니 리Jennie Lee의 『예술을 위한 정책 Policy for the Arts』(1965), 즉 "우리 국민 누구라도 최선의 예술 상태를 누릴 수 없다고 오만하게 말하기 전에, 우리는 그들이 예술에 닿을 수 있도록 절대적으로 최선을 다해야 한다"에서 영향을 받았다(Black 2006, 330에서 재인용). 또한 프랑스 문화부 장관 앙드레 말로André Malraux의 원대한 문화의 집 프로그램, 즉 "각 부서마다 문화의 집을 3년 안에 건설해 빛을 보도록 해야 하며, '아무리 가난하더라도 16세 어린이라면 누구나 국가유산과 인류 정신의 영광을 실제로 접할 수 있게' 해야 한다"라는 정책의 영향을 받아 시작했다(Girard 2001, 3). 독일은 전후 재건 사업에서 100개 이상의 극장을 건설하거나 재건했다. 독일은 지역 분산 기반의 정치체제를 가지고 있고 수도로부터 권한이양과 지역 독립이 강한 전통이 있어, 중앙 중심의 영국, 프랑스, 그리스에 비해 고차 문화시설이 넓게 분산되어 분포한다(지역 중심 도시). 위 국가들은 오페라하우스, 극장, 문화 생산 등의 고차 문화시설이 수도에 집중되어 있다. 전문 극장이 고도로 집중된 런던, 파리, 뉴욕과는 달리 독일연방에서는 1970년 76개 커뮤니티에서 1,921개 주립 극장, 102개 시립 극장(8만 8,000석), 27개 사립 극장, 40개 순회 극장, 18개 소극장을 유지했다(Evans 2001).

미국에서는 가장 대표적인 공연예술 센터인 링컨센터Lincoln Center가 1962년 뉴욕에서 문을 열었다. 그 밖에 줄리아드 스쿨Juilliard School과 공연예술 도서관 및 박물관 등 연극, 오페라, 댄스, 음악 공연을 위한 공연장들은 1962

~1966년 사이에 개관했다. 이 시기에 28개 주에서 50여 개의 커뮤니티 예술 위원회가 문화센터들을 계획하고 운영했다(Schouvaloff 1970). 그 10여 년 전 영국에서는 전후 문화재건 프로젝트의 일환으로, 로열페스티벌홀Royal Festival Hall이 1951년 영국축제Festival of Britain의 앵커 시설로 (임시 파빌리온과 돔이 함께) 건립되었다. 이 복합건물은 이후 확충되어 음악, 연극, 예술, 문학 공연(시 도서관Poetry Library)을 개최할 수 있는 3개의 추가 예술공간(퀸엘리자베스홀, 퍼셀룸, 헤이워드 갤러리)을 완성했고, 새로운 (이전된) 국립극장과 영국영화협회BFI에 인접해 있다. 이곳에서 2마일(3km)도 안 되는 곳에 있는 바비칸센터Barbican Centre도 이 시기에 런던시의 옛 폭격터에 구상되었다(이후 건축은 상당히 오래 걸렸다). 전후 뉴브루탈리즘new brutalism* 양식으로 지어진 주택개발단지 외에도, 극장, 콘서트홀, 영화관, 도서관, 전시장으로 이루어진 이 바비칸센터에는 국립예술 단체들이 입주해 있다. 이 두 주요 문화센터는 특이하게도 주택과 관련이 있다. 사우스뱅크센터South Bank Centre의 경우, 1970년대에 임대주택 건설을 위한 캠페인을 펼치고 지역의 인구 감소와 상업 개발의 확산에 대응하기 위해 커뮤니티 기업/협동조합인 코인스트리트 커뮤니티 빌더스Coin Street Community Builders가 결성되었다. 사우스뱅크 외에도 1,000채 이상의 주택이 모두 임대주택으로 건설되어, 원래 단일용도 건물(문화/방문객)과 상업지구가 될 운명이었던 지역에 복합용도 주택을 적정가격으로 제공했다.

캐나다 몬트리올에서도 1980년대 이래로 프랑스 모델에서 직접 교훈을 얻어 대규모 문화센터 네트워크가 발전했다. 이 네트워크인 **악세 퀼튀르**Accès

---

* 역주: 20세기 후반 건축의 한 경향으로, 가공하지 않은 재료 사용과 비형식주의가 특징인 건축 스타일. 장식적인 디자인보다 미니멀리즘을 강조하고, 노출 콘크리트나 벽돌로 구성하는 특징이 있다.

culture를 통해 22개의 학제 간 교육과 전문 센터인 라샤펠 히스토리크 뒤농파스퇴르La Chapelle historique du non-Pasteur와 시즌별로 오픈하는 테아트르 드 베르뒤르Théâtre de Verdure를 19개 자치구에 두고 있다. "높은 품질과 다양성을 결합한 문화의 집은 근접성과 접근성이 우수하다. 따라서 주민들은 모든 자치구에서 연극, 음악, 전시회, 영화, 댄스에 이르기까지 무료나 적정한 가격으로 제공되는 프로그램을 이용할 수 있다."[4] 남아프리카공화국에서는 만델라 이후 문화개발 프로그램과 흑인 거주 지역 및 농촌 지역에 40개의 커뮤니티 아트센터를 설립하여 아파르트헤이트apartheid(인종격리정책) 체제하에 금지된 토착 문화 관행과 표현의 자유를 적극적으로 재정립하고자 했다. 이는 1980년대에 독립한 짐바브웨에서 커뮤니티 기반 문화센터 프로그램을 통해 시행한 것과 유사하다(Evans 2001). 1970년대부터 박물관과 갤러리의 전통[5]을 가진 "사적인 유산이 국가유산의 일부가 된"(Sassoon 2006, 1367) 농촌 지역의 저택이 대중에게 개방되면서, 20세기 후반에는 문화에 대한 접근을 민주적 권리[6]로서 부분적으로나마 보장했다(Evans and Foord 2000). 1989년 베를린장벽이 무너지기 전 동구권 국가에서는 공연예술 참가자도 상당히 많았다. 그 전 10년 동안 헝가리, 폴란드, 루마니아의 공연예술 이벤트 참가자는 1,000명당 600명이 넘었고, 독일은 500명이었지만 네덜란드와 이탈리아는 230명에 불과했다. 사순이 관찰한 바에 의하면, "동유럽과 중부 유럽의 주민들은 서유럽 주민들만큼 소비재가 많지는 않았지만, 문화는 풍요로웠다"(Sassoon 2006, 1250).

아트랩

이처럼 문화예술의 분산적 전환이 이루어진 시기에 상대적으로 미진하게 대표된 분야 중 하나가 문화적 표출과 활동주의를 위한 실험적 공간이었다. 자칭 영국 아트랩Art Lap 운동의 창시자는 미국인인 짐 헤인즈Jim Haynes였다. 1969년 영국에는 12개 정도의 아트랩이 설립되었지만, 안정적인 공간이 없거나 건물에 불법적으로 들어섰다. 1970년까지 150개의 아트랩이 일정 규모로 운영되었고(Evans 2001), 1969년 7월에 열린 아트랩 컨벤션 이후 각각 코디네이터가 있는 8개 지역으로 조직되었다. 최초의 모범적인 아트랩은 런던 코번트가든의 드루리 레인에 입지했으며, 17세기부터 극장으로 운영되어 온 (왕립) 드루리 레인 극장Theatre Royal Drury Lane과 가깝다. 헤인즈는 아트랩을 단일 공연예술 장소와는 대조적으로 다목적적이고 실험적인 성격을 강조했다(IT 1969).

ⅰ) 아트랩은 개별 랩을 운영하는 사람들의 수요와 건물의 특성에 따라 무엇이든 할 수 있는 에너지 센터이다.
ⅱ) 아트랩은 기관이 아니다. 우리는 모두 병원, 경찰서, 극장 등 기관이 업무의 범위를 가지고 있음을 알고 있지만, 랩의 경계는 무한하다.
ⅲ) 각 랩 내에서 공간은 느슨하고 유동적이며 다목적으로 사용되어야 한다. 예를 들어, 극장은 레스토랑, 갤러리, 침실, 스튜디오 등이 될 수 있다.

대부분의 랩은 기존 예술공간에 기반을 두지 않고, 낡거나 개조된 학교, 술집, 청소년 및 커뮤니티 센터, 창고, 도자기 공장, 경찰서, 심지어 수도원에 설치되었다. 원래 아트랩은 대안 예술 전시와 공연을 위한 장소였으며, 몇 년 동안밖에 운영되지 않았지만(임대료가 체납되었다는 보고가 접수되고 집주인이 퇴거 위협을 시작한 직후에 문을 닫았다), 갤러리 공간, 영화관, 극장, 영화 워크숍 등 다양했다. 아트랩에는 대부분 전담 책임자가 있었다. 영화관은 밤새 영화를 상영하는 것으로 유명했고, 지나가는 방문객은 때때로 호텔 비용을 절약하기 위해 그곳에서 잠을 자기도 했다. 1968년부터 영국의 사회개혁가인 니컬러스 앨버리Nicholas Albery는 아트랩에 관한 뉴스레터를 제작했다. 아트랩에 작품이 등장한 유명 예술가와 공연자로는 데이비드 보위, 존 레넌, 오노 요코, 18세의 미국 영화감독 휠러 윈스턴 딕슨 등이 있다. 아트랩이 문을 닫은 후, 일부 창립 멤버와 새로운 동료들이 런던 뉴아트랩을 결성했다. 랩의 프로그램은 지역의 관심사와 예술가를 반영했을 뿐만 아니라, 다양한 음악, 공연, 시각 및 영화 예술, 실험 활동, 멀티미디어 활동이 포함되었다. 여기에 예술 활동과 인쇄, 출판, 포스터 제작을 위한 공방도 추가되었다. 따라서 아트랩은 "의사결정의 즉각성과 행동의 긴박성이라는 정신으로 이어진 반문화counterculture의 일부"였다(Wilson, in Curtis 2020, 2). 아트랩은 공동체로 운영되거나 오늘날 라이브 공연 공간이라고 불리는 곳에서 운영되었으며, 미국과 유럽 전역에 설립된 예술가 공동체(와 아티스트 레지던시 프로그램)에서도 어느 정도 반영되었지만, 대체로 개방형 공공 예술공간이 아니라 사적 공간이었다. 예술 자금조달 시스템(이 난폭한 신생 기업을 어떻게 다루거나 어떻게 대해야 할지 모르는) 밖에서 운영되면서 재정적 불안정성과 고용의 불안정성으로 인해 많은 그룹이 오래가지는 못했지만, 커뮤니티 아트센터를 설립하거나, 아트랩 부지에 설립하거나, 지자체와 지원자와 협력하여 새로운 장소에 회사를 설립한 경우에는 그룹들이 살아남았다.

아트센터

사회-문화 프로젝트로서 아트센터의 성장과 함께, 아트랩은 주류 문화시설과 문화 제공에 새로운 아이디어를 제공했으며 차별화된 특징을 가지면서 장소와 네트워크의 중요성을 강조했다. 예술 형식, 교차 예술 및 미디어 발전, 아마추어와 전문가, 교육과 훈련, 커뮤니티와의 연대의 조합은 이 새로운 아트센터의 특성이다. 나아가 예술 형식의 우선순위/특화, 전문화와 실험/새로운 작업 간의 균형이 다양하며, 공간적 형태도 다르다. 영국의 아트센터는 아트랩 실험보다 먼저 존재했었다. 예를 들어, 버밍엄의 MAC[7], 브리스틀의 아놀피니Arnolfini와 워터셰드Watershed(Presence 2019), ICA(Muir and Massey 2014), 런던의 센터 42[8]가 있다. 하지만 이러한 기존 공간에서는 복합예술과 미디어 프로그래밍, 강한 정치적 예술 활동이 점점 더 선명해졌고, 아트랩 활동가들은 이동 공연과 극본 작업을 통해 활동을 계속 이어 나갔다. 아트센터의 대안 극장에서 실력을 쌓은 주요 극작가로는 마이크 스토트Mike Stott, 헨리 리빙스Henry Livings, 마이클 스티븐스Michael Stevens, 울프 맨코위츠Wolf Mankowitz, 에드워드 본드Edward Bond 등이 있다. 톰 스토파드Tom Stoppard는 AFTAlmost Free Theatre(거의 무료 극장)에서 「애프터 마그리트After Magritte」, 「도그의 햄릿, 캐훗의 맥베스Dogg's Hamlet, Cahoot's Macbeth」 등 주요 단막극을 여러 편 상영했다. 그의 대성공 작품인 「더러운 리넨Dirty Linen」과 「뉴-펀들-랜드New-Found-Land」는 AFT에서 옮겨 와 웨스트엔드에서 4년 반 동안 공연되었다. AFT는 1971년 미국 배우이자 사회운동가인 에드 버먼Ed Berman이 설립한 대안적인 프린지 극장으로, 런던 북부의 버려진 폭격터에 위치한 인터랙션 아트센터Inter-Action Arts Centre(도시 키부츠 스타일 협동조합 방식으로 운영)이다(건축가 세드릭 프라이스Cedric Price가 건축한 **펀팰리스**Fun Palace 안에 있다). 관객들은 감당할 수 있는 금액, 1페니 정도로 티켓을 구입한다. 또한 완전히 새로운 관객을 끌어들인 점심 시간 공연의 선구자이기도 했다. 이 극장은 시즌제로 무대를 올리는데, 영국에서 게이 연극의 첫 시즌, 첫 여성 시즌, 유대인 시즌, 반핵 시즌, 1976년 미국 독립 200주년을 기념하는 시즌 등 여러 무대를 올렸다. 인터랙션 아트센터는 매년 여름 수천 명의 청소년을 대상으로 공연하는 순회 어린이 극단인 도그 교수의 극단Professor Dogge's Troupe을 만들었다. 또한 두 명의 지역 중등학교 댄스 및 드라마 교사가 시작하여 영국에서 가장 큰 청소년 댄스 및 드라마 프로그램이 된 주말예술대학WAC을 진행했다.

많은 예술 단체는 사회적 목적과 예술적 목적이 있다고 설명할 것이다. 아트센터의 중요한 특징은 예술적 기능과 사회적 기능이 상호의존적이며 상호 강화되는 점일 것이다. 전문 예술가와 대중은 동등하게 평가된다(Shaw et al. 2006).

> 사회의 한정된 계층을 대상으로 하는 엘리트 예술가와 예술 단체의 상아탑 모델은 무너졌다. 미래지향적인 예술 단체는 이제 예술적 우수성과 사회적 영향의 결합, 커뮤니티의 광범위한 건강성, 그리고 거주지의 번화가를 진정으로 풍요롭게 하는 공공공간을 제공하는 데 중점을 둔다(Connor and Barlow 2023, 1).

아트센터는 인적 개발(예술적·전문적·교육적·개인적)을 위한 기회 제공자로서, 예술적 우수성과 사회적 영향 모두에 창의적인 관계를 맺고 있으며, 조직문화와 프로그래밍이 이를 반영한다. 따라서 아트센터가 제공하기로 선택한 기회는, 아트센터 운동의 역사에 반영된 기원, 위치와 시설, 거버넌스와 리더십 등 요인들의 조합의 결과이다. 아트센터의 이점에 대한 이용자의 견해는 다양성/복잡성, 사회적 이슈에 초점, 커뮤니티 중심의 장점을 확인시켜 주지만, 이는 도시와 비도시 지역에 따라 다르다(표 2-1).

대부분의 아트센터는 지역 주민이나 주민 그룹, 예술가의 행동, 시설을 설

<표 2-1> 관객이 아트센터를 좋아하는 요소

속성	비대도시 지역	대도시 지역
제공 콘텐츠	• 한 공간에서의 다양성 • 한 지붕 아래에서 다양한 관심사 제공	• 아이디어, 토론, 논쟁의 중심 • 절충적, 모험적, 혁신적, 위험을 부담하는 비주류적
에토스/ 분위기	• 지역 중심의 커뮤니티 주민을 위한 콘텐츠 • 사회적 이슈에 복합적 활동을 하는 관객	• 관객에게 장소에서 눈을 열고 신선한 아이디어, 신뢰를 구축하는 탐구 여행 • 예술 창작 과정에 참여 • 비환영적/엘리트적 예술을 느낄 수 있음

출처: Shaw et al, 2006; Evans 2016b.

립하거나 개선하기 위한 예술 및 커뮤니티 조직의 행동, 새로운 학교나 대학 시설의 건축, 지역 문화시설을 개선하거나 최근에는 지역을 '재생'하려는 지자체의 의지로 설립되었다(Evans 2005). 아트센터의 지리적 위치는 문화와 프로그램(공연, 상영, 독서, 전시에서 수업, 워크숍, 예술가에 대한 조언, 스튜디오, 리허설룸에 이르기까지 아트센터가 제공하는 모든 것을 의미한다)에 직접적인 영향을 준다. 많은 경우 아트센터는 창립자들이 문화시설의 격차를 채우기 위해 설립했다. 스타크는 아트센터의 부상과 확산에 대해 다음과 같이 기록했다.

이 놀라운 성장은 어느 한 기관의 국가, 지방, 지역 계획의 결과가 아니다. 특히 예술위원회는 [관찰한 바로는] 비공식적인 지위로 인해 식탁에 결코 충분한 음식이 없는 상황이다. 아트센터는 건축적 기회주의자이다. 아트센터의 80% 이상이 교회, 훈련소, 시청 등의 오래된 건물에 들어섰고, 도시 아트센터의 50% 이상이 100년 이상 된 건물에 입주했다. 아트센터는 경제적이고 효율적이다. 다목적/단일 목적이든 상관없이 주중/주말/저녁에 유연하게 개관한다. 아트센터는 위장의 달인이다. 프로그램과 취지에 근거한 '예술' 보조금 외에도 다양한 자금을 유치한다(Stark

1984, 126).

커뮤니티 센터와 산업 건물의 문화적 재사용을 통해 상징적 유산과 무형유산을 포착하고 보존할 수 있지만(Evans 2022), 쇼 등이 기록한 것처럼, 건물의 외부도 건물을 '읽거나' 인식하는 방식에 중요하다. "개조된 건물에 있는 아트센터는 잘못 알거나, 최악의 경우 보이지 않을 수 있다"(Shaw et al. 2006, 9). 특히 커뮤니티 아트센터가 근린과 지역에 자리 잡을 수 있다는 사실에도 불구하고, 기관의 과거 경험, 고집스러운 디자인, 잠재적으로 부정적인 연관성에 대한 기억은 아트센터의 참여와 진입에 대한 장벽으로 작용할 수 있다. 이러한 관찰은 아트센터의 운영과 프로그래밍뿐만 아니라, 재사용되거나 새로 지어진 건물을 어떻게 접근 가능하고 환영하는 문화공간으로 설계하는지와 입지에 관한 몇 가지 중요한 단서를 제공한다.

이용 측면에서 보면, 비대도시 지역의 참석자는 상대적으로 참석 빈도가 높은 경향이 있다. 이는 지역의 아트센터에서 제공되는 다양성과 인근에 비슷한 시설이 거의 없다는 사실을 반영한다. 대도시 지역 아트센터의 관객은 일반적으로 비대도시 지역의 관객보다 선택권이 더 많아 상대적으로 참석 빈도가 낮다(표 2-2). 이러한 접근성-공간적 관계는 다양한 예술 및 스포츠 활동에 대

〈표 2-2〉 아트센터의 참석 빈도(단위: %)

참석 빈도	합계	비대도시 지역	대도시 지역
1주일에 1회	15	15	4
2주일에 1회	11	13	-
1~3개월에 1회	53	53	8
1년에 1회	12	11	19
1년에 1회 미만	8	9	8

출처: Shaw et al. 2006; Evans 2016b.

한 지역 참여 연구에서 입증된다. 즉 잘 공급되는 스포츠 시설(홀, 경기장, 풀)이 자주 이용되는 반면, 덜 분산되어 있고 수가 많지 않은 아트센터는 전체 주민에 걸쳐 광범위한 참여를 이끌어 내지만 참여 빈도는 낮다(Evans 2001, 125).

아트센터는 다양한 활동과 시설(스튜디오, 강의/워크숍)을 제공하지만, 일부는 드라마, 댄스, 시각예술, 미디어아트, 민족예술과 같은 특정 예술 활동에 중점을 둘 수 있다. 예를 들어, 런던의 야아 아산테와아Yaa Asantewaa(카니발 예술)와 타라 예술Tara Arts(남아시아 예술)이 있다. 이는 관객이 익숙하지 않은 다른 예술 형식을 받아들여야 가능하다. 사실상 대부분의 관객은 세 가지 이상의 예술 형식을 수용한다(표 2-3).

주로 지역이나 소규모 지역단위에서 문화 서비스를 제공하면 접근성/근접성과 연속성에서 이점을 보여 주는데, 이는 지속적인 참여와 문화 발전에 중요하다. 예를 들어, 문화 소비의 인구학적 지표에 관한 연구에서는, 소규모 지역에서 새로운 예술 공연장이 개장한 후 5년 동안 예술 활동에 참석하는 가구 수가 1,000~2,700가구 증가했으며, "공연장의 지역적 이용 가능성이 참석하는 주민의 범위를 넓힐 수 있다"(Brook, Boyle and Flowerdew 2010, 25)라고 주장했다. 문화시설 변화의 영향에 대한 또 다른 사례로, 2005~2009년 동안 영국 북서부 지역의 박물관과 갤러리 참석률은 40%에서 47%로 증가했는데, 이

⟨표 2-3⟩ 관람 예술의 형식(단위: %)

관람 예술의 형식	합계	비대도시 지역	대도시 지역
0	3	4	1
1~2	30	30	25
3~5	38	35	42
6~10	22	23	23
11+	6	7	9

출처: Shaw et al. 2006.

는 2008년 리버풀의 **유럽문화수도**European Capital of Culture 지정 효과에 기인한다. 그러나 2009년에는 문화시설 수준과 참신함이 감소하면서 참석률이 45%로 떨어졌다(DCMS 2010). 따라서 근린 지역 내에서 다양한 예술 및 문화 활동과 시설에 대한 접근성은 초등학교와 같은 지역 규모로 제공되어야 하며, 도심에 한정되지 않고 공식적인 커뮤니티 아트센터든 다목적 시설이든, 커뮤니티 센터를 통해 전문적으로 프로그램화되고 지원되는 문화 활동이 제공되는 곳이든 비슷한 수준으로 접근 가능해야 한다(Evans 2008). 이에 따라 다양한 형태와 규모의 아트센터는 두 가지 이상의 예술 형식/문화 활동과 공간을 결합한 분산적 문화시설 중 하나이다(MacKeith 1996). 아트센터가 설립되면 지역 문화시설의 격차를 해소할 수는 있지만, 예술 형식/학문 기반의 예술 이용 설문조사를 보면 아트센터는 큰 관심의 대상이 아니다.

영국에서는 1994년 이래로 국영복권National Lottery(예술뿐만 아니라 지역사회, 스포츠, 문화유산)에서 대부분 자금을 지원받은 새 건물, 리모델링 건물, 개조 건물이 예술가와 관객을 위한 경쟁을 심화시켰고, 일부 기존 아트센터는 예술적 방향성을 재검토해야 했다. 이는 국제적인 경쟁 속에서 관광객과 전시 행사 등을 유치해야 할 필요가 있는 도심 부지의 문화 주도 도시재생과 예술 공연장, 갤러리, 문화관광 명소의 업그레이드에 몰두하는 전 세계 도시에서도 마찬가지이다. 새로운 자본투자 흐름과 함께 실패했거나 시작이 부진한 아트센터도 있는데, 주로 **대중문화의 박물관화**에 어려움을 겪거나 모호한 주제와 목적을 가진 테마 기반 시설 등이다. 예를 들어, 셰필드의 팝뮤직센터Pop Music Centre, 맨체스터의 **어비스**Urbis, 웨스트브로미치의 **퍼블릭**Public이 있다. **공공** 디지털미디어센터는 비용 초과(4,000만 파운드에서 6,200만 파운드로)로 인해 이 지나치게 복잡한 시설이 훼손되고 명확한 예술적 기능이 없어 공공 관리에 들어가게 되었다. 컴퓨터화된 전시가 실패하면서 디지털 갤러리가 문을 닫아야 했을 때, 예술위원회는 1년도 채 지나지 않아 미지급 자금 지원을 철회했고, 미디어센터의 미래는 불확실해졌다. 이 문화공간을 지역적 관점으로 보면, '일상적인' 어메니티가 제대로 공급되지 않는 지역에서 새로운 **에듀테인먼트**edutainment 기반의 예술 시설을 구축하는 데 직면한 어려움을 잘 보여 준다. 이 지역의 커뮤니티는 하향식이며, **스타 건축가**starchitecture의 작품으로 구상된 사업에 참여하거나 참여를 고려하지도 않았다.

공공은 돈 낭비이다! 샌드웰과 블랙컨트리에는 더 나은 학교, 영화관, 극장, 수영장, 빙상경기장 등이 필요하며, 5,200만 파운드짜리 불필요한 거대 시설은 원치 않는다! 나는 12세, 9세 두 아이가 있다. 아이들은 영화관에서 20파운드를 쓰고 최신 픽사 영화 보는 것을 더 좋아한다. 그 영화는 당신들처럼 광대가 달리며 처음부터 불운의 프로젝트에 동의하는 것보다 예술적 가치가 더 크다(Building Design, 2008년 6월 13일).

아트센터는 오래 지속되고 다양한 사회정치적 시스템에서도 보편성(**문화의 집과 동유럽 문화궁전**)을 지녔다. 보통명사의 성격을 가지지만 실제로는 가변적인 아트센터라는 용어는 지역적이라는 개념이 되었고, 광범위한 문화, 엔터테인먼트 공급의 맥락에서는 매력이 약화되었다. 1980년대부터 커뮤니티 예술운동의 사회문화적 근거는 경제적 중요성(Myerscough 1988)과 도시 르네상스의 동력(Evans 2001)에 의해 주도된 하향식 예술 정책과 그에 따른 재원 조달 제도, 그리고 여가 및 소비 공간의 자유화 등이다. 회고해 보면, 아트센터 다수가 독특한 예술 작품을 창작하고, 특히 젊은 예술가와 극작가를 유치하는 등 시대를 반영하는 역할을 했지만, (고학력이며 주로 '대안적' 문화/라이프스타일을 추구하는 정책 담당자 때문에) 문화를 통한 민주주의 발전에 기여하거나 민주주의를 유지하지 못했고, 문화민주주의 과정에서 당당하게 자리를 차지할 아트센터는 거의 없었다.

아트센터는 이제 문화의 가치사슬에서 중요한 위치를 차지하지 않는다. 보조금을 받는 사회에서 가치 제공자의 역할 일부를 잃었다. … 상업적 대중문화와 소비자, 상품, 기술 혁명의 소용돌이는 아트센터의 세계가 가장 중요하게 여기는 것, 즉 소규모, 지역성, 사랑과 공동체 의식을 대부분 빼앗아 갔다(Wallace 1993, 2).

그러나 정부의 지원을 받는 주류 예술 기관은 대부분 1980년대부터 교육과 봉사·지원 프로그램을 채택했다. 이는 기금 지원 정책의 혜택을 받은 아트센터의 선례가 있었기 때문이다. 오늘날에는 주요 문화시설의 일부로 교육과 커뮤니티 기반 활동을 통합하지 않는 문화 장소가 거의 없지만, 문화공간 생산과 운영 경험은 여전히 상징적으로나 기능적으로 아트센터 모델과는 다르다.

아트센터의 고유한 특징(학제 간 맥락과 센터가 수행하는 커뮤니티, 시민에 대한 역할, 예술적 역할)은 정체성을 규정하기 어렵게 만들 수 있으며, 예술에 대한 미디어와 대중 논의에서 과소 대표되는 경향이 있다(Connor and Barlow 2023, 1).

하지만 오늘날 새롭고 재창조된 아트센터들은 아트센터라는 명칭을 회피하고, 쉽게 떠오르거나 장소 기반의 명칭을 사용하고 있다. 예를 들어, 셸퍼드의 **더라우리**The Lowry, 레스터의 **피닉스**(레스터 아트센터), 북런던의 **아트데포**artsdepot(이전에는 올드불 아트센터), 레딩의 **아크**Arc('문화 목적지')와 스톡턴의 아크(도브컷 아트센터와 영화관을 대체)가 있으며, 여기에는 입지한 도시의 산업 역사를 기억하게 하는 명칭도 있다. "아트센터, 갤러리, 박물관 역시 산업 건축과 주변 지역을 수용했다. 예술은 이제 생산과 작업이다. **발전소**Powerhouse, **가스 공장**Gasworks, **납 공장**Leadmill, **인쇄소**Printworks, **주조 공장**Foundry, **공장**Factory 등은 모두 아트센터의 명칭이다. 옛 공장 건물을 사용했든 아니든 상관이 없다"(Evans 2003a, 420). 그러나 주류와 단일 형태의 건물과의 본질적인 구별은 여전히 있고, 대중이 기존과는 다른 예술 형식과 장르(이용자/관객, 적극적 참여자)에 진입할 수 있는 여지를 제공하며, 예술가와 대중이 창의적인 관계를 구축하고, 사회적 상호작용에 기여하는 사회적 맥락과 공간을 제공한다(Shaw et al. 2006). '어메니티로서의 예술'(모든 지역에 한 개는 있어야 한다, Lane 1978)과 개인의 창의적이고 지역 주도의 특성에서 발현하는 문화 생산의 조합은 일반적으로 지역의 문화적 열망, 수요, 참여(사후적 기준이 아닌 경우) 측면에서 보면 실제로는 공동 설계되거나 공동 제작되지 않는다. 지역적 특성은 장소 기반적이며 새로운 관객/이용자와 새로운 장소, 특히 수도와 대도시 외곽으로 문화적 실천을 확장한다. 지역 주도의 '어메니티로서의 예술'은 예술(예술가/회사, 감독/큐레이터)의 자율성과 문화민주주의 사이의 연속선상에서 특정 지점을 나타내는 중요한 개념이며, 공공문화와 문화 정책, 재원 조달 사이에 존재하는 긴장이고, 따라서 문화 계획의 개념이다(Evans 2001, 2008).

오래된 병 속의 새 와인/새로움의 충격

근린 단위의 예술 발전에 대한 계획적이고 공간 결정적인 접근 방법은 공공 및 민간/상업적 문화공간의 대규모 개발 방식과 극명하게 대조된다. 기존의 문화시설과 기타 산업용 건물을 기반으로 건설하는 전통은 계속되고 있으며,

이는 20세기 중후반의 탈산업화로 인해 불필요한 건물과 공간이 축적되고, '위'부터 구조적 변화를 겪는 커뮤니티가 나타났기 때문이다(Islam and Iversen 2018). 이러한 공간은 대규모인 경향이 있지만, 예전의 산업용 건물과 주민센터 건물을 재사용한 것이 아트센터가 소규모 공간을 차지하는 특징이 되었다. 문화적 재사용의 사례로는, 대규모 산업단지를 창조산업·엔터테인먼트 센터로 전환한, 네덜란드 마스트리흐트Maastricht의 옛 도자기 공장을 재생한 스핑크스Sphinx와 벨기에 헹크Genk의 시-마인(C-Mine, 그림 2-1)이 있다. 이와 대비되는 문화유산 건축물의 재개발로는, 2013년 **유럽문화도시**로 선정된 **유로메디테라네** 마르세유Euroméditerranée Marseilles의 **유럽지중해문명박물관** Mucem과 **라프리시**La Friche 문화센터와 같은 핵심적인 대형 장소만들기, 이벤트, 도시재생 기획 등이 있다.

〈그림 2-1〉 마스트리흐트의 스핑크스와 헹크의 시-마인
출처: 저자 사진.

스핑크스 공장 건물은 도심과 가까운 지역에 있는 건축면적 10만m²의 옛 산업공간으로, 현재는 아키텍처센터인 뷰로유로파Bureau Europa, 아트하우스 1곳과 상업영화관 1곳, 상점, 공방, 학생 호텔, 필수적인 키페와 레스토랑을 포함한 문화지구로 지정되어 있다. 과거의 기억을 남기기 위해 3만 개의 세라믹 타일을 사용한 120m 길이의 **스핑크스 파사주**Sphinxpassage는 1830년대에 설립되었던 스핑크스 공장의 이야기를 들려준다. 네덜란드 남부 가톨릭 지역의 역사적인 관광 및 대학 도시인 마스트리흐트는 2018년 유럽문화수도 최종 후보에 올랐지만, 북부의 레바위르던Leewaurden에 밀려 탈락했다. 하지만 접경 지역인 유레지오널Euregional 지역이라는 위치와 위상에 힘입어 이벤트와 문화 주도 도시재생 프로그램이 계속되고 있다(Evans 2013b). 이는 인근 벨기에 (플랑드르) 림뷔르흐의 헹크와 대조를 이룬다. 헹크는 1900~1970년대까지 석탄 채굴 지역이었으며, 1980년대에 마지막 광산이 폐쇄되었다(새로운 산업 경관이 형성되기 전에는 예술가들과 당시 자연 경관으로 유명했다). 광산은 유럽, 터키 등지의 이주 노동자들을 끌어들였고, 오늘날에는 100개 이상의 다양한 소수민족이 이 도시에 거주하고 있다. 광업이 쇠퇴하면서 새로운 산업이 모색되었고, 1960년대에 포드자동차가 쾰른에 있는 포드 지역 본사에서 차로 1시간 거리에 있는 운하 수로라는 유리한 접근성을 바탕으로 5,000명의 직원을 고용하는 대규모 공장을 설립했다. 그러나 이 공장은 수명이 짧았는데, 과잉 규모와 스페인 발렌시아로 자동차 조립 공장을 이전함으로 인해 2014년에 문을 닫았다. 심하게 오염된 140에이커의 부지는 쓸모없고 버려진 땅이 되었다.

2000년에 헹크는 이미 다른 지역의 성공 사례를 모방하여 새로운 '탈산업' 전략을 추구했다(Evans 2005). 빈테르슬라흐Winterslag의 오래된 탄광 지역에 창조산업 허브를 개발한다는 아이디어를 벤치마킹하여 2001년에 대지를 매입했고, 2005년에 벤처 **시-마인**C-mine이라고 명명했다. 이 센터에는 교육, 창조경제, 창의적·예술적 창작, 프레젠테이션 등 네 가지 요소가 있다. 다양한 예술 과목에 특화된 대학, 청년 창업가를 위한 인큐베이터, 문화센터, 디자인센터, 영화관을 갖춘 시-마인은 지금까지 42개 기업과 단체에서 330개의 일자리를 창출했으며, 이 중 약 200개의 일자리가 창조산업 부문에서 창출되었다. 기업들은 게임, 앱, 웹사이트, 텔레비전/영화 세트장, 조명 쇼, 제품 디자인, 무대 제작 등의 분야이며, 국제 예술 전시회인 **매니페스타**Manifesta를 비롯한 문화 이벤트를 개최하고 있다.

관광객과 예술 및 문화 인프라가 잘 갖추어진 유서 깊은 국제적 대학도시 마스트리흐트와, 탈산업화된 다문화적 유산이 남아 있는 헹크는 선명히 대비된다. 하지만 헹크의 시-마인과 새로운 예술 시설(갤러리)은 부유한 마스트리흐트 이웃보다 시장과 문화 소비자에 덜 의존하는 문화공간을 만들고 있다.

마르세유의 **유럽지중해문명박물관**Mucem은 해안가, 구항구 입구, 새로운 J4 건물(뤼디 리치오티Rudy Ricciotti와 롤랑 카르타Roland Carta의 설계) 등 3개의 장소로 구성되었다. 2개의 인도교로 연결되어 완전히 복원된 역사적 기념물인 생장 요새Fort Saint-Jean(그림 2-2)에는 대형 전시회와 문화 프로그램이 개최되고, 시내 빈곤 지역인 벨드메Belle de Mai 지구의 보존자원센터에는 박물관의 소장품이 소장되어 있다. 유럽지중해문명박물관은, 2013년 6월 마르세유의 유럽문화수도 지정 기념행사를 위해 1억 9,100만 유로를 들여 시작한 **유로메디테라네** 도시재생 프로젝트의 일환으로 개관되었으며, 곧 이 지역에서 가장 많은 방문객이 찾는 박물관 중 하나가 되었다.

이와 대비되는 **라프리시**La Friche는 사회공간적 분리와 사회경제적 불평등이 뿌리내린 마르세유 빈민 지역에 자리잡고 있다(Gripsiou and Bergouignan 2021). 이 옛 담배 공장은 대규모 아트센터로 개조되었으며, 수도 파리에서는 버려진 도시 부지나 공터가 전시공간, 콘서트홀, 작업공간, 자원봉사 단체를

〈그림 2-2〉 마르세유의 라프리시와 유럽지중해문명박물관
출처: 저자 사진.

위한 건물, 나이트클럽의 장소 등 다양한 용도의 문화 허브로 탈바꿈하고 있다. 1992년 정교한 리허설과 공연 공간인 SFTSysteme Friche Theatre가 처음 입주한 이후, "예술 창작 과정에 관여하는 여러 주체가 같은 시공간에 함께 공존한다"(Bordage 2002, 17)는 의미를 살려 **에드 오 뮈지크**Aides aux Musiques를 비롯해 여러 회사가 입주했다. 오늘날 **프리시라벨드메**Friche la Belle De Mai라는 명칭과 위치 그대로 400명의 예술가와 창작자를 포함한 70개 단체의 작업공간이자 청소년 워크숍부터 대규모 축제까지 연간 600회의 공공미술 이벤트가 열리는 문화 이벤트 장소로 활용되고 있다. 연간 45만 명 이상이 방문하는 프리시는 스포츠공간, 레스토랑, 5개의 공연장, 공유 정원, 서점, 탁아소, 유럽문화수도를 위해 지어진 2,400m²의 전시공간, 8,000m²의 옥상 테라스, 위의 철로와 접한 스케이트보드 공원이 있는 트레이닝센터로 구성된 복합 시민공

간이다. 프리시라벨드메 아트센터는 유럽문화수도 지정 기념행사 이전부터 있었지만, 다른 사업과 마찬가지로 시설 업그레이드를 위한 추가 자금의 혜택을 받았다.

　이 사례는 마르세유 도시 문화 축제의 '두 도시 이야기'라고 할 수 있다. 하나(유럽지중해문명박물관)는 주로 관광 중심적이고 상징적이며 비용이 많이 들고, 도시에서 가장 유명하고 접근성이 좋은 바닷가에 자리 잡았지만, 다른 하나(라프리시)는 집약적이고 민주적으로 이용/조직된 유연한 공간으로, "프리시 외곽에는 택시를 찾을 수 없다. **벨드메**의 근린 지역은 가난하고, 택시 기사들에게 적합하지 않은 곳이다"(Kornblum 2022, 87)라는 표현처럼 관광 지도에 나타나지 않는 지역의 산업유산을 재활용하여 조성되었다.

플러그인 문화공간

특정 목적을 위한 문화공간은 반드시 건물을 건축하거나 미리 계획된 이벤트일 필요는 없고, 이동식 건축의 형태를 통해 문화시설의 인지 가능성과 입지 유연성의 장점을 결합하여 개방성과 이동성을 가질 수도 있다(Handa 1998). 두 가지 사례로, 건축가 알도 로시Aldo Rossi의 **테아트로 델몬도**Teatro del Mondo와 안도 다다오Ando Tadao의 **카라자**Karaza 극장이 있다. 로시의 한시적 프로젝트는 1979년에 1980년의 베네치아 비엔날레의 극장과 건축 섹션을 준비하기 위해 지어졌다.**9** 이 건축물은 약 25m 높이에 팔각형이 얹힌 큐브로 구성되어 있으며, 강철 기둥과 나무껍질로 만들어졌다. 푼타 델라 도가나Punta della Dogana에 정박해 있는 이 부유식 극장은 아드리아해를 건너 당시 유고슬라비아였던 곳으로 항해하여 이전 베네치아 식민지의 일부였던 다른 항구들 중 두브로브니크를 방문한 후 해체되었다. 로시는 극장을 위한 그의 많은 드로잉을 통해 베네치아의 정체성, 즉 물리적·지리적·건축적·신화적 현실을 분석했다. 여기에는 많은 참고 자료가 모였다. 르네상스 이전과 초기르네상스 시대의 피렌체 키오스크Kiosk, 르네상스 극장, 엘리자베스 시대의 극장, 등대 건축, 특히 카니발을 위해 지어진 부유식 구조로 유명한 18세기 베네치아 건축이 있다.

더 기능적인 예로는 일본 건축가 안도 다다오의 **카라자** 이동식 극장(Ando and Futagawa 1990)이 있다. 임시 건축물은 일본 문화의 필수적인 부분이다. 일본 생활에 스며든 금욕주의 신토(神道) 철학의 본질은 삶의 영구적인 요소가 아니라 죽음과 부활, 파괴와 재창조의 주기적 순환으로 표현되는 영적 갱신을 숭배하는 것이다(Kronenburg 2003). 간단한 조립 후 비계로 건설된 원래의 극장은 1987년 단지 15일 만에 지어졌다. 안도는 극장을 이동식으로 설계했으며, 대부분의 구성 부품은 현지에서 조달한 표준화된 재료로 만들었다. 처음에는 도쿄의 아사쿠사 신사에서 임시 극장으로 사용되었고, 그다음 간사이 지역의 드라마 페스티벌에서 사용된 후 다른 축제 장소로 옮겨졌다. 안도의 또 다른 디자인은 2023년 여름 멜버른에서 열린 엠파빌리온 텐(MPavilion 10) 축제의 건축물이다. 이는 멜버른의 퀸빅토리아 가든에서 매년 5개월간 열리는 무료 이벤트 디자인 축제이다. 2023년이 엠파빌리온 열 번째 행사로, 오스트레일리아에서 가장 많은 방문객이 오는 축제 중의 하나로 성장하여, 2022년에는 35만 명 이상의 방문객을 맞이했다. 지난 아홉 번의 엠파빌리온은 2014년 개최 이후 90만 명 이상의 방문객을 맞이했고, 3,500회 이상의 무료 이벤트를 개최했다. 각 엠파빌리온 시즌이 끝나면 주최자인 나오미 밀그롬 재단Naomi Milgrom Foundation이 파빌리온을 빅토리아 주민들에게 선물한다. 즉 파빌리온을 이전하여 지역사회의 새로운 영구 공공주택으로 사용한다. 이에 대한 한 비평을 인용하면 다음과 같다. "멜버른 예술지구 내의 새로운 만남의 장소로 구상된 이 기획을 위한 안도의 엠파빌리온 디자인은 (빅토리아) 정원에 직접적으로 기억에 남는 구조물을 만들고자 하는 그의 열망을 담고 있다. 카라자 극장은 공간적 순수성을 위해 노력하며, 원과 사각형의 기하학을 사용하여 자연과 조화를 이루는 공간을 만든다."**10** 하지만 콘크리트로 건설되고 알루미늄 디스크로 마감된 이 구조물을 다른 장소로 이전한다는 개념은 장소특정적 디자인과 지속가능성을 부정하는 결과를 초래한다. 훨씬 더 심미적인 사례는 아키그램Archigram 그룹의 피터 쿡Peter Cook과 세드릭 프라이스 Cedric Price가 각각 디자인한 **플러그인 시티**Plug-In City와 **펀펠리스**Fun Palace 로서, 너무 현실적이어서 시대를 앞서 나갔다. 두 디자인 모두 모듈화와 시간적으로 유연하고 미래적인 공간에 대한 상상적 사고로 이루어졌다. 모듈식 단위는 여러 번 재배열할 수 있고, 건물은 확장되고 수축될 수 있으며, 시간을 무한대로 확장할 수 있고, 인간 활동에 대한 실시간 데이터를 측정하여 공간 형태를 변형하고 제어할 수 있다(Mathews 2005). 제6장에서 자세히 논의하겠지만, AI/VR 전시회에서 부상하고 있는, 데이터를 기반으로 한 몰입적인 경험을 미리 보여 준다.

새로움의 충격

새로운 예술 건축물, 박물관 건물과 분관/프랜차이즈의 재생은 어느 정도 매력이 있고 유산 보존의 요건을 충족할 수 있게 해 준다. 뉴욕의 현대미술관 MoMa, 런던의 테이트모던Tate Modern, 파리의 루브르 등과 같은 주요 문화 건축물의 재생 사업이 급증했다. 이는 부분적으로는 오래된 것보다 '새로움의 충격'에 대한 정치적 선호도를 반영한 것이고(Hughes 1991), 부분적으로는 새로운 기술과 디지털 경험이 제공하는 **에듀테인먼트**edutainment와 참여에 대한 필요성(Pine and Gilmore 1998)과, 실제로 너무 많은 작품의 컬렉션이 빠르게 증가하는 추세를 반영한 것이다. 그러나 복제의 관점에서 보면, 이는 서구

문화(구겐하임, 스미스소니언, 루브르, 아이비리그 대학 등)의 세계화와 **하드브랜딩** hard-branding(Evans 2003a)이 개발도상국, 특히 두바이와 아부다비(사디야트섬 Saadiyat Island), 카타르와 같이 탈석유 경제의 고차 서비스산업을 발전하고자 하는 중동의 도시국가에 수출되었다(Riding 2007; Gluckman 2007). 이와 유사한 사례는 서구보다 훨씬 크고 광대한 이전 산업단지가 있는 탈산업 시대의 중국에서도 볼 수 있다(Chen, Judd and Hawken 2015). 동남아시아에서는 싱가포르의 **에스플러네이드 시어터스 온 더 베이**Esplanade-Theatres on the Bay 복합지구와 화려한 바이오파크가 있다(Evans 2003a). 이러한 추세는 예술 및 박물관 컬렉션과 극단, 건축가/총괄계획가, 큐레이터, 문화 중개자(문화공간의 주요 구상자)의 지구적 순환과 재정지원의 확대로 이어졌다(Stanek and Schmid 2014). 르페브르는 이에 대해 다음과 같이 언급했다.

> 여가공간은 공간의 생산을 통한 자본주의 재생산의 사례이다. 이는 제조업 중심의 자본의 1차 순환에서 평균 이윤율의 하락 추세를 보상하는 부동산 투자의 '자본의 2차 순환'에서 비롯된다(Lefebvre 2014, 160).

이러한 관점에서 보면, 문화공간은 일상생활에 대한 부르주아 문화적 헤게모니 재생산의 장소라고 할 수 있다(Stanek 2014; Lefebvre 1984).

국부펀드가 자금을 지원하는 예술 및 엔터테인먼트 복합지구와 도심 문화시설에 대한 도시정부의 경쟁적 투자와 함께, 오랜 역사를 가진 개인 후원자가 또한 새롭고 호화로운 문화 체험 장소를 계속해서 창출하고 있다. 국가와 후원 기업이 정기적으로 문화 장소에서 이름을 알리는 동안(디즈니, 구겐하임, 티센), 부동산 소유주는 비교적 자유롭게 이익을 추구하고 있다. 태즈메이니아 호바트에 있는 모나 예술박물관Museum of Old and New Art(MONA 또는 'O')

이 그 사례이다(그림 2-3). 이 지역에서 성장해 부자가 된boy-made-good 데이비드 월시David Walsh는 1990년대에 무릴라Moorilla의 파산한 와인 양조장을 인수했다. 억만장자 월시는 문자 그대로 카지노의 승률을 이긴 직업 도박사 활동으로 재산을 모았고, 모나 예술박물관을 설립했다. 언덕 위에 있는 모나는 고대 그리스의 사원을 떠올리게 한다(방문객은 보트를 타고 접근한다). 8,000만 달러의 비용이 들어간 이 박물관은, 베리데일반도의 사암 절벽에 3개 층의 건축물이 완벽히 땅속으로 들어가도록 건축된 공학적 업적이다.

월시가 박물관 같지 않은 기능이라고 설명한 곳, 즉 신체 기능에서 수간(獸姦), 안락사에서 진화, 죽음에서 일탈, 중독에서 무신론까지 모나 예술박물관은 이 모두를 탐험한다. 월시가 이곳을 '어른을 위한 디즈니랜드'라고 부르는 데는 이유가 있다. 모나 예술박물관의 설명에는 이 공간이 무엇인가라는 질문에 적절히 농담조로 접근한다.

- 데이비드의 피트니스 마커fitness marker: 그를 공작새로 생각하고 그의 그림을 깃털로 생각해 보세요.
- 시월드: 칵테일과 꽤 괜찮지만 놀랍지는 않은 오스트레일리아 모더니즘 작품이 있는 곳

〈그림 2-3〉 태즈메이니아의 모나 예술박물관MONA
출처: 저자 사진.

- 사람들이 '예술은 잘 모르겠지만 건축물은 대단해'라고 말할 수 있는 곳
- 라이브 음악을 듣기에 좋은 곳
- 상당한 노력을 한 공예 마케팅

이 문화시설과 '경험'은 제도화되지 않고 대담한 측면이 있지만, 기이하고 궁극적인 허영심으로 가득한 프로젝트이다. 이는 독특한 것이 아니라, 오래된 돈줄을 새로운 돈줄로 바꾼 것에 불과하다. 계획, 표출된 수요, 주민과 예술가의 열망의 산물이 아니다—자신의 열망도 아니다. 그러나 그 참신함은 지속될 수 있으며, 'O'는 의심할 여지 없이 이 도시를 문화 지도에 올려놓았다. 빌바오 구겐하임 미술관처럼, 형태가 문화적 기능을 지배하는 수많은 **스타 건축가**의 미술관과 공연장 못지않다.

뉴타운 – 새 극장

계획을 통해 문화시설의 명백한 격차를 메우려고 시도하는 경우, 미래의 창의적 수요를 충족시킬 수 있는 공간의 **유형**에 대한 의문이 여전히 남을 수 있다. 물리적·사회적 성장의 맥락에서, 이는 사우스미들랜드의 대표적 계획도시로 전후에 형성된 신도시 밀턴킨스Milton Keynes, MK의 시민극장 개발 사례에서 설명할 수 있다. 이 신도시에 대한 지역 예술 계획은 실행되지 않았지만, 1970년대 원래의 개발 청사진에서는 대형 극장의 잠재력이 강조되었다. 1985년 MK 개발공사는 라이브 공연 공간을 만드는 것이 매우 바람직하다고 보고했고, 국영복권기금의 지원이 성공적으로 이루어진 후, 극장과 갤러리의 건립 비용 3,000만 파운드 중 2,000만 파운드를 지원받았다. 1999년에 극장이 문을 연 이후 의회 보고서에서는, 밀턴킨스 극장은 다양한 공연을 도시로 유인하는 것 외에도 도시의 활발한 문화생활을 풍요롭게 한다고 강조했다(Evans

2008, 77).

그러나 '내부자' 관점에서 보면, 이 전통적인 극장은 특별한 영혼이 부족하다고 느껴진다. 'MK를 현대적이고 필요한 예술을 경험할 수 있는 공간으로 만들려면 어떻게 해야 할까?'라는 질문에 유명한 연극연출가 피터 홀Peter Hall 경은, "우선 작은 극장을 짓는 것부터 시작해야 한다. 현재의 극장은 비인간적인 공간이다. 아마도 새로운 경험을 제공하는 공간이 없으므로 현재 극장에 관객이 많지만, 적절한 극장은 아니다"(Hall and Hall 2006, 237). 이름 그대로 학술 기획자인 그는 농담이 아니라는 듯이 다음과 같이 덧붙였다.[11]

나는 MK가 완전히 새로운 곳이기 때문에 어렵다고 생각한다. MK 센트럴은 우리나라에서 가장 완벽하게 창조된 계획공간이다. … 하지만 MK는 너무 성공적이어서 문제라고 생각한다. 그래서 MK에는 버려진 공간이 하나도 없다(Hall and Hall 2006, 237).

(예술적) 콘텐츠, 핵심 시설, 그리고 '장소'의 중요성(문화적이고 상징적인) 간의 구분은 앞의 관찰에서 분명하게 드러난다. 새로운 극장을 짓는 것이 반드시 **적정한** 문화를 제공하거나 지역의 문화시설에 대한 완전한 답이라는 생각은 분명히 의심스럽다(Evans 2005). 특히 순회공연에 의존하고 자체 생산 콘텐츠가 없는 장소에 자금을 지원하는 현실을 볼 때 더욱 그렇다. 주민이나 방문객이 이 새로운 도시에 대해 '풍요로운 문화생활'이라는 인상을 가질 수가 없을 것이다. 문화시설의 위치와 미래의 수요에 대한 유연성은 반응형 디자인responsive design과 비공식적인 공간, 창작 활동 및 참여 지향적 시설 등이 라이프 사이클에 따른 지역적 수요를 담기 위해 필요하다는 것을 시사한다(Evans 2008, 90). 이렇게 되면 극장은 주민들에게 '각각의 부문, 각각의 공간

을 어떻게 사용할지 주민 스스로 결정할 수 있는 자유'를 제공할 수 있다. 허츠 버거가 제안한 것처럼, "성공의 척도는 공간이 사용되는 방식, 공간이 유치하는 활동의 다양성, 공간이 창의적인 재해석을 위한 기회를 제공하는 것이다" (Hertzberger 1991, 170).

일상적인 문화공간

이미 논의했듯이, 20세기의 아트센터는 일상 문화에서 적어도 한 가지 요소는 제공했지만, 이는 프로그래밍, 접근성, 재현이 지역사회를 반영(하고 도달)한 경우에만 해당한다. 문화예술 활동 참여에 대한 지속적인 장벽은 '접근성' (위치/교통, 비용/입장료)뿐만 아니라 관련성(관심 있는 주제)과 제공되는 문화 활동 및 이벤트의 품질도 관련이 있다. 요컨대 지역 관객과 참여자의 경험과 관심을 반영하는 커뮤니티와 더 지역적인vernacular 문화이다(Evans 2009d). 문화적(공간적) 측면에서 일상성이란 참여와 경험의 빈도와 근접성, 일상생활에서 문화 활동의 장소를 의미한다. 문화 제공의 부재는 참여를 제한할 수 있다. 예를 들어, 미국인의 35%는 "자신의 근린이나 커뮤니티에서 예술과 문화 활동에 참여할 기회가 많다는 데 동의하지 않았다"(NEA 2019, 3). 반면에 이전 경험(과 접근성)은 일반적으로 예술 참여 수준 증가와 관련이 있고(교육/부모 교육을 대리변수로 사용), 낮은 소득/사회 계층과 좋지 않은 건강 상태이면 예술 이벤트 참석률이 낮지만, 이러한 요소는 예술 활동이나 창작 그룹 참여와는 관련이 없으며, '비참석자'로서 예술 행사에 관심이 있는 것과도 관련이 없다 (Bone et al. 2021). 일상성은 집, 커뮤니티 단체, 종교 기관, 학교, 전통, 주기적 축하행사, 그리고 현대 도시계획 용어인 즐거움, 참여, 집합적 사회 참여를 위한 어메니티를 통해 스스로 창출한 '개인적' 영역을 포괄한다.[12] 공예, 아마추어 예술, 청소년 예술과 같은 대부분의 창조적 실천과 '만들기'는 여전히 민족 및 커뮤니티 문화 등의 지역적(일상적) 환경에서 이루어진다. 런던 사우스뱅크13와 바르셀로나 MACBA의 복합예술지구 중앙홀과 지하실 밖에 있는 스케이트보드를 타는 사람, 젊은 그라피티 예술가부터, TV 경연 프로그램 **스트릭틀리 컴 댄싱**Strictly Come Dancing이 등장하기 전부터 지역의 댄스클럽에서 정기적으로 만나는 200만 명이 넘는 사교 댄서에 이르기까지 사이interstitial 공간에서 이루어진다. 아마도 매주 600만~900만 명의 시청자를 유치하는 성공의 한 가지 이유일 것이다(Evans 2009d). 더욱이 극단적인 주변 문화의 전시와 교류는 도시 외곽의 장소에서 자주 발견된다. 예를 들어, 창고나 들판에서 열리는 레이브rave는 일반적으로 반경 50마일(80km) 정도의 청중을 끌어들이며, 소수민족 거주 지역이나 제2, 제3 세계 도시의 고가도로와 축구 경기장 근처에서 공예품, 골동품, 음식, 옷, 가정용품을 판매하는 주간 커뮤니티 장터 등이 있다. 댄스, 음악, 엔터테인먼트 활동이 이러한 장터와 뒤섞여 있으며, 도

〈표 2-4〉 아마추어와 자발적 예술 참가(단위: 천 명)

예술 형식	그룹	회원	엑스트라/ 자원봉사	공연/ 이벤트	관람
공예	840	28	13	3,000	924
댄스	3,040	128	12	57,000	10,906
축제	940	328	395	12,000	3,481
문학	760	17	11	4,000	191
미디어	820	62	12	21,000	1,563
음악	11,220	1,642	643	160,000	39,325
극장	5,380	1,113	687	92,000	21,166
시각예술	1,810	265	52	8,000	1,289
복합예술	24,330	2,339	1,692	353,000	79,789
합계	49,140	5,922	3,517	710,000	158,634

시와 주변의 넓은 지역에서 정기적으로 참가자들을 끌어들인다(Evans 2009d).

따라서 소위 아마추어와 자발적 예술 활동(전문 예술 이벤트에 수동적이 아닌 적극적으로 참여하는)에서는 중요한 문화적 참여가 명백히 이루어진다. 영국의 연례 조사에서는 주민의 참여 규모를 보여 준다(Dodd 2008). 여기에는 약 600만 명의 회원을 대표하는 5만 개의 조직화된 그룹과 350만 명의 자원봉사자 등이 있으며, 1년 동안 1억 5,800만 명이 70만 개 이상의 이벤트에 참여했다(Evans 2009d, 27). 아트센터의 경우(앞서 언급했듯이)와 유사하게, 연극과 음악이 가장 인기가 있지만, 소수민족 예술과 새로운 예술 형식이 포함된 '복합예술'이 가장 크고 인기 있는 활동 범위를 구성하고 있다(표 2-4).

도서관

도시 생활에서 일상적인 문화공간 중 일부는 도서관과 영화관이다. 전자는 공공 어메니티이고, 후자는 상업적인 엔터테인먼트 장소이다. 일상적인 문화 제공의 관점에서 보면, 영화관과 도서관은 이용 가능성이 낮은 문화시설보다 훨씬 더 많은 인구 집단이 방문하며, 넓게 분포되어 있어 접근성이 가장 좋은 공간이다(Evans 2008). 관객층이 빠른 '연령 감소'를 보이는 영화관과 달리, 도서관은 전 연령대에서 고르게 이용되고 사회경제적 지위가 낮은 계층의 이용 비율이 더 높다. 공공도서관에 대한 지원금이 점점 감소하고 개관 시간이 줄어들었어도(오랫동안 유지되어 온 최소 기준을 위협), 영국에서는 성인(16세 이상) 인구의 39%가 여전히 도서관을 이용하고 있으며, 빈곤 지역에서는 이 수치가 50%로 증가한다. "도서관은 책, CD, DVD 그 이상을 제공한다. 도서관은 교육, 엔터테인먼트, 자기계발을 위한 광범위한 자료의 포털이 되었다"(DCMS 2014, 10). 도서관은 또한 이용자 주소 정보가 있는 도서관 카드를 통해 지역 주민의 이용 실태에 대해 분석한다. 실제로 이용되는 서비스의 전체를 다 파악할 수는 없지만(따라서 과소평가된다), 도서관 이용 가구의 위치를 명확히 알 수 있으므로 사회인구학적 분석이 가능하다. 도서관 이용 지역과 주민 분석의 사례는 잉글랜드 북동부 게이츠헤드Gateshead의 도서관 이용 분석을 통해 설명할 수 있다(그림 2-4).

〈그림 2-4〉는 도서관 근접 지역에서 도서관 이용률이 높고 낮은 지역이 어느 곳인지를 보여 준다. 문화의 지역 공급은 실제 이용에 분명히 중요하지만, 도서관 시설이 유사한 지역 간에도 이용률의 차이가 있다. 이 정보는 가구와 인구통계 자료로 분석하여 도서관 공급에 격차가 있는 곳과 접근성, 문해력, 품질 문제로 도서관 이용이 제약받거나 활발한 곳을 찾을 수 있다. 서점, 특히 독립서점과 전문서점의 사례처럼 도서관의 죽음은 수년 동안 예상되어 왔으며, 가정 배달과 디지털 도서관이 기존 도서관의 핵심 서비스인 도서, 테이프/

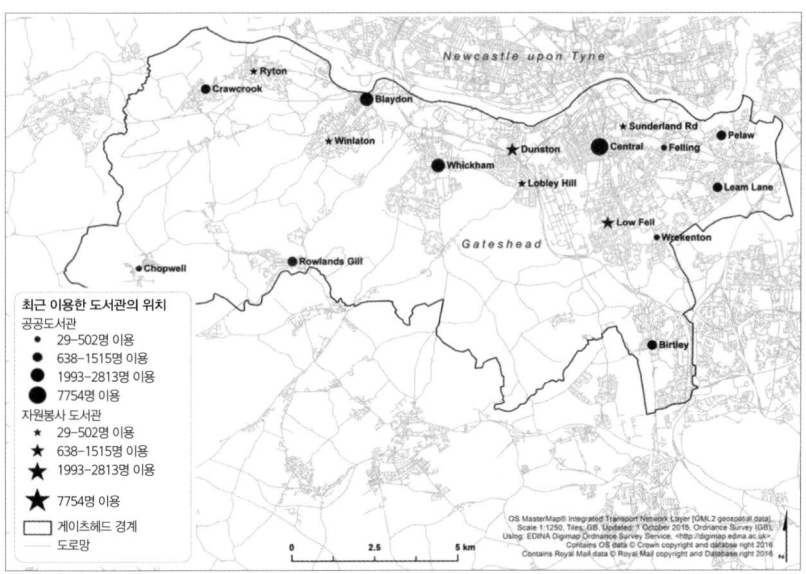

〈그림 2-4〉 게이츠헤드 자치구 도서관의 입지, 거버넌스, 회원의 마지막 이용 도서관
출처: Delrieu and Gibson(2017, Open Access).

CD 대여, 정보 서비스, 어린이 활동 등을 잠식했다. 도서관 회원제도를 통해 운영되는 디지털 도서 다운로드가 가능해지면서 도서관의 매력과 이용이 다시 확대되었지만, 실제 도서관 건물은 그렇지 않았다. 도서관에 어느 정도 공간이 확보되어 오늘날 지역 도서관(일부는 **아이디어 스토어**로 재브랜딩되거나, 아트센터와 시민 허브의 일부로 변경)은 가정과 학교 사이의 완충지대가 되어 도서관 시설에서 공부하는 청소년을 수용하고 있으며, 유치원부터 연금 수급자에게까지 다양한 평생교육, 활용공간, 전시 기회를 제공한다. "모든 단계에서 도서관이 기능하는 맥락(공간적·정치적·경제적·문화적)이 바뀌었다. 따라서 도서관은 지속적으로, 스스로 재투자하여 정보 서비스를 제공하는 수단으로 거듭나고 있다"(Mattern 2014).

파리와 암스테르담의 국립도서관과 박물관 도서관 **그랑 프로제**Grand Projets와 함께 디자인 중심 도서관 건물이 버밍엄, 멕시코시티, 워싱턴D.C., 시애틀의 도심에 문을 열었다. 이는 도시의 시민적(그리고 건축적) 가치를 재확인해 준다(Worpole 2013). 도서관의 본질은 대부분의 다른 문화공간과는 구별된다. "도서관은 매우 특정한 종류의 건물이다. 우리가 집합적으로 개별적인 일을 하는 건물이다. 극장의 경우는 그 반대이다. 극장에서 여러분은 개별적으로 집합적인 내용을 바라본다"(Arets 2005, in Worpole 2013, v). 건축비평가 보디가 언급했듯이(Boddy 2006), "새로운 세기의 공공건축의 시작을 상징하게 될 건물은 자하 하디드, 홀, 헤어초크 & 드뫼롱의 최신 쿤스트할레Kunsthalle가 아니라 렘 콜하스Rem Koolhaas의 시애틀 중앙공공도서관인 것은 분명하다"(Bagwell et al. 2012, 17). 최근 몇 년 동안 미술관과 박물관이—도시재생이라는 미명하에—급증했음에도 불구하고 도서관이 여전히 뚜렷한 시민의 지지를 받는 이유는, 도서관이 이처럼 다른 유형의 문화 제공(공적이든 사적이든)보다 훨씬 더 풍부한 공공공간을 제공하기 때문이다(Bagwell et al. 2012, 18).

영화관

영화관은 지역적으로 접근이 쉬운 문화시설이지만 공급이 감소하고 있다. 도서관과 마찬가지로 경쟁하고 있는 문화 소비 형태, 특히 TV에 이어 비디오/DVD, 그리고 지금은 디지털플랫폼(PC, 모바일/태블릿 스트리밍)으로 인해 급속하게 대체되고 있다. 뮤직홀과 다른 대중적인 엔터테인먼트 공간을 대체했던 (그리고 이전 엔터테인먼트 건물 중 일부를 다시 사용한) 영화관도 장기적으로 감소하고 있다. 영국에서 영화관 관람객은 1940년대에 (전쟁으로 인해) 160만 명으로 정점을 찍었지만, 1960년에는 50만 명으로 감소했고, 21세기가 되어서는 14만 2,000명으로 감소했다. 미국에는 독일, 영국, 프랑스를 합친 것보다 더 많은 영화관이 있다(Sassoon 2006). 영화관 관람도 이를 반영하여 미국의 연평균 영화관 관객 수는 영국과 프랑스의 두 배이다(1인당 4회 대 2회). 가정과 모바일 화면으로 영화를 스트리밍하는 서비스가 등장하고, 2020년 이후 코로나19 팬데믹이 집 밖 활동에 미친 엄청난 영향으로 인해 관객 수와 영화관 수가 모두 더욱 감소했다. 영국 시네월드 체인은 120개가 넘는 영화관을 폐쇄했고, 미국에서는 영화관 관객이 60% 감소했다.

이러한 감소에도 불구하고, 영화관은 여전히 문화 이벤트에서 가장 높은 관객 수를 유지한다. 영국 인구의 48%가 '극장에서의 공연'에 참여한 반면, 영화관에서 문화 활동에 참여한 인구는 68%이고, 관객 수가 증가한 유일한 문화 활동이다(ACE 2010). 흑인과 아시아인 그룹의 관객 수도 다른 문화 활동보다 더 높고, 백인 관객에 비해 더 높다(ACE 2003). 1995~2009년 동안 영화관 관객 수는 전체 인구의 52%에서 68%로 증가했다. 영국 정부의 **테이킹 파트**Taking Part 문화 활동 조사와 같이, 이 데이터는 참여 유형이나 실제 **장소**를 보여주지는 않으며, 참여 빈도가 낮게 나온다('연 1회 미만으로 참석하는' 사람 포함) (ACE 2017). 영화관은 참여 빈도가 가장 높은데, 정기적으로(4회 이상) 가는 사람이 드물게(연 1회 이하) 가는 사람보다 거의 4배나 많다. 브룩은 유럽 전역의 문화에 대한 대중의 참여를 비교하면서 다음과 같은 사실을 알게 되었다.

> [놀랍지 않게도] 한 국가의 영화관 수와 영화관 관람 횟수 사이에는 강한 상관관계가 있다. 영화관 관객 수와 인구 1,000명당 영화관 수 간의 상관관계를 보면, 영화관 관객의 83.7%가 영화관 이용 가능성에 의해 설명된다. 즉 반대로 말해 각국의 영화관 공급이 수요에 거의 정확히 일치한다는 것을 시사한다(Brook 2011, 22).

내셔널시어터National Theatre, 메트로폴리탄 오페라Metropolitan Opera(뉴욕), 코벤트가든 오페라하우스Covent Garden Opera House와 영국국립오페라English National Opera와 같은 다른 대규모 공연 조직이 라이브 영화 상영 스크린을 도입함으로써 장소문화적 경험에 대한 새로운 계기가 되었다. 예를 들어, 내셔널시어터는 전국의 협업 영화관에서 라이브 공연을 동시에 생방송했다. 나중에 상영하기 위한 디지털 녹화가 아니라, '라이브' 경험을 할 수 있도록 상영한 것이다. 아마도 예상치 못한 영향 중 하나는 카메라로 클로즈업 줌이 가능하므로 대부분의 극장 관객보다 영화관 관객이 무대/공연자에 더 가까이에서 관람했다는 점이다. 이러한 라이브/스크린 이벤트에서 라신Racine의 「페드르Phèdre」와 셰익스피어의 「끝이 좋으면 다 좋아All's Well That Ends Well」라는 내셔널시어터의 연극 2개를 대상으로 한 NESTA 설문조사(2010)에서 영화관과 내셔널시어터 관객 사이에서 흥미로운 결과가 나왔다. 경험 자체 측면에서 보면, 영화관 관객은 극장 관객보다 몰입도가 높았고 기대를 더 충족했으며, 정서적 반응이 더 높았고, 작품을 감상하는 새로운 방식에 찬사를 보냈다. 따라서 라이브 영화는 라이브 극장에 대한 대체재적이고 보완재적인 문화적 경험을 제공하며, 라이브 공연(영화관과 극장 모두)에 참석하는 데 긍정적인 시도였다. 영화관 관객의 89%는 향후 라이브 방송에 참석할 가능성이 높다고 응답했고, 다른 의견으로는 극장 자체(34%)와 다른 연극/장소(30%)에 참석할 가능성이 높다고 응답했다. 중요한 것은 라이브 영화 상영이 저소득층 관객을 끌어들였고, 그들 중 많은 사람이 내셔널시어터에 한 번도 가 본 적이 없었다는 점이다. 친숙하고 접근하기 쉬운 장소가 원래의 공연보다 더 많은 관객을 끌어들일 수 있다는 점은 분명하다. 영화관의 관객은 편의성, 더 친밀하고 공유되는 경험, 무대/액션에 더 가까운 근접성 등의 장점이 실제 극장이 주는 분위기와 대면 라이브 이벤트의 흥분과 같은 요소를 상쇄하고 타협했다(하지만 여전히 중요한 점은 '외출'이다). 대부분은 지역적 접근성이 영화관 참석에 가장 중요한 요소였다(Evans 2008).

문화공간에 대한 인식

문화공간의 생산은 아마도 문화시설과 주변 환경의 창조, **구상**conception, 전통을 둘러싼 정치적·상징적 경제(Miles 2015)에 의해 지배된다(문화유산 분야는 제4장에서 자세히 살펴본다). 반면에 사용자/**이용자**는 종속적이거나 기껏해야 도시적 상상에서 보조적인 행위자이므로, 공간 경험이 불만족스럽거나 부적절하거나 '대표적이지 않을' 수 있음을 시사한다. 르페브르가 주장했듯이, "이것은 상상력이 바꾸고 전유하려는 공간으로서, 지배받고 수동적으로 경험된다". 그가 인정했듯이, 사회 모든 구성원의 특정한 공간적 역량과 수행력은 경험적으로만 평가될 수 있다(Lefebvre 1991, 39). 반면에 카스텔은 르페브르와는 의견이 상반되는 듯하다. 카스텔은 (르페브르가) 경험주의에 관한 관심이 거의 없었다고 지적하면서(Castells 1997; Elden 2004), 르페브르의 주장을 뒷받침하는 양적 데이터나 경험적 타당성은 거의 없다고 주장한다(Filion 2019). 그러나 르페브르의 개념(테스트할 이론이 아니다)은 예측 모델이나 정규상태라고 주장된 적이 없다.

철학자, 사회학자, 기타 분석가 등 이 분야의 관찰자와 연구자들은 주로 사회적 프로파일링 관점에서 문화공간 이용을 평가하기 위해 행태주의적 연구, 이용자 설문조사, 관련 데이터 수집 방법을 모색해 왔지만, 이러한 공간과 시설에 대한 이용자와 예술가의 관점을 다룬 실증적 증거는 부족하다. 공간 생산(조경, 도시 설계, 엔지니어링 설계)의 주요 분야인 건축에서 고객은 일반적으로 개인 후원자(문화 조직의 사외이사/이사회), 도시, 국가이며, 이 과정은 이들 건물과 환경을 관리하고 유지하는 책임이 있는 사람들로서 일상적인 문화 이용자와 완전히 분리되지는 않더라도 상당한 거리가 있다. 자금 지원자, 정책 입안자, 마케팅 목적을 위해 수행된 정기적인 이용자 설문조사 외에는 개발 단계에서 조사나 공동 설계가 거의 없고, 입주 후에도 연구가 없다. 특히 음향, 조명, 안전, 길찾기/가독성, 불규칙한 배치/그림 걸기를 제한하는 벽 등 문제가 있는 공공건물에 대한 일반적인 경험에도 불구하고(예: 뉴욕의 구겐하임과 리우데자네이루의 니테로이Niterói), 원래 목적에 적합하지 않아 비용이 많이 들지만 자주 만족스럽지 못한 개조가 이루어졌다(Evans 2001, 2003a). 이 문제는 불규칙한 '물결 모양' 외관과 바닥면, 재료와 공간 레이아웃을 선호하는 '시그니처' 디자인 스타일 시대에 더욱 악화되었다(게리Gehry, 하디드Hadid, 올솝Alsop, 니에메예르Neimeyer, 헤어초크 & 드뫼롱Herzog & de Meuron 등). 예를 들어, 니테로이에 있는 니에메예르의 신축 갤러리는 "곡선 벽과 바닥과 벽 사이에 명확한 구분이 없는 비행접시를 모방했다. 이는 큐레이터의 악몽이다. 이 갤러리는 리우데자네이루를 향해 만을 내려다보는 곳에 있어 시각적으로는 멋진 랜드마크이지만, 단조로운 공공공간에 자리 잡았으며 접근이 무척 어렵다"(Evans 2003a, 329).

새로운 건축에 대한 전문가의 비판은 건축 잡지와 미디어에서 드러난다. 전문 건축 사진작가는 일반적으로 푸른 하늘을 배경으로 **사람이 없는** 깨끗한 건물의 이미지를 포착하기 위해 고용되며, 실질적으로는 사용되지 않고 **사전에** 의도된 용도로만 이용된다(즉 설계되고 비용이 지급된 것). 해리스가 지적했듯이, "국제박물관협의회ICOM의 박물관에 대한 정의에서는 박물관이라는 기관을 이용자와 명확한 경계가 있는 빈 용기로 개념화한다. 그 의미 중 어느 것도 사람과의 인터페이스에서 도출된 것 같지 않다"(Harris 2015, 1). 박물관의 기획 과정은 계획 규모를 도시 설계/마스터플래닝 수준으로 확장하여 실제 세계나 실제 건축 환경의 현실을 반영하지 않고, 시간이 지남에 따라 실제로 경험되는 방식도 반영하지 않는 평면도와 모델을 통해 기하학적·그래픽적 정밀성을 결합한다(Evans 2015b).

반면에 공간적 실천을 고려하면, 일상적 현실 또는 일상routine과 도시적 존재 사이에 있는, 인식된 공간 내에서의 긴밀한 연관성을 구현해야 한다. 즉 일, '개인' 생활, 여가에 사용되는 장소를 연결하는 경로와 네트워크이다(Lefebvre 1991). 일상적인 공간 이용을 관찰하는 것은 도시 설계의 특징이었다. 예를 들어, 1960년대 샌프란시스코에서 시작된 애플야드의 **살기 좋은 거리**livable streets 프로젝트가 있다(Appleyard 1981). 애플야드는 3개의 유사한 거리를 대상으로 도로 교통량의 변화에 따른 주민의 사회적 네트워크와 상호작용, 거리 생활과 일반적인 웰빙의 차이를 관찰했으며, 교통량이 동네의 경계를 구분하는 역할을 한다고 지적했다(Evans 2014c). 애플야드의 관찰 방법과 트레이싱 페이퍼를 이용한 이미지 매핑과 주석, 그리고 주민/이용자의 인식을 포착하는 방법은, 제9장에서 논의되는 것처럼 **실제 현실을 위한 계획**과 디지털 지원 참여-GIS 기술의 선구적인 역할을 했다. 자칭 **인간 중심 도시 설계**

의 주창자인 덴마크 건축가 얀 겔Jan Gehl은 이러한 인간 관찰 접근 방법을 공공영역으로 가져갔으며, 현재 공공공간 디자인 실무에서 널리 적용되고 있다. 애플야드의 관찰 중 일부는 적절하다. 즉 "전 세계적으로 문화와 기후는 다르지만, 사람들은 똑같다. 사람들이 모일 만한 좋은 장소만 제공해 주면 대중은 모일 것이다.", "첫 번째는 삶, 다음으로 공간, 그다음이 건물이다—다른 방식으로는 절대 안 된다."

> 나는 호모사피엔스의 도시 서식지의 품질에 대해 고릴라, 코끼리, 인도 호랑이와 중국 판다의 서식지에 비해 연구가 무척 부족하다는 점이 놀랍다. … 도시 환경에서 인간의 서식지에 관한 내용은 거의 볼 수가 없다.14

이 주제에 대한 준과학적 접근 방법은 디지털 데이터 분석, 특히 **스페이스신택스**Space Syntax(Hillier and Hanson 1988)를 활용한다. 스페이스신택스는 인간을 도시공간의 **행위자**로 보고 건조 환경built environment*에서의 인간의 이동 습관을 반복적으로 모델링하여 예측과 도시 설계의 도구로 활용한다. 그러나 이러한 관찰 기록에는 문화적 차원, 즉 (놀랍게도) 이용자의 참여와 표현(동기, 감정 등)을 통한 설명, 다시 말해 **공공** 문화공간에 대한 살아 있는 경험이 부족하다. 예를 들어, 박물관과 갤러리에서 이용자 상호작용에 관한 연구는 주로 연구실15(아마도 증거 기반 의학과 정책 수립을 모방하는 것)에서 수행되며, 놀랍게도 실제 예술 작품을 보지도 않고, 박물관의 사회적 맥락도 고려하

---

* 역주: 자연환경과 대비되는 용어로 주택, 건물, 구역, 거리, 보도, 개방공간, 교통 시설 등을 포함한 인간 활동의 환경을 의미하며, 사람들이 일상적으로 생활하고, 일하고, 재창조하는 인간이 만든 공간으로 정의할 수 있다.

지 않으며, 다른 사람의 존재에 대해 상관없이 수행된다(Carbon 2017). 문화공간 자체는 **사전** 참여적 설계나 입주 후 연구를 거의 하지 않는다(그렇게 했다면 수많은 유명 건축가들은 디자인상을 반납해야 했을 것이다). 따라서 이 절에서는 '디자인 품질'이라는 개념도 고찰한다. 이는 문화공간의 여러 이해관계자의 관점에서 이용자-문화시설 디자인 간의 상호작용을 실제로 검증하는 방법을 살펴본다.

디자인 품질

영국의 건축 및 건조환경위원회CABE와 건설산업협회는 공동 창작과 이용자 중심 디자인의 이러한 격차를 해결하기 위해 디자인 품질이라는 개념을 제시했다. CABE는 1999년 노동당 정부에서 건축, 도시 설계, 공공공간에 대한 자문기관으로 설립되었다. CABE의 역할은 건조환경에 대한 의사결정을 내리는 사람들에게 영향을 미치고 영감을 주며, 잘 설계된 건물, 공간과 장소를 시상하고, 건축가, 기획자, 고객에게 전문적이고 실용적인 조언을 제공하는 것이었다. 건물 및 공간 디자인에 대한 자문을 제공하고 증거 기반의 접근 방법을 개발하기 위해 다양한 공공건물 프로젝트에 시범적으로 도입되고 적용된 디자인 품질 지표DQI가 개발되었다. 처음 시도된 프로젝트 중 하나는 템스강 남쪽 둔치에 위치한 테이트모던Tate Modern 미술관이었다. 이 프로젝트에서 정의한 이용자 그룹과 이해관계자에는 (다중) 방문객과 일반 이용자, 프로젝트 관리자, 시설 관리자, 건축가 등 건물과 공간의 잠재적 이용자가 다 포함되었다. 프로젝트의 개념적 틀은 **기능성**(공간의 사용), **건축 품질**(재료의 사용), **영향**(정신과 감성에 미치는 영향) 등 세 가지 관점에서 다양한 디자인 품질을 그룹화한다. **기능성**은 이용자, 접근성, 공간 측면에서 평가한다. **영향**은 형태와 재료, 내부 환경, 특성과 혁신, 도시 통합과 사회 통합 측면에서 평가한다. **건축**

품질은 성능, 엔지니어링 시스템, 건설 측면에서 평가한다. 각각의 요소가 없어도 공간은 무척 기능적이고 양질의 건물이 될 수는 있지만, 이용자에게는 영혼이 없고 특성과 통합(내적·외적 측면 모두)이 부족하므로 이 세 가지 관점은 중요하다. 사실상 이는 현대의 많은 문화시설과 공공공간에서 그리 생소하지 않은 결과이다. 주요 요소는 〈표 2-5〉에서 제시된 대로, 리커트 척도Likert scale 설문지(각 질문에 대해 **매우 동의함**에서 **동의하지 않음**까지 7단계로 평가)로 변환된다. 이때 각 요소의 상대적 중요도에 따라 가중치를 줄 수 있다.

그런 다음 결과는 점수/등급과 각 이용자/유형에 대한 레이더(스파이더) 차트를 사용하여 그래픽으로 표시할 수 있다(그림 2-5). 이를 통해 이해관계자와 공간 이용자 간을 비교할 수 있다. 이 파일럿 조사의 결과를 보면, 방문객, 건축가, 프로젝트 관리자 간에 현저하게 다른 점수를 보여 준다. 이 분석은 다양한 이해관계자와 이용자가 다른 사람의 관점을 더 잘 이해할 기회를 제공하며, 공간 생성의 다양한 단계(시작, 계획/설계 단계, 건축, 입주, 입주 후)에서 반복적으로 수행하면 요소 간의 디자인, 조합, 우선순위를 조정할 수 있다. 물론 시간이 지남에 따라 친숙함과 이용(긍정적 및 부정적)이 이용자 경험에 반영됨에 따라 요소의 점수는 변경될 가능성이 있다.

문화공간 창조의 위계(Bourdieu 1993)를 감안할 때, 이러한 접근 방법은 공간 디자인 요소와 상대적 중요성에 관한 판단 측면에서 분명히 적용할 수 있으며, 문화공간 생산과 소비에 관한 이용자 관점과 권한 등 개선할 여지가 있다. 이 분야에 관심 있는 그룹은 예술가로, 예술가는 창의적인 작업을 통해 전시, 공연 또는 기타 방식으로 대중과 상호작용하여 문화적 경험의 핵심 행위자일 것이다. 예술가는 공간 생산에서 가장 먼저 제외되지만, 르페브르는 예술가를 주요 이용자나 공동 설계자가 아닌, 이미지, 상징, 기호sign의 해석과 조작 시스템을 통해 재현하고, 생활공간에서 중요한(대체로 수동적인) 존재로

〈표 2-5〉 디자인 품질 지표 설문 요약

기능성
질문: 이용성 1. 건물이 잘 작동한다. 2. 건물이 이용자의 수요를 쉽게 수용한다. 3. 건물이 조직의 효율성에 기여한다. 4. 건물이 정기적으로 사용하는 사람들의 활동을 향상시킨다. 5. 건물의 보안이 우수하다. 6. 건물이 변화하는 수요에 적응할 수 있다. 7. 조명이 다양한 이용자 요구 사항에 맞게 유연하다. 8. 용도 변경을 할 수 있는 레이아웃이다 9. 용도 변경을 할 수 있는 난방, 환기, IT 설비가 설치되었다. 10. 용도 변경을 할 수 있는 구조이다.
영향
질문: 특성과 혁신 1. 건물이 안정감이 있다. 2. 건물이 기분 좋게 한다. 3. 방문객들은 이곳을 좋아한다. 4. 건물이 입주자 조직의 이미지를 강화한다. 5. 건물이 품질로 널리 알려져 있다. 6. 건물이 개성 있다. 7. 건물이 생각하게 한다. 8. 건물의 배경에 명확한 비전이 있다. 9. 건물의 설계와 건설이 새로운 지식의 개발에 기여한다.

보았다(Lefebvre 1991).

리틀 프랭크

물론 예술가들은 자기 작품(갤러리 안과 밖에서)을 통해 예술 기관을 전복하고자 했지만, 이러한 전복의 시도는 제도권에 흡수되어 예술가들에게 자신의 컬렉션을 다시 전시하도록 의뢰하는 패턴을 보인다(Malone 2007, 16). 현대 미술관과 직접 교류한 예술가로는 앤드리아 프레이저Andrea Fraser(미국)가 있다.

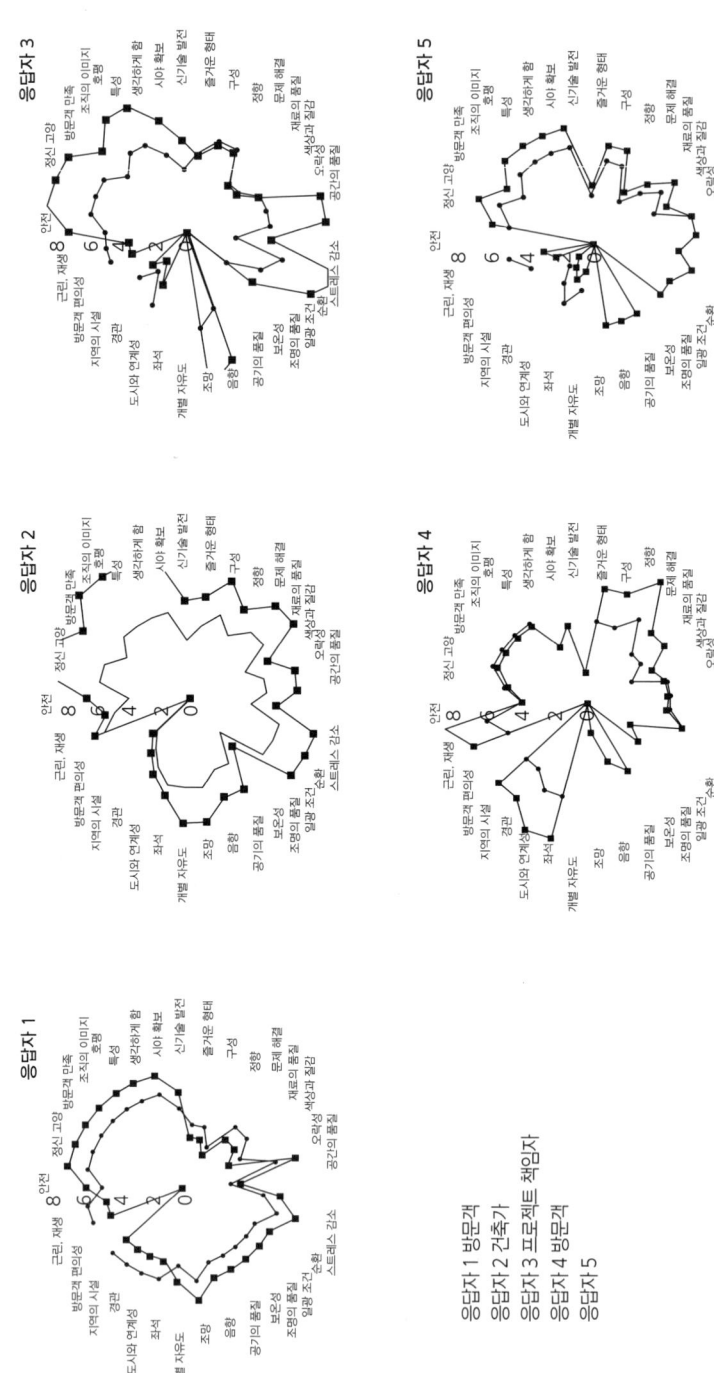

〈그림 2-5〉 디자인 품질 지표DQI 파일럿 조사: 개인별 영향

프레이저는 1960~1970년대에 등장하여 제도권 비판에 초점을 맞춘 실천 중심 예술가 3세대이며, 예술의 상품화 증가와 예술의 자율성과 보편성이라는 지배적인 이상에 대한 반응으로 나타났다(Fraser 2005a). 프레이저의 비평은 이전의 개념적이고 장소특정적 예술을 기반으로, 예술적 주체와 예술 대상이 예술 기관에 의해 어떻게 무대화되고 구체화되는지에 관한 공개와 예술에 대한 탈신비화에 중점을 두었다. 프레이저는 빌바오 구겐하임(프랭크 게리Frank Gehry 설계)의 프로젝트에서 공식 오디오 가이드에 맞추어 "여기는 멋진 곳이 아니겠어요? 기분이 좋아져요. 고딕 성당 같아요."라는 말로 시작하는 영상(7분 분량)을 '퍼포먼스'했다. 이 **리틀 프랭크 프로젝트**는 숨겨진 카메라를 사용하여 허가 없이 개입한 모습을 기록한다(Fraser 2005b). 그녀는 구겐하임을 방문하여 오디오 가이드를 열광적으로 듣고 박물관과 강한 공감을 하는 경험을 한다. 녹화된 것을 보면, 이 혁명적 건축물의 영광에 대해서는 떠들지만, 그 안에 담긴 예술에 대해서는 전혀 언급하지 않는다. 프레이저의 얼굴은 과장된 감정 상태를 다양하게 표현한다. 가이드가 이 이전 시대의 위대한 박물관은 방문객에게 끝없는 복도에서 벗어날 수 없는 것처럼 느끼게 한다고 이야기할 때, 프레이저는 눈살을 찌푸리고 생각에 잠긴 듯했다. 그런 다음 구겐하임에 탈출구가 있다는 말을 듣자, 그녀는 미소를 지으며 안심한 듯 보였다. 가이드가 "현대 미술은 까다롭고 복잡하며 당혹스럽다."라고 인정하자 프레이저는 바로 눈살을 찌푸렸고, 박물관이 방문객을 집처럼 편안하게 느끼게 하여 편하게 쉬면서 볼 수 있도록 노력한다는 말을 듣자, 그녀는 재빨리 안도의 웃음을 터뜨린다. 여기서 암시하는 것은, 박물관이 명상을 위한 피난처를 제공하는 곳이 아니라는 점이다. 이제 박물관은 예술에 대한 논의에서 벗어나, 나르시시스트적으로 정성을 다한 건축물을 바라보고 웅장한 공간과 거대한 규모를 통해 물리적·정서적으로 방문객을 압도한다(Malone 2007, 1-2).

문화 간 공간

서구적이거나 일반적으로 서구화된 관점에서 보면, 타 공간과 구별되거나 특정 목적으로 지정되어 일상적인 공간 및 경험과는 구별되는 문화공간은 역사적으로 백인 공간, 더 구체적으로는 유럽 백인의 공간이라고 할 수 있다. 문화·사회 정책에서 다문화주의를 반영하여, 특히 다양한 인구와 신구 이민자가 많은 코즈모폴리턴 도시에는 비유럽 예술과 전통을 위한 공간이 많다. 파리의 **아랍 몽드**Arab Monde, 몬트리올의 신세계극장Theatre of the New World(두 언어를 쓰는 도시의 제3 언어 지역에 위치), 워싱턴D.C.의 국립아프리카계 미국인 역사문화박물관과 같은 **그랑 프로제**Grand Projets에서 대도시의 민족예술·문화 센터에 이르기까지 다양한 규모로 등장했다. 거버넌스와 큐레이션도 점차 이러한 소수민족 커뮤니티의 구성원 내부에서 주도했다(특히 문화 기관의 다양성 정책에 의해 촉진되었다). 예를 들어, 런던의 이니바Institute of International Visual Arts, Iniva(국제시각예술연구소)와 같이 아프리카와 아시아계 예술가와 협력하는 센터가 있다. 반면에 브뤼셀에서 **유럽문화도시** 2000으로 선정된 이후 2년마다 열리는 지네케 퍼레이드Zinneke Parade 축제는 도시 내의 다양한 문화, 커뮤니티, 지구를 연결하고 브뤼셀 주민이 공동의 정체성으로 화합하는 것을 목표로 한다(특히 이 도시는 '백인들의 탈출'로 어려움을 겪었다). 주류 문화 행사장도 이제는 포트폴리오 일부로 정규화된 다문화 프로그램을 채택했다. 그러나 흑인 예술 단체와 예술공간은 자금 지원 제도의 잦은 변화, 구성원의 임기 불안정성, 다른 문화 그룹이 당연하게 여기는 네트워크와 자원에 대한 접근성 부족으로 어려움을 겪었다고 하는 것이 타당하다(Evans and Foord 2000, 2006a). 이는 다음 사례에서 볼 수 있다.

다양한 문화적 배경을 가진 주민이 있는 코즈모폴리턴 도시들은 암묵적으로 혹은 명시적으로 다문화주의를 채택했다. 특히 공공 문화공간과 문화 프로그래밍의 경우는 명백했다. 하지만 다문화주의 정책이 가장 축소된 형태로 수동적이면 '타자'와의 분리를 강화하여 일종의 포스트식민주의post-colonial 오리엔탈리즘을 영속시킬 수 있다(Said 1979). 프리게가 주장하듯이, 포스트모던 **문화사회**Kulturgesellschaft는 "사회적 공간이 도시 생활세계의 차별적인 재현에서 '미세한 구별짓기'로 상징화되어 다양한 라이프스타일이 차별화하는 경향"이 있다(Prigge 2008, 50). 그러나 부르디외의 '생활세계', 즉 **아비투스**habitus*는 우리가 어떻게 알게 되었는지 생각하지 않고도 결국 알게 되는 것들로 구성되어 있다(Bourdieu 1984).

생활세계는 특별히 명시적이지 않다. 그것은 특정 맥락에서 말할 것도 없이 습관, 행동, 가치, 관심의 집합이다. 생활세계에 대한 지식은 공식적인 방식으로 가르칠 필요가 없다. 우리는 그저 생활세계에 사는 것만으로도 생활세계에 있는 법을 배운다. 시간이 지나면서 '자신의' 문화공간에서 다른 문화, 문화 유형과 표현을 더 많이 경험할수록, 이러한 관심을 통해 이해와 가치체계를 더욱 깊게 뿌리내리고 심화시킬 것이다(Kalantzis and Cope 2016, 115).

다문화주의와 코즈모폴리터니즘cosmopolitanism은 상반된 관계이다. "전자는 문화적 차이를 보존하는 프로젝트, 후자는 세계시민의 이름으로 그러한 차이를 초월하거나 제거하는 것을 상정한다"(Harris 2009, 25). 하지만 다문화공간과 문화 간 공간 사이의 변증법은 수동적 문화 참여와 적극적 문화 참여의

---

* 역주: 특정한 환경에 의해 형성된 성향이나 사고, 인지, 판단과 행동 체계를 의미하는 것으로, 계급 구성원들의 문화적 상징이나 행동 특성을 가리킨다.

경우처럼 너무 이분법적일 것이다. 따라서 낙관적으로 보면, 다문화에서 문화 간으로, 수동적에서 적극적으로 이어지는 연속선상에서 기회와 문화공간의 차이에 따라 서로의 방향이 다를 것이라고 주장할 수 있다(Williams 1961). 문화 간 공간은 커뮤니티가 모든 문화/다른 문화에 대한 깊은 이해와 존중을 하는 적극적인 관계를 의미하며, 아이디어와 문화적 규범의 상호 교류에 초점을 둔다. 리처드 세넷은, 아리스토텔레스의 『시학Poetics』에서 제시한 것처럼 사람들이 자신의 견해가 아닌 다른 견해를 받아들일 수 있는 그리스 아고라agora의 사례를 활용한다(Sennett 1998). 세넷은 이러한 견해의 차이를 인종, 젠더, 계급에 초점을 맞춘 **정체성**으로 해석한다.

아리스토텔레스는 차이에 대해 더 깊게 설명했다. 여기에는 서로 다른 일을 하는 경험, 서로 깔끔하게 맞지 않는 다양한 방식으로 행동하는 경험도 포함되었다. 사람이 다양하고 복잡한 환경에 익숙해지면, 이상하거나 반대되는 주장에 도전받았을 때 격렬하게 반응하지 않을 것이라는 희망이 있었다(Sennett 1998, 19).

따라서 이러한 문화 간 정신을 나타내는 문화공간은 상호작용과 상호 교류를 위한 '안전한 공간' 역할을 할 수 있다. 하지만 그 입지 선택은 상호작용의 정도와 문화 교류 가능성을 전적으로 강제하지는 않더라도 영향을 미칠 수 있다. 이는 뉴욕에서 도시계획위원회 위원으로 재직하면서 스페인 할렘의 히스패닉 커뮤니티에 서비스를 제공하는 시장을 만드는 계획에 참여한 세넷의 사례에서 다시 잘 드러난다.

우리 도시계획위원들은 20블록 떨어진 스페인 할렘의 중심부에, 즉 커뮤니티의 중심에 **라마르케타**La Marqueta를 건설하기로 했다. 우리는 잘 못된 선택을 했다. 우리가 거리에 시장을 건설했다면, 부자와 가난한 사람 모두 일상적인 상업적 접촉으로 유인하는 활동을 장려했을 것이다. 그 후로 더 현명한 기획자들은 우리의 실수에서 교훈을 얻었고, 맨해튼의 웨스트사이드에서는 서로 다른 인종과 경제 커뮤니티 간의 문을 열기 위해 커뮤니티 사이의 가장자리에 새로운 커뮤니티 자원센터를 자리 잡게 했다. 중심만 중요하다고 생각하는 우리의 상상력은 고립을 초래했지만, 가장자리와 경계의 가치에 대한 그들의 이해는 통합을 이루어 냈다(Sennett 2008).

또 다른 사례는 합리적이긴 하지만 결과적으로는 차별적인 과정을 통해 문화공간을 이전함으로써 발생하는 의사결정을 반영한다. 영국 버밍엄에 있는 두 개의 예술 기관인 이콘 갤러리Ikon Gallery(1965년에 설립된 예술가 주도 갤러리 공간)와 흑인 아트센터인 더드럼The Drum(1998년에 개관하여 영국의 아프리카계와 아시아계 영국인 국립 아트센터로 자리매김)은 모두 영국 복권 및 유럽 기금의 지원을 받아 건물을 이전하고 업그레이드에 성공했지만(Evans and Foord 2000), 그 과정과 결과는 극명하게 대조적이었다. 전자는 카페 문화가 번성한 도심의 중심업무·엔터테인먼트 지구에 다시 자리 잡았고, 후자는 도심에서 북쪽으로 2.5km 떨어진 뉴타운인 애스턴Aston의 생활환경이 좋지 않은 외곽지역에 자리 잡았다. 이러한 입지 결정의 정당성은 사이먼스가 관찰한 바와 같이, "백인과 비백인 관객을 위한 도시 투자를 계획할 때 미시적 환경 요인을 고려해야 할 필요성을 드러낸다"(Symons 1999, 723). 이와 같은 의미에서 도시 정부의 의사결정 과정과 최종 입지 의사결정은 이미지, 접근성/이용, 시장, 그리고 그 결과인 문화 조직의 생존 가능성viability에 큰 영향을 미치고, 똑같은 예술 형식이나 장르, 똑같은 도시와 문화 정책 체제 내에서 존재하는 경우에도 특정한 문화적 실천에 부여된 차별화된 가치를 드러낸다(Evans 2001). 재정적 어려움으로 인해 정산된 더드럼은 2016년 6월에 영구적으로 문을 닫았는데, 이는 지난 25년 동안 여러 차례 흑인 예술 조직에 나타난 유형이다(예: 런던 라운드하우스Roundhouse의 불운한 흑인 아트센터).[16] 반면에 이콘 갤러리는 재생된 도심 근처에 자리한 고딕 양식의 옛 학교 건물을 새로운 본거지로 삼고 계속해서 힘을 얻고 있다. 다문화 정책과 우호적인 정서에도 불구하고 흑인 문화공간은 불안정한 공간으로 드러났다.

문화 간 도시공간

문화 간 도시 Intercultural City, ICC라는 개념은 유럽평의회Council of Europe에서 제시하여, 170개가 넘는 유럽 도시에서 공공 문화와 공간이 포함된 ICC 정책과 전략을 채택했으며, 이러한 규범적 정책과 관행을 뒷받침하는 상세한 설문을 기반으로 작성된 ICC 지수를 준수하여 검증되었다. 문화 간 도시공간은, 첫째, 서로 다른 소수민족 집단의 구성원이 안전하게 공존하는 공간이다. 이는 '공유공간'의 가장 공통적인 개념이며, 커뮤니티의 정원, 공원, 도서관, 노상 시장, 축제, 다문화센터와 같은 공공 어메니티에서 가장 보편적으로 관찰되고 기록된다. 둘째, 서로 다른 소수민족 집단의 구성원이 활동 프로그램, 디자인, 참가자 간의 상호작용을 강조하는 이벤트를 통해 서로 직접 상호작용하도록 권장되는 공간이다. 공유공간이 집단 간의 상호작용을 자극하면 소속감을 유발할 수 있다(Bagwell et al. 2012).

최근의 문화 간 공간의 한 사례는 ICC 공공공간의 안전과 관리에 관한 리뷰에서 제시되었다(Bagwell et al. 2012). 로테르담의 **스하우뷔르흐플레인**Schouwburgplein은 도시 전체의 문화 활동을 위해 중요한 지점으로 지정된 도심 광장

중의 하나이다. 항구를 반영하여 설계된 극단적인 도시 디자인은 논란의 여지가 있었다. 그러나 광장의 '쿨한 도시' 이미지와 중심 위치 덕분에 다양한 배경을 가진 청년들에게 인기 있는 만남의 장소가 되었다. **스하우뷔르흐플레인** 또는 '극장 광장'은 로테르담 중심부에 위치하여 중앙역에서 몇 분 거리에 있으며, 주요 쇼핑가와 가깝고, 시립 극장, 콘서트홀, 로테르담 최대의 영화관 지구, 다양한 카페와 레스토랑이 근처에 있다. 광장은 지하 주차장 위에 위치하고 있으며, 가볍고 내구성 있는 데크와 인공 재료를 사용하여 만든 특수 표면으로 장식하여 도로보다 높게 올라와 있다. 대부분의 활동이 주변의 다양한 문화 행사장, 카페, 레스토랑에서 이루어지는 광장 중앙으로 빈 공간이 구성되어 있고, 한쪽 면은 맞춤형 좌석을 제공한다. 광장에서 가장 눈에 띄는 특징은 도시 주민들이 상의하여 변경할 수 있는 4개의 상징적인 크레인 형태의 유압 조명이다(그림 2-6). 이 조명은 벽 표면이 로테르담 항구를 반사하여 비추도록 설계되었다.

스하우뷔르흐플레인은 낮, 저녁, 그리고 계절마다 다양한 용도로 변형하여 사용할 수 있도록 유연한 공공공간으로 설계되었다. 주변 지역보다 높게 광장 표면을 설계하여 다양한 설치물이 축제를 위한 '도시 무대'가 되도록 효과적으로 만들었다. 음악과 댄스 등 정기적인 문화 이벤트가 광장에서 열리고 도시 전역과 주변 도시의 다양한 관객을 끌어들인다. 낮에는 지하 주차장으로 가는 경사로 지붕 입구가 스케이트보드를 타는 데 사용되고, 다른 구역은 비공식적인 놀이터나 축구장이 되며, 좌석 공간은 쇼핑객과 근로자가 주변 쇼핑가와 사무실의 번잡함이나 일에서 벗어나 잠시 휴식을 취할 수 있는 비교적 고요한 공간을 제공한다. 광장은 로테르담 중앙역, 상점, 영화관(특정 커뮤니티 근린에만 있는 것이 아닌, Sennett 1998 참조)과 가까운 위치에 있어 친구와의 만남을 위한 이상적인 장소이며, 네덜란드 전역의 사람들과 관광객도 만남의 장

〈그림 2-6〉 로테르담의 스하우뷔르흐플레인
출처: 저자 사진.

소로 사용한다. 광장은 특히 스케이트보드를 타거나, 축구를 하거나, 친구를 만나거나, 포즈를 취하거나, 다른 사람과 가벼운 대화를 나누러 오는 다양한 민족적 배경을 가진 청년들을 끌어들인다. 이 청년들의 고향 동네와 어느 정도 거리가 있어서 가족과 커뮤니티 구성원의 호기심 어린 눈에서도 벗어나 자유로울 수 있다(Bagwell et al. 2012).

러몬트와 악사토바(Lamont and Aksartova 2002)는 이를 '일상적 코즈모폴리터니즘'이라고 명명했다. 이는 "타자에 대한 개방성의 경험적·정서적 차원을 정교하게 설명하는 데 활용되었다"(Harris 2009, 205). 따라서 문화 간 공간은 가정과 '일상' 생활공간 모두와 구별된다. 이러한 관점에서 볼 때, 문화 간 공간(건물과 주변 공간, 공공영역/오픈스페이스)의 위치, 프로그래밍, 내용, 정체성에 영향을 미친다. 문화공간은 타자, 새로운 것과의 상호작용과 참여에 개방된 **아상블라주**assemblage이며, 이용자는 "제도를 넘어 개인 수준에서 표출 공간을 창출하고 매개 역할을 할 수 있으며, 따라서 문화 간 대화에 필요한 '공유 공공공간'을 위한 길을 닦는다"(Council of Europe 2008, 47).

*

전문 예술 및 문화 공간을 방문하고 참여하는 행위는 특정 공간과 시간에 구체적으로 위치하는 신중한 행위인 반면, 이벤트와 축제는 우연적이거나 심지어 일시적인 상호작용이며, 집중적인 관찰과 몇 시간 또는 며칠에 걸쳐 분산된 다양한 야외 장소와 행사장에 대한 적극적인 참여라는 측면에서 문화공간의 참여와는 다른 시공간적 차원을 가지고 있다. 대규모의 단발성 이벤트는 행사장과 주요 시설의 건설을 수반하며, 남겨진 시설물은 문화센터의 경관에 추가되는 반면, 다른 행사는 기존 행사장, 공간과 경로를 기념하고 격상시킨다. 반면에 커뮤니티 축제는 지역과 지방의 전통을 굳건하게 살리며, 위협받거나 변화할 수 있는 문화공간을 방어하고, 커뮤니티의 정체성을 표시하기 위해 조직된 테마 축제와 지역 축제를 통해 새로운 축제의 유형과 테마도 생성된다. 문화공간의 사례로서의 이벤트와 축제 현상은 다음 장의 주제이다.

제3장

이벤트와 축제

이벤트와 축제는 특정 시기에 이루어지는 행사로서 공공문화에 대한 특별한 통찰력을 제공한다. 이는 지역적 전통(종교적 또는 비종교적)과 주기적 사이클(비엔날레, 예술 축제 등)에 따라 반복되거나, 경쟁력이 있는 국제 이벤트의 경우 전 세계적으로 순환하기 때문에 특정 시점과 시간에 따라 이루어진다. 특히 EXPO(국제박람회), 올림픽(여름과 겨울), 유럽문화도시/문화수도, 그리고 이를 모방한 미국 문화수도와 영국 문화도시 같은 경쟁이 치열한 이벤트(Roche 2000, 2003)가 있다. 이러한 의미에서 이벤트와 축제의 주기는 르페브르가 지적한 대로, 장소와 시간의 교차점과 그것이 창출하는 창조적 에너지를 대변해 준다(Lefebvre 1992). 가장 지역적이고 역사적인 축제공간은 담론적이고 생동적인 특징이 있다. 그러나 대규모 축제와 경연 대회가 보여 주는 물질적이면서 극도로 계획되고 조작된 공간 대부분이 현대의 보증된 이벤트, 즉 메가 이벤트를 대표한다. 이 현상에 관한 초기 연구에서는 이를 단순히 '특별한'(즉 정기적/연례적이지 않은) 대규모 이벤트로 보는 경향이 있었다. 이후 홀의 연구

(Hall 1989)에서도 카니발과 축제와 같은 단기적인 무대 이벤트가 상당한 경제적·사회적 중요성이 있으며, 방문객을 유치할 뿐만 아니라 커뮤니티나 지역 정체성의 발전과 유지에 도움이 될 수 있음을 확인했다(Getz 2012). 따라서 '홀마크 이벤트hallmark event'라는 용어는 일반적으로 도시와 주요 지역에서 개최하는 대규모 이벤트에만 국한되지 않는다. 커뮤니티 축제와 지역 기념행사도 지역 특성의 맥락에서 이벤트로 간주될 수 있으며, 이러한 이벤트가 개최되는 경제적·사회적·공간적 맥락의 중요성을 강조한다(Evans 2020a).

이벤트와 축제의 **사전** 위치 결정, 이벤트 기간, 이벤트 후 단계 등 이벤트 기획 단계의 장소와 실제 장소를 보면, 이벤트의 본질과 당위성, 그리고 이벤트 개최의 의도가 실제로 문화적인가에 대한 의문이 제기되며, 특히 지역재생과 장소만들기에 활용되는 이벤트의 경우는 더욱 그렇다(Evans 2020a). 18세기와 19세기의 이벤트와 축제는 국가 무역과 식민지 개척을 위한 노력이며, 예술과 공예/무역 간의 구분이 있었지만, 이벤트와 축제가 장소, 즉 개최 도시에는 지속적인 영향을 미쳤다. 19세기 후반에는 지속적이면서 대조적인 두 가지 이벤트가 시작되었다. 다시 시작된 현대 올림픽(현재 문화 올림피아드와 함께 진행된다, Garcia 2017)과 베네치아 비엔날레(Gold and Gold 2020)가 사례이다. 전자는 4년마다 도시를 옮겨 다니는 글로벌 스포츠 로드쇼이고, 후자는 장소에 뿌리를 둔 축제로 매년 예술과 건축 이벤트가 번갈아 가며(실질적으로는 '연례' 행사) 열린다. 베네치아 비엔날레는 오래전부터 영구적인 자르디니Giardini 부지에 국가별로 파빌리온을 건축하여 전 세계 관중에게 현대적으로 큐레이팅된 예술과 디자인 경관을 선보인다(Evans 2018a).

따라서 이 장에서는 역사적·현대적 관점과 장소의 관점에서 이벤트 현상과 생산, 소비를 고찰한다. 여기에는 런던의 **알베르토폴리스**Albertopolis와 **올림피코폴리스**Olympicopolis 같은 이벤트의 상징적인 '문화유산', 재생을 위한 도구로서의 메가 이벤트, 박물관과 거리 생활 경험을 확장하는 심야의 **백야** nuite blanche 축제, 경쟁 도시들이 입찰 과정에서 유치하는 데 실패했지만 대안 전략을 계속 사용하여 개최하는 경쟁적 문화 이벤트와 그 효과, 마지막으로 예술 활동주의와 사회적 참여를 지향하는 지역 커뮤니티 축제를 살펴본다.

물론 많은 문화 축제의 뿌리는 지역의 농업, 종교, 경관(혹은 이 세 가지의 조합)을 기반으로 전통적이거나 '일상적인' 이벤트를 개최하고 문화를 생산하는 농촌 축제와 지역 축제에서 찾을 수 있다. 이러한 축제는 인구가 증가하고, 관광이 확대되며, 도시화가 심화되고, 농촌과 도시의 융합이 증가함에 따라 그 규모와 중요성이 커졌다. 예를 들어, 팜플로나Pamplona와 스페인, 프랑스, 멕시코, 영국의 도시에서 열리는 축제와 관련된 황소 달리기, 1133~1855년 동안에 개최된 런던에서 가장 오래 지속된 바돌로매Bartholomew 박람회에서는 가축이 도시를 통과해 도시 경계 밖에 있는 스미스필드의 육류 시장으로 몰고 간다. 바돌로매 박람회는 원래 직물 박람회였다. 빅토리아 시대의 옹졸한 사람들이 타락과 무질서로 여겨 억압했지만, 원래의 장소와 길드의 통제에서 벗어나 국제적인 문화 이벤트가 되었다. 문화 축제의 재창조는 필연적으로 민족의 이주를 초래했으며, 주요 도시의 정착지에서 연례 민족 축제를 개최할 뿐만 아니라 축제가 대규모 이벤트, 즉 관광적 지위를 달성함에 따라 지역에서 크게 성장했다. 따라서 누구의 문화정체성을 기념해야 하는지에 대한 문제는 매우 심각해지고 있다. 수많은 문화 집단이 이벤트 공간을 주장하고 있으며, 도시는 거리 축제를 주말로 한정하고 도로를 봉쇄한다(Evans and Foord 2006a, 72). 민족 축제에 대한 수요는 주말 도로 봉쇄가 급증하고 새로운 축제를 금지한 뉴욕과 같이 도시 당국에 부담을 주었다. 이러한 영향은, 인정을 받고 영향력이 큰 오래된 집단보다는 역량이 부족한 새로운 이주민에게 가장 크게 느껴진다(Evans 2001).

기반이 확실하게 다져진 축제의 사례로는 **디왈리 빛의 축제**Diwali Festival of Light, 브뤼셀의 **지네케 퍼레이드**Zinneke Parade, **카니발 마스**Carnival Mas(커레이드querade)가 있다. 카니발 마스는 원래 트리니다드에서 개최되었고 그 후 리우에서 열렸다. 1960년대 이후 런던과 토론토에서 대규모 카니발을 개최하면서 매년 8월마다 100만 명이 넘는 방문객을 유치했다. 카리바나Caribana 사례를 보면, 축제 주최측은 이벤트를 도심 커뮤니티와 시청의 상징적인 피날레에서 호숫가로 옮겨야 했고, 여기에는 관람객과 참가자를 분리하는 장벽이 있었다. 반면에 런던의 노팅힐Notting Hill 카니발은 전통적인 런던 서부 지역의 거리와 광장에서, 통제가 있고 영혼이 없는 하이드파크Hyde Park로 옮기려는 시도에 거듭해서 저항했다. 축제공간의 결정은 부드럽게 이루어지기보다는 경쟁이 치열하고 유동적일 수 있다. 축제를 진행하는 반영구적인 건조 환경과 일시적 공간 모두에서 나타나는 현대 다문화 도시공간의 사회적 생산으로는 문화적 표출을 쉽게 하지 못한다. 소수민족 커뮤니티가 도시공간의 디자인과 형태에 영향을 미칠 수 있는 메커니즘은 거의 없으며, 공공공간과 거리를 조율할 기회는 점점 줄어들고 있다. 마찬가지로, 민족정체성이 담겨 있는 노상 시장과 동네가 규제 통제와 도시 구조의 '개선'이라는 명분으로 인해 일상적인 다문화적 만남의 기회도 줄어들고 있다. 특히 상징적인 문화유적지 주변의 공식적인 모임을 제한하는 법률도 제정되었다. 그 대신 '코즈모폴리턴' 도시에서 인위적인 소수민족지구를 조성하는 추세가 커지고 있다(제5장). 정면과 가로변 조형물을 규제하고 특정 민족정체성을 나타내는 고정관념적이고 진부한 상징을 구현하는 장식(리틀이탈리아, 차이나타운, 방글라타운)을 사용하기를 고집함으로써, **가짜** 동네가 비즈니스와 관광지로 만들어진다. 이러한 공간은 지역 기업, 지자체, 기타 자선기금에서 후원을 받아 무대화된 민족 축제 이벤트를 하거나 방문객을 위한 문화적 쇼케이스로 이용된다(Evans and Foord

2006a; Shaw 2012).

따라서 현대의 이벤트는 모든 규모의 문화적·디자인적 실천과 지역공간에서 실현된 글로벌 상상력의 모범 사례 역할을 해야 할 계획의 과제이자 정치적 과제이다. 이러한 이벤트는 장소만들기와 국가 및 도시 브랜딩을 결합하여 호화로운 건물, 시설, 교통 인프라, 의상, 유니폼, 슬로건을 통해 표현되며, 이 모두는 그 높은 인지도, 물질적 발자국과 비용/수입을 고려할 때 문제가 된다(Edizel-Tasci, Evans and Dong 2013). 특히 메가 이벤트의 개최는 이벤트가 만들어 내려고 시도하는 시각적 잔치를 구성하는 상징적인 건물과 구성 요소를 통해 반영되며, 이벤트 장소를 미래에 투사하는 데 사용되는 마스터플랜과 컴퓨터로 생성된 비전을 통해 개념화된다.

엑스포

세계박람회는 현대에 개최되는 이벤트 중 가장 오래 지속되고 규모가 크다. 보통 5년마다 열리고 6개월 동안 지속된다. 건축평론가 데얀 수직Dejan Sudjic이 지적했듯이, "박람회가 도시에 미치는 영향은 패스트푸드가 레스토랑에 미치는 영향과 같다. 혼잡과 스펙터클의 문화를 대량으로 제공하는 순간적으로 쏟아지는 설탕이지만, 사람들에게 더 많은 것을 원하게 만든다"(Sudjic 1993, 213). 메가 스포츠 이벤트를 지원하는 데 필요한 기능적이고 고도로 설계된 스포츠 경기장과 인프라는 상자 모양의 내부를 가리는 파사드와 불규칙한 지붕선을 적용하는 것과 대조적으로, 국제 전시회와 축제는 국가별로 임시 파빌리온pavilion 스타일을 구축하여 도대체 목적이 무엇인가라는 의문을 제기하게 한다. 이에 관한 오래된 사례는 베네치아 비엔날레 자르디니Giardini이다. 베네치아 석호를 마주한 43,000m²의 울창한 정원은 나폴레옹 1세 황제의 의뢰로 1807년 이탈리아 조경건축가 잔 안토니오 셀바Gian Antonio Selva가 전형적인 영국 정원 스타일로 설계하여 5년 후에 완공되었으며, 비엔날레 이벤트 기간 동안 각국 최고의 예술과 건축물을 선보이는 것을 목표로 하여 총 30개의 국가관이 건설되었다. 원래 이탈리아관이었던 중앙 건물은 2009년에 3,500m² 규모의 행사장으로 개조되어 두 큐레이터의 전시회 중 하나를 개최했다. 다른 하나는 사용되지 않는 해군 기지인 아르세날레Arsenale에 자리했으며, 각 국가관은 자국의 예술과 건축 전시회를 선보였다. 1980년부터 베네치아는 건축 비엔날레에 이미 자리 잡은 현대 음악, 영화, 연극, 그리고 최근에는 댄스 축제를 미술 이벤트와 함께 개최했다. 파빌리온은 그 자체가 새로운 건축 전시이다(그림 3-1). 요제프 호프만Josef Hoffmann(오스트리아 파빌리

〈그림 3-1〉 베네치아 자르디니의 헝가리 파빌리온
출처: 저자 사진.

온, 1934), 헤릿 릿펠트Gerrit Rietveld(네덜란드 파빌리온, 1953), 카를로 스카르파 Carlo Scarpa(중앙 파빌리온의 조각정원, 1952, 베네수엘라 파빌리온, 1954), 알바르 알토Alvar Aalto(핀란드 파빌리온, 1956), 스베레 펜Sverre Fehn(노르딕 국가 파빌리온, 1962) 등 유명 건축가의 설계에 따라 지어진 건축물이 있다. 자르디니에 지어진 최신 파빌리온은 2015년에 완공되어 2016년 비엔날레를 위해 수영장으로 개조된 오스트레일리아 파빌리온이다.

국제 엑스포는 참가 국가 문화의 정수와 문화적 전통과 현대 상품을 전시하기 위해 각 국가의 임시 파빌리온과 설치물 전시 기회를 제공하지만, 관광청의 미니어처 테마파크로 전락할 위험도 있다(Ley and Olds 1988). 전시회 자체는 고상한 주제와 하위 주제를 제시한다. 최근 몇 년 동안은 환경적 정서를 강하게 드러냈다. 이러한 현상은 토지를 탐하고, 비용이 많이 들며, 지속불가능한 특성을 가진 엑스포의 성격을 볼 때 아이러니하다(Evans 2018). 예를 들어, 일본의 아이치현은 2005년 엑스포를 생태도시 개념과 '자연의 지혜 재발견'을 주제로 정했다. 아이치 엑스포는 일본인 방문객에게 엄청난 인기를 보였다. 1970년 오사카 엑스포에는 6,400만 명이 방문했고, 1985년 쓰쿠바 엑스포에는 2,000만 명이 방문했으며, 2010년 '더 나은 도시, 더 나은 삶'이라는 슬로건을 채택한 상하이 엑스포에는 7,000만 명이 방문했다. 밀라노에서 열린 2015년 엑스포도 명확한 생태계 테마인 '지구를 살리고, 생명을 위한 에너지'를 채택했으며, 쌀, 카카오, 커피, 과일과 콩, 향신료, 곡물과 덩이줄기, 지중해 식생, 섬·바다·음식, 건조지대의 농업과 영양 등 9개 테마존을 구성했다.

밀라노 엑스포 2015의 아이디어는 모든 프로젝트, 모든 콘텐츠, 프로그램의 모든 부분이 방문객 경험을 중심으로 기획되는 박람회를 만드는 것이다. 이 접근 방법은 테마를 명확하게 인식할 수 있게 한다(Vercelloni

2014, 5).

이 주제별 디자인은 작은 국가들이 큰 국가 전시관에 의해 소외되고 가려지는 대신, 주제별로 집적될 수 있도록 했다. 밀라노는 지역 발전에 대한 열망으로 엑스포를 도시 자체에 광범위하게 확산시켰다. "대형 이벤트는 더 이상 '예외'로 간주될 수 없고, 광범위한 도시 변화 과정의 반복적인 에피소드"로 보아야 한다는 지적을 상기시켜 준다(Di Vita 2020, 80).

유럽문화수도와 같은 대표적인 이벤트처럼, 개최 도시와 국가는 이처럼 값비싸고 화려한 행사를 개최하는 영예에 대한 비용을 각 지역과 국가가 보유한 상대적 부와 자본의 차이에 따라 지불한다. 2010년 상하이 엑스포에는 240개국 이상이 참여했지만, 5년 후 밀라노에서는 145개국에 불과했다. 따라서 엑스포 참가에는 중국이라는 지정학적 요인(무역과 문화적 관계)이 이탈리아보다 훨씬 더 중요하다. 엑스포 현상이 절정에 달한 것일 수 있다는 징후는 오사카에서 나타났다. 오사카시는 엑스포 개최 50년 만인 2025년에 다시 개최할 준비를 하고 있지만, 지금까지 130개 국가 파빌리온만 확정되었고, 비용도 급증하여 10억 파운드를 초과할 것으로 예상됨에 따라 정부는 프로젝트를 취소할 가능성을 배제하지 않았다. 각국이 엑스포 이벤트에 참여하기로 했지만, 국가 파빌리온이 없다는 것은 현재 국제적 환경에서 인정과 참여가 부족하다는 것을 의미한다. 왜냐하면 최소한으로 설치하거나 저렴한 파빌리온을 설치하는 것이 전혀 없는 것보다 낫기 때문이다. 영국은 2010년 상하이 엑스포에서 일반적인 관행에서 벗어나, 토머스 헤더윅Thomas Heatherwick에게 의뢰하여 건물이 아닌 6만 개의 수정 가시에 달린 작은 전구가 구조물 전체를 밝히는 민들레 모양의 '씨앗 대성당seed cathedral'을 설계했다. 이 작품은 국제박람회기구BIE 파빌리온 디자인 부문에서 금상을 수상했다. 각 수정 가시에는 런던에

〈그림 3-2〉 2010년 상하이 엑스포의 네덜란드 파빌리온과 2015년 밀라노 엑스포의 이탈리아 파빌리온

출처: 저자 사진.

있는 큐가든Kew Garden의 밀레니엄 시드 컬렉션에서 가져온 씨앗이 들어 있다. 이 기획은 2020년까지 전 세계 씨앗의 25%를 수집하고 보존하는 것을 목표로 했다. 이후 씨앗 대성당은 해체되었고 수정 가시는 다양한 자선단체, 학교, 그리고 2017년에 개관한 세계엑스포박물관에 기부되었다. 이는 2010년 상하이 엑스포의 또 다른 유산이다. 그러나 일반적으로 엑스포 공간 디자인은 문자 그대로 지나치게 선망하는 주제를 선정하고 그에 대응하려고 하지만, 각 국가의 파빌리온은 이러한 고상한 주제의 우선순위 내에서 캐리커처화된 문화정체성을 홍보하려고 한다(그림 3-2).

이벤트 마스터플랜 작성하기 - 과거와 현재

현대 메가 이벤트의 특징은 규모가 커지고 있다는 것이다. 앞서 언급했듯이, 기존의 축제는 주최 도시에 족적을 남기고 영향력을 확대했지만, 지금은 개최 도시와 지역이 새로운 마을과 지구를 건설하고 도시를 확장할 수 있는 일생일대의 기회를 활용한 확장적 도시재생 계획과 열망일 뿐이다. 따라서 메가 이벤트는, 증가하는 인구와 탈산업도시에 새로운 교육, 문화, 엔터테인먼트 지구 건설을 위한 거대한 장소만들기 계획의 일환으로 도시 개발의 가속화에 정치적·재정적 인센티브를 제공한다(Evans 2015b). 이는 1992년 올림픽 이후의 바르셀로나 사례와 2000년에 자칭 미니 엑스포 포럼을 개최하여 포블레노우Poblenou의 구산업지역을 첨단기술/연구개발지구로 재생한 사례에서 확인할 수 있다. 여기에는 포브라파브라 예술디자인대학교Pobra Fabra University of Art & Design의 6개 단과대학 건물이 이전했으며, 상업 업무, 쇼핑몰, 아파트의 고층 확장 구역을 연결하여 올림픽 이후 퍼즐의 마지막 조각이 되었다. 런던의 올림픽공원도 당시 런던 시장(그리고 나중에 불명예 퇴진한 총리)인 보리스

존슨Boris Johnson이, 1851년 만국박람회의 유산인 사우스켄싱턴 지역의 감성적인 **알베르토폴리스**Albertopolis 개발을 모델로 하여 구상한 **올림피코폴리스** Olympicopolis의 개발을 수용하고 있으며, 현재는 런던 서부의 박물관 및 교육지구가 되었다(Evans 2020c; Gold and Gold 2016). 올림피코폴리스는 그 후 노동당 시장인 칸Khan에 의해 덜 화려한 명칭인 **이스트뱅크**East Bank로 바뀌었는데, 템스강에 있는 사우스뱅크 문화지구를 모방하여 작명되었다. 이스트뱅크는 유니버시티칼리지 런던UCL과 이전된 런던패션대학, 빅토리아·앨버트박물관V&A East Museum, 기록보관소, BBC 뮤직스튜디오, 새들러스웰스 뉴이스트댄스 극장Sadler's Wells new East Dance Theatre 등으로 구성되어 있다. 이 시설들은 모두 2023~2025년 사이에 인근의 새로운 워터사이드 빌딩으로 이전할 예정이다(Evans 2020c).

만국박람회와 문화 주도 재생

1851년의 유명한 '만국산업생산품 대박람회'는 18만 6,000파운드(오늘날 가치로 2,500만 파운드) 이상의 이익을 창출했다. 이 자금은 앨버트 공(빅토리아 여왕의 남편)이 켄싱턴 고어Kensington Gore에서 남쪽으로 뻗어 있는 **알베르토폴리스**로 알려진 지역의 약 90에이커의 땅을 매입하여 박물관, 대학, 공공기관 복합지구(현재 여기에는 V&A 박물관, 과학박물관, 국립역사박물관, 왕립예술대학, 임페리얼칼리지, 왕립음악대학, 앨버트홀과 왕립지리학회가 있다)를 건설하는 데 사용되었다. 이 복합지구는, 박람회 자체가 촉진하고 표현하고자 했던 예술, 과학, 기술의 상호작용과 이의 산업 응용을 기념하기 위해 조성되었다. 1862년 후속 국제박람회가 새로 건설된 크롬웰 로드에서 개최되었지만, 이전 박람회보다 인기도 적고 재정적으로 그리 성공적이지는 못했다. 두 박람회 모두 당시 영국 인구의 1/3에 해당하는 600만 명 이상의 방문객을 유치하여 건설 붐을 일으켰다. 이 지역은 농장, 보육원, 시장 정원이 있는 시골 풍경에서 번영하는 대도시 지역으로 변모했다. 이는 2000년에 12개월 동안 개최된 밀레니엄 돔 익스피어리언스Millennium Dome Experience의 650만 명의 방문객(Evans 1995)과 1951년 5월부터 9월까지 개최된 영국축제의 1,000만 명 방문객과 비교된다. 1851년 하이드파크Hyde Park의 수정궁Crystal Palace이 재건축되어 런던 남동부의 새로운 위치로 확장된 것과는 달리, 1862년 박람회 구조물은 2년 후에 철거되었고, 결국 1881년에 개관한 자연사박물관의 터가 되었으며, 이 런던 최고의 박물관지구는 더욱 확장되었다.

오늘날 이벤트 또는 문화 주도 재생(Evans 2005, 2015)이라고 불리는 빅토리아 시대의 사례가 이스트런던의 올림픽공원과 인접한 스트랫퍼드Stratford와 해크니윅Hackney Wick 지역에서 진행되었다. 퀸 엘리자베스 올림픽공원과 마찬가지로 이 빅토리아 시대의 장소만들기 **그랑 프로제**는, 1830년대부터 철도가 급속도로 확장되면서 새로운 교통망이 생겨났고, 이로 인해 켄싱턴 경은 폐쇄된 운하를 런던과 버밍엄, 그리고 강 남쪽까지 연결하는 철도 사업자에게 매각했다. 21세기 초에 60억 파운드 이상의 공공자금이 운하 터널 철도 노선, 이스트런던 노선, 스트랫퍼드의 도클랜드 경전철역 개선에 투자되었고, 이미 35억 파운드 이상이 주빌리 지하철 노선JLE을 중부에서 남부와 동부 런던까지 확장하는 데 사용되었다. 공공자금은 병든 카나리 워프Canary Wharf 상업용 부동산 개발사업을 효과적으로 처리하고, 그리니치 지구의 밀레니엄 페스티벌 돔을 연결했으며, 1993~2000년 사이에 새로운 주빌리 회랑 지역에서 관광 업소와 숙박 시설의 수를 2/3나 증가시켰다(Evans and Shaw 2001).

이 시기와 오늘날의 근본적인 차이점은 현대 도시 문화 르네상스(Evans 2001)가 주로 국가(즉 납세자)의 공적 자금 지원을 받았다는 점이다. 그러나 상업 개발업자, 토지 소유주, 투자자에게 상당한 사적 이익을 제공했다(Evans

2020c). 이와는 대조적으로 1851년 만국박람회와 그 이후의 박람회는 개인 자금으로 조달했고, 기업가와 산업 소유주가 대부분의 인프라를 개발했으며, 이 첫 번째 '산업적 전환industrial turn'이 있기 전까지는 노동자와 그들이 거주하는 도시 정착지에 많은 문화 제공을 지원했다. 따라서 알베르토폴리스의 성공과 문화 기관의 유산이 문화민주주의에 대한 빅토리아 정책의 강점과 예술에 대한 국가 지원의 중요성을 보여 준다는 주장(Roth 2015)은 논란의 여지가 있다. 실제로 앨버트 공은 왕립예술학회 회장직을 통해 만국박람회를 홍보했지만, 빅토리아 여왕이 즉위하면서 극장에 대한 연간 보조금을 중단했다. 이는 국가 예술 지원금이 삭감된 초기 사례이다(Pick 1997).

이 시기에 토머스 칼라일Thomas Carlyle을 비롯한 다른 사람들도 '산업'이라는 단어를 새롭고 경멸적인 방식으로 사용하기 시작했다. 산업은 이제 '열심히 일하고 근면함'을 의미하지 않고, 칼라일의 용어인 '산업혁명'으로 정착된 용어는 우리의 삶의 방식을 변화시키는 기계적 재생산의 더 조직화된 형태를 의미하며, 이는 작업과 경제의 본질뿐만 아니라 사회적·문화적 관계와 가치의 변화를 의미한다.17 예를 들어, 웨지우드Wedgwood의 직원들은 도급제가 아닌 교대근무를 하게 되었으며, 남녀 모두 훈련을 받아 예술과 공예 기술을 인정받았다(웨지우드의 도자기는 개별 디자이너의 독특한 각인이 새겨져 있다). 하지만 만국박람회가 기념하고 홍보했던, 기계화된 산업혁명에서 채택될 정도의 생산 설비의 효율성은 거의 없었다(Pick and Anderton 2013).

이는 1만 3,000개의 전시 작품을 원자재, 기계, 제조품, '예술 작품'으로 분류하는 데 반영되었는데, 예술의 하위 분류에서 추가적인 변화를 표시한 것으로, 예술이 산업 제품에 적용되는 고도의 기술과 동일시되었다. 픽은 "만국박람회는 두 가지의 뚜렷한 예술 범주의 창출을 서두르게 했다. 하나는 미래지향적인 '디자인'이고, 다른 하나는 과거의 기술과 관련된 '공예'이다"(Pick and

Anderton 2013, 125)라고 주장한다. 빅토리아·앨버트V&A 박물관 전임 관장인 로이 스트롱Roy Strong은 V&A에 '국립장식미술·디자인박물관'이라는 접미사를 붙이자고 제안했다. V&A의 초대 관장인 헨리 콜Henry Cole은 1851년 만국박람회 이후 "세계 역사는 인류 산업을 진흥하는 데 있어 이와 비교할 만한 사건을 기록하지 못했다"(Pick and Anderton 2013)라고 결론지었다. 그러나 이 행사의 핵심 비전 중 하나는 '통합'이었다(박람회 지지자들이 사용한 또 다른 핵심 용어는 '문명'으로, 산업 발전과 직접적으로 동일시되었다). "마치 예술, 새로운 공장 시스템, 과학과 상업 활동이 여전히 연합되어 공동의 목표를 근면하게 추구하고 있는 것처럼"(Pick and Anderton 2013). 이는 앨버트 공과 헨리 콜의 창립 목표로, 1851년 박람회에서 구매한 물건을 보관하기 위해 최초의 '제조업 박물관'을 설립하고, 제조업에 예술을 적용하는 것이었다. 이 박물관은 나중에 장식예술미술관(당시 사우스켄싱턴 박물관)으로, 현재는 V&A 박물관으로 개칭되었다. 이러한 전환 과정에서 예술과 과학/기술의 구분이 모호해졌다.

이념적으로 만국박람회는 박물관 역사의 서사 측면과 물질문화의 광범위한 경제의 관점에서 보면, 새로운 전환점으로 작용하여 "새로운 '산업의 산물'이 이전에는 상상할 수 없었던 새로운 여가공간에서 예술, 엔터테인먼트와 융합할 기회"를 제공했다(Cummings and Lewandowska 2000, 54). 박람회 이벤트 자체는 입장료 문제와 사회적 차별이 있었다. 처음에는 비교적 값싼 입장료로 5실링을 지불한 '위대한 시민'인 여유 있는 계층에게 개방되었고, 그 후에는 1실링만 지불한 노동계층에게 개방되어 훨씬 더 많은 사람들(하루에 최대 7만 명)이 입장했다. "전 세계의 벌집에서 일하는 벌들은 자신들의 근면을 미화하는 전시회를 관람할 수 있는 열악한 시설을 제공받았다"(Cummings and Lewandowska 2000, 54). 따라서 고급 예술-대중 예술의 변증법은 러스킨Ruskin과 같은 관찰자들로부터도 분명하게 드러났다. 러스킨은 "수정궁은 궁전도 아니고 수정도 아니며, 유행하는 사치품의 싸구려 예술을 전시하기 위한 유리 봉투에 불과하다"라고 지적했다(Evans 2020c, 38). 문화 생산은 확장되는 소비 시장이 주도했고, 특히 공예와 디자인 산업이 주도했다. 스토어 스미스Store Smith는 "중산층 가정은 이제 카펫과 벽걸이 장식을 소유하고 있다. … 그리고 우리 런던 중산층 상인 대부분은 시골의 지주보다 더 나은 가족용 식기 세트와 리넨을 보유하고 있다"(Smith 1972, 20)라고 말했다.

이 이벤트는 오늘날 예술 후원 혹은 이벤트 후원의 사례가 될 것이다. 음료 회사 슈웹스Schweppes는 만국박람회 조직위원회에 5,500파운드를 지불하고 청량음료 100만 병 이상을 판매했다. 오늘날 현대 올림픽의 주요 프랜차이즈 중 하나이자 슈웹스 브랜드의 소유주인 코카콜라는 4년마다 이 이벤트에 6,400만 파운드를 지원한다. 2012 런던올림픽 17일 동안 코카콜라는 설탕이 들어간 제품 1,800만 개를 제공했다. 이 대표적인 이벤트가 기존 예술가와 상인에게 미친 영향은 올림픽의 영향과도 유사하다. 예술가와 상인은 1851년 박람회 시즌에 시중의 거래가 하이드파크로 이동하면서 피해를 보았다. 박람회는 대중의 지지와 여유 자금을 모두 흡수했다. 이 불만은 정부가 지정한 '좋은 목적'과 영국 다수 지역의 상당한 규모의 예술과 문화유산 복권기금을 이스트런던의 자본에 굶주린 올림픽 사업으로 전환한 2012 런던올림픽을 겨냥한 것이다(Evans 2020c).

제국의 만국박람회는 19세기가 진행되면서 영국(과 프랑스) 문화 생산이 출판, 연극, 공예 분야를 지배하고, 문화세계화가 초기에 제국의 확장과 산업화로 촉진되면서 이중적 문화 패권을 더욱 공고히 했다(Sassoon 2006). 만국박람회는 프랑스의 국가 박람회 전통에서 비롯되었으며, 이 전통은 17세기에 예술 작품 전시로 시작된 일련의 대박람회에 이어 1844년 파리에서 개최된 프랑스 제국 산업박람회로 정점을 이루었다(따라서 1895년 첫 베네치아 비엔날레보다 시기가 앞섰다). 이 박람회는 1667년부터 1793년까지 2년마다 개최되었고, 1793년부터 1802년까지는 매년 개최되었으나, 프랑스 제국 시기에는 2년마다 개최되는 사이클로 되돌아갔다. 프랑스 박람회는 예술 전시회와 함께 프랑스 제조 상품 전시회가 열렸는데, 국제적인 규모는 아니지만 만국박람회의 직접적인 기원이었다(Daniels 2013). 그린핼시Greenhalgh가 관찰했듯이, "당시 이러한 전시회는 명백히 정부에 무척 중요했다. 단순한 무역박람회나 축제 기념행사가 아니라 경제적·국가적·군사적·문화적 근력을 과시하려는 국가의 대외적인 표현이었다"(Greenhalgh 1988, 6).

런던에서 열린 만국박람회에 앞서, 1844년과 1849년에 왕립예술학회가 "고급 예술과 기계 기술의 결합"이라는 모토로 개최한 두 개의 소규모 전시회가 열렸다(Pick and Anderton 2013, 135). 1851년 만국박람회는 영국 수출산업에 대한 명백한 광고이기도 했으며, 대부분의 전시품이 제국, 특히 영국의 주요 제조업 도시에서 나왔다. 예를 들어, 셰필드에는 철도 스프링, 바이스, 모루부터 새롭게 디자인된 펜더와 주전자까지 300개의 전시품이 있었다. 허버트 리드Herbert Read가 『예술과 산업Art and Industry』 잡지에 기고한 내용을 보면 다음과 같다.

트라팔가 광장과 사우스켄싱턴의 훌륭한 시설들은 현재 전 세계 곳곳에서 아름다움의 순례자를 끌어들이는 보물 창고가 되었지만, 처음에는 외국 경쟁자와의 싸움에서 제조업체를 돕기 위해 기획되었다. 전 세계의 유사한 기관의 원형인 런던의 국립미술관과 빅토리아·앨버트 박물관은 아름다움의 사원으로 설립된 것이 아니라, 저렴하고 접근 가능한 디자인 학교로 설립되었다(Read, 1932, 138).

이벤트에서 발생한 잉여는 주요 산업도시에 박물관을 설립하는 데 도움이 될 것으로 기대되었지만, 그 나머지는 사우스켄싱턴 대지 매입에 충분했다. 성부가 실시한 전국 인구태도조사(특히 스코틀랜드, Evans 2016a)에서 분명히 드러난 2012 런던올림픽 이벤트에 대한 지역의 반감과 지원 부족은 1851년에도 존재했으며, 런던은 박람회의 유산과 재정적 이익을 차지했다. 지방 산업가들은 런던의 이벤트에 대응하기 위해 토지를 매입하여 '유흥 공원pleasure parks'으로 사용했다. 버밍엄의 애덜리 공원(Adderley Park, 1856), 수정궁 스타일로 지어진 노팅엄의 수목원(Arboretum, 1852), 올드트래퍼드 공원Old Trafford Park의 맨체스터 박람회(1857), 1888년 글래스고 국제박람회를 개최한 켈빈그로브Kelvingrove가 그 사례이며, 이후 켈빈그로브 미술관과 박물관 건립을 위한 기금을 모금했다.

공간적 서사

엑스포 부지는 버려진 부지와 소수의 영구 파빌리온이라는 이상한 유산을 가지고 있다. 리스본(1998년)과 게이츠헤드와 리버풀의 영국 가든페스티벌 부지처럼 완전히 재개발되기까지 수십 년이 걸릴 수 있으며, 세비야(1992년)와 하노버(2000년)처럼 자생적으로 재창조하기 위해 고군분투하는 지역도 있다. 독일 하노버 엑스포는 혼란스러운 주제를 제시하여 예상 방문객 4,000만 명의 절반이 조금 넘었고, 6억 달러가 넘는 적자를 기록했다. 하노버 엑스포 부지는 원래의 형태를 유지하면서 정보기술, 디자인, 미디어, 예술의 새로운 중심지가 되었다. 다른 국가의 파빌리온은 유지는 되었지만 황폐한 상태이다.

계획 측면에서 보면, 이벤트 부지의 종합계획master planning이라는 새로운 관행이 이제는 공간 디자인을 주도하고 있으며, 그 안에 건축, 조경, 기타 디자인 활동이 하위 계획으로 기획된다. 따라서 과거에는 건축이 디자인 개념, 상징적 이미지 및 테마를 제공하는 핵심 디자인 분야였지만, 전 세계의 메가 이벤트와 주요 재생계획을 시각화하는 것은 도시 디자인·종합계획 회사이다. 새로운 하이브리드 공간과 커뮤니케이션 디자인 프로세스로서 종합계획의 관행은 시각문화와 가상문화의 융합을 통해 이러한 특별 이벤트를 도시적 상상으로 변모시킨다(Çinar and Bender 2007). 곤잘러스는 '공간적 조정 spatial fix'의 필요성과 규모가 사회적으로 구성되어 고정되지 않고, "영구적으로 재정의되고, 논쟁이 되고, 재구성되는"(Gonzales 2006, 836) 현실 사이의 긴장을 언급한다. 따라서 종합계획은 전통적인 건축 디자인, 심지어 도시계획보다 더 큰 규모로 공간 디자인과 토지이용 구조를 포착하려고 한다. 이러한 하이브리드 관행은 도시 설계를 통해 건축과 계획을 통합하려는 시도로, 다음과 같은 계층적 디자인 반복을 수용한다. 즉 마스터플랜-도시 설계-지구화-구역 지정, 그 후 미래지향적 그래픽과 플라이스루fly-through를 채우는 개별 장소, 건물, 구조물이 메가 이벤트 공간을 구상하고 홍보하는 데 사용된다(Evans 2015b). 커스버트는, "도시 설계는 단순히 도시를 설계하는 예술이 아니라, 도시가 어떻게 성장하고 변화하는지에 대한 지식이다. … 우리는 추상적인 사회과학을 넘어 인간의 경험과 창조적 과정의 영역으로 나아가야 한다"(Cuthbert 2006, 1)라고 상기시킨다. 그러나 실제로 이러한 창조적인 '가상' 시각화의 관행은 오늘날 메가 이벤트를 예고하는 도시 설계와 브랜딩의 필수 요건을 주도하는 장소만들기 과정의 기반이기도 하다. 따라서 이러한 대규모 프로젝트는 '돌격대'가 아니라 젠트리피케이션의 '공중폭격'으로 볼 수 있으며, 새로운 민간 주택과 도시 확장을 가속화하고, 저가의 예술가 스튜디오 등의 잔여 산업과 기존 커뮤니티를 대체한다(NFA 2008). 실제로 이 과정에서 인간적 차원은 CGI로 생성된 신체와 아바타로 대체된다.

현대의 메가 이벤트는 각 도시에서 새로운 풍경을 창출해 내고 있다. 이 분야에서는 건축가의 관행과 우선권이 대체되었고, 도시 설계자와 총괄기획자가 캔버스를 창조한다. 이 캔버스 안에서는 건물, 풍경, 인테리어, 제품 설계자들이 시선을 끌기 위해 경쟁한다. 시각적 메타 테마와 스타일은 이 수준에서 설정되어 실질적으로는 창조성의 범위와 개성을 제한하지만, 이처럼 중요한 지시에는 복합적인 대응이 필요하다. 과거에는 축제 장소가 독특한 유산을 남겼지만(예: 에펠탑), 현대의 메가 이벤트는 더 광범위하고 비용이 많이 들며, 결과적으로 논란과 논쟁의 여지가 많다(Cohen 2013; Powell and Marrero-Guillamon 2012). 이는 토론토와 로마처럼 이러한 호화로운 행사에 참여하지 않기로 적극적으로 선택한 도시에서 분명하게 나타나며, 구겐하임 프랜차이즈에 저항한 도시도 있다(Evans 2003a). 예를 들어, 함부르크에서는 시민들이 지역 투표를 통해 하펜시티에서의 2024년 하계올림픽 개최를 거부하고 대신 (민주적 투표는 아니지만) 비슷하게 건축 비용이 많이 소요되는 콘서트홀 엘프필하모니Elbphilharmonie, Elphi를 선택했다(Kuhlmann 2020). 이 논란의 여지가 있는 프로젝트는 경기장 건축가 헤어초크 & 드뫼롱Herzog & de Meuron(베이징 올림픽의 '버드 네스트'와 뮌헨의 알리안츠 아레나 설계)이 설계했고, 원래의 예산 2억 유로의 4배가 넘는 비용을 들인 올림픽 대응 프로젝트였다.

이러한 메가 이벤트에 대한 가끔의 저항에도 불구하고, 두바이와 카타르(예: FIFA 월드컵)와 같은 중동을 비롯한 개발도상국의 도시들은 국제 문화와 관련 무역 이벤트, 그리고 국립박물관, 비엔날레, 기타 기관들의 분관 유치를 위해 경쟁한다. 기회도 많고 앞으로의 해결 과제도 많다. 막대한 예산과 시설들이 창출할 수 있는 세계적 도달 범위 때문일 뿐만 아니라, 시설들이 만들어내는 유산(물리적·기록적·집합적 기억)이 중요하고 상징적일 수 있기 때문이다. 따라서 메가 이벤트는 21세기의 거대한 장소만들기 계획으로 볼 수 있으며, 개발주의boosterism 시절의 과거를 소환하여 도시의 하드브랜딩을 더욱 확장한다. 즉 "노래를 얼마나 잘할 수 있는지가 중요한 것이 아니라, 열정과 열의로 노래하는 가라오케 건축의 형태를 만드는 것이다"(Evans 2003a, 417).

밤을 다시 잡아라 – 심야/백야 축제

건설 주도의 메가 이벤트와는 대조적으로, 대부분의 도시는 경쟁력 있는 도시와 장소만들기 전략으로 기존의 문화적 자산을 임계치(Keegan and Kleiman 2005)까지 사용하고, 코즈모폴리터니즘cosmopolitanism을 기념하는 동시에 특정 문화유산, 이미지, 브랜드를 유지하기 위해 노력하고 있다(Evans 2022). 이러한 축제도시 현상(Palmer and Richards 2010; Gold and Gold 2020)의 대표적인 방법은 전통 유산(박물관, 역사 유적지, 무형유산)을 더 많은 방문객과 참가자에게 어필하는 새로운 프로그램과 조화시키려는 특별 이벤트이다. 이벤트를 통해 문화(관광) 제공과 시장을 확대하고, 문화 활동의 시공간적 분포를 확산시키며, 문화 장소와 역사 장소를 재생한다. 도시는 이러한 이벤트를 통해 주민과 방문객 모두에게 정체성과 사회적 지위를 재확인할 기회를 제공한다.

이러한 현상의 새로운 사례는 지난 20년 동안 유럽과 북아메리카의 도시, 멀리 텔아비브에서 도쿄까지, 마이애미에서 마드리드까지 급증한 **백야**Nuit Blanche, 즉 밤빛Light Night 이벤트와 축제이다(Evans 2012a). 기원은 다양하지만, 밤빛/올나이트 이벤트는 주로 초가을에 열리는 종교와 문화 축제(디왈리 빛의 축제, 불교 연등 축제)와 관련이 있으며, 밤빛 이벤트의 초기 사례는 몇 주 동안 개최되는 상트페테르부르크의 백야 문화 축제와, 박물관이 1년에 두 번 오전 2시까지 문을 여는 베를린 박물관의 **긴 밤**Lange Nacht 이벤트가 있다. 파리가 2002년에 **백야** 축제를 개최한 이후 이러한 축제가 성장하고 추진력을 얻었다. 파리의 크리스토프 지라르Christophe Girard 부시장은 취임 1년 만에

이 이벤트를 제안했고, 다른 도시에서도 빠르게 채택되어 파리, 로마, 리가, 브뤼셀, 마드리드 등 5개 수도에서 예술가 교환 프로그램을 조직하여 각 도시의 예술가/극단을 초청했다. 다음 해에 부쿠레슈티가 합류하여 각 백야의 중심부에 '라운지 구역'을 만드는 것 등 공동 예술 프로젝트를 공식화했다(Jiwa et al. 2009). 백야 축제는 지역적 관심이나 예술가의 특별한 관심과 지역/비즈니스 개선 사업에서 벗어나 더 넓은 축제 지역과 경로를 채택하고, 나아가 세계적인 호소력과 지위를 얻으면서 불과 몇 년 만에 축제의 활동, 범위, 참석자가 빠르게 증가했다.

따라서 **백야** 축제의 진화는 공통의 목표를 가진 유럽 네트워크를 창출했다. 이는 그 협력적 성격과 광범위한 유럽 프로젝트를 기념하는 것을 반영한다. 예를 들어, 파리와 로마의 '쌍둥이축제twinning', '유럽 박물관의 밤'과 여러 도시에 걸친 국가적 이벤트 네트워크가 있다. 아일랜드는 더블린과 코크, 리머릭, 워터퍼드, 골웨이, 프랑스는 파리와 아미앵, 브리송, 메츠, 이탈리아는 로마와 스페키아, 제노바, 영국의 밤빛 도시인 벨파스트, 버밍엄, 본머스, 브라이턴, 리즈, 리버풀, 노팅엄, 셰필드, 스토크, 그리고 스코틀랜드의 커칼디와 퍼스가 있다. **백야**Nuit Blanche 브랜드 이벤트를 홍보하고 조정하기 위해 유럽 헌장이 만들어졌고, 이후 캐나다(몬트리올, 토론토, 핼리팩스), 미국(애틀랜타, 시카고, 샌타모니카/로스앤젤레스), 페루(리마), 이스라엘(텔아비브), 몰타(발레타)로 확산하여, 백야 이벤트는 현재 120개 이상의 도시에서 개최되고 있다. 대부분의 백야 이벤트는 파리를 모태로 삼는다. **백야** 태그를 사용하며, 프랑스 문화 기관이 자금 지원, 후원, 이벤트 홍보에 적극적으로 참여한다. 뉴욕은 2010년 10월에 첫 번째 뉴욕 백야 축제를 개최했고, 뒤이어 2013년에 멜버른은 도시의 갤러리, 극장, 음악 공연장, 상점, 주요 문화 기관에서 도시의 예술과 문화, 음식과 와인, 패션, 스포츠를 선보였다. 첫 번째 멜버른 백야 축제에는 약 30

만 명이 참석했으며, 이는 오스트레일리아에서 가장 큰 규모의 이벤트였다. 이러한 추세를 이어 가며, 2015년에는 칠레 산티아고와 콜롬비아 보고타에서 **백야**Noche en Blanco 축제가 개최되었다. 이벤트 동안 실시한 설문조사에 따르면, 이벤트의 품질에 대한 만족도가 높았다. 로마에서는 90%(42% '우수', 48% '좋음')이고, 더블린에서는 65%가 '매우 만족'이었다. 방문객의 절반 정도가 두 가지 이상의 활동에 참여했고, 80% 정도는 도보나 대중교통을 이용해 이동했다. 심야 이벤트 방문객은 주로 지역 주민/도시 거주자였으며, 점차 도시를 이동하여 타 도시 축제를 방문하거나, 국제 관광객, 대도시 축제 방문객이 늘고 있다(Evans 2012a).

심야 문화 축제도 **백야** 축제 브랜드와 네트워크와는 독립적으로 발전해 왔으며, 특히 애틀랜타, 시카고, 더블린, 코펜하겐에서 이어졌다. 이들 도시에서는 시장이 아닌 지역 문화 발전 기관이 시의회의 자금과 인프라 지원을 받아 이벤트를 조직한다. **백야** 축제 브랜드 이벤트를 만들지 않은 영국(파리 축제를 채택하는 것은 정치적으로 수용하기가 어려웠을 것이다)의 밤빛Light Night 네트워크는 밤새도록 진행되는 이벤트 프로그램과 오프닝의 연장은 없지만 **백야** 축제를 효과적으로 모방한다. 지역 도시들이 '밤샘'을 꺼리는 것은 앞서 언급한 부정적인 사회적 영향에 대한 불안감을 반영한다. 영국 밤빛 이벤트는 커뮤니티 정신을 강조한다. 도시가 단결되어 있으며 모든 사람이 공유하는 정서가 있다는 인식은, 사람들의 관심을 끌 수 있는 사회적 원동력이 되고, 사람들이 다양한 형태의 예술과 엔터테인먼트를 경험하고 일상에서 못하는 경험을 할 수 있도록 한다. 나아가 도시가 주민과 방문객 모두에게 무엇을 제공해야 하는지에 대한 인식을 창출한다. 버밍엄, 리즈, 노팅엄에서 조명 야간 이벤트를 한 후, 여러 도시에서 주민과 방문객에게 새로운 관점에서 도시의 밤을 경험할 기회를 제공한다. 도심에서 밤을 되찾으려는 정서도 강하다. "밤빛 축제는, 이제까지 저녁과 밤에 도시를 점유하는 인구 집단으로부터 도시를 '탈환'할 기회를 일반 시민에게 제공한다"(ATCM 2009, 1).

백야 이벤트의 특징은 불꽃놀이, 박물관과 미술관의 심야 개장, 어떤 경우에는 공연예술 장소, 공원과 정원, 스포츠 시설, 그리고 주요 광장, 경기장, 해안가에서의 라이브 이벤트를 포함한 건물 조명과 조명 시설이 핵심이다. 일반적으로 무료/저렴한 대중교통은 축제 경로와 장소를 따라 새벽까지 연장되며, 추가 수요에 대처하기 위해 버스와 지하철/트램 서비스가 추가로 운영된다. 축제 이벤트는 비엔날레를 포함한 신진 예술가 소개와 시상 제도, 어린이와 청소년의 이벤트와 참여 등을 통해 커뮤니티와 지역 발전을 위한 수단이 된다. 이벤트는 일반적으로 무료이지만, 일련의 박물관이나 갤러리와의 교류를 위한 통합 티켓을 판매하기도 한다(베를린의 경우 1유로 티켓). 이러한 모든 이벤트는 저녁과 심야 경제를 활용하고 재발견하며, 바/클럽에서 장시간 술을 마시거나, 반사회적 행동 등 도심 공간의 단일 목적 사용으로 인한 안전과 방문객 몰아내기에 대한 우려에 대응하여 '밤을 되찾으려는' 시도이다. 예를 들어, 베를린과 코펜하겐은 심야 바/클럽 활동을 통해 제공되는 것과는 다른 경험을 위해 청중 확대와 지리적 확산을 성공적으로 제공한 심야 문화 이벤트와 축제를 오래전부터 시행해 왔다. 특히 베를린은 음악과 기타 공간의 창의적인 사용에 대한 전향적인 허가 제도 등 적극적인 접근 방법을 시행했으며, 대부분의 규제완화는 구 동베를린의 접경 구역에서 이루어졌다(Evans and Witting 2006). 더블린은 늦은 밤에 과열되는 소규모 템플바Temple Bar 지구의 수용능력 제약에 시달렸지만(Montgomery 1995), 지역이나 '지구' 접근 방법을 채택하여 지역의 범위를 넓혔다. 이는 백야 축제 도시에서 흔히 볼 수 있는 익숙한 전략이다(Evans 2012a, 2020b).

2009년 5월, 영국의 박물관들은 프랑스 박물관들과 연합하여 심야 개장 주말 이벤트를 개최했다. 파리는 2007년에 현대미술관, 부르델, 빅토르 위고의 생가, 기타 여러 박물관이 오후 6시부터 자정까지 개장하면서 **박물관의 밤**Nuit des Musées 축제를 시작했으며, 갤러리의 접이식 의자와 같은 시설을 설치하여 글쓰기, 드로잉 워크숍 등 강연을 진행했다. 이는 2006년부터 유럽평의회CoE 사무총장이 영국 등 제12차 유럽문화협약European XII Cultural Convention의 서명국에서 동시에 열리는 박물관 오픈 나이트로 승격시켰다. 유럽문화협약은 유럽/유럽문화를 홍보하고 더 많은 대중, 특히 청년 유치의 기회를 확장하고자 했다. 첫 번째 주말에 영국에서는 박물관의 밤Museums at Night 축제가 열렸고, 박물관과 문화유산 명소는 자정까지 문을 열었다. "우리에게 그것은 [국립] 미술관을 새로운 관객과 낮에 방문할 수 없는 사람들에게 홍보하는, 무척 성공적인 방법이었다"(Culture24 2009). 벨벳 언더그라운드의 멤버 존 케일John Cale의 토크쇼와 인기 있는 피카소 전시회의 늦은 개장으로 300명 이상의 관객을 끌어들였다. "박물관에 일반적으로 방문하는 사람들이 아닌 새로운 군중이 방문하는 것이 눈에 띄게 특별한 추세였다. 전반적으로 보아 훨씬 더 젊은 군중이 밤새도록 들어오는 것을 알았다"(Culture24 2009). 어떤 경우에는 박물관이 밤새도록 문을 열었다. 테이트모던Tate Modern은 오후 5시부터 다음날 오후 5시까지 문을 열었고, 120명 이상의 방문객이 어두워진 후에 런던의 플로렌스 나이팅게일 박물관을 방문했다.

오픈스튜디오

문화 생산지구는 다른 문화공간의 사례에서 보았듯이, 작은 규모이지만 문화 생태계와 경제에서 상징적이고 역사적이며 중요한 요소를 나타낸다(제5장 참조). 주로 물리적으로 잘 보이지 않고, 재사용된 건물과 이전에 제조 공장이었던 공간이나 '가정에서'(Holliss 2015) 운영되는 문화 생산지구의 입지는 아웃렛 매장, 부티크 매장, 임시 팝업 매장 외에는 전시할 수 있는 범위가 제한적이다. 어떤 면에서 문화 생산지구의 '도시에 대한 권리'는 공식적인 문화 기관이나 문화공간을 통해서는 촉진되지 않으며, 주류 경제와 시장 시스템에서는 인정되지 않는다. 지역 문화 무역 박람회는 자체적으로 조직되어 매우 작은 규모로 시작한 후 더 광범위하고 대규모인 이벤트에 흡수된다. 예를 들어, 베를린에서 개최되는 연례 **디자인 마이**Design Mai 축제는 3년 동안 지역사회가 조직하여 7명의 자원봉사자가 운영했다. 이 축제는 프로그램 모음의 형태로 시작되어 매년 5월 2주 동안 130개의 오픈스튜디오가 참여했다. 축제는 여러 디자인 프레젠테이션을 위한 장소를 제공했고, 쇼룸은 디자이너/크리에이터로부터 직접 구매할 수 있는 판매 기회를 제공했다. 축제의 중심 장소는 워크숍, 강의, 프레젠테이션을 위한 강당이 있는 베를린 미테구의 광장이었다. **디자인 마이**는 베를린 전역뿐만 아니라 국제적인 이벤트로 성장했다. 2005년에는 1만 2,000장 이상의 티켓이 판매되었고, **디자인 마이**의 웹사이트는 600만 건의 조회수를 기록했다. 이 축제는 현재 매년 5월에 여전히 진행되는 베를린 디자인위크에 흡수되었다.

　예술가와 디자이너–메이커가 숨어 있던 작업공간을 대중에게 공개하는 오픈스튜디오는 런던에서 시작되어 다른 지역으로, 나아가 국제적으로 확산되었다. 대형 미술·디자인 박람회(즉 판매 기반 쇼케이스 전시회)가 매년 개최되지만, 이는 매우 선별적이고 경쟁이 치열하며 소규모 디자이너–메이커에게는 비용이 많이 든다. 도시의 '고급스러운' 지역(런던, 뉴욕의 **첼시** 지역)에서 개최되지만, 이는 진정한 지역 문화 생산공간이나 커뮤니티가 아니다. 이러한 계층화된 질서에 대한 반사작용으로 **해크니의 히든아트**Hidden Art of Hackney가 1994년에 스튜디오 기반으로 40명 정도의 런던 이스트엔드 예술가/디자이너의 우수한 작품을 홍보하는 소규모 이벤트로 시작되었다(Foord 1999). 스튜디오 투어와 지도로 설계되고 홍보되었는데, 이는 오늘날 축제와 오픈스튜디오 마케팅에서 널리 사용되는 간단한 형식이다. 10년 후, 1,800명 이상의 디자이너-메이커를 홍보하고 지원하며 창조산업과 제조업 간의 연계를 구축한 독특한 네트워크로 발전했다. 오픈스튜디오 이벤트는 현재 런던의 자치구와 다른 도시(토론토, Gertler 2006)로 확산되었으며, 한때 '전시용'이었던 디자인 전시회가 이제는 문화 이벤트로 바뀌었다. **디자이너스 블록**Designer's Block, **100% 디자인** 등의 현대미술 전시회(예: 6만 명의 방문객이 찾는 **프리즈아트페어 Frieze Art Fair**)와 미술 및 디자인과 학생들이 연말에 쇼를 열고, 음악과 클럽 공연이 있으며, 판매사(출판사)가 이처럼 약한 상품 쇼의 범위와 기간을 연장해 주는 '오프피스트off-piste' 이벤트가 있다(Evans 2014c). 놀랍지 않게도, 이러한 이벤트는 현재 다른 창의적 상품을 선보이는 국제적인 이벤트가 되었다. 런던 디자인 페스티벌London Design Festival은 40만 명 이상의 방문객을 맞이하는데, 이 중 1/4이 해외에서 온 방문객이다. 이 이벤트의 독특성은 소비자가 생산 장소, 즉 스튜디오와 공방workshop에 직접 방문하는 데 있다. 사실 이러한 경우는 점점 더 드물어지고 있으며, 특히 무장소성의 디지털 미디어 영역, 패션, 음악의 독점적인 세계에서 더욱 심하다. 오픈스튜디오는 이제 매년 영국 전역의 지방 도시에서 개최된다.

  건축 설계 또한 박물관화, 도면, 모델에 의해 참여가 제한받았지만, 오픈스튜디오 형식을 따라 오픈 건축 스튜디오 설치, 강의, 어린이 행사를 결합한 축제가 열렸다. 런던 건축 비엔날레는 첫해(2004년)에 거의 황무지였던 지역에 개최하여 주말에 2만 5,000명 이상의 사람들을 끌어들였다(그림 3-3). 2006년 비엔날레에서 런던을 가로지르는 경로는, **스타 건축가** 노먼 포스터Norman Foster가 그의 회사와 공동 설계한 '밀레니엄 브리지를 건너 양을 몰고 가는

⟨그림 3-3⟩ 런던 클러컨웰의 런던 건축 비엔날레
출처: 저자 사진.

변화Change'라는 주제였다. 마찬가지로 매년 주말에 열리는 **오픈하우스**Open House는 공장 작업의 유산과 건축적 관심이 큰 건물을 보여 준다. 이러한 방식으로 도시의 일상적인 문화와 경관이 기념되고 접근할 수 있게 되지만, 무대화된 관광과 문화유산 지역에서 갈수록 유해한 경험이 증가하고 있어 대비된다.[18] 오늘날 연례 런던 건축축제('코로나 이전')는 한 달 동안 진행되는 프로그램에서 80만 명 이상의 방문객을 맞이한다. 패션 및 디지털 산업 무역박람회(제6장과 제7장)의 경우에서 보듯이, 창조적 생산과 문화 생산에의 근접성에 대한 잠재적인 수요가 있고, 특히 생산자와의 근접성은 다른 형태의 소통이나 경험으로는 충족될 수 없을 것이다. 이는 또한 스트리밍 시대에 라이브 음악 이벤트에 대한 갈증과도 관련이 있을 수 있다.

대규모 테마 축제는 도시의 특정 지역을 점유하여 통제하는 경향이 있는 반면, 예술 축제는 기존 장소와 회사가 스스로 회사의 가치를 높이고 축하할 수 있는 장소/부지를 제공한다. 행사장은 관광객의 문화 관광 일정을 차지하는 대규모 에든버러 축제와 권위 있는 예술 축제에서, 국제 영화제, 연극, 댄스, 예술 이벤트에 이르기까지 다양하다. 이러한 '부유한 사람들을 위한 파티 축제'와 문화 관광객과는 거리가 먼 지역 예술가, 갤러리, 커뮤니티를 하나로 모으는 지역 이벤트는, 공식적인 문화 이벤트나 장소에 참석하지 않거나 접근성이 제한적인 창작자와 방문객을 위해 근린, 지역 공원, 커뮤니티 센터나 커뮤니티 허브 주변에서 열린다. 지역 예술 축제는 다양한 프로그램을 갖춘 한 장소에서 개최되거나 크고 작은 여러 장소에 걸쳐 진행되며, 주로 아트센터, 극장, 커뮤니티 장소, 공원/개방 공간, 펍, 도서관, 심지어 상점이 될 수도 있다. 예를 들어, 문학과 시 축제, 아트 '오픈'(예술가 집 공간), 음악(재즈 축제), 공예, 음식 축제 등이 있다. 지역 예술 축제는 개발, 젠트리피케이션, 기후변화, 인종차별과 같은 사회적·정치적 이슈에 대한 저항에 초점을 두는 적극적인 방식으로 표현된다. 실제로 1960년대 후반의 초기 '무료' 축제는 대안적 라이프스타일, 소위 반문화적counter-culture 표현을 홍보하고 경험할 수 있는 '안전한' 기회를 제공했다. 1969년에는 두 가지 획기적인 무료 음악 이벤트가 열렸다. 뉴욕 북부 베델의 우드스톡Woodstock에서 열린 3일간의 **아쿠아리안 평화와 음악 축제**Aquarian Festival of Peace and Music, 그리고 롤링 스톤스가 헤드라이닝을 맡아 런던 하이드파크에서 열린 **스톤스 인 더 파크**The Stones in the Park이다. 두 이벤트 모두 거의 50만 명의 관객을 모았고, 음악 역사의 중요한 순간을 장식했다. 2017년에는 우드스톡 축제 장소가 국립사적지에 등재되었다. 하이드파크 축제 한 달 후에는, 데이비드 보위David Bowie가 그의 주간 아트랩(제2장 참조)의 연장선으로 지역 공원에서 베커넘 프리페스티벌Beckenham

Free Festival을 조직하고 주연을 맡았다. 이 행사는 매주 일요일 저녁 근처 술집인 스리턴스The Three Tuns(현재는 피자 체인 레스토랑을 만들기 위해 철거)에서 열렸다.

음악 중심 이벤트의 대규모 군중 동원에 대한 호소력은 줄어들지 않았다. 하지만 이제는 영국의 글래스턴베리Glastonbury(주말 티켓 340파운드), 캘리포니아의 코첼라Coachella(550달러)부터 바르셀로나의 프리마베라Primavera(325유로)까지 잼버리와 유사하게 통제되고 상업적으로 주도된다. 영국에서만 8개의 새로운 전용 경기장이 건설되고 있으며, 대규모 공연장이 없는 도시뿐만 아니라 런던과 맨체스터(아비바 스튜디오Aviva Studios)의 2, 3번째 규모의 경기장도 2만 명 이상을 수용할 수 있다. 브리스틀의 새로운 경기장은 3개의 공연장, 리허설룸, TV 제작실, 교육 프로그램, 지역 밴드를 위한 커뮤니티 무대를 건설할 예정인 반면, 소규모 공연장의 수는 감소하고 있다(전통적으로 포크, 록, 재즈 클럽이 있는 펍). 이는 수입 감소로 인해 음악의 경제적 여건이 변화하고 있음을 반영하는데, 온라인 스트리밍과 싱글 트랙 다운로드가 레코드/CD 판매를 대체하면서 라이브 공연이 밴드의 주요 수입원이 되었다. 수수료와 이벤트 가격(티켓 가격)이 상승하면서 록과 팝은 1990년대 이후 오페라, 연극, 댄스의 입장료가 실질적으로 상승한, 대사가 있는 예술lyric arts을 따라가고 있다. 경제학자의 용어를 빌리면, 관객 소비자 잉여와 '지불용의willingness-to-pay'를 착취하는 셈이다. 예술의 경우 실제로 관객 규모는 늘어나지 않았지만, 독점적인 관객이 특권을 누리기 위해 더 큰 비용을 지불하도록 하는 데 성공했다(Evans 1999b).

유럽문화도시

지정된 자칭 문화도시는 변증법적 보편성과 특수성을 나타낸다. 한편으로는 유럽적 특성과 유럽 (문화) 프로젝트의 반영(Evans and Foord 2000)을 보여 주고, 다른 한편으로는 고유하고 토착적이거나 적어도 내생적인 문화적 자산과 정체성을 보여 준다. 르페브르의 용어를 빌리면, 인식되고 구상된 공간을 동시에 반영한다. 이러한 개념적 상태는 다양한 인식, 관점, 재현을 통해 동시에 존재할 수 있으며, 상호적이거나 갈등적일 수 있다. **유럽문화도시**European City of Culture에 선정되기 위한 경쟁은 도시가 다시 문화, 스타일, 예술적으로 뛰어난 장소로 인식되고(정치적으로는 '도시 신좌파'로 정의된다, Bianchini and Parkinson 1993), 산업 생산이 경제적으로나 상징적으로 감소했을 때 구상되었다. 이 계획은 1984년 그리스 문화부 장관이 제안했고, 다음 해에 아테네가 선정되었으며, 1986년에는 피렌체가 뒤를 이었다. 유럽의 14개 도시에서 매년 문화 축제를 개최하여, 새롭고 업그레이드(1992년 마드리드의 프라도Prado 미술관 개편)된 문화시설을 추가하고, 문화적 요소들을 재편했다. 2000년 이후에는 문화도시 지위를 추구하는 도시들의 압력이 커진 상황에서 9개 도시가 선정되었는데, 여기에는 처음으로 동유럽 도시인 프라하, 크라쿠프와 비유럽연합인 레이캬비크(이스탄불은 2010년에 선정)가 포함되었다. 이는 유럽 프로젝트를 동쪽과 북쪽으로 확장하는 것뿐만 아니라, 구 소비에트연방 국가들이 문화도시 네트워크에 참여하고 유럽 르네상스에서 자리를 차지하거나 되찾으려는 열망을 나타냈다. 60개가 넘는 도시/도시 지역(예: 루르 지역)이 유럽 문화도시 지위를 받았다. 문화도시 개념은 참신함과 유럽적 기원이 부족한데도 대서양을 건너 2000년에 첫 번째 **아메리카 문화도시** 경쟁이 있었고, 멕시코 유카탄주의 주도인 메리다가 선정되어 축제가 열렸다. 유럽에서는 헬싱키가 2000년 문화수도로 지정되었다. 헬싱키는 케이블 팩토리Cable Factory와 음악원을 잇는 지역을 문화 생산지구로 개발하고, 글라스미디어팰리스Glass Media Palace 주변의 문화 소비지구를 개발하는 등의 문화산업과 예술의 플래그십 전략flagship strategies을 발표했다. 중앙 버스 정류장을 배경으로 상점과 카페가 늘어선 이 '팰리스'는 1930년대 올림픽게임의 불운한 유산으로, 예술 영화관, 미술 서점, 카페, 미디어 제작 시설로 전환되어 인근의 새로운 현대미술관, 멀티플렉스 영화관과 함께 문화 삼각형을 형성했다. 미국의 건축가 스티븐 홀Steven Holl이 설계한 **키아스마**Kiasma('교차로 또는 교류'의 의미)는 의무적으로 건축된 현대미술관으로 빌바오 구겐하임처럼 개인 컬렉션을 소장하고 있으며, 다소 호기심을 불러일으키는 방식으로 "엘리트 보물 창고 이미지에서 대중 만남의 장소로 전환하여 미술관을 예술 기관으로 재정의하려 한다"(Verwijnen and Lehtovuori 1999, 219). 다른 유럽문화도시 사례에서 문화 제공과 문화 활동에 대한 영향을 보면, 도시재생 의도보다는 최소한도로 비용이 적게 들고, 주로 축하의 의미를 띠었다. 예를 들어, 아일랜드 코크Cork와 네덜란드 리바위르던Leewaurden이 그렇다. 최근의 연구에 따르면, 문화 축제는 장점이 많고 웰빙에 기여할 수 있지만, 선정 도시와 수상 기관의 평가에 나타난 명시적인 경제개발 목표에도 불구하고, 지역 경제와 창조산업의 성장에 제한적이고 일시적인 영향을 미치는 경향이 있다(Nermod, Lee and O'Brien 2021).

　유럽문화수도European Capital City of Culture로 명칭이 바뀐 후 도시 선정 과정에서 지정학, 광고 스폰서, 성공을 위해 필요한 규모, 이미지, 인프라가 부족하지만 개최를 열망하는 도시의 문화 등의 요인으로 경쟁이 심했다. 이는 엑스포와 주요 이벤트 경쟁을 둘러싼 낙관주의와 유사하다. 한 명의 승자와 수많은 패자가 있는 이러한 게임은, 반복적으로 경쟁에 참여하고 브랜딩의 도시재생 측면에서의 장점을 바탕으로 새로운 장소와 교통 시설에 대규모 공공

투자를 정당화하는 외곽 도시와 지역 도시 그룹을 만들었다. 함부르크(하펜시티), 맨체스터(동부), 토론토(워터프런트)와 같은 도시는 대중의 저항에도 불구하고 경쟁에 나서서 실패한(올림픽) 주요 장소의 재생을 반복적으로 내세웠고, 다른 도시는 이벤트 장소의 사후 자금조달 실패로 미개발의 부담을 받았으며, 어떤 경우에는 이벤트가 있은 지 오랜 시간이 지나 버렸다. 예를 들어, 몬트리올의 1967년 엑스포와 1976년 올림픽은 담배에 대한 지속적인 세금 인상으로 이어졌다. 1991 셰필드 학생제전Sheffield Student Games은 지역과 커뮤니티 스포츠, 여가 시설의 폐쇄와 새로운 시설의 입장료 인상으로 이어졌다(Evans 1998b). 파리의 **그랑 프로제**Grand Projets와 다른 곳, 예를 들어 빌바오 구겐하임에서와 같이, 문화적 플래그십은 사실상 도시와 지역의 다른 부분에서 문화 공급을 몰아내고, 더 다양하고 현대적이며 참여적인 예술 및 엔터테인먼트 활동을 반영하는 현대 문화 활동과 시설을 특정한 유형의 문화(문화유산, 기념비적 미술관, 공연예술, 스포츠 콤플렉스)로 대체했다(Evans 2003a).

2009년 1월 10일, 리버풀은 개막한 지 정확히 1년 만에 유럽문화수도 프로그램에 따른 공식 폐막 이벤트를 진행했다. 이 이벤트를 통해 리버풀 '문화의 해 2008'에서 '환경의 해 2009'(2019년에 다시 반복)로 전환되었고, 리투아니아 빌뉴스Vilnius와 함께 문화수도의 지위를 물려받은 오스트리아 린츠Linz에서 동시에 이벤트가 개최되었다. 약 6만 명의 사람들이 피어헤드와 앨버트독, 위럴뱅크에 모여 노래와 불꽃놀이를 했고, 조명 자전거를 탄 거리예술가, 세계유산도시를 구성하는 유명한 새 박물관 건물에 조명을 쏘면서 축하행사를 즐겼다. 도시 브랜딩, 플래그십 문화를 활용한 재개발, 도시재생과 관련된 문화도시는 도시 발전(Palmer and Richards 2010)과 정치적·경제적·지역적 정체성의 축제화로 특징지어질 수 있으며, 주제별 '…해'와 '…도시'의 연속선상의 한 요소로 특징지어질 수 있다. 여기서 문화는 단지 하나의 상징일 뿐이다. 그러나 리버풀 2008의 영향에 관한 연구 결과는, 주민들이 복합적이고 주변적인 효과만 느꼈다고 지적했으며, "유럽문화수도로 인한 지속적인 혜택 가능성에 대한 보호한 태도"와 "소매업과 여가 발전의 지속가능성과 새로운 도심 아파트의 건설 가능성에 대한 우려"가 있었다(Impacts08 2009, 13). "많은 사람들은 유럽문화수도가 개인이나 지역사회에 혜택을 주지 않을 것이라고 느꼈다"(Impacts 08 2009, 12)라는 비판도 있었다. 다른 곳과 마찬가지로, 지역 주민들은 지역 문화와 어메니티를 과소평가하고 이벤트 활동과 공공의 개입을 과대평가한다고 느낀다(Evans 2011).

유럽 도시/문화수도 프로젝트는 40년 동안 '두 배' 이상으로 확장되면서, 길지만 혼란한 역사가 있다. 참여하는 도시의 범위와 규모, 각각의 출발점과 문화 투자 수준을 보면, 문화와 장소 형성에 기여한 증거는 엇갈린다. 어떤 면에서는 어디에나 존재하게 되었고 더 이상 '특별한' 이벤트가 아니다. 지금까지 어떤 도시도 두 번 이상 개최한 적이 없지만, 브뤼셀(2000년 공동 유럽문화수도)은 2030년 이벤트 경쟁에 다시 참여했다. 유럽문화수도에 관한 연구도 광범위하며, 주최 도시와 후원자EU가 발행하는, 보통은 축사 같은(그리고 의무적인) 사후 이벤트 보고서와 모범 사례가 소규모 라이브러리만큼 있다(Palmer 2004; Cox and Garcia 2013; Richards and Marques 2015; Nermod, Lee and O'Brien 2021 참조). 이러한 연구는 경제적·사회적 연구이지만 문화적 연구는 아닌 '영향 연구'에 의해 주도되고 있다. 또한 도시 지지자들(시청/시장, 문화 기관, EU)의 낙관주의 문화와 학계 및 커뮤니티 관점에서의 비관적인 분석으로 양분된 것이 특징이다. 경쟁에 참여했거나 최종 후보로 선정되었으나 최종 선정에 실패한 도시도 축제 예산 지원 약속을 그대로 유지하면서 문화 발전 전략을 계속한 경우도 있지만(마스트리흐트 2018, Evans 2013b), 대부분은 경쟁 과정 자체로서 향상된 네트워킹, 자부심과 정체성을 확립했다고 주장했다. 하지만 선정 단계

이후에는 유지될 수 없었다(Richards and Marques 2015). 유럽문화수도 유치 경쟁의 작은 이점에 대한 비슷한 주장은 '취소 문화'의 희생자였던 리즈Leeds에서 제기되었다. 영국이 유럽연합에서 탈퇴하면서 2023년 유럽문화수도에 대한 영국 도시의 지원이 철회되었다. 이러한 상황에도 불구하고 리즈는 유럽이나 영국 문화도시가 아닌 **리즈 2023** 축제를 계속했고, 5개년 문화 투자 프로그램과 이벤트의 해를 유지했다. "문화 측면에서 중요한 것을 말할 수 있는 도시로서 리즈의 이미지를 재형성하기 위함"이다.[19] 그러나 유럽문화수도가 어떠한 형태가 될지, 어떠한 방향으로 나아갈지는 아직 불분명하다.

영국 문화도시

영국문화부DCMS는 2009년 런던 외의 중소 도시와 마을에서 문화 축제를 개최하도록 장려하기 위해, 또한 유럽문화도시에 대한 국가적 할당이 많지 않기 때문에, 국가 문화도시 선정 프로그램을 시작했다. 영국은 2019년 1월에 유럽연합(과 유럽경제지역)을 탈퇴하면서('브렉시트') 2019년부터 유럽문화도시 선정 자격이 없어졌기 때문에, 이 정책은 영국의 문화도시를 효과적으로 대체했다. 유럽문화도시의 선례와 마찬가지로, 영국 문화도시CoC는 문화도시 선정을 신청하고, 프로그램을 만들고, 어느 정도는 사후 문화유산을 개발하기 위해 유무형 문화유산을 활용하는 대표적인 사례이다. 영국 프로그램의 주요 아이디어는 리버풀의 2008년 유럽문화수도와 영국의 선구 도시인 1990년 글래스고였다. 이러한 문화 이벤트에 앞서 두 도시는 각각 1984년과 1988년에 가든페스티벌을 개최했다(웨일스의 에부베일Ebbw Vale, 잉글랜드의 스토크Stoke와 게이츠헤드Gateshead도 마찬가지였다). 이 두 행사는 이벤트의 유산에 대한 마침표를 찍었고 촉매가 되어 도시재생 과정의 장기적 열망과 기간에 대한 기준이 되었다. 글래스고의 유산을 보여 주는 한 가지 사례는 유럽연합집행위원회 EC의 '문화 및 창조 도시 모니터 2019' 보고서에서 영국 최고의 문화 및 창조 도시로 선정되었고, 유네스코 음악도시로도 선정되었다. 이 보고서는 문화적 활력, 창조경제, 창조적 인재를 유인하고 문화적 참여를 자극하는 역량 등 도시의 문화적 건강성 29가지 지표에 순위를 매겨 선정했다. 다른 사례는 리버풀이 2023년 전쟁으로 파괴된 우크라이나를 대신하여 유로비전 송 콘테스트 Eurovision Song Contest를 개최하기로 한 것이다.

부정적인 미디어, 지역적 저항, 무관심, 좋은 소식에도 반대의 근거가 나오는 상황에도 불구하고 이러한 장소만들기 이벤트가 만들어 낸 영향은, 과거 이벤트 효과를 반복하거나 되찾으려는 도시, 자생적으로 재편하거나 유산이나 오래된 이미지를 업데이트하려는 기존의 마을과 도시로 사람들을 끌어들인다. 영국문화부가 영국 문화도시에 대한 공고를 시작했을 때, 여러 도시와 농촌의 소지역 등 29개 후보 도시가 지원했다. 버밍엄, 데리(북아일랜드), 노리치, 셰필드가 최종 후보로 선정되었고, 결국 데리가 선정되었다.

데리

데리Derry/런던데리Londonderry는 2013년 첫 번째 영국 문화도시로 선정되었으며, 따라서 문화도시 이벤트 이후 가장 시간이 흐른 도시이다. '분쟁'과의 연관성과 식민지화와 분열의 긴 역사뿐만 아니라, 경제적·사회적 쇠퇴는 문화도시가 해결하고자 했던 주제였다.[*] 여기에서는 문화가 '삶과 장소를 형성'할 수 있는 범위를 지정했다. 문화도시의 해 일 년 동안 다양한 커뮤니티가 가장

---

[*] 역주: 북아일랜드는 200여 년간 영국의 식민지였으며, 데리에서는 1972년 1월 30일 시민집회에 대한 영국군의 무력 진압으로 인해 14명 사망, 15명 이상이 부상당한 '피의 일요일' 사건이 발생했다.

중요한 전통, 역사, 유산을 정의하고 토론하는 등 정체성, 역사, 장소에 대한 여러 가지 해석을 가능하게 하도록 활용할 기회를 제공했다. 주민, 이해관계자, 방문객을 대상으로 한 설문조사에서는 이미지 개선, 시민의 자부심, 향상된 커뮤니티 관계, 통합의 감정, 공유되고 비정치화된 공간, 커뮤니티 간 교류에서 진정한 전환적 변화의 증거들이 나타났다. 그러나 고용, 사회적 박탈감, 관광(2014~2015년 방문객과 호텔 점유율 감소)의 개선은 분명하지 않았으며, 충분한 영향과 유산이 부족했다(Boland, Murtagh and Shirlow 2019).

비현실적인 기대와 목표(사회, 경제, 합의, 역사)가 아니라, 커뮤니티 서사, '요구 사항', 확실한 증거에 의해 형성된 대화의 과정이 무익한 유산 경쟁과 도시 문화 서비스에 대한 오용을 넘어 논쟁에 도전하여 전환할 수 있는 잠재력을 제공할 것이다(Murtagh, Boland and Shirlow 2017, 519). 이러한 접근 방법은 유럽 전역에서 유산과 장소만들기 연구에서 관찰자와 관찰 대상 간의 구분을 무너뜨리고 도시 환경과 유산의 복잡성을 다루기 위한 지식의 공동 생산을 목표로 채택되었다(Oevermann et al. 2022). 그러나 실제로는 예술감독과 핵심 프로듀서는 관행적으로 외부에서, 축제가 구상되고 서사가 만들어진 후에 고용된다. 이는 대부분의 대규모 도시 축제와 마찬가지로, 축제가 일반 시민과의 협의 과정 없이 문화 엘리트와 도시 엘리트가 제작한 상상의 산물일 뿐만 아니라, 이벤트의 가정된 수혜자와 커뮤니티 이익에 대한 선험적 근거와 함께 테마, 프로그램, 생산의 공동 창작이나 공동 설계를 통해 참여하지 않는다는 현실을 반영한다.

헐

영국 자체의 프로그램에 따른 최초의 영국 문화도시는 항구도시인 킹스턴어폰헐Kingston upon Hull로, 2017년에 열린 두 번째 영국 문화도시에서 수상했다. 문화도시의 주제는 예술과 산업에 대한 도시의 기여를 기념하는 것이었다. **메이드 인 헐**Made in Hull은 도심 전역에 투사된 11개의 사운드와 조명 중계기로 구현되어 1월에 7일 동안 34만 2,000명 이상의 방문객을 유치했으며, 험버강 어귀 위의 불꽃놀이와 랜드마크 유산 건물에 투사된 조명이 포함되었다. **더블레이드**The Blade는 헐의 알렉산드라독에 있는 지멘스가메사Siemens Gamesa 공장에서 제작되어, 예술가 나얀 쿨카니Nayan Kulkarni가 시내 중심가인 퀸빅토리아 광장에 설치한 75m 풍력 터빈이다. 무형유산도 특징이 있는데, 헐에서 태어난 윌리엄 윌버포스William Wilberforce의 해방운동과 공헌을 탐구하고, 2007년에 처음 개최된 연례 자유축제Freedom Festival의 건축물을 사용했다. 이들 일회성 축제 이벤트는 기존의 문화적 자산과 공간을 활용할 필요가 있다. 이러한 문화 제공의 강화는 협업, 새로운 사용자와 관객 유치, 프로필 향상, 지정된 도심 장소와 축제 장소 외부에 있는 커뮤니티에서 새로운 경험 창출 등 축제의 효과성을 측정하는 중요한 기준이 된다. 그러나 이러한 브랜드 이벤트는 선정과 구축 단계에서 높은 열망과 흥분(진정한 공동 설계는 아니더라도 파트너십 구축)이 따르고, 다음으로 열광적인 이벤트 기획, 공연, 미디어 전파, 그리고 사후 합리화(일반적으로 지역 대학과 컨설턴트가 주도하는 의뢰된 영향평가 연구)가 이어진다. 이는 관객과 방문객 설문조사와 피드백을 기반으로 하며, 경제적 영향 모델링(경제적 영향의 가치를 과장하는 것으로 악명 높다, TBR and Cities Institute 2011) 등이 뒤따른다. 사실상 지속적인 효과와 유무형의 효과는 시간이 너무 흘렀고 기억 감소로 인해 거의 포착되지 않는다. "2017년 **영국 문화도시** 헐의 가장 중요한 성과 중 대부분은 2017년 말에서 3년, 5년, 10년이 지나야 완전히 평가할 수 있을 것이다"(University of Hull 2019, 9). 여기에 무엇을 어떻게 측정하고 평가할지에 대한 답은 나오지 않았다.

코번트리

코번트리Coventry는 2020/2021년에 문화도시 자리를 이어받았고, 코로나19 팬데믹으로 인해 오프닝과 이벤트 참석이 제한되어 2022년까지 이벤트를 연장하여 개최했다. 코번트리는 산업화 이전(자전거와 자동차)의 제조 및 제작 전통과 산업화 이후의 대중음악, **투톤**Two-Tone 음악, 문학적 전통 등을 활용하여 정체성과 프로그램에 투사했다. 이벤트 장소에는 전쟁(폐허와 인접한 새 건물), 평화, 화해의 상징인 코번트리 대성당, 테이트 갤러리의 터너상Turner Prize을 받은 허버트 갤러리Herbert Gallery, 기타 테마 전시회가 개최되었다. 선정된 지역의 지역 예술 프로젝트는 프로그램의 핵심을 '공동 창작'에 두고, 지역의 이야기와 도시 전역의 잠재적 창의성에 초점을 두는 접근 방법을 채택했다. 이러한 작업 방식은 오래 지속되는 사회적 가치를 창출하기 위해 다양한 유형의 친밀한 이벤트와 영향력이 큰 활동을 전달하고자 했다. 지역을 넘어선 수준에서 참여와 배태성을 강조하는 접근 방법은 종교 단체, 커뮤니티 센터, 도서관, 학교, 커뮤니티 라디오 방송국, 경찰, 지역 예술 조직의 지역 커뮤니티가 창의적 프로그램을 기획하고 설계하는 데 도움을 줄 것이다(그러나 이 과정이 실제 프로그램과 연결되는지는 분명하지 않다). 시의회로부터 주요 유산 건물과 공간을 인수하여 재활용(리노베이션, 재사용)하고 있는 코번트리 헤리티지 트러스트Coventry Heritage Trust는 문화 축제와 프로그램에 거의 관여하지 않았지만, 코번트리 헤리티지 트러스트가 관대하게 인정했듯이 "문화도시로서 코번트리의 1년(그림 3-4)이 만들어 낸 순풍에 큰 도움을 받았고, 원래 10년으로 예상했던 계획을 4년 만에 달성할 수 있었다"(Evans 2022, 16). 지역 대학과 컨설턴트가 주도한 수많은 영향 보고서에도 불구하고,[20] 도시 축제에서 얻은 교훈은 없는 듯하다. 축제 피날레가 끝난 지 6개월도 채 되지 않아 이 문화 트러스트의 도시는 400만 파운드가 넘는 부채(도시의 여러 예술 단체 등 대부분은 부

〈그림 3-4〉 2022년 코번트리, 영국 문화도시
출처: 저자 사진.

채를 갚지 않을 예정)를 안고 청산에 들어갔고, 남은 직원은 모두 해고되었으며, 시의회로부터 100만 파운드의 대출을 받았음에도 불구하고 자산을 매각해야 했다(이벤트에 1,200만 파운드를 지출했지만, 티켓 판매로 48만 7,000파운드 매출에 불과했다). 소외된 지역 예술가 중 한 명이 관찰했듯이, 도시의 열광과 축하 메시지는 비난으로 대체되었다. "강제 해고, 불만을 가진 채 동원된 창작자, 실망한 주민, 갚지 못한 부채, 그리고 답변 없는 많은 의문이 남았으며, 원래 계획했고 우리가 희망했던 3년의 유산과는 거리가 멀다"(Manning 2023, 2).

도시 전체를 아우르는 대규모 이벤트 개최 결정은, 명시적이든 아니든 간에 장소 브랜딩의 활동이다(Evans 2022). 이미지, 프로그램 믹스, 테마와 유산, 유형 및 무형 등은 도시가 이벤트나 축제를, 내부(주민, 기업, 정치인)와 외부(투자자, 시상 기관, 언론, 미디어, 일반 대중)의 이해관계자에게 계획, 실행, 홍보하기 위해 조합하는 주요 요소이다. 도시 홍보 캠페인에는 도시 내부 투자와 관광객을 목표로 기업 전략과 소비 지향적 전략을 활성화하기 위해 이벤트를 통합한다. 스미스(Smith 2016)는 이벤트를 개최하여 도시공간이 생산되는 과정을 **축제화**festivalisation라는 용어로 설명했다. 도시 내 지구 단위에서 축제를 개발하는 사례를 보면, 시카고의 **루프토피아**Looptopia와 같이 독특하거나 이전에 단일용도였던 지역을 비즈니스 지구로 지정하여 방문객과 창조경제를 자극했다(Evans 2012a, 2014a). 영국의 브래드퍼드Bradford에 있는 리틀저머니Little Germany와 같이 많이 알려지지 않은 지역의 유산을 활용할 수 있다. 이 지역은 19세기 유대계 독일인인 직물 상인의 풍부한 건축 유산을 보유하고 있으며, 인근 브래드퍼드 플레이하우스에서 연례 축제와 벽화로 이를 기념한다.

이러한 도시 축제는 일상적이고 친숙한 도시공간을 단기간에 상승시키려고 시도한다(그리고 온정주의적으로 보면 교양 없는 커뮤니티를 특정 문화 활동에 노출시켜 참여시키려고 시도한다). 그러나 외부화된 전문 예술 지향과 프로그래밍, 도시의 방문객, 마케팅 목표, 축제 로드쇼와 장소에 대한 열망과 인식이 예술가, 커뮤니티, 문화공간의 참여와 일치하지 않아(같은 '공간'이 아니거나) 긴장이 끊임없이 발생한다. 지난 30년 동안 축적된 상당수의 증거와 지식 기반을 보면(Richards, Brito and Wilks 2013; Evans 2020a) 경쟁적 이벤트와 축제 과정은 지속가능하고 가치 있는 문화공간을 창출해 낼 가능성이 낮아 보이며, 중개자를 중심으로 구축된 축제 계층은, 르페브르가 제시한 대로 인식된 도시 장소 생산의 재현가, 사회공학자(학자와 컨설턴트), 계획가, 건축가 등 **과학자로서의 예술가**와 점점 더 비슷해지고 있다.

*

과거 이벤트의 물리적 유산과 연례 축제의 장소적 연관성이 도시의 핵심 부분(이벤트 시설의 사후 이용)을 정의하는 데 도움이 되지만, 이벤트와 축제에 대한 지속적인 참여와 인식은 잘 보이지 않는다. 기억과 기념품뿐만 아니라 카니발 댄스, 음악 및 의상 워크숍과 제작, 커뮤니티 리허설, 프로그래밍, 이벤트 전후 활동과 같이 일 년 내내 이어지는 기술과 문화 발전은 눈에 잘 띄지 않는다. 이벤트는 **문화유산산업**에 양분을 공급하는 역사 기념물과 유적지에 못지않은 유무형 유산공간을 제공한다. 따라서 다음 장에서는 문화유산의 개념, 실천, 인식에 관해 탐구한다. "겉보기에 쇠퇴하고 붕괴하고 있는, 과거가 더 나은 장소처럼 보이는 것은 놀라운 일이 아니다. 그러나 그것은 회복할 수 없다. 왜냐하면 우리는 영원히 현재에 살도록 정죄받았기 때문이다. 중요한 것은 과거가 아니라 과거와의 관계이다"(Hewison 1987, 43).

제4장

문화유산

문화유산에 대한 현대적 개념과 실천은 아마도 가장 많이 역사적·사회적으로 생산되고 장소에 기반한 문화 형태로, 소비, 지역정체성과 장소감sense of place과의 관계에 직접적인 영향을 미친다. 문화유산의 제도화는 19세기 후반 이후 도시화와 산업화 과정과 연결될 수 있고, 이 과정과 20세기 제2차 세계대전의 파괴로 인해 가속화되었으며, 건물 보호의 형태로 대응했다. 건물과 역사 유적지의 목록 작성과 보존은 19세기 후반(예: 캐나다 국립사적지National Historic Sites)과 20세기 중반부터 실행되었다. 국가와 도시 보존의 법제화는 특히 건물과 유산 구역을 현대적인 개발로부터 보호하기 위해 만들어졌다. 예를 들어, 런던(Civic Amenities Act 1967), 파리(Plan de Sauvegarde 1970), 몬트리올(Heritage Montreal 1975)이 있으며, 1972년 유네스코 세계유산협약은 세계유산 목록 제도를 시작했다. 1970년대에는 또한 역사도시가 직장과 주거의 장소로서 재발견되었고, 커뮤니티는 발전과 계획의 의사결정과 장소만들기 노력에 더욱 깊이 참여하고자 했다(Hosagrahar 2017; Madgin 2021).

이러한 의미에서 유산은 문화와 전통이라는 인류학적 개념과는 구별될 수 있다. 여기서 전통은 시간이 흐름에 따라 후대로 이어지는 **사물, 관습**, 혹은 **사고 과정**을 세대에서 세대로 전수하는 과정을 말한다. 예를 들어, 마르크스는 예외 없이 모든 역사적·시대적 기간, 모든 사회적 형성을 포괄하는 유산 개념과 여기에서 하나의 요소에 불과한 전통을 구별했다. 전통은 영적 관계이자 대상과 상황 간의 영적 연결이라고 정의했다(Marx 1852). "특정 계급, 사회계층, 사회집단의 관점에서 유산을 선택, 수용하고 해석하는 공공정신에 통합된 풍부한 아이디어"이다(Andra 1987, 156). 제도화된 세계와 전문 지식에 기반한 공식적인 행정 절차에서는 건축 유산과 현장 기반의 유산에 지배적으로 관심을 둔다. 반면에 비판적 유산 연구에서는 기념물과 유산 보존에 대한 기존의 지식 체계에 도전한다. 유산을 구성하는 것이 무엇인지, 누가 정의했는지, 역사적 장소, 기억과 기억 보존은 어떻게 누구에 의해 구성되고, 수행되고, 재구조화되는지 등에 관심이 있다(Smith 2006; Waterton and Watson 2015). 이는 기념물과 조각상에 대한 논란과 문제가 있는 출처, 즉 '어려운 유산'(Tunbridge and Ashworth 1996)이 있는 예술 및 박물관 컬렉션과 유산 장소의 재해석을 보면 오늘날 분명히 문제가 있다.

따라서 21세기 초에 유산을 바라보는 방식에 관해 관심이 커졌다. 유산의 과거 이해에 대한 기여, 학술 연구에서 접근하는 방식, 경관과 사회의 진화에서 차지하는 위치에 관심을 가진다. 과거, 특히 물질적 유물에 사회적 인정을 부여하고 지속가능한 개발, 도시재생, 건축적 발명, 지역 경제의 측면에서 문화유산이 현대 사회에 어떻게 기여할 수 있는지에 대한 큰 노력이 요구된다. 우리에게 의미가 있고, 우리 세대/기억을 반영하며, 미래 세대를 위해 의미를 유지하고 싶기 때문이다. 하지만 오늘날 사회에서 유산은 정확히 무엇을 의미할까? 우리는 과거에 어떠한 중요성을 부여할까? 유산은 우리의 집합적 정체성을 반영하고 일상을 경험하는 방식에 어떠한 영향을 미칠 수 있을까? 이러한 질문은 베젤만의 '**유산의 재정의**' 개념(Bazelman 2014)에서 제기되었으며, 물질적 과거에 부여된 가치의 확대를 반영하고자 한다. 그와 다른 전문가의 견해에 따르면, 이러한 가치는 모두 공유 유산공간, 건물, 경관, 자연유산을 해석하고 설계할 때 동등하게 고려되어야 한다(Evans 2022, 2016b).

문화유산과 장소

문화유산은 장소 형성 과정에서도 중요하며, 특히 재생과 문화 주도 재생의 맥락에서 더욱 중요하다(Evans 2005). 실제로 과거의 유무형 유산이 없다면 진정한 장소정체성을 구축하거나 재발견하기는 매우 어렵다(Evans 2022). 유산의 가치 평가와 측정은 유산 지정 및 보존과 그에 따른 사회적 생산에 관련된 고유한 선택적 특성을 반영한다. 이는 문화 지도와 유산, 인식된 가치에 대한 공식적 평가에서 무엇이 포함(과 배제)되는지를 결정하기 때문에 중요하다(Evans 2008; DCMS 2010).

> 유산은 정의에 의하면 미래를 위해 운명 지어진 과거로부터 전승되어 온 것이다. 유산은 현재의 수요에 대응하여 의도적으로 개발되고 시장에 의해 형성된 현재의 산물이다. 따라서 과거는 우연한 생존에 의해서만, 혹은 주로 생존에 의해서가 아니라 의도적인 선택으로 발생하는 가능성의 채석장이다(Ashworth 1994, 1).

유산 계획의 핵심은 선택성selectivity이다. 원래의 실증주의적 '보존'과 규범적 '유산' 사이에는 이분법이 존재하며, 이는 역사, 기억, 유물을 선택하고 보존하는 과정과 이를 현대의 소비에 맞게 해석하는 것을 의미한다. 애슈워스가 다시 한번 주장하듯이, "당신은 당신의 유산을 관광객에게 팔 수 없다. 당신은 당신의 지역에서 그들의 유산을 그들에게만 다시 팔 수 있다. 익숙하지 않은 것은 익숙한 것을 통해서만 팔 수 있다"(Ashworth 1994, 2). 유산의 선택과 평가는 추가적인 쇠퇴와 퇴락을 방지하기 위해서이다. 폐허라는 개념은 붕괴된 건축 구조물에 국한되어서는 안 되며, 시간의 흐름에 따라 틈과 소멸이 나타나는 모든 구조물에도 폐허의 개념을 적용해야 한다(Davidson 2022, 5). 이 '폐허 효과ruin effect'(Simmel 1958, 379)는 이러한 유적의 잔해를 본질적으로 "시기적 특성, 자연과 문화의 변증법이 시간의 흐름에 대한 감각을 촉발"(Davidson 2022, 5)하는 것으로 정의한다. 예술과 건축에 표현된 유산은 예술사의 학술적 규범과 코드화, 큐레이션, 유산 전문가가 부여한 상징적 중요성을 통해 평가와 가치 계산의 대상이 된다. 유산의 지정은 역사적 기념물, 성, 교회, 성당, 궁전, 박물관지구, 박물관의 컬렉션(과거의 그랑 프로제) 등으로 표현된 고전적이고 상징적인 스타일이 지배적이었지만, 최근에는 유산 보존 운동 등의 명칭이 나타나기 시작했다.

유형·무형 유산 자산heritage assets의 구분은 물리적(건물/유적지, 유물)·인간적(문화적 다양성, 살아 있는 유산) 차원을 강조하는데, 이는 현재 국가 및 국제 유산, 인권 기구의 지정과 시상을 통해 인정받고 있다. 예를 들어, 세계유산과 도시(Evans 2010), 등록 건물, 보호구역(국제기념물유적협의회ICOMOS, 유네스코, 잉글랜드 사적위원회Historic England)과 역사도시, 타운과 마을Towns & Villages, 문화 루트Cultural Routes 등의 네트워크도 있다. 그러나 공식 담론에서 유산에 대한 사회적 참여는 건축물/역사적 환경에 국한되며, 유산 정책과 연구는 보존과학과 재료과학 분야(EU 프레임워크와 H2020 프로그램)가 주도하고 있다. 이 분야는 현재 기후변화와 유산 훼손으로 인해 더욱 강화되고 있다(DeSilvey et al. 2022; Harrison and DeSilvey 2022; EC 2009).

그러나 국제 및 국가 유산 기구는 최근에 인간 중심의 접근 방법을 채택했으며, 이는 무형유산도 중요하게 평가한다. 이러한 지위를 도시에 수여하는 유네스코 창의도시 네트워크UNESCO the Creative Cities Network(유네스코 지정은 도시별로 창의적 범주 중 하나만 허용한다)는 **공예 및 민속 예술, 디자인, 영화, 미식, 문학, 미디어아트, 음악** 등 7개 문화 분야의 도시를 선정한다. 여기에서 유산이란 사물, 지식, 관행으로서 사람들의 인식에 의해 형성되는 의미의 집합이며, '사람의 활동'을 통해 존재하고 지속된다는 의미에서 '지정'이 무형유산에는 필수적이라고 인식한다(UNESCO 2001). 특히 살아 있는 유산의 개념은 유산의 창의적이고 역동적인 특성이 지속적으로 적응하고 변화한다고 강조하며, 보존과 문화 재생을 위한 핵심 메커니즘으로서 지속적인 실천을 강조한다(Simpson 2018, 3). 일본과 한국에서는 이 개념을 '살아 있는 문화적 보물'로 지정하여 무형유산의 수행력과 전수를 가능하게 하는 지식과 기술을 가진 인간문화재를 인정함으로써 구체화되었다.

인권 차원의 분야를 보면, 서양 박물관에 보관된 유물 등 전승되어 온 토지와 유물에 대한 접근성과 소유권을 확보하려는 원주민 커뮤니티 내부의 주장과 캠페인에 의해 촉진되었다. 여기에는 문화유산과 자연유산, 즉 문화 경관 간의 통합적이고 분리할 수 없는 관계성의 인정과 가치평가의 다양성이 증가함에 따라, 유산의 근본적인 특성인 주관성, 즉 "장소와 사물에 부여된, 다양하고 지역화된 의미와 가치를 반영하는 문화적 구성물"(Simpson 2018, 2)임을 인정하는 것이다. 1992년 유네스코에 의해 등재된 최초의 문화 경관은 뉴질랜드의 통가리로Tongariro 국립공원으로, 마오리족에게 산이 문화적·종교적으로 중요함을 인정한 것이다. 장소에 기반하고(현재나 과거/기억) 있는 무형유산에 관해 관심이 커지면서 기존의 서구 패러다임 내에서 운영되고, 유산을 물질성과 과거에 대한 향수와 동일시했던 학문적 경향과 제도의 변화를 요구하게 되었다. "장소의 상징적 표식, 인정에 대한 상징적 보존, 실제 의사소통의 실천에서 집합적 기억의 표현"(Castells 1991, 351)이 장소의 정체성을 인식하고 필요한 경우 보호하는 데 매우 중요하다는 점은 분명하다.

물론 유형유산은 무형유산의 원천이나 영감이 될 수 있으며, 반대의 경우도 마찬가지이다. 무형유산은 음악, 패션, 음식, 문화/역사 박물관, 전시회와 축제에서 자주 기념되고 기억된다. 예를 들어, 패션, LBGTQ* 및 노예 박물관 등이 있다. 그러나 유산 자산은 건물과 박물관 같은 공식적으로 지정된 것에 한정되지 않는다. 지역의 역사적 자산과 실천(유형과 무형 모두)은 공식적인 유산 자산과 서사보다 더 높게 평가되는 경우가 많기 때문이다. "사람들은 우리의 유산 목록 및 지정 정책에서 전통적으로 인정하지 않았던 우리 역사의 다양한 측면에 점점 더 많은 관심을 가진다"(Historic Environment Scotland, Madgin 2021). 이는 잉글랜드 사적위원회의 유산활동존Heritage Action Zone, HAZ, 일상적 환경에서 커뮤니티 및 파트너와 협력하여 작업한 거리유산활동존High Street HAZ처럼 유산 지정 기관에서 뒤늦게 인정했으며, 최근에 시작된 **일상유산**Everyday Heritage 기금은 노동계층의 역사와 무형유산에 초점을 맞춘다(Evans 2022). 도서관, 공원 같은 지역 어메니티도 지역에 뿌리를 내리며 자주 활용하는 유산 자산이며, 지역 축제, 주요 역사적 사건, 인물, 산업유산 등에서 파생된 기억과 경험처럼, 장소와 특정 커뮤니티를 정의하는 데 도움이 된다. 따라서 문화유산에 대한 이러한 포괄적인 관점은 장소와 정체성을 정의하고 장소의 과거와 현대 문화에 대한 보다 풍부하고 대표적인 이미지를 포착

---

* 역주: 여자 동성애자인 레즈비언lesbian, 양성애자인 바이섹슈얼bisexual, 남자 동성애자인 게이gay, 성전환자인 트랜스젠더transgender, 성정체성을 명확히 할 수 없는 사람(queer 또는 questioning)의 머리글자이다.

할 수 있으므로 중요하다. 예를 들어, 오스트레일리아에서는 문화 계획 지침이 유산의 서사에 대해 공동 제작을 장려하여 커뮤니티가 안내 지도와 이미지에 연결된 문화 역사와 프로필을 자체적으로 제작하도록 했으며, 서부 시드니의 GIS 기반 문화지도는 이용자가 이미지, 비디오, 오디오, 스토리, 문서 링크를 확대해서 스스로 트레일 루트와 관광 계획을 세울 수 있도록 웹 자료를 제공했다(Evans 2008).

도대체 누구의 문화유산인가?

'유산에 대한' 참여는 측정하기 어려운 것으로 악명 높다. 한편으로는 유산을 구성하는 대상(건물, 유적지, 기념물, 지구/구역, 마을/도시, 경로)의 느슨하고 광범위한 특성 때문이고, 다른 한편으로는 대부분의 유산 자산이 통제 없이 자유롭게 접근하거나 적어도 볼 수는 있기 때문이다. 입장 통제와 티켓이 필요한 유산 시설은 분명히 보조금을 받는 입장객과 일반 입장객 모두의 방문/방문자(비이용자 제외)를 계산할 수 있으며, 도서관은 가정이나 도서관의 회원별로 매핑하고 다른 도서관과 비교할 수 있는 이용자/이용 유형에 대한 데이터를 수집할 수 있는 좋은 사례이다(Brook 2011). 장소 기반이든 인구 기반이든 설문조사는 유산 장소 방문자의 프로필, 행태, 관계, '정서적 애착'(Madgin 2021) 측면에서 유산 이용자에 대한 추가 분석을 제공하지만, 일반적으로 표본의 규모가 작고 조사도 많지 않다. 또 다른 과제는 유산의 규모가 역사적 환경, 마을, 경관 등 다양하다는 점이다. 이러한 조사의 결과 중 중요한 내용은 공식 데이터에서 주민의 유산 참여가 높은 순위를 차지한다는 점이다. **테이킹 파트** Taking Part 문화 활동 설문조사(DCMS 2020)에서 응답자의 73%가 작년에 유산 장소를 방문했다고 답했다(박물관을 방문한 사람 52%와 대비된다). 이러한 장소는 역사적 특성이 있는 도시나 마을(가장 많이 방문하는 유산 장소), 기념물(성, 폐허), 대중에게 공개된 역사 공원이나 정원 등이다. 유산 장소를 방문하는 가장 일반적인 이유는 **친구, 가족과 시간을 보내기 위해**(46%), 다음으로는 **유산이나 역사에 대한 일반적인 관심이 있고 그 지역에 살고 있는 것**이 각각 26%에 불과했으며, **시간 부족**(37%)과 **관심 부족**(36%)이 참여하지 않는 두 가지 주요 이유였다.

중요한 점은 이러한 조사 결과가 특정 장소에만 국한되지 않는다는 것이다. 설문조사에서 정의한 '방문'은 해외, 휴가, 같은 지역이나 다른 지역/도시로의 당일치기 여행을 의미한다. 정부의 문화 활동 연구 보고서에서 결론 내린 바와 같이(Ebrey 2016, 160), "지금까지 정부 연구의 '가치' 측정에서, 예를 들어 테이킹 파트 설문조사와 사례(증거) 프로그램에서와 같이, 어느 연구도 대중의 자유롭고 진정한 목소리를 대변하지 못했다"(Walmsley 2012, 330). 따라서 이 분야에서 엄밀한 증거는 부족한 경향이 있다. "[유산] 정책의 핵심 아이디어는 증거 기반으로 제시되기보다는 주장되는 경향이 있으며, 학술 연구를 통해 창출된 구체적인 주장을 (그러한) 정책에서는 볼 수 없다"(CURDS 2009). 많은 유산이 장소 기반이거나 장소와 관련이 있지만, 역사적 루트와 트레일과 같이 이동성이 있고 경계를 넘을 수도 있다. 예를 들어, 유럽평의회의 문화 루트 프로그램(Khovanova-Rubicondo 2012)은 도시와 마을을 산업유산(한자동맹*)과 문화 간 도시공간(제2장 참조)과 같은 유형·무형 유산과 연결한다.

유산 참여와 사회적 참여에 대한 영국의 공식 데이터를 통해 생성된 증거는 그룹 간의 주요한 불평등을 보여 준다. 예를 들어, 흑인 응답자의 41%만이 유

---

* 역주: 한자Hansa는 13세기 초~17세기까지 독일 북부 도시들을 중심으로 여러 도시가 연합하여 이루어진 무역 공동체이다. 뤼베크를 맹주로 하여 쾰른, 브레멘, 베를린, 함부르크, 뮌스터, 로스토크, 마그데부르크, 단치히(폴란드 그단스크), 리가까지 최대 90여 개 도시가 참여했다.

산 장소를 방문했지만, 백인은 75%, 아시아 응답자의 60%가 방문했으며,[21] 가장 빈곤한 지역 주민의 51%만이 방문한 반면에, 가장 빈곤하지 않은 지역 주민의 83%가 방문했다. 관리 및 전문 직종(84%)과 반복적이고 육체노동 직업에 종사하는 사람들(62%) 사이에서도 유산 장소 방문에서 비슷한 격차가 나타난다. 박물관의 경우 이러한 불균형은 더욱 두드러진다. 소득 수준이 낮은 사회경제적 집단C2DE의 10~20%만이 무료, 유료 박물관을 방문했다. 흥미로운 점은 이 방문율이 기존 박물관의 새로운 위성 박물관(테이트 리버풀, 세인트아이브스St Ives)의 경우 훨씬 더 높았다는 것이다(40~50%). 이는 이러한 유명 박물관에 부여된 근접성과 상징적 장소 가치가 결합하여 전통적으로 참여도가 낮은 집단을 유치했음을 시사한다. 농촌 지역 주민(83%)은 도시 지역(70%)보다 유산 장소를 방문할 가능성이 더 높았는데, 이는 시골 지역에 전통 유산 장소가 더 많이 있다는 것을 보여 준다(저택, 성, 국립공원). 상대적 박탈감과 소수민족의 비율이 더 높은 도시 지역을 대표하는 도시의 경우는 중요하다. 여기에는 대중문화에서 중요한 산업유산을 재현하는 부문(문학, 영화, 음악, 패션, 음식 등)과 역사와 다문화적 과거와 현재에서 가져온 다양한 무형유산이 포함된다.

유산에 대한 참여는 다른 문화 공급과 마찬가지로 공급 중심적이지만, 유럽의 맥락에서도 '공급과 수요'에 차이가 있다. 가장 흔한 제도적 유산공간인 박물관은 그 핵심 지표일 것이다. 예를 들어, 오스트리아는 인구 100만 명당 240개가 넘는 박물관을 보유하고 있는 반면, 영국과 이탈리아는 각각 43개와 45개에 불과하다. 프랑스와 독일은 60개, 스페인은 18개이다. 박물관의 방문객 수는 오스트리아의 인구 100만 명당 280만 명, 영국·프랑스·독일·이탈리아는 약 100만 명, 스페인은 70만 명으로 문화 공급의 양을 반영한다(Creigh-Tyte and Selwood 1998, 152). 접근성(개관 시간과 입장료)과 근접성이 명백하게 중요하지만, 박물관 방문 습관에 영향을 미치는 질적 요인(컬렉션, 전시, 상설 전시 대 임시 전시)과 교육, 소셜 네트워크, 경쟁하거나 대체할 수 있는 문화 활동의 존재 여부 등 사회문화적 요인이 있을 가능성이 높다.

1960년대 중반에 수행된 부르디외의 미술관 비교 조사(Bourdieu and Darbel 1991)[22]는 방문객의 사회경제적/직업 프로필과 이전 경험에 대한 통찰력을 제공했다. 미술관은 규모(방문자 수, 전시 작품 수), 품질에 대한 델파이Delphi 평가*(큐레이팅, 미술 작품), 미술관 안내서에 제시된 작품으로 평가했으며, 이 세 가지 평가 기준 간에 상관관계(유사한 계층)가 발견되었다. 조사 결과는 (높은) 교육 수준, 좋은 직업군('계급')이 낮은 교육 수준과 낮은 직업군보다 미술관 방문 빈도가 높다는 상관관계를 재확인했다. 또한 참여관찰을 통해 그룹 간 이용 시간, 설명 가이드와 도구 사용 여부, 특정 예술가에 대한 기억 여부, 미술관을 처음 방문한 나이(가족, 학교, 다른 미술관 방문) 등의 차이를 확인했다. 이러한 연구는 문화자본 개념의 기초를 마련했으며, 국가 간 비교를 통해 국가 문화자본을 분석했다. 예를 들어, 엘리트 서유럽인과 비교했을 때, 폴란드인은 전체 사회계층이 문화시설 방문의 차이가 작았다. 부르디외는 이를 "사회적 스펙트럼 전반에 걸쳐 일종의 문화적 권리에 의해 문화자본의 상대적 부족을 보상하려는 경향"으로 분류했다(Bourdieu and Darbel 1969, 36). 반면에 예외적인 프랑스 관점에서 보면 다음과 같다.

> 고대의 전통(앙시앵 레짐ancien régime)을 가진 국가의 문화적 전통은 문화에 대한 전통적 관계성으로 표현된다. 문화 숭배의 조직을 담당하는 문화 기관들은 초기 단계부터 장려와 규제라는 가족적 전통을 통해 문

---

* 역주: 고대 그리스 델포이Delphoe 신전의 신탁에서 유래된 용어로, 어떠한 문제에 관해 전문가들의 견해를 설문이나 이메일로 물어, 답변을 종합하여 집합적 판단으로 정리하는 의사결정의 기법.

화적 헌신의 원칙을 뿌리내려 자신들의 고유한 양식을 구축할 수 있다 (Bourdieu and Darbel 1969, 36).

돌이켜 보면, 이는 문화상대주의의 한 사례였으며, 결론은 특별히 공식적인 문화 경험인 전통 미술관에서 도출되었지만, 사실상 폴란드의 예술 관람은 프랑스나 네덜란드보다 많았다(Sassoon 2006). 분명히 특성은 다르지만, 사회적·교육적 구조가 프랑스와 네덜란드보다 문화적 속성이 약한 것은 아니다. 조사에 참여한 폴란드인은 프랑스, 네덜란드, 그리스인과 비교했을 때 박물관 방문 횟수가 가장 많았다고 보고되었다(하지만 저자들은 이를 소요 시간과 마찬가지로 과대 보고라고 평가절하했다). 가족, 사회적·문화적 구조는 다양하며, 어떤 체제가 다른 체제보다 우월하다는 주장은 문화 이론에서는 시간이 지나면 근거가 약해진다. 문화유산의 가치평가와 선택도 마찬가지이다.

물론 과거의 유산은 지속적으로 축적되며, 박물관과 갤러리처럼 대규모 재개발, 재생, 신규/시설 확장의 결과로 부분적으로나 급격하게 변화한다. 현대에는 가까운 과거도 '역사적'이 되면서 문화유산 보호가 근대 건물과 유적지에도 이루어지고 있으며, 빅토리아협회와 20세기협회와 같은 보존 및 문서화 기관이 보호와 목록 작성을 위해 캠페인을 벌인다. 따라서 다음과 같은 질문이 제기된다. 특정한 건축 유형이나 유산 건물, 유적지의 몇 가지 사례를 보존해야 할까? 국가적으로는 이를 합리적으로(그리고 국가계획 시스템을 통해) 볼 수 있지만, 지역적으로는 독특하지는 않더라도 모범적인 유산 자산이 주민들에게 높게 평가될 수 있으나 국가와 전문 기관에서는 낮게 평가될 수 있다. 여기에는 역사적 환경과 유산 활동이 국가의 여러 지역과 장소에서 사람들의 일상생활에 어떻게 반영되는지를 잘 이해하기 위해, 적극적인 장소만들기 프로젝트와 민족지학적 연구 등을 통해 역사적 환경, 장소감, 사회자본 간의 연관성이 특히 깊게 탐구할 영역이다(CURDS 2009).

유산도시

'유산도시'라는 개념은 다음의 두 가지 뚜렷한 신조어를 합한 것이다. 도시 지위에는 규모와 인구뿐만 아니라 상징적 중요성도 포함되며, 후자는 역사와 제도적·정치적 과정의 기능이다. 칙허장Royal Charter, 대성당도시, 문화도시, 주도, 수도가 그 사례이다. 반면에 유산은 논쟁의 여지가 있는 비교적 최근에 생성된 유동적인 개념이다. 여기에는 과거의 유산에 대한 해석이 필요하므로 진정한 출처를 식별하고 가치를 부여해야 한다. 앞서 지적했듯이, 유산은 일반적으로 건물, 기념물, 물리적 환경, 유물 등으로 표현되며, 개인과 집단의 집합적 기억collective memory*을 통해 발현된다. 이러한 보존과 가치평가 과정을 누가 관장하고, 유산이 도시와 공간적·문화적·상징적으로 어떠한 관계를 맺고 있는지는 관심과 논쟁이 더욱 증대하고 있다. 유산 자산의 상품화는 부동산의 이익과 유산 관광산업에 경제적 이익을 창출하기 때문이다(Hewison 1987; Park 2013). 따라서 유산은 순수하고 전문적 관심사에서 도시 브랜딩의 중심 역할로 옮겨 갔으며, 시민과 외부 세계에 도시를 홍보하는 데에도 중요한 역할을 한다.

  도시의 발전을 과거에 기반하기 위해서는 가시적인 단서가 중요하다. 이는 현대의 발전과 변화를 도시 과거의 잔재와 조화시키려는 현재의 욕구를 잘 보여 준다. 이는 또한 사회사와 도시 고고학의 광범위한 확산을 반영한다. 즉 일반 시민 일상의 유산, 예를 들어 주택, 직장, 여가 활동 등이 사례이다. 20세기

---

* 역주: 집단의 정체성과 현저히 관련되는 사회집단의 기억, 지식, 정보의 공유 풀로서, 집단의 일상적 실천을 통해 형성된다.

의 산업유산도 이제 이전에 '역사적'이라는 용어에 적용되었던 보존과 가치 판단의 대상이 되었으며, 유산 문제와 유산 도시 브랜딩은 도시 유산 장소와 같이 광범위한 장소에 점차 많이 적용되고 있다(Evans 2002).

세계유산도시

세계유산 등재 제도는 1972년 유네스코 세계유산 협약에서 시작되었다. 이 협약은 갈수록 증가하는 보존 및 보호 운동과, 직간접적으로 역사적 건물, 구조물, 경관의 파괴에 책임이 있는 현대화와 현대 건축의 유해한 침해에 대한 우려가 커지면서 이에 대한 대응으로 채택되었다. 따라서 세계유산 지정은 해당 유산 장소의 보편적 가치와 중요성을 국제적으로 인정하는 것이다. 유네스코 로고 사용을 통한 국제적 브랜딩과 유산 관리와 해석 등 수단을 도입하여 유산 장소와 주변 완충지대에 대한 접근을 보호하고 통제했으며, 유산 장소를 보호하고 통제 구역을 더욱 확대하고자 한다. 2022년에 등재된 유산 장소가 1,154개였으며, 그중 845개가 문화적 또는 '인공적' 유산 장소였다. 세계유산(국경을 넘어 두 국가에 걸친 유산 장소 포함)을 보유한 250개 도시는 세계유산도시기구OWHC의 회원이다. 그중 절반 이상이 유럽에 있다. 유네스코 세계유산에 대한 높은 인지도와 하드브랜딩(Evans 2003a)으로 인해 지리적으로 상징성이 있는 남반부의 도시 유적지가 등재되었다. 여기에는 스톤타운(잔지바르), 그라나다의 알함브라(스페인), 예루살렘(1981년 요르단이 제안), 교토(일본), 오악사카(멕시코) 등이 있다. 세계유산에는 과거 문명이 있었던 유산도시는 포함되지 않는다. 사람이 살지 않거나 현재 작동하는 정착지가 아니기 때문이다. 이와 같은 사례는 중앙아메리카 콜롬비아의 마야 도시가 있다.

유산 지정에서 서유럽의 문화적 패권이 우세해지면서 이러한 보존 윤리와 시스템이 다른 국가로 효과적으로 수출되었으며, 주로 파리의 유네스코와 국제기념물유적협의회ICOMOS와 같은 국제 유산 기관의 후원을 받았다. 비유럽 국가의 마을과 도시에서 유산을 보존하는 것은 이러한 추세를 반영하는 것이며, 특히 세계은행과 국제 재단(Aga Khan, Getty, Evans 2002) 등 서구의 유산 관광과 개발 지원의 영향도 있다. 반대로 서구 국가의 관점에서 본 '동양 문화'에 대한 늦은 인식(Said 1994)으로 인해 이제야 지정된 소수민족지구와 제도가 코즈모폴리턴 도시 유산의 일부를 형성한다. 예를 들어, 파리의 **아랍 몽드**Arab Monde, 뉴욕과 워싱턴D.C.의 아메리카 원주민 박물관이 있다(Evans and Foord 2006a).

세계유산도시에서의 생활

정치적·문화적 권력이 바뀔 때마다 누가 유산을 문화적·법적으로 '소유'하고 매개하는가에 대한 논쟁이 있었다. 예를 들어, 프랑스어를 사용하는 퀘벡주(캐나다)의 행정 및 정치 수도인 퀘벡시는 1608년 사뮈엘 드 샹플랭Samuel de Champlain에 의해 건설되었다. 역사지구, 요새, 전쟁터의 종마장이 1985년 세계유산으로 지정되었다. 그러나 이 유적지는 실제로는 1750년대에 영국 수비대가 원주민, 초기 탐험가, 무역상, 이주민의 지원을 받아 프랑스 수비대로부터 빼앗은 것이다. 이처럼 분쟁, 즉 '불협화음 유산' 커뮤니티(Tunbridge and Ashworth 1996)는 지역(주민), 지방, 분리주의자, '국가'(캐나다인), 원주민, 이주민, 식민지인(영국인, 프랑스인, 아일랜드인)의 이익과 역사를 대표하지만, 모두가 다 동등한 조건은 아니다(Evans 2004). 국가적 유산의 지위와 중요성에 대한 보편적 인정을 받은 이 유적지는 1952년에 국가기념물로 지정되었다. 월러스틴이 주장하듯이, '국가적'이라는 말은 보편적인 것 사이의 변증법을 완성한다. "우리의 현대 세계체제에서 국가주의는 가장 폭넓은 호소력, 가장 오래 지속되는 힘, 가장 큰 정치적 영향력, 그리고 가장 강력한 지원을 가진 특수주의가 본질이다"(Wallerstein 1991, 92).

　유산 장소와 기념물의 보호와 선정에는 일반적으로 이해관계자의 내부 과정과 캠페인 등이 중요하다. 특히 유산 장소와 건물 자체에 대한 현대적인 개발과 침해의 위협, 특히 사회적 전치displacement*와 환경영향에 반응하는 보존주의자들이 주도한다. 도시 지역에서 유산 보호는 과거의 재현을 위협하는 개발과 현대화에 대한 대응이다. 이러한 의미에서 유산 지정은 후대와 인류를 위한 국제적 지위라는 상징을 확보하는 순수한 실천일 뿐만 아니라, '벽 없는 박물관'의 형태로 장소에 있었던 이전 사회와 문화의 상징이다. 실제로 일부 유산 장소는 '개방형 박물관'이라고 불린다. 영국의 슈롭셔주 아이언브리지와 노섬브리아주의 비미시, 미국의 윌리엄스버그의 '살아 있는 박물관living museums'이 사례이다. 이 용어는 앙드레 말로André Malraux가 1967년에 처음 사용했다. 말로는, 박물관이 보편성과 스펙터클을 통해 세계를 재현하는 기능에서 나중에는 세계를 역사의 물질적 잔여물로 증명되는 진보의 담론으로 들어가도록 지시하는 기관으로 변화했고, 공공공간에 입지함으로써 기관의 경계를 효과적으로 넘어섰다고 주장했다(Shaw and Macleod 2000). 헤더링턴도 스톤헨지Stonehenge의 경우 벽 없는 박물관으로서 헤테로토피아heterotopia가 되었다고 지적했다. 즉 '살아 있는 박물관'이란 다양한 사회집단이 정당한 이용과 다양한 대안적 해석 등 수많은 다른 방식으로 사용하는 장소이다. "말로의 설명에서 공간적 궤적은 예술 작품의 개인 소유에서 개인 소장품, 준공공 소장품, 대중에게 개방된 소장품, 마지막으로는 박물관의 게이트키퍼gate-keeper들이 통제력을 잃어 일반 대중에게 문화적 창작물이 유출되는 지점까지 개방성을 가진다"(Hetherington 1996, 155).

---

* 역주: 본래의 위치에서 떨어져 나와 엉뚱한 곳에 놓이게 되는 현상. 주로 젠트리피케이션에 의해 쫓겨난 주거, 상업 임차인의 상황을 이르는 용어이다.

올드퀘벡

인구가 많은 관광공간의 세계화는 주요 도시, 역사 마을, 도시 유산 장소에서 점점 더 두드러지는 현상으로, 에덴서는 이를 "최근의 발전일 뿐만 아니라 19세기 이후 부르주아 이념의 물질화를 통해 '기록의 힘'의 확장으로 이해될 수 있다"라고 규정했다(Edensor 1998, 11). 따라서 장소는 이제 문화적 소속감, '애착이나 관심의 초점'이 아니라, "자본투자라는 케이크의 지분을 놓고 공개시장에서 서로 경쟁하는 사회적·경제적 기회의 묶음"으로 인식된다(Kearns and Philo 1993, 12). 이러한 현실은 퀘벡시 거주자의 관점에서 분명하게 나타난다.

1970년에는 성벽 안에 59개의 바와 레스토랑이 있었다. 10년 후에는 80개가 되었다. 오늘날까지도 올드퀘벡은 주거공간이 아닌 판매공간으로 변모하고 있다. 주민 일부를 성벽 밖으로 이주시키는 과정을 통해 한때는 도심에서 일하는 사람의 20%가 올드퀘벡에 살았지만, 현재는 11% 정도이다. 올드퀘벡과 주변 지역은 낮에는 직장을 오가는 사람들의 홍수에 의해 공격을 받고, 저녁과 밤에는 교외와 외곽에서 온 파티 참석자들, 하루 24시간 동안 관광객과 전시회 참석자들로부터 공격을 받는다(Evans 2004, 119).

에덴서는 또한 "문화와 자본을 혼합하는 과정이 갈수록 지역과 분리되어 지역 관리자의 가부장적 통제를 국제적 계급이 대체하게 되었다"라고 주장한다(Edensor 1998, 11). 그러나 이 담론에서 가장 중요한 것은 많은 문화유산 방문객이 만리장성이든 올드퀘벡이든 '국내', 즉 '국민'이라는 사실이다(Prentice 1993). 올드퀘벡의 경우 역사적 국가유적지HNS 방문객의 거의 40%가 실제로 퀘벡 주민이다. 나아가 지역의 의례, 축제, 이벤트가 끝난 행사장에서 비수기 이벤트 등 지역에서의 '일상적' 유적지 이용은 거의 기록되지 않는다. 따라서 이러한 측면에서 유산의 보존과 재현은, 첫째, 공공재로 볼 수 있고, 둘째, 외부인에게 국가적 문화와 영광을 기념하는 것이며, 셋째, 보편적 가치와 전승 유산의 기준으로 보면 세계유산 장소의 지위에 합당하다고 여겨진다. 보편성과 국가성, 코즈모폴리턴적 성격과 지역성 사이의 변증법은, 지역과 방문객의 유산 경험과 관계가 복잡하고 모순적일 수 있다는 가능성을 무시하지만, 확실히 이분법적 구분은 아니다.

국가적 유산은 추상적인 보편성에 대해 이제 더 이상 강력하지는 않다(특히 캐나다에서). 그래도 편리한 균형추의 역할을 하지만, 공간적·사회적 의미에서 지역적 유산은 실제로 주인-손님 간 상호작용의 가장 현저한 표출이 된다(Smith 1997). 주민이나 거주자에 대한 고려는 물론 특정한 시기에만 이루어지지만, 유산에 부가된 이전 주민과 이주자 그룹을 무시할 가능성이 높다. 퀘벡에서 전치되고 쫓겨난 원주민 이로쿼이족Iroquois, 프랑스와 영국의 상업과 군사 정착지, 그리고 최근에는 도시화와 교외화, 이 역사적 중심지의 **젠트리피케이션**과 상품화로 인해 전치된 커뮤니티의 경우에는 분명히 그러하다.

퀘벡시에서 인구수와 경제적 힘에서 크게 무시되고 쇠퇴했던 지역 주민의 역할은 상부 구시가지의 젠트리피케이션으로 인해, 비록 소수이지만 지배적인 주민들이 복귀하면서 재확인되었다. 이 그룹은 또한 퀘벡의 정치적·상징적 심장부인 장소를 차지하고 있으며, 문자 그대로 경쟁적인 민족주의—퀘벡인과 캐나다인—와 다문화적이고 다원적인 논쟁의 한가운데에 있다(Bauer 2000). 올드퀘벡 시민위원회를 통해 조직된 현지 주민들도 역사지구와 세계유산 장소의 보존과 홍보에 관심이 있지만, 법정 기관으로서가 아니라 문자 그대로 세계유산 장소 자체를 재현하는 경관과 요새, 집을 우회 통과하는 방문객, 거리를 숨 막히게 하는 마차와 바싹 붙어 있다(Evans 2003b). 주민의 땅도 역사 유적지의 일부이므로 유지·관리는 소유-점유자의 책임이다. 보존된 역사 지역과 관광객과의 모호한 관계도 700명 이상의 주민을 대상으로 한 설문조사에서 드러났다(표 4-1).

주민들 사이에서 건축 및 자연 유산에 대한 '역사적 가치'와 '자부심'이 높은 순위를 차지하지만, 관광의 부정적 영향, 즉 관광지화touristification와 지역 서비스(상점)의 계절성 등으로 인해 이러한 장점이 감소하고, 소수자들은 세계유산 지위에 대해 무관심하다. '역사적 가치'는 그 자체로는 매력적이지만, 세계유산 용어로는 해석되지 않는다. 방문객, 문화 적응, 코즈모폴리턴 도시에서 나타나는 '국제적 특성'이 상징적 특성(과거 프랑스 군대 주둔과 **누벨프랑스** Nouvelle-France의 수도)보다 더 중요하기 때문이다. 이 사례는 정치적인 유산 채택과 세계유산 지위가 부여하는 혜택과 상충하는 경우이다. 이 지위는 지역 관광청과 일부 여행사의 관광지 마케팅에서 상업적으로는 사용되지만, '관리자'인 캐나다 국립공원관리청과 관련 기관이 올드퀘벡에 대해 제시하는 이미지에서는 대체로 약한 요소이다(세계유산 로고는 연방 표지판이나 정보 게시판에

〈표 4-1〉 올드퀘벡 주민 설문조사

올드퀘벡의 주요 생활 명소	올드퀘벡의 생활 단점	세계유산 도시에서 사는 것의 의미
역사적 가치 20%	주차 문제 30%	자부심 44%
장소의 아름다움 18%	서비스 부족 14%	무관심 24%
서비스의 근접성 11%	소음 13%	국제적 특성 11%
분위기 8%	교통 문제 10%	경제적 이익 5%
세인트로렌스강 근접성 8%	관광 7%	특권 5%
레스토랑 8%	녹지공간 부족 7%	아름다움에 대한 인식 3%
활기찬 동네 5%	높은 비용 4%	특별한 특성 2%
문화 5%	바람직하지 않은 요소의 존재 4%	역사적 가치 2%

주: n= 720.

표시되지 않는다). 마코트와 부르도(Marcotte and Bourdeau 2002)는 올드퀘벡의 관광 홍보업체와 운영 회사를 대상으로 한 연구에서, 세계유산 목록이 일반적으로 올드퀘벡을 판매하는 데 사용되는 브랜드가 아니며, 세계유산과의 연관성은 소수의 고학력, 주로 유럽 고객에게만 인정되었지만(Evans 2002), 대규모 방문객 시장, 특히 미국인, 캐나다인, 지역 주민은 인정하지 않았다고 결론지었다.

퀘벡을 포함한 몇몇 도시는 실제로 '문화유산도시'라는 명칭을 사용한다. 이는 일반적으로 프랑스의 리옹Lyons, 노르웨이의 베르겐Bergen, 영국의 바스Bath와 같이 대도시 내의 특정 건물, 유적지 또는 지역에 적용되기 때문이다. 이 라벨은 박물관과 갤러리, 기념물, 역사적 건물 및 궁전과 같은 문화적·역사적 요소의 집합을 지칭하거나, 언어, 음식, 패션, 축제 등 살아 있는 문화로 표현되는 사회문화적 유산을 지칭할 수도 있다. 유산의 다양한 측면으로 특히 **관광-유산 도시**의 역사, 문화, 나이트라이프nightlife, 쇼핑 명소 측면에서 주민, 방문객, 관광 시장에 서비스를 제공한다(Ashworth and Tunbridge 2001). 도시적 상상과 '**스케일적 서사**scalar narrative*'(Gonzales 2006)인 문화유산도시는 문화도시, 문화수도, 지식도시, 창의도시, 과학도시, 스포츠도시 등과 같은 명칭과 함께 경쟁력 있는 도시 장소만들기의 한 사례이다(Evans 2009a). 도시는 여러 이미지와 브랜드(와 다양한 목표시장)를 유지하기 위해 노력하기 때문에 이러한 명칭이 예외적인 것은 아니다. 오히려 도시에 유산이 없다는 것은 과거의 가치 있는 유산이 부족하고 유산 관광과 자기정체성을 형성하기 위한 기

---

* 역주: 사회적·정치적 과정의 스케일적 지역화의 변화에 대해 행위자들이 말하는 이야기로서, 지역에 대해 '시간적이고 우연적인 방식으로 의미 있게 연결된 일련의 사건에 대한 기호적 표현'이다. Gonzalez, S., 2006, "Scalar Narratives in Bilbao: A Cultural Politics of Scales Approach to the Study of Urban Policy," *International Journal of Urban and Regional Research*, 30(4): 836-857 참조.

회가 부족하다는 것을 의미하는데, 이는 가장 폐쇄적이고 독재적인 도시국가만이 감수할 수 있는 위험이다.

물론 구대륙의 도시는 성장과 건물 신축으로 인한 섬진적인 압박을 보존, 유산과 조화시키는 데 오랜 시간이 걸렸지만, 서울, 상하이, 베이징, 두바이, 쿠알라룸푸르와 같은 새롭게 성장한 도시에서는 유산 보호와 가치체계가 취약하다. 즉 '새로운 것'이 '오래된 것' 위에 구체화된다. 국가적·정치적 자유가 성장한 도시에서는 과거의 유산으로 인해 고통스러운 기억이 새로운 방향과 함께 불편하게 자리 잡을 수 있다. 마르크스나 레닌의 공산주의 기념물이 해체되거나 독재 지도자가 축출된 전 동구권 수도가 그 사례이다. 사담시티Saddam City(바그다드)는 처음에는 알타우라Al Thawra(혁명도시)로 개명되었고, 그다음에는 고인이 된 이맘의 이름을 따서 '사드르시티Sadr City'로 개명되었다. 동베를린의 공화국 궁전Palast der Republik을 해체하고 예전의 역사적인 성을 재건축한 것은 도시 유산의 거부와 환원의 한 사례이다. 빈 제국의 마구간을 재개발한 **무제움콰르티어**MuseumQuartier(박물관지구)를 **문화의 쇼핑몰** Shopping Mall for Culture로 명명한 것도 또 다른 사례이다(Evans 2001, 219). 여기에서 현대 문화(박물관, 갤러리, 극장 공간)는 문자 그대로 이 역사적 구조물의 벽이나 정면에 건설되었다.

문화공간의 세계화는 도시 유산 장소를 내부적·외부적 소비 장소로서 착취하는 것을 촉진했다. 소비 장소의 착취 현상은 주요 도시와 도시 유산 장소에서 흔히 볼 수 있게 되었다. 중세의 구시가지와 함께 역사적인 도시 구역은 '재발견'되어 문화유산의 자산지구로 지정되면서, 빈곤한 노동계층과 이주민 커뮤니티를 이주시킬 필요가 있었다. 이제는 이러한 지역에 파리의 퐁피두, 바르셀로나의 현대미술관MACBA과 같은 현대 문화시설을 배치하고 인접한 주거, 사무실, 소매업을 복합한 도시재생을 통해 젠트리피케이션이 진행된다. 최근의 현대 유산 목록에는 오스카르 니에메예르Oscar Neimeyer의 브라질리아, 독일의 바우하우스Bauhaus, 텔아비브의 화이트시티White City, 리버풀의 해양상업도시, 프랑스의 르아브르Le Havre 등이 있으며, 현대의 산업유산에는 영국의 채텀Chatham 조선소와 마이애미의 아르데코Art Deco 건물이 추가되었다. 이러한 목록은 도코모모DOCOMOMO와 같은 건축 운동의 개입이 증가하고, 현대 건축이 보존할 가치가 있다는 인식을 반영한다.

 이러한 도시는 궁극적으로 유물과 건축물이 축적되는 장소이자 지속적인 해석의 대상이기 때문에, 관광업체의 마케팅 노력에도 불구하고 '가우디의 바르셀로나'나 '매킨토시의 글래스고'와 같은 단일 유산 브랜딩에 완강히 저항한다. 나아가 유산 정책과 유산 선정에 대한 추동력은, 다르고 독특한 도시에 대한 욕구로 인해 도시가 서로 비슷해졌을 때는 역효과를 낼 수 있다. 후기산업사회의 코즈모폴리턴 도시는 유산의 개수, 범위, 층위가 급증함에 따라 공식적인 서사와 유산 해석을 통해 보이지 않으면서도 스스로 보이게 만든다. 결과적으로 도시는 점점 더 비슷해지고 있다(Calvino 1979). 그러나 건조 환경과 유산의 전승이 충분한 규모와 동질성을 가진 경우에는 도시 전체가 유산이라는 타이틀을 채택하는데, 특히 세고비아, 베네치아, 피렌체와 같은 작은 도시에서 나타난다. 산업 부지와 도시에 유산 지정을 한 경우, 미국의 로웰과 영국의 브래드퍼드처럼 후기산업사회의 쇠퇴에 대한 부분적인 구원자가 되기도 했다. 잉여로 남은 공장 건물은 갈수록 문화시설을 위한 분위기 있는 장소로 기능하고 있으며, 산업유산 자체를 기념하거나(양조장 건물: 암스테르담의 하이네켄, 더블린의 기네스월드), 런던의 옛 발전소 부지인 테이트모던, 브래드퍼드의 솔트 섬유 공장, 파리의 옛 기차역과 도축장/시장인 라빌레트 공원Parc de la Villette, 베네치아의 아르세날레Arsenale 부두처럼 현대적인 갤러리와 박물관으로 전환되고 있다. 항구와 부두, 광산, 제분소, 제조 공장이 입지했던 구산업단지도 독일의 에센Essen(석탄 채굴)과 영국 슈롭셔의 아이언브리지에 있는 야외 박물관과 같이 유산 목록에 등재되었다.

두 아이언브리지 이야기

아이언브리지Ironbridge는 산업혁명의 발상지로 잘 알려져 있고, 유명한 다리 구조물은 1779년에 지어졌으며, 철로 만든 최초의 다리였다. 이 세계유산은 1986년에 유형유산과 자연유산(강, 협곡)뿐만 아니라 무형유산인 철, 벽돌, 목재 공예로도 인정받아 '관광객과 지역 주민 모두에게 완벽한 관광지'가 되었다(www.ironbridge.org.uk). 20년 후 자메이카 킹스턴 근처 스패니시타운의 리오코브레강을 연결하는 주조 철교가 웨스트요크셔에서 수입되어 건설되었다. 세계유산 지위를 획득하지는 못했지만, 1998년 세계기념물기금WMF은 역사적 중요성과 위급한 상태임을 인정하고 올드아이언브리지를 위기에 처한 유적지로 지정했다. WMF는 이 유적지의 비상 안정화와 장기 보존을 위한 소액의 보조금을 제공했다. 자메이카 국립문화유산신탁JNHT은 교통 대체 경로를 지정하고 수리 계획을 수립하기 위해 위원회를 구성했다. 그들은 북쪽 교각의 무너진 벽돌 아치와 석조물을 재건하고, 구조물에 모래분사 세척을 하고, 페인트칠하고, 없어진 난간을 교체할 것을 제안했다. 불행히도 지역 내의 갈등으로 인해 다리 공사가 중단되었다. 정치 갱단 간의 불화로 사업이 멈추었고, 인근 스패니시타운의 삶이 전체적으로 고통을 받았다. 한동안 국립문화유산신탁 프로젝트 코디네이터는 이처럼 위험한 지역에서 일할 의향이 있는 계약자를 찾을 수 없었고, 2004년 허리케인 이반이 덮쳤을 때 다리는 더욱 손상되었으며, 최근에 공사는 크게 진전되지 않았다. 현재 올드아이언브리지는 큰 구멍과 당국의 경고에도 불구하고 여전히 사용되고 있으며(지역 주민들에게 더 짧은 접근 경로를 제공), 보존 프로젝트의 시급성을 더했다. 지역의 폭력

사태에도 불구하고, 지역 조직의 지속적인 노력은 커뮤니티의 끈기와 이 문제가 있는 유산 자산의 중요성을 모두 보여 준다. 한때 생산, 공공 어메니티, 흐름(Lefebvre 1991)의 일상적 장소였던, 두 철교의 설계와 건설 사례의 역사적 중요성은 사회경제적 맥락이 상반되는 지역에서도 매우 유사하다. 그러나 국가 및 국제 유산 기관에 의한 이 유산의 가치, 가치평가, 처리 방식은 별로 다르지 않다. 같은 재료를 사용하여 슈롭셔주의 사촌이 된 스패니시타운에서 아이언브리지에 대한 언급이 전혀 없다는 것은 유산 보존과 홍보에 작용하는 문화적 패권이 얼마나 중요한지를 웅변으로 보여 준다. 스패니시타운에 있는 이 폐허는 지멜의 말처럼 "삶이 떠난 삶의 장소"가 되었다(Simmel 1958, 384-385).

문화유산과 장소감

공식적인 서사에서는 지정 유산에 대한 참여의 특성이 너무 일반적이고 과장되어 있어, 학자들의 연구는 유산과 역사적 환경에 대한 태도에도 초점을 맞추었다. 예를 들어, 실제 방문객의 참여 외에도 상당수의 사람들이 유산 부문에 기부하고(설문 대상자의 13%), 50만 명 이상의 자원봉사자들이 역사적 환경과 기관에서 정기적으로 일한다(Historic England 2015). 영국에서는 1980년대 이후 보존협회 회원이 증가하여 1,000명당 회원이 5명이 넘었고, 런던 홈카운티에서는 10~20명 정도였다. 태도 조사에서도 유산(주로 건축된 역사적 환경)이 우리의 지식과 정체성 형성에 기여하고 장소를 '특별하게' 느끼게 하는 데 도움이 되기 때문에 가치가 있다는 것이 확인되었다. 유산 참여, 웰빙, 건강 간에 긍정적인 관계가 있다는 증거가 나타났다(Historic England 2015). 보존 및 유지/개선 캠페인은 일반적으로 다음 사항에 중점을 두었다.

지역을 대표하거나 대변하는 건조 환경의 일부 측면에 초점을 맞추지만, 그 대상이 단지 역사적인 점만이 아니라 대상 자체가 장소를 의미하며, 대상이 철거되거나 상당 부분이 변경된다면 그 장소 자체에 대한 위협이 될 것이다(Urry 1995, 156).

잉글리시 헤리티지English Heritage(EH 2000)가 실시한 모리MORI 설문조사에서 응답자의 90% 이상이 지역을 개선하려 할 때 역사적 특징을 유지하는 것이 중요하다고 답했으며, 건물 상태에 대한 우려가 사람들이 지역 유산에 훨씬 큰 관심을 가지게 되는 동기가 되었다(EH 2003). 이 태도 조사에서 96%의 응답자는 유산이 어른과 어린이에게 과거에 대한 교육을 제공하는 데 중요하다고 생각했으며, 모든 학생에게 영국의 유산에 관해 더 많이 알게 되는 기회가 주어져야 한다고 생각했다. 응답자의 88%는 유산을 보존하기 위한 공공자금이 있어야 한다고 생각했다. 76%는 자기 삶이 유산에 의해 풍요로워졌다는 데 동의했다. 따라서 유산 참여와 대중의 인식과 태도에서 발생하는 영향은 세 가지 수준에서 구분할 수 있다(Historic England 2014).

1. 개인적(즐거움, 성취, 의미와 정체성, 건강과 웰빙)
2. 공동체적(사회적 자본, 화합과 시민권, 공유된 장소감, 시민적 자부심)
3. 경제적(일자리 창출, 관광).

공동체라는 개념은 유산에 못지않게 힐러리(Hillery 1955)에서 어리(Urry 1995)에 이르기까지 폭넓은 해석의 범위를 제시한다. 어리(Urry 1995)는 벨과 뉴비(Bell and Newby 1976)의 공동체 개념 분석을 네 가지로 확장했다. 첫째, 특정 **지리적 장소**에 소속된 공동체라는 개념, 둘째, 특정 **지역사회 시스템**

을 정의하는 것, 셋째, **공동체 또는 연대감의 느낌**, 넷째, 공동체에 불가피하게 스며들어 있는 권력관계를 숨기는 **이념**. 따라서 사람들이 역사적 환경이라고 할 수 있는 대상에 부여하는 가치는 다양하고 변화할 수 있으며, 공식 기관에서 파악한 가치와 꼭 일치하지는 않을 것이다. 역사적 환경은 또한 사람들의 일상생활을 위한 배경이며, 장소에 대한 일상적인 경험을 제공하는 대상으로 이해되어야 한다(CURDS 2009). 예를 들어, **창조공간**에 대한 국제 조사(Evans 2017)에서는 중소도시에 건설, 자연, 공예, 민족적 다양성, 연계 관광과 같은 유산 자산을 활용하여 창조 클러스터의 구축과 대도시가 선호하는 창조계층의 유인을 대안으로 제시했다(Florida 2002). 하지만 역사적 명성과 문화유산의 명성이 있는 중소도시는 도시의 이미지와 문화적 프로필을 변경하는 전략에 저항했다. 예를 들어, 2002년 유럽문화수도 ECoC로 지정된 벨기에 브뤼헤에서는 주민과 관광객의 역사적 특성에 대한 인식의 차이, 즉 유럽문화수도의 지위가 우선이라는 입장과 이벤트 주최자의 현대 도시를 홍보하려는 동기 사이에 명확한 갈등이 나타났다(Boyko 2003). 최근 프랑스 마르세유 프로방스 지역은 유럽문화수도 2014에서 목가적인 엑상프로방스와 주변 90개 이상의 지구를 국제적인 항구도시인 마르세유와 성공적으로 결합하지 못했다(Andres and Gresillon 2014).

반면에 유산의 경제적 가치평가에 대한 공식 증거는 유산 관련 활동과 관련 방문객 경제에 기인한 직간접적 일자리, 지출과 성장 등을 추정하기 위해 승수효과 공식을 사용하는 경향이 있다. 또한 운송 비용 모델, 조건부 가치평가 CV, 지불용의 WTP, 가상의 '명시 선호 stated preference' 방법(Simetrica 2021a, 2021b) 등을 이용하여 무료 및 비시장 가격의 유산 이용과 편익에 대한 대리가치를 추정한다. 이와 달리 '현시 선호 revealed preference' 방법은 유산 지역이나 공원/녹지의 부동산 가치의 비교를 통해 편익을 정량화하려고 한다. 예를 들어, 보존 구역에 대한 연구에서는 유산 지역의 부동산에서 9%의 프리미엄이 발견되었고, 지역 중심부에서는 상승률이 두 배가 되고 외곽으로 갈수록 감소했다(Colliers International 2011). 역사적 건물과 관련된 부동산 상승의 단점은 필연적으로 민간 개발로 인해 접근 가능한 유산 자산이 손실된다는 점이다. 특히 주택으로의 전환(교회, 학교, 시청)으로 인해 외관은 유지될 수 있지만 미래의 사용가치는 손실된다. 예를 들어, 브래드퍼드 웨스트요크셔의 매닝엄에 있는 리스터 밀스Lister Mills(2등급* 등록)는 한때는 세계 최대의 실크 공장이었고, 한때 **북부의 빅토리아·앨버트 박물관**V&A으로 불렸지만, 현재는 부동산개발업체 어반 스플래시Urban Splash가 민영주택으로 개발했다.

부동산과 방문객 경제의 혼합경제 외에 유산의 편익 평가에는 공공투자와 복지 상품과 서비스(문화 포함)에 대한 비용편익분석CBA의 일부로 개발된, 가정에 기반한 평가 방법에 의존했다(DCMS 2022). 그러나 가정과 실제 지불용의 사이에 상당한 차이가 있기 때문에 타당성에 의문이 제기되었다(Kanya et al. 2019). 또한 모델의 테스트 결과, 같은 사람도 시간과 장소(국내, 여행, 해외)에 따라 변이가 나타나고, 부유층과 비부유층 간 지불 능력과 가치가 다르며, 개인/그룹 간에도 변이가 보인다. 따라서 이러한 방법을 사용하여 유산과 문화상품에 대한 양적 가치를 확대하고 다른 곳에 '편익이전benefit transfer' 가치를 적용하는 것은 의문이 있다. 유산 가치 연구는 지역적으로 모든 무형유산의 가치로 결정되기보다는 역사적·자연적 환경에 국한된다. 장소 형성과 문화 매핑(제9장 참조)의 개념과 실천이 모든 형태의 문화유산이 어떻게 가치평가되는지 깊은 통찰력을 제공할 것이다(Evans 2022; TBR, Evans and NEF 2016).

문화유산의 재사용과 재생

지역 지식과 전통을 인정하는 유산 건물 재사용은, 장소의 의미를 전문가만이 아니라 장소와 건물을 사용하거나, 소유하거나, 사용했거나, 이로부터 자신의 의미를 구성하는 사람들에게서 찾아야 한다는 명제에서 시작된다(Bazelman 2014). 블루스톤이 관찰한 바는 다음과 같다.

> 문화유산의 수용 측면을 측정하고 작업하기 위한 시스템이 필요하다. 보존자는 적극적인 역할을 할 수는 있지만, 보존의 목적이 시간이 지남에 따라 매우 다른 의미를 가질 수 있다는 가능성에 열려 있어야 한다 (Bluestone 2000, 11).

그러나 유산 적응 현상은 일반적으로 건축/보존(미적/기능적)의 관점과 경제적 수익성과 활용성 측면에서 평가되었다. 놀랍게도 이 분야에서는 문화적 차원, 즉 시민의 과거 공간에 부여된 역사적 토대, 진화, 문화적 가치와 정체성, 상징적이고 혁신적인 특성에 대한 고려가 빠져 있다. 그리고 어떻게 더 광범위한 커뮤니티의 편익을 위해 지속가능한 재사용으로 전환될 수 있는지에 대한 성찰이 없다. 유산의 재사용이 전용 호텔, 기업 사무실, 개인 주거 시설과 같은 축소된 전환으로 진행되고 있고, 많은 주민/가족을 공공영역과 공동공간에서 배제하고 역사적 중요성을 과소평가하는 경향이 있으며, 스타트업, 중소기업과 사회적 기업 등 문화적·창의적 활동을 통한 생산적인 커뮤니티 활용의 기회를 잃어버린다(Evans 2016c, 39-40).

문화 활동을 위한 유산공간의 재사용은 커뮤니티 자산을 보존하기 위한 재생 계획과 지역 캠페인의 특징이었다. 1960년대부터 이전 시청, 공장, 산업 건물에 있는 아트센터(센터의 2/3 이상이 아트센터이다)는 이러한 방식으로 시작되어 지역의 중요한 역사적 자산을 보존했다(Evans 2001, 제2장 참조). 유럽 전역에서 대규모 산업난지를 문화적 용도로 재사용한 **유럽횡단홀**Trans Europe Halles(Bordage 2002)은 수명을 연장했으며, 여기에는 독일 에센의 산업 중심지에서 열린 유럽문화수도 축제에서 발생한 것도 있다(ECoC 2010). 지역 유산 자산은 재개발 전 '어느 정도' 기간 동안 또는 영구적 솔루션의 일부로 문화산업과 창조산업 기관 및 회사가 점유했으며, 1980년대부터 공방, 스튜디오, 레스토랑, 플레전스 극장Pleasance theatre을 결합한 런던 북부 이즐링턴의 옴니버스 공방Omnibus workshop과 같이 상당히 오래 지속되었다.

전 산업지구의 유산 지역에 창조산업이 밀집하는 것은 베이징의 798 예술지구, 셰필드의 문화(창조로 명칭이 변경)산업지구, 빈의 **무제움콰르티어**(박물관지구)(Evans 2004, 2009b; Chen, Judd and Hawken 2015, 제5장에서 자세히 논의)에 이르기까지 이제는 익숙한 시나리오이다. 이렇게 다시 점유된 유산공간은 고급 예술을 유치할 수 있으므로 시간이 지남에 따라 더 저렴한 예술과 문화적 용도는, 런던의 클러컨웰Clerkenwell 공방과 샌프란시스코의 소마SOMA에서 경험한 것처럼 IT, 건축, 디자인 스튜디오와 같은 고가의 창조기업이 가격으로 밀어낼 수 있다(Evans 2009b). 이러한 시나리오는 이전 공장과 시청 건물을 점유한 저렴한 예술가 스튜디오를, 젠트리피케이션과 장소 브랜딩을 통해 대형 회사를 유치하여 창조산업지구를 구축하는 것이다(Evans 2014a). 이와 같은 현상을 완화하기 위해 일부 도시는 바르셀로나의 포블레노우Poblenou 지구처럼, (창조)산업지구 지정을 위한 특정 계획 권한을 사용하거나, 코펜하겐처럼 더 큰 전환을 방지하기 위해(또는 더 큰 작업공간을 유지하기 위해) 작업공간의 규모를 제한했다(Evans 2009b). 그러나 이러한 경우에도 지역의 매력이 커지고, 도시정부와 기관(대학/연구개발 기관)이 영향력과 범위를 확대함에 따라,

창조산업의 젠트리피케이션을 통해 기존 중소 문화산업을 효과적으로 몰아내고 기존의 예술과 문화 산업보다 높은 가치의 창조산업으로 전환한다.

장소 홍보의 실천을 위해서는 필연적으로 장소 브랜딩이라는 아이디어를 채택했을 것이다. 이는 상품과 도시 브랜딩 전략에서 영감을 받았기 때문이다(Dinnie 2004). 이러한 관행은 이전의 장소 홍보와 개발주의boosterism에서 발전했다. 개발주의는 경제적·사회적 변화와 유산, 역사적 연관성을 이용하여 큰 장소 간 경쟁에서 **장소를 판매하는 기법**이다(Ashworth and Voogd 1990). 장소 브랜딩은 관광, 투자 유치 또는 이벤트 유치 등 입지 결정권자를 위한 도시와 지자체 홍보에서 이제는 익숙한 도구이다. 버제스(Burgess, 1982)의 영국 지자체 홍보 이미지의 내용에 관한 선도적인 연구에서 중심성, 역동성, 정체성, 삶의 질의 네 가지 주요 요소를 제시했으며, 이는 오늘날에도 여전히 중요하다. 반면에 보흐트와 반데베이크Voogd and van de Wijk의 1980년대 연구(Ashworth and Kavaratzis 2011)에서 나온, 네덜란드의 16개 중소도시에 대한 텍스트와 삽화 분석은 주로 외부 투자를 유치하기 위해 설계된 캠페인에서 역사적 요소가 널리 사용되고 있다는 예상하지 못한 결론을 보여 주었다. 공식 브로슈어와 인쇄 홍보 자료(웹사이트 이전 시대)는 장소와 관련된 역사적 사건과 인물을 강조했다. 상품과 마케팅 전략에서 파생된 장소 브랜딩은 단독으로 사용될 때 제한적으로 사용되어야 하며, 잠재적으로 위험하다. 브랜드('상품') 쇠퇴는 주기적인 재투자와 재창조가 필요한 익숙한 시나리오이고, 외부성이나 부정적인 사건은 장소의 이미지를 실추시킬 수 있기 때문이다. 특히 지역 유산을 활용한 문화 프로그램과 이벤트 전략을 개발하고자 하는 중소도시와 마을의 경우, 진정성과 문화 및 창조 산업에 대한 경쟁력과 매력성을 모두 충족하려면 이러한 모든 관점에서 유산을 평가해야 한다(그림 4-1). 여기에는 문화유산이 장소의 가치와 경제를 지지하는 방식이 포함된다(City of Toronto 2010;

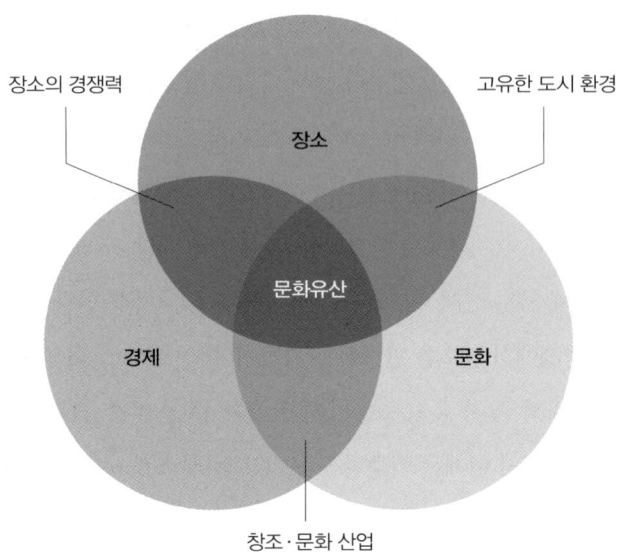

〈그림 4-1〉 장소-경제-문화

Evans, 2022).

아널드의 결론은 다음과 같다.

유산 건물과 유산 장소의 지속가능한 재사용에 대해 생각하고 접근하는 다른 방법은 공동 설계를 통한 것이다. 이는 '디자인적 사고', 즉 건축 및 도시 공간의 생산과 관련된 창의적이고 혁신적인 과정을 역사적·장소적 지식과 문화를 바탕으로 재사용 옵션과 시나리오를 검토하는 방식으로, 사회적으로 포용적이고 반복적인 과정과 결합한다. 이러한 방식으로 우리는 지역, 국가 또는 세계적 수준의 사회적 협상과 사용가치와 문화유산의 가치 간의 긴장에 맞서 건물에 새로운 사용가치를 부여하는 활동의 장단점을 탐구할 수 있다(Arnold 2016, 183; Getty 1999 참조).

장소와 유산, 그리고 광범위한 문화 간의 관계는 오래전부터 확립되어 있다. '장소의 정신' 또는 창조적 장소Genius Loci는 장소 커뮤니티를 독특하게 만들고 정체성을 형성하는 전통, 유산, 일상적 실천에 의해 정의되며, 이는 역사적 건물/장소, 유물, 경관을 통해서도 표현된다. 따라서 장소 또는 장소감은 지형, 건축, 환경, 사람들의 경험 등 다양한 측면을 탐구하는 데 사용되며, 이는 장소의 특성 또는 지역적 독특성을 구성한다. 장소감은 사람들이 장소를 경험하고 이용하고 이해하는 방식을 강조하는 데 사용되어 '장소정체성', '장소애착성', '장소의존성'과 같은 개념으로 이어진다(CURDS 2009). 따라서 장소 형성의 현대적 실천 또는 재발견된 실천은 물리적·상징적·일상적 차원에서 이러한 자산과 감각을 식별, 강화하고 더 나은 소통을 추구한다. 리처즈(Richards 2017, 5)는 물리적 공간, 상상의 공간, 삶의 공간이라는 세 축(Soja 1996)이 사회적 실천이라는 틀(Shove, Pantzar and Watson 2012)에 매핑될 수 있다고 주장한다. 여기서 상상의 공간은 사회적·문화적 맥락에서 의미를 가져오고 제공하며, 일상적 생활공간은 사용자의 창의성과 지식의 반복적 결과이다. 이러한 실천을 통해 3축의 상호작용은 유산과 장소를 형성하는 데 도움이 된다(표 4-2).

장소 형성에 대한 완전한 비판과 문화가 이에 어떻게 기여하는지는 영국문화부의 CASE(증거 기반) 연구 프로그램(Evans, NEF and TBR 2016; Evans and TBR 2010)을 통해 제공되었다. 저자, 데이터 과학자, 경제학자가 주도한 이 연

〈표 4-2〉 장소, 유산, 장소 형성의 관계

장소의 요소	장소 형성 실천
유형유산 **물리적 공간**	건물/자재, 형태, 도시/도시 경관, 개방/공공공간
무형유산 **상상/상징적 공간**	의미: 전통, 상징, 캐릭터, 정체성, 기억, 구전(단어, 노래)
살아 있는 유산 **일상 경험**	창의적 참여, 지역 축제, 지역 역사학회

구에서는 입지계수LQ와 매출로 측정한 창조기업의 집중도가 유산 자산 밀도와 문화 이벤트 수(1인당)와 긍정적이고 유의미하게 연관되어 있다는 결론을 내렸다. 또한 잉글랜드 사적위원회Historic England가 지원한 연구에서는 영국 60개 이상의 업무개선지구BID*를 조사하여 유산 자산과 서사, 비즈니스의 입지와 성장 간에 긍정적인 연관성이 있음을 발견했으며(Evans 2016), BID 홍보 자료에 유산의 이미지가 자주 사용되었다.

장소는 놀랍게도 최근까지 유산 정책에 명시적으로 등장하지 않았고, 이미 설명했듯이 장소는 문화 활동 조사에서 대체로 빠져 있지만, 잉글랜드 사적위원회EH는 광범위한 사회적 현실에서 장소의 중요성을 증명하고자 하는 여러 기관 중 하나였다. **장소의 힘**은, "역사적 환경은 커뮤니티 의식을 강화하고 지역 재생을 위한 견고한 기반을 제공할 수 있는 잠재력이 있다"는 믿음에서 온다(EH 2000, 23). 장소 관련 용어도 최근 문화 정책에 등장했다. "우리는 문화를 장소만들기의 핵심에 두기 위해 국가와 지역 수준 간에 더 많은 파트너십이 형성되는 것을 보고 싶다"(DCMS 2016, 29). 장소만들기라는 용어는 일반적으로 도시 설계, 공공공간의 개선과 관련이 있지만, 이는 장소를 과거와 현재의 내생적 유산을 기반으로 구축하는 대신, 장소가 탈바꿈될 수 있고 '만들어질' 수 있다는 것을 의미하기 때문에 문제가 될 수 있다. 어떤 경우에는 창조적이고 세심한 장소만들기가 주민과 방문객의 관점에서 장소의 명성을 개선하는 데 도움이 될 수 있지만, 이는 문화 주도 재생(Evans 2005)과 공동 창조 장소만들기의 부분인 경우에만 가능하다(Markusen and Gadwa 2010).

공공미술과 거리예술(Evans 2017, 제8장 참조)도 이러한 방식으로 점점 더 많이 채택되고 있으며, 앤터니 곰리Antony Gormley의 「북방의 천사Angel of the

---

* 역주: 공동화되고 낙후된 도심의 상업 지역을 재생시키기 위해 지구를 지정하고, 지구 내의 소유주가 납부한 부담금으로 공공 서비스를 제공함으로써 도시재생 사업을 실시하는 프로그램.

North」(게이츠헤드Gateshead), 그리고 최근 레스터에 있는 82m 높이의 벽화에 그려진 도시 축구와 럭비 클럽, 국립우주센터, 레스터 대학교의 DNA 지문연구소의 로고와 마스코트 등이 있다. 공공미술에 대한 초기 반응은 부정적일 수 있으며 저항을 받을 수 있다는 점도 인정해야 한다(Hall and Smith 2005). 조각가 앤터니 곰리가 1994년 최우수 작가로 선정되었을 때, 그의 디자인은 원래 지역 주민과 언론 모두에게 큰 논란을 일으켰다. 논란이 되는 조각품 「북방의 천사」의 소재와 장소는 눈살을 찌푸리게 했지만, 일단 작품이 설치되자 많은 사람의 견해가 바뀌었고 근처 게이츠헤드시와 동의어가 되었다. 유산과 그 역사적 맥락은 여러 측면에서 보면 모두 다시 쓰이고 거부당할 수 있는 대상이 된다. 최근에는 한때 존경받던 자선가이자 고위 인사가 노예제도와 식민지화와 관련이 있다는 것이 밝혀져 그의 동상이 문제가 되었다. 물론 공공미술은 불변은 아니다. 영원히 변하지 않는다면 미래의 사용과 대안적 관점을 차단할 위험이 있다. 제4의 좌대Fourth Plinth 프로젝트는 국립갤러리와 국립초상화 갤러리, 그리고 여러 외국 대사관 건물(캐나다와 남아프리카공화국)로 둘러싸인 상징적인 장소이고, 국가 유산(넬슨 기념탑)이 있는 런던의 트래펄가 광장에 있으며, 사람들이 모이고 시위하며 방문객과 비둘기 무리가 돌아다니는 곳으로, 이러한 과제에 대한 새로운 대응책 중 하나였다. 원래 제4의 좌대에는 윌리엄 4세의 승마상을 설치하려고 했지만, 자금 부족으로 인해 실행되지 못하고 150년 이상 비어 있었다. 1998년부터 예술위원회 주최의 대회가 열렸고, 2년 동안 대중이 볼 수 있도록 예술품을 설치하여 지나가는 사람과 다른 해설자들이 고정된 기념물을 배경으로 자신의 견해를 경험하고 표현할 수 있도록 했다. 예를 들어, 헤더 필립슨Heather Phillipson의 「디엔드The End」(2020~2022년 전시)는 체리, 파리, 드론으로 행인들을 촬영하여 상영하는 스크린이 달린 휘핑크림 덩어리이다(그림 4-2).

〈그림 4-2〉 트래펄가 광장 제4의 좌대에 놓인 「디엔드」
출처: 저자 사진.

　실제로 젠커가 지적했듯이, '도시' 또는 장소를 포착하기 위해서는 다양한 접근 방법을 결합해야 한다(Zenker 2011). 문화 자산 매핑과 유산 연관성, 가치에 대한 질적 연구 등의 접근 방법이 일반적인 이해를 도울 수 있다고 알려져 있다. 정체성은 장소에 대한 인식에 강한 영향을 미치기 때문이다. 예를 들어, 2015년 **유럽문화수도**인 몽스Mons*에 관한 연구에서는 **기억 경관**memory-

---

* 역주: 벨기에 남서부 에노주의 주도.

scape이라는 개념을 도입하여, 이 문화의 해 이벤트 동안 도시 노동계층의 기억이 어떻게 이해되고 운영되었는지 설명했다(Basu 2013). 공동 설계와 참여적 방법을 통합한 유산에 대한 예술 주도 연구에는 구전 역사, 드라마, 댄스, 시각예술, 복합예술 형태의 축제, 레지던시residency, 그리고 커뮤니티 계획과 건축에서 실천되는 창의적 방법, 특히 **디자인 샤렛**Design Charrettes, **패리시 맵**Parish Maps, **플래닝 포 리얼**Planning for Real 등이 있다(Evans 2008). 이에 대해서는 제9장에서 더 자세히 논의하며, 여기에는 도시 문화유산의 맥락에서 사회적으로 참여하는 실천 사례 연구도 포함된다. 특히 참여 시각적 매핑(Evans 2015a)은 무형 요소와 공간-장소 관계를 규명하는 데 도움이 되는 것으로 증명되었으며, 여기에서는 도시 유산 건물의 경우를 예로 들어 설명한다.

해크니의 서턴하우스

이 사례에서는 영국 내셔널트러스트National Trust의 **부모의 힘**Parent Power 시범 계획의 일환으로 이스트런던의 도시 유산에 참여형 GIS의 간단한 형태가 사용되었다. 이 계획은 역사적 주택이나 박물관을 가족, 특히 사회적 약자, 문화적 다양성이 있는 커뮤니티의 가족이 즐길 수 있는 장소로 만드는 요소에 대한 이해를 높이기 위해 설계되었다. 이 계획은 지역의 가정, 런던 해크니Hackney 자치구 및 해크니 박물관 서비스와 협력하여, 부모와 자녀가 이 자치구에 가족을 위한 다양한 기회를 탐색하고 발견하도록 기획되었다. 이는 앞서 논의한 바와 같이, 소수민족 집단이 문화시설 이용에 참여하는 비율이 상당히 낮으므로, 접근성과 문화 정책 측면에서 중요하다고 여겨졌다. 사례 연구는 내셔널트러스트의 직원과 논의하여 등록 건물인 도시 역사박물관인 서턴하우스Sutton House 주변의 방문객 이동과 선호도를 조사하여 다음과 같은 내용을 파악하도록 설계되었다.

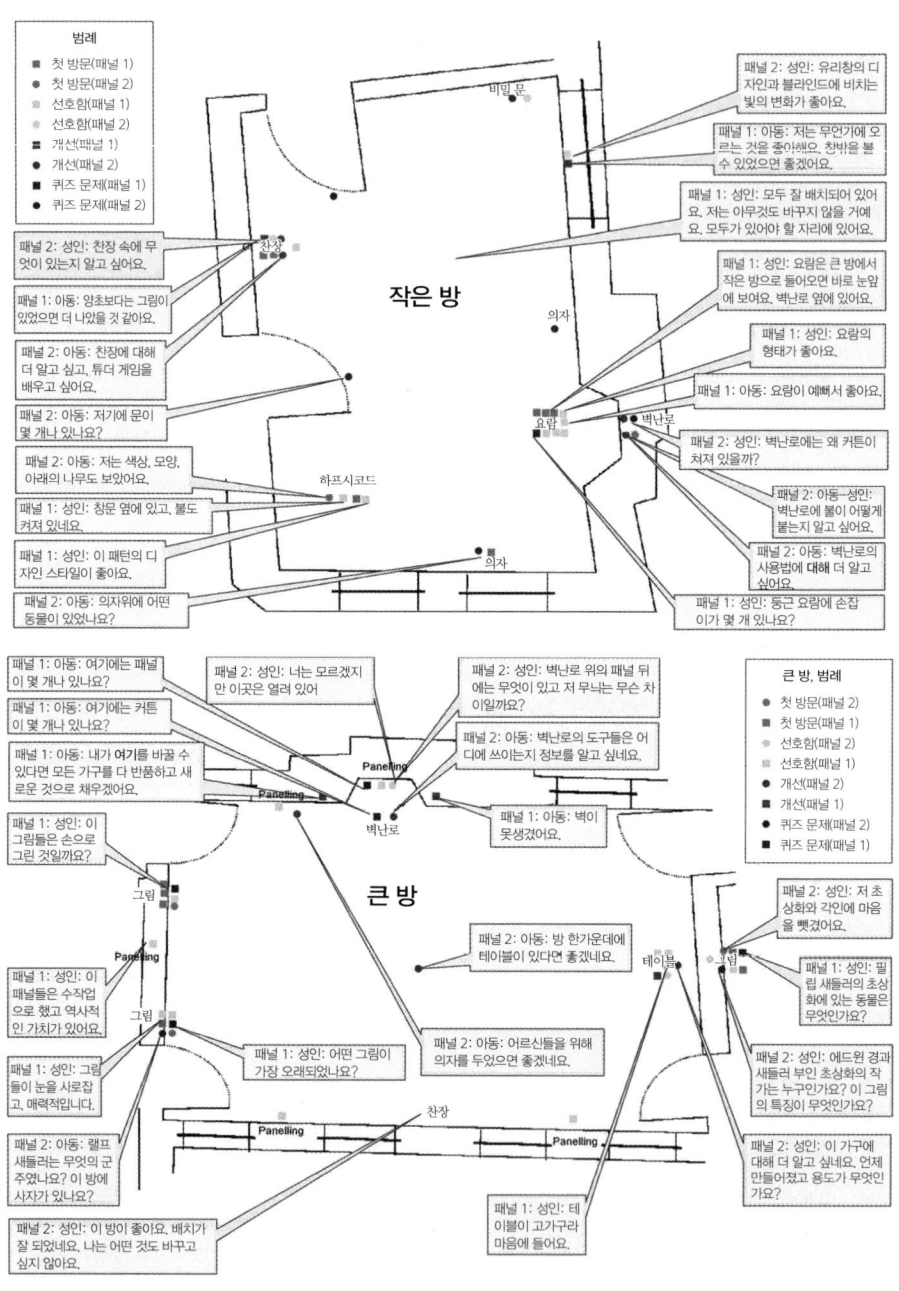

〈그림 4-3〉 서턴하우스 GIS 참여자 논평

- 각 방에서 얼마나 오래 보내는가?
- 각 방에서 무엇을 좋아하는가?
- 공간에 대해 무엇을 기억하는가?

내셔널트러스트는 역사적 주택의 관리자들에게 방문객이 시설을 탐험하는 즐거움을 극대화할 수 있도록 가족 산책로를 마련하도록 권장했으며, 서턴하우스의 경우 이 방법을 사용하여 얻은 정보를 통해 그러한 산책로를 설계할 계획이었다. 참여-GIS를 미시적 수준에서 실험적으로 사용하여, 방별로 역사 건물에 대한 인식과 즐거움에 대해 지도화했다. 이 과정이 서턴하우스를 방문한 가족, 특히 문화유산에 관심이 거의 없는 가족이 이용할 수 있도록 시설에 대한 자료와 정보를 제공하여, 다음에 지역 이용자뿐만 아니라 다른 방문객에게도 도움이 될 수 있을 것으로 예상했다. 사례 연구는 **부모의 힘** 시범 계획에 이미 참여하고 있는 가족 중에서 선정하여 참여시킴으로써, 이 계획을 더욱 발전시키는 실질적인 수단을 제공했다. 특히 가족이 서턴하우스의 대규모 종이 평면도(지도가 아닌 객실 평면도를 사용)에 응답을 표시할 수 있었다(그림 4-3 참조). 그러나 이는 가구와 다른 대상에 대해 3차원 표현이 부족하다는 단점이 있었다(Evans and Cinderby 2013).

*

이 사례에서 알 수 있듯이, 역사적인 생산적·상징적·기능적 기원을 통해 선택되고, 재현되고, 해석된 문화유산은 여전히 크게 존재하며 일상생활에서 경험된다. 이러한 유산은 무형유산과 지정 유산의 지역적 측면과 마찬가지로 일반적으로 공식 기념물과 유적지보다 주민들에게 더 가치가 있으며, 두 가지 다 이용자 경험 설문조사에서 정기적으로 다루어지고 강조된다. 예를 들어, 일상 유산과 업무개선지구에 대한 연구(Historic England 2016)에서 유산 건물과 유산 지역에 입지하면 지역 회사, 특히 소규모 조직에 부여된 정체성과 가치가 모두 향상되는 것으로 나타났다. 이용자는 또한 은행에서 빵집까지, 영화관에서 카페에 이르기까지 현재 직업과 관계없이 유산의 과거 용도와 재사용에 공감한다. 따라서 문화·창조 산업이 광범위한 생산과 관련 소비 활동을 위해 유산공간에 입지하고 적응하기로 선택하는 것은 놀라운 일이 아니며, 복합용도 건물에 집적하고 길 건너편까지 확장되어 지구 규모에서 작동한다 (Evans 2014a). 따라서 창조·문화 지구 현상과 생산과 소비의 융합은 다음 장에서 더 자세히 탐구하며, 장소만들기와 그 자체로 혁신적인 문화공간 활용이 주요 주제이다.

제5장

창조·문화 지구

예술과 문화 활동을 위한 공간은 일반적으로 시설 공급과 관련이 있으며, 여기에는 대규모 단지와 지역 시민 기관과 상업 시설의 클러스터, 특히 박물관과 갤러리, 극장, 대형 아트센터, 교육 시설(대학 캠퍼스와 음악원) 등이 있다. 이들의 연결성과 관계는 최소한의 독립된 상태에서부터 지역과 지역 생태계의 일부가 되고, 문화 발전 수요가 있는 높은 계층까지 다양할 수 있다(Evans 2001, 2008). 반면에 문화 생산은 산업 시대부터 전통적으로 소비와 공간적·경제적으로 분리되었으며, 창의적으로는 개별적이고 소규모 그룹 창작(스튜디오/공방)에서 산업 계획 시대와 가정, 직장, 여가의 공간적 분리를 반영하여 산업적인 규모의 생산으로 진화했다. 여기에는 문화 생산 사슬 내외부에 이르기까지 집중되었으며, 여러 측면에서 다른 유형의 산업 생산에서 나타나는 군집과 유사하다. 실제로 문화 클러스터는 산업화 이전 시대에도 이러한 현상을 보였다. 예를 들어, 고대 아테네와 같은 초기 도시와 마을의 내부와 외곽에는 공예지구crafts districts가 있었다(Evans 2001).

오늘날 문화 생산은 이러한 경향을 지속해서 보여 주고 있으며, 전통적 생산 방식과 새로운 생산 방식 모두에서 문화·창조 클러스터에 반영되어 있다. 문화산업은 기업이 오래가고 입지를 변경하지 않는 경향이 있어 산업지구에 공간을 점유하게 되었고, 유산 보존, 홍보, 그리고 최근에는 장소만들기의 범위에 포함되었다. 이후 문화산업은 지역 경제개발 노력의 중심에 위치했고 문화 소비 장소로서의 역할을 재창조했다. 이는 마르크스나 르페브르가 상상할 수 없었던 결합이다. 이러한 의미에서 문화 생산자도 관찰과 관심의 대상이 되었으며, 작업장과 가까운 곳에 스스로 신scene*과 라이프스타일 관련 어메니티를 생성했다. 따라서 역사지구에서 새로운 디지털 허브에 이르기까지 창조·문화 지구는 경제발전과 산업 클러스터 연구(Pratt 2004; Foord 2009)에서 점점 더 많이 다루어졌다. 상하이(Gu and O'Connor 2014)에서 싱가포르(Gwee 2009)에 이르기까지 창조적인 장소만들기(Markusen and Gadwa 2010)의 등장과 함께 창조·문화 지구의 정체성은 장소 브랜딩의 개념과 실천에서 자연스럽게 발전했다. 본질적으로 생산 기반인 창조·문화 지구는 재생과 변화의 대상이면서 미래의 전망이기도 한 도시의 산업 지역에 입지하는 경향이 있으며, 많은 경우 젠트리피케이션의 주체가 되기도 한다(Evans 2005). 도시가 문화적 경험 '공급'을 확대하고 경험 많은 방문객과 주거 시장(지역적·국내적·국제적)의 대상 범위를 다양화하고자 하면서, 일과 여가를 결합하는 창조·문화 지구는 문화 생산과 새롭게 생겨나는 소비공간의 독특한 조합을 보여 주면서, "사회적 공간은 들뢰즈의 '아상블라주assemblage'(Deleuze and Guattari 1987)나 넓은 의미의 '이벤트 신event scene'과 유사성을 가지며, 심지어 동시성에서도 가장 지배적인 장소이다."[23]

---

* 역주: 도시 내의 특정 공간에서 집중적으로 보이는 광경. 즉 도시 내의 문화 어메니티 구성과 소비를 위해 형성된 특정 공간의 문화 어메니티 클러스터를 의미한다.

장소 브랜딩과 장소만들기

정책과 실무에서 흔히 혼동되어 상호 호환적으로 사용되기는 하지만, 장소 브랜딩은 장소만들기placemaking, 장소 형성placeshaping과는 구별되는 개념이며 별도로 보아야 한다(Evans 2014a, 2016c, 2022). 장소 브랜딩은 공간 생산에서 구상되고 인식되는 전형적인 과정이다. 도시 브랜딩 전략과 장소만들기의 실천은 광범위한 근거와 효과가 있다. 이들은 상호작용하거나 완전히 별개의 과정을 말하며, 서로 다른(거시적·미시적) 공간 규모에서 작동한다. 브랜딩이 도시 발전의 의식적이고 명시적인 목표이지만 상당히 가변적이다. 대부분 토지이용과 경제적(사회적·문화적) 발전이 본질적으로 점진적인 특성이 있고, 도시 발전 및 운영의 개념과 지속가능한 접근 방법으로서의 브랜딩의 한계가 있기 때문이다(Evans 2006). 도시를 마케팅하고 판매해야 하는 상품으로 취급하는 것은 흔히 합리화된다(Ward 1998). 탈산업화와 세계화라는 두 개의 힘과 소위 네트워크 사회의 성장(Castells 1996)에 대응하여, 하비가 인식한 관리주의 도시에서 기업가주의 도시 거버넌스로 전환했기 때문이다(Harvey 1989; Hubbard and Hall 1998). 그러나 투안Tuan이 앞서 지적했듯이, 문화시설을 통한 개발주의boosterism는 산업화 이전부터 산업화 이후까지 오랫동안 이어져 왔으며, 지역 어메니티와 거버넌스를 희생시키면서 도시 관리를 자유시장 경제 체제로 치장하는 것은 단순하고 쉽다. 다원적 체제 이론이 시사하듯이(Stoker and Mossberger 1994), 특정 문화 장소, 이벤트, 도시재생 지역을 벗어나 도시계획과 발전의 주변적 측면을 대변하여 때로는 고차원의 브랜딩 노력에도 불구하고, 현실은 더 복잡하며 삶의 질, 분배적 평등, 지역 경제발전 등의 개념은 여전히 도시와 지역 단위에서 강력한 상업적 요구에 지배받고 있다.

예를 들어, 창조도시 정책과 전략에 관한 국제 연구(Evans 2009c)에서는, 공공 문화 투자와 창조산업 정책의 주요 근거에서 경제개발/일자리 창출, 인프라, 재생(그림 5-1)에 이어 브랜딩이 다음 순위였다. 20만 명 미만의 인구를 가진 소도시는 경제적·정치적·문화적 영향력이 없어 비용이 많이 들고 대담한 상상을 할 수 없으며, 창조도시 캠페인과 전략에 투자하는 이유 중 **브랜딩**의 순위가 가장 낮았다(Evans 2012b). 따라서 창조도시라는 메타 브랜드에 신뢰할 수 있는 도달 범위를 벗어났거나 거부되었으며, 플로리다의 이동이 자유로운 창조계층의 개념(Florida 2003)도 이러한 소도시의 지역적이고 다양하며 내생적인 문화와 커뮤니티 창조성과는 맞지 않는다고 여겨졌다(Evans 2009d).

장소 **브랜딩**은 모호하고 가변적인 무형의 전망인 상품-서비스 경험을 의미하지만, 장소**만들기**는 일반적으로 도시공간과 건조 환경에 대한 물리적 개입이므로 계획가와 정치인 모두에게 소구력이 있다. 예를 들어, 류는 장소만들기의 네 가지 주요 유형을 설명하는데, 이는 의도와 잠재적 영향을 유용하

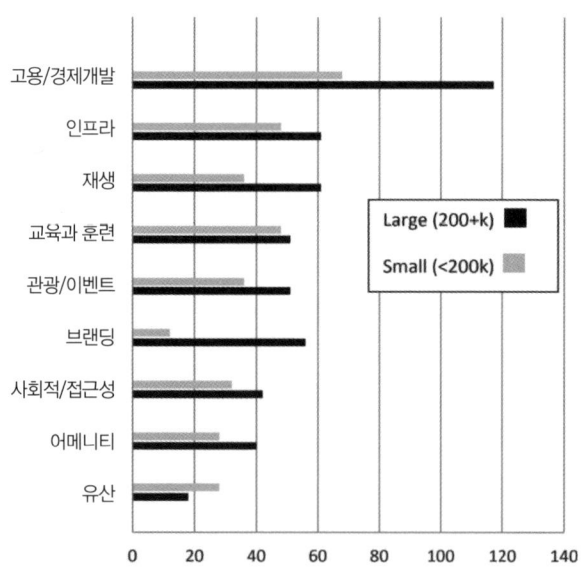

〈그림 5-1〉 대도시와 소도시의 창조도시 정책의 논거

게 구분하며, 과정과 결과outcomes가 현저히 다르다(Lew 2017).

1. **표준적 장소만들기**: 건조 환경의 물리적 유지 관리에 초점을 둔다.
2. **전략적 장소만들기**: 정부 또는 민간 개발자의 상당한 수준의 투자를 통한 하향식 개발 방식을 통해 근린이나 도시 규모에서 새로운 개발을 창출하는 데 초점을 둔다(Evans 2005).
3. **창조적 장소만들기**: 예술을 활용하여 장소를 더욱 활기차고 흥미롭게 만드는 창조적 장소만들기는 자연환경에 대한 응용, 예술 관련 사업의 존재, 프로그래밍과 이벤트의 개최를 통해 이루어진다(Markusen and Gadwa 2010).
4. **전술적 장소만들기**: 커뮤니티 그룹이 주도하는 '상향식' 접근 방법에 초점을 맞춘 전술적 장소만들기는 주로 일시적이고 저기술/저비용의 투입을 통해 지역을 테스트하고, 변경하고, 개선하고자 한다(Evans 2022).

도시와 장소 브랜딩 모델은 일반적으로 제품수명주기의 쇠퇴-갱신의 과제를 해결하려는 마케팅 전략의 확장으로서 제품과 기업 브랜딩에서 시작되었다(Butler 1980). 이러한 의미에서 재생과 재개발이 필요하다고 인식되는 마을과 도시, 그리고 산업화 이후 또는 다른 구조적인 사회경제적 변화에 직면한 특정 지역은 경쟁력-진정성의 도시 변증법에 대한 대응으로 브랜딩 전략이 제시되었다(경제학에서는 경쟁우위-비교[도시]우위의 차이로 표현될 수 있다, Evans 2009b). 도시 브랜딩 문헌을 보면, 브랜딩 전략이 어떻게 달성되고 유지되는지에 대한 브랜딩 관련 지수(Anholt 2006), 성적표 방식, 측정 공식 등에 충분히 반영되어 있다. 다양한 모델에서는 브랜드 또는 마케팅 혼합을 제공하는 핵심 요소와 변수, 즉 장소의 브랜드 가치와 힘을 함께 나타내는 요소를 분해하거나 리버스 엔지니어링reverse engineering* 방식으로 시도한다. 여기서는 하드 인프라와 소프트 인프라를 역사적·문화적 어메니티와 어메니티의 품질을 결합하는데, 이는 정량화하고 가치를 부여하기 어렵다. 이러한 가치는 거주자, 방문객, 투자자, 미디어, 정치인의 관점에 따라 다르다. 젠커가 주장하듯이(Zenker 2011), **브랜드**보다 더 광범위한 개념인 장소**정체성**은 목표 고객의 인식에 영향을 미친다. 그러나 선입견과 역사적·현대적 정보와 평가, 출처도 내부적으로나 외부적으로 볼 때 장소의 정체성에 영향을 미치며, 이는 도시 마케팅 이미지와 선택적인 도시 경관을 통해 강화된다.

    따라서 장소만들기의 중요한 측면은 브랜딩과 도시 마케팅 전략을 통해 사용되고 전용되는 경관이다. 도시 브랜딩 모델에서 도시 경관은 **장소물리학**(Anholt 2006)과 **공간적 장면**spatial picture으로 다양하게 특징지어진다. 역사, 문화시설, 극장, 박물관, 공원과 같은 어메니티와는 다르다(Grabow, Henckel and Hollbach-Grömig 1995; Grabow 1998). 코틀러(Kotler et al. 1999)는 장소 개선과 마케팅 접근 방법에서 '인프라', '명소'와 구별되는 특성으로 **캐릭터로서 디자인이나 장소**를 강조하는 반면, 애슈워스와 보흐트(Ashworth and Voogd 1990)는 "장소 상품의 총체"를 포착하기 위해 처음으로 **지리적 혼합**을 제안했다(Kavaratzis 2005, 336). 인프라에는 일반적으로 교통 시스템과 시설, 호스피탈리티, 갈수록 증가하는 연결성과 디지털 고속도로 등이 있다. 후자의 경우 한국의 서울 같은 소위 스마트시티와 무료 디지털 와이파이 존은 도시 홍보 전략으로 사용된다. 그러나 도시 및 장소 브랜딩과 관광지 마케팅이 긴밀하게 연관된 물리적 이미지와 변화하는 스카이라인에도 불구하고, 젠커(Zenker 2011)가 18개의 장소 브랜딩 연구(2005~2010)를 분석한 결과에는 건축, 건물,

---

* 역주: 시스템의 기술적인 원리의 구조분석을 통해 발견하는 과정으로, 대상을 분해하여 분석하는 것.

도시 문화공간이 브랜드 요소에 빠져 있다는 점은 흥미롭다. 이러한 설문조사는, 특정한 공간적 속성보다는 **문화**, **역사**, **이슈**와 같이 주민과 방문객이 언급한 내용과의 일반적·경험적 연관성에 초점을 맞추는 경향이 있다. 빌바오에 대한 브랜드 인지도 연구에서는, '박물관과 갤러리'를 핵심 요소로 순위 결정을 했을 가능성은 작지만(실제로 여러 개가 있다), 게리Gehry의 구겐하임 건물은 도시 방문과 도시 브랜드 인지도(Plaza 2015)에 대한 핵심적인 근거를 제공할 것이다. 여기에서 접두사는 특정 건축 도시 정체성(과 유산)의 강점을 나타낸다. 예를 들어, **가우디의 바르셀로나**, **매킨토시의 글래스고**, 그리고 최근의(따라서 덜 다양화된) **구겐하임의 빌바오** 등이 있다.

예를 들어, 구겐하임 빌바오의 경우 플라자 등은 기업 위치 데이터를 사용하여 게리 미술관 프랜차이즈 이전과 이후의 예술 관련 시설(미술관, 경매장, 골동품 상점 등)의 클러스터를 매핑했다(Plaza, Tironi and Haarich 2009). 이 연구를 보면, 갤러리가 구겐하임 가까운 곳으로 이전했고 지역에 새로운 시설도 문을 열었지만, 이는 도시의 다른 문화지구를 희생하여 이루어진 것이 아니다. 구겐하임 지구에 인접한 카스코 비에호Casco Viejo 지역에는 32개의 현대미술관, 골동품 상점, 경매장이 있다. 그리고 훨씬 '창조적인' 클러스터가 개발되었다. 여기에는 수공예품, 제조업, 소매업, 미술 시장 활동이 포함된다(TBR, Evans and NEF 2016, 20-21). 그러나 구겐하임 주변에 모인 이 명백한 소형 클러스터는 경제적이지도 문화적이지도 않다. "이 지역에 구겐하임이 들어오면서 매출에 대한 긍정적인(그리고 어떻게 보면 과대평가된) 기대가 생겼고, 수많은 미술관 소유주는 사업을 아반도Abando로 이전했다"(Plaza 2009, 1721)(그림 5-2 참조).

사실상 이러한 미술관 소유주들은 미술 시장의 기능을 오해했다. 이 지역을 방문하는 사람들은 단발적 단기 여행객이기 때문에 미술관 같은 사업은 목표

〈그림 5-2〉 빌바오 내부 도시의 예술 지향 클러스터, 2006
출처: Plaza, Tironi and Haarich(2009, 1721).

시장이 아니다. 이와 반대로 미술관과 고객의 관계는 장기적인 신뢰와 배타적이고 고도로 개인화된 서비스에 기반을 둔다. 다시 말해, 아반도에 위치한 많은 미술관의 소유주들은 핵심 타깃이 전통적인(그리고 구겐하임의 영향을 거의 받지 않는) 지역 미술 시장에 있을 때 구겐하임이 관광에 미치는 영향을 이용하고자 했다(Plaza 2009). 따라서 물리적인 클러스터링과 집적co-location은 창조적이거나 협력적인 지역성을 드러내지 않을 수도 있다. 관계(공급과 생산 사슬, 공유된 목표와 소셜 네트워크)는 다음과 같은 특징을 갖는다.

- 참신함과 새로운 것에 관심을 공유하는 창의적인 사람들의 커뮤니티(실천 공동체)(어디에서 발생하든)

- 아이디어와 연결이 촉발되는 촉진 장소catalysing place
- 경험의 다양성과 표현의 자유
- 정체성과 독특함이 번성할 수 있는 개방적이며 끈끈한 개인적 관계 네트워크(De Propris and Hypponen 2008)

이러한 조건과 요인은 지도나 데이터베이스에 시각적으로 포착되지 않지만, 입지 결정의 본질과 장소와의 관계를 측정하기 위해서는 이들 공유공간 네트워크에 대한 일정 수준의 이해, 참석과 참여가 필요하다.

문화지구

상징적인 건물 프로젝트에 관한 문헌은 광범위하지만(Ponzini and Nastasi 2011; Glendinning 2010, 2; Foster 2013; Evans 2001), 브랜드의 영향과 중요성을 다룬 문헌은 많지 않으며, 놀랍게도 도시 브랜딩 문헌에서도 거의 다루지 않고 있다(Zenker and Beckmann 2013). 이는 도시 브랜딩의 가장 눈에 띄는 특징 중의 하나이다(빌바오 구겐하임의 장소 브랜드에 미치는 효과에 대한 플라자의 광범위한 분석 참조, Plaza et al. 2015). 반대로 그리 상징적이지 않은 도시 설계와 장소만들기는 이미 조성되어 성장하고 있는 창조·문화 지구와 연계되어 도시 브랜딩의 새로운 측면을 부각시킨다. 이는 더 유기적이고 (논란의 여지가 있는) 진정성이 있으며, 후기산업사회 도시경제와 더 통합되어 결과적으로 창조도시 열망을 이룬다(Evans 2009b, 2009c). 따라서 창조·문화 지구는 상징성과 유산을 기반으로 구축될 수 있으며, 이전에는 방문객의 관심 장소로 알려지지 않았거나 도시 브랜드 구성의 일부가 되지 않았던 지역에서 새로운 관광지와 경험을 창출할 수 있다.

도시 설계와 계획에서 오랫동안 실천되어 온 개념은, 도시 지역을 역사적 토지이용, 형태학, 경제적·사회적 혼합을 반영하여 개별적이고 크기와 형태가 같은 구역으로 나누어 공간적으로 **지구**quarter를 지정하는 것이다. 신도시주의자인 크리어에 따르면 다음과 같다.

도시지구는 도시 내 도시이고, 전체의 품질과 특성을 보유하고 있으며, 제한된 토지 내에서 주기적으로 지역 도시의 모든 기능을 제공하고, 블록별, 기획별, 층별로 구역이 지정된다. 도시지구는 중심과 잘 정의되어 이해하기 쉬운 경계가 있어야 한다(Krier 1995, in Montgomery 2013).

지구는 기존 지역, 특히 역사적 또는 유산, 비즈니스/중심업무지구, 대학지구, 소매 및 엔터테인먼트 구역을 기반으로 구축될 수 있다. 그러나 거장 건축가이자 총괄계획가인 렘 콜하스Rem Koolhaas는 "진보, 정체성, 도시, 거리는 과거의 일"이라고 주장한다(Koolhaas 1995, Glendinning 2010, 114에서 인용). 그의 고상한 관점에서 보면, 도시는 글로벌 기업과 충성 고객이 주도하는 개인주의와 가라오케 건축*(Evans 2003a)에 직면하거나, 유기적 접근 방법과 계획 주도 접근 방법의 조합으로 이루어진 도시 설계에 직면하게 된다. 이는 아마도 도시 브랜딩과 창조적인 장소만들기(Evans 2006) 사이의 갈등일 수 있다. 그러나 전자의 공식이 성공하리라는 보장은 없다. 상징적 구조물의 수입이 과거의 실패와 논란 때문에 저항을 받았기 때문이다. 예를 들어, 윌 올솝Will Alsop이 리버풀의 유럽문화도시 축제의 하나로 리버풀 **제4의 문**Fourth

---

* 역주: 가라오케에서는 노래를 잘하는 것이 중요한 것이 아니라 열정과 열의를 가지고 노래하는 것이 중요하다. 이러한 비유는 지역의 특성에 맞는 건축이 아니라, 과시적 브랜딩이나 관광객의 취향에 맞는 건축을 비판하는 용어로 저자인 에번스가 사용한다.

Grace으로 설계한 **클라우드**Cloud 빌딩은 취소되었고(Evans 2011), 카디프베이 오페라하우스Cardiff Bay Opera House(자하 하디드)도 취소되었으며, 브라질 리우데자네이루시는 구겐하임 복제품을 거부했다. 그럼에도 올솝의 클라우드 디자인은 이 도시의 '100만 달러 아기' 중 하나인 토론토로 이전될 것이라는 의견이 있다. 이는 올솝의 디자인이 진정성이 없다는 확실한 신호이다(Evans 2009c).

도시 브랜딩 포트폴리오 채택 열망을 반영하는 도시공간에 대한 개입은 여러 유형이 있다(표 5-1, Evans 2014a). 이러한 개입은 연결이 강화되어 배타적이지 않고, 이벤트와 축제는 다양한 유형의 새로운 구조물과 지구를 만들어 내며, 간판, 도로시설물, 배너, 기타 표식을 통해 브랜드 디자인과 도보 여행 편의성 및 가독성 있는 이미지를 보여 준다. 공원과 광장 등 오픈스페이스는 이벤트와 축하행사, 조각과 기타 예술 및 미디어 설치의 대상으로 이용되며, 어떤 경우에는 과거의 위락정원을 재현하기도 하지만, 이는 어메니티의 가치,

〈표 5-1〉 도시 설계 유형과 지구

공간 유형	핵심 특성	사례
도시 설계/ 장소만들기	공공 광장/야외, 경로/도로, 공원/산책로, 보행자 구역, 공공미술, 도보여행/웨이파인딩	버밍엄 센테너리 광장, 파리 라빌레트 공원, 뉴욕 하이라인, 런던 올림픽공원, 바르셀로나 워터프런트
소수민족 지구	지역/거리 이름, 표지판, 게이트, 도로시설물, 축제	차이나타운/게이트, 커리마일, 런던 방글라타운, 토론토 리틀포르투갈
문화유산 기반 문화지구	세계유산/역사 유적지, 유산지구, 예술지구/문화공원, 문화산업 클러스터	솔테어 브래드퍼드, 노팅엄 레이스마켓, 토론토 디스틸러리 디스트릭트, 타이베이 화상문화공원, 베이징 798 예술지구
창조산업 지구	창조산업 생산지구, 작업공간, 인큐베이터, 직주 복합, 디지털 미디어/테크노파크	런던 디지털 쇼디치, 토론토 리버티빌리지, 암스테르담 노르트, 셰필드 문화산업지구(CIQ), 베를린 프렌츨라우어베르크 & 크로이츠베르크, 런던 창조산업존(CEZ)

사용과 관련하여 갈등을 일으킬 수 있다(Smith et al. 2021). 화려하고 영구적인 것부터 일상적이고 덧없는 것까지, 다양한 문화지구와 엔터테인먼트 구역을 유형화할 수 있다(Evans 2004).

창조지구, 즉 경제적 의미에서의 클러스터(즉 집적)는 공식적·비공식적 규모의 경제와 사회경제적 네트워크를 통한 지식/기술/연구개발, 정보 공유에서 위험을 분산하는 상호 협력의 사례일 뿐만 아니라, 저항적 반대 행동(아방가르드, 예술가 스쾃squat*)이며, 허가 기관, 글로벌 기업, 길드, 기존 문화 권력(예술과 정치)의 통제에 저항하는 방어적 필수 요소로 볼 수 있다. 이러한 집중과 근접성에 기여하는 요인에는 생산 사슬의 비용 절감, 교차 거래, 합작투자(마케팅/쇼케이싱, IT와 자본투자), 직주 복합(건축, 사회, 생산)의 재발견(Holliss 2015)과 구산업지구와 건물에서의 공유 작업공간 등이 있다. 라이프스타일과 시너지 효과로 인해 전통적인 산업화 이전 예술(Lacroix and Tremblay 1997, 52)과 새로운 미디어 서비스(Backlund and Sandberg 2002) 모두 기업 클러스터의 매력 요인으로 부상하고 있다. 이러한 과정은, 예를 들어 섬유, 도자기, 보석/금속공예와 같이 공예품 생산을 담당했던 구산업지구와 건물의 재생을 통해 이루어졌으며, 해외 생산으로 인해 제조업이 쇠퇴한 후 새로운 창조산업지구와 혁신지구로 재개발되고 있다.

문화 종사자와 대중 소비를 위한 시설이 고밀도로 개발되는 것도 웨스트엔드(런던), 브로드웨이(뉴욕)와 같은 극장가와 엔터테인먼트 구역에서도 익숙하다. 나아가 리우데자네이루시의 시네마랜드, 베를린과 런던의 박물관지구, 암스테르담의 홍등가(Burtenshaw, Bateman and Ashworth 1991) 등이 있지만, 이는 소호의 영화/미디어, 음악 후반작업 시설과 캘리포니아의 실리콘밸리

---

* 역주: 다른 사람 소유의 땅이나 건물을 무단으로 점유하는 것을 지칭하는 단어로, 오랫동안 버려진 도심의 빈 건물을 살아 있는 문화공간으로 활용하자는 취지의 문화운동의 의미로 확대되었다.

(Scott 2000)와 같이 창작/유통/보급 기능과 공간적으로 분리된 생산에 초점을 맞춘 민간의 문화 활동에서도 볼 수 있으며, 소호와 실리콘밸리 모두 고유한 방식을 지닌 우수한 창조산업의 생산공간이다. 다양한 집적의 유형과 문화산업지구의 특성을 보면(또는 볼 수 없다. 즉 숨겨져 있지만 활동적이다), 오디오비주얼AV, 디자인, 공예, 시각예술 또는 생산자 서비스 기반이든 특정 생산 사슬에서 상호 호환이 가능한 다양한 요소들을 함께 모은다. 예를 들어, 이탈리아 북부 모데나 지역의 장인 마을은 1970년대 후반~1980년대 이후 다양한 소규모 제조업체로 구성된 개별 예술과 공예 단지에서 유연한 생산을 통해 이 지역의 르네상스에서 중요한 역할을 했다(Lane 1998, 158). 이들은 잘 관리된 작업공간에 있는 소규모 공예 생산자들과 공통적으로 회사들이 상호 경쟁과 협력의 네트워크를 형성한다(Evans 2004). 이러한 생산자 구역은 지역 전체에 걸쳐 다중심적 그리드grid를 형성하여, 이스트런던과 같은 전통적이고 '혼란스러운' 지역의 제조업체(가구, 직물, 세라믹 타일)에 비해 경쟁력을 갖추었다(Green 2001). 스콧이 주장한 대로, "[후기]자본주의의 문화경제는 이제 점점 더 높은 수준의 제품 차별화와 다중심적 생산 장소로 특징지어지는 새로운 단계에 접어든 것으로 보인다"(Scott 2001, 11). 문화 생산 클러스터, 즉 산업지구가 오래 전부터 자리 잡은 곳에서는, 그들의 생존과 발전이 생산 기법과 기술의 구조적 변화, 디자인과 소비/패션 트렌드 모두에서 시장과 문화 발전을 반영한다. 이는 새로운 미디어가 인쇄와 출판을 대체하고(잡지에서 웹사이트로), 금속공예와 직조가 멀티미디어 보석과 직물 생산으로 진화한 전통적 지역의 문화 생산 특성에서 분명하게 드러난다. 그림과 조각은 미디어아트, 시간 기반 영화와 디지털 미디어 설치로 대체되었다. 이는 (수)공예 장인에서 디자이너-메이커, 프로듀서로의 전환이다.

공연예술, 금속공예/보석, 악기 제작자, 의상 제작자와 같은 전문 서비스에서 일부 연속성이 여전히 나타났지만, 이러한 기술은 주로 가족을 통해 전수되었으며, 쉽게 자동화되거나 '디자이너 라벨'이 붙지 않았다. 실제로 연속성은 창조산업 생산의 상세한 형태가 아니라, 창조산업을 위해 점유된 장소와 공간에 있었다. 나아가 기존 제조 활동이 업데이트되고 시장과 소비자 수요에 대응이 필요한 경우, 전통적인 생산지구를 보완하고 예술 학교와 디자이너에서 창출되는 디자인과 혁신을 걸러 낼 수 있는 2차, 즉 보완 클러스터가 형성된다. 이러한 현상은 뉴욕(Rantisi 2002), 런던의 이스트엔드, 프랑스의 노르파드칼레Nord-Pas-de-Calais 지역(Vervaeke and Lefebvre 2002)에서 나타났으며, 이들은 대형 소매업자와 연결된 전통적인 하청 기업을 지원하고, 예술 및 디자인 학교, 전문 부티크, 독립 디자이너/제작자가 있는 상호 의존적이지만 문화적으로는 구별되는 새로운 지구를 지원한다(제7장 참조). 노팅엄의 레이스 마켓Lace Market(영국 이스트미들랜드)은 패션과 섬유 지구로, 도심과 가까운 보존과 재생 구역에 포함되어 있지만(Crewe and Beaverstock 1998), 생산자 기반이기보다는 유산 관광(선물용 상점 등)에 더 가깝다. 뉴욕의 가먼트Garment 지구에서 산업 건물은 점점 고급 소매점으로 바뀌고 있으며, 지상 1층 위로 로프트(다락방) 아파트가 있다. 이는 런던의 유서 깊은 클러컨웰Clerkenwell 지구에서도 볼 수 있는 유사한 패턴으로, 경공업 공장이 (부동산) 가치가 높은 주거와 사무실로 전환되고, 1층에는 값비싼 레스토랑과 전시실이 있다(그림 5-3 참조). 그러나 구산업/공장 건물에 있는 일부 대규모 창조적인 작업공간은 이러한 상업적 젠트리피케이션 과정에서 살아남았으며, 이는 디자인에서 수익성이 높은 고급 생산자 서비스와 상당히 높은 임대료를 지불할 수 있는 '창조적' 비즈니스 서비스 때문에 촉진되었다(Evans 2004). 이 공간들은 지리적으로 더 넓은 창조 생산 사슬의 일부를 형성하며, 예술가/보헤미안과 장인이 아니라 플로리다가 말한 광의의 창조 전문가 계급(Florida 2003), 더 정확하게는 '지식

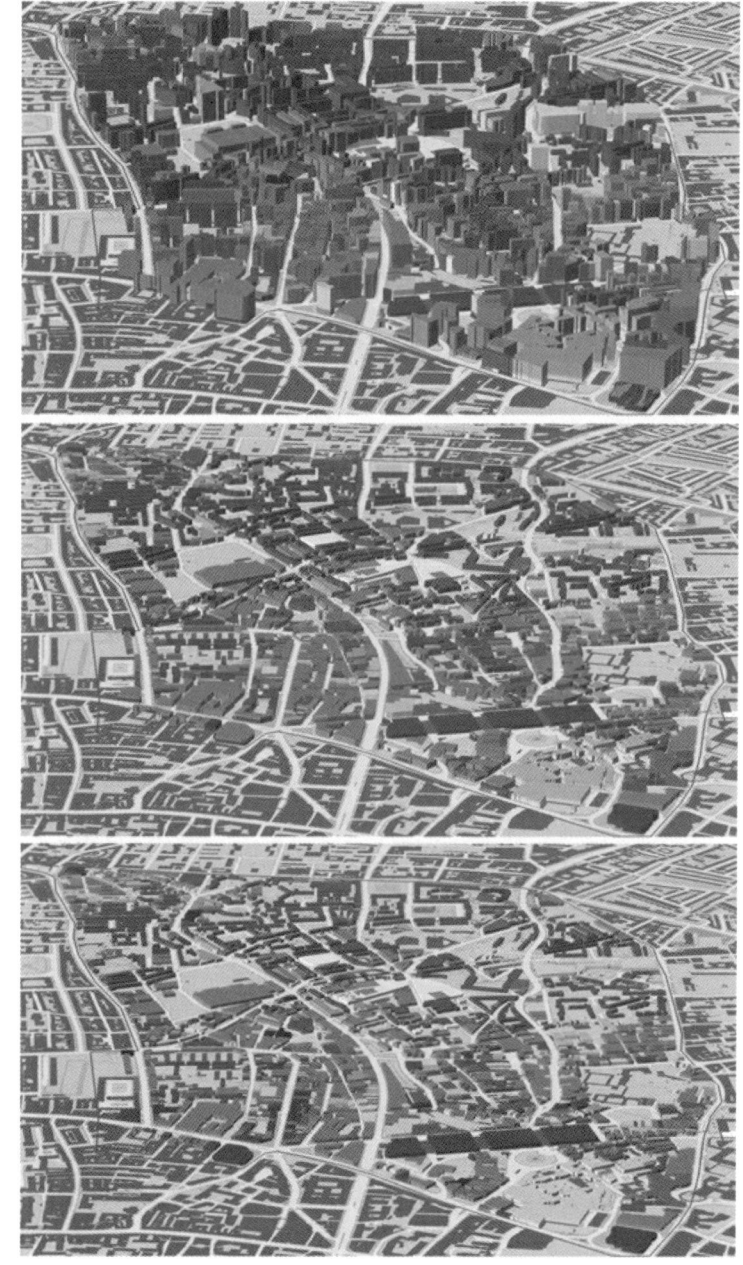

〈그림 5-3〉 클러컨웰의 토지이용: 1층, 2층, 3층

제5장 창조·문화 지구

집약적 작업자'(Evans 2019)의 공간으로 추정된다.

    도시에서 효과적으로 구역을 지정하는 계획과 개발 기제와 함께, 지구는 지역 재생, 보존, 경제발전 전략으로도 사용된다. 지구에는 유산, 엔터테인먼트, 방문객 중심 구역을 중심으로 한 지역 브랜딩을 아우르는 관광지와 관광 관리가 포함된다(Roodhouse 2010). 제4장에서 논의했듯이, 보존 구역은 1960년대부터 건조 환경을 보호하고 보존하는 데 이용되었으며, 역사 건물과 유산 목록, 유산 등급은 기획자와 정부가 유산 자산을 보존하는 데 사용되었다. 보존 강도의 가치와 필수성으로 인해 유산 목록을 찾고 얻는 도시 유산 장소도 증가하고 있다. 따라서 도시 브랜딩은 역사적 누적과 유산 장소를 시각적 이미지와 브랜드 연관성의 핵심 요소로 본다. 유산지구는 또한 지구를 확장하고 시설을 현대화하기 위한 추가 개발의 대상이다. 예를 들어, 글래스고에서 레니 매킨토시가 헤럴드 신문사(현재는 건축센터, 1999년 **건축축제**의 허브)를 위해 처음 설계한 **라이트하우스**The Lighthouse 건물의 확장 공사, 그리고 바르셀로나에서 가우디의 사그라다 파밀리아Sagrada Familia 대성당(성가족성당)의 장기적이지만 진정성이 없는 '마침'(최근 성모마리아 타워 꼭대기에 5톤 무게의 유리와 강철로 만든 별 추가) 등이 있다. 산업유산을 되찾는 것은 문화 기관에 도움이 되었고, 새롭게 개조된 상징적 건물은 이용 가능한 도시 경관에 추가되었으며, 재생된 오픈스페이스와 루트를 통해 도시 어메니티가 증가했다. 예를 들어, 뉴욕의 육류 포장 화물 고가도로인 하이라인High Line을 녹색화함으로써 도시의 거리 위에 새롭게 접근 가능한 녹색 루트가 만들어졌다. 이를 통해 새로운 명소, 주민들을 위한 진보된 보행자 어메니티, 도시의 여러 부분을 쉽게 연결하는 새로운 장소만들기의 상상력이 추가되었다.

소수민족지구

소수민족지구Ethnic Quarter는 상징적이고 경제적으로 중요한 문화 지역으로, 이주자 커뮤니티와 연계하여 주거/상업/문화 지역을 형성한다. 여기에는 전 세계에 있는 차이나타운, 유대인지구(와 '게토'), **리틀**이탈리아(런던, 뉴욕), **리틀**포르투갈(토론토), **리틀**저머니(브래드퍼드) 등이 있다. 대부분의 경우 커뮤니티는 오래전에 이전했기 때문에(또는 바르셀로나의 **바리오 치누아**Barrio Chinois처럼 처음에는 그 지역에 있지 않았거나), 그들의 유산은 간판, 도로시설물, 장소명/도로명, 배너로 표현되며, 레스토랑과 기념품 가게 등이 관련 산업이다. 소수민족지구는 도시에 특색 있고 융합적인 다양성을 제공하기 때문에 장소 조성자에게 중요하다. 이러한 특성은 연례 커뮤니티 축제와 이벤트를 통해 강화된다(제3장 참조).

이스트런던의 다시 브랜딩된 **방글라타운**(Shaw 2012)에는 극단적인 소수민족지구의 특성이 있다. 이 지역은 수 세기 동안 감리교도, 위그노, 유대인, 방글라데시인, 그리고 지금은 동유럽인에 이르기까지 계속된 이주와 점유의 물결을 경험한 브릭레인Brick Lane 중심에 있다. 이 상징적인 거리 근처에서, 과거의 부재와 주변적 위치를 인식하고 물리적 형태와 장소에서 다문화도시의 특성을 포착하려는 시도가 **리치믹스**The Rich Mix 문화센터에서 보인다. 이 문화센터는 페노이어와 프라사드Penoyre and Prasad가 설계한 신축 아트센터로, 지역사회의 중심, 만남의 장소, 엔터테인먼트, 교육 센터(19세기의 **인민궁전** People's Palaces과 20세기의 **문화의 집/아트센터**와 유사하다)가 되는 것을 목표로 한다. 이 센터는 "다양한 예술 형식에 대해 창조적 우수성에 도전하고 이를 위해 노력하며, 혁신과 통합에 전념하고, 영국 문화에 대한 새로운 이해를 향해 노력하는 중요한 교차로"(Evans and Foord 2006a, 74)가 되는 것을 목표로 한다.

여기서 언급되지 않은 것은 이 사업의 다문화적 기반인데, 이는 주류 영화와 발리우드Bollywood 영화를 혼합한 멀티스크린 영화관과 교육 기관으로 원래는 음악 밴드로 시작한 **아시안 덥 파운데이션**Asian Dub Foundation에서 드러난다. 이 센터의 위치(와 자금 지원)는 지역사회의 재생에서 중요한 역할을 하고자 한다. 이 지역은 센터가 설립되기 전에는 사무실과 주거의 젠트리피케이션과 개발을 경험했다. 이 낙관적인 문화적 개발은 창조도시의 원칙(Landry 2000)에 기반을 두었으며, 거의 전적으로 창조산업과 관련 소매업, 호스피탈리티(카레/볼티* 식당, 와인바, 디자이너 숍, 갤러리 등), 노상 시장에 초점을 맞추었다. 이러한 소비 중심적 접근 방법으로 말미암아 다문화 주거 지역은 대체로 방치되었고, 뉴미디어 교육·훈련과 역량 강화를 장려하는 사회 프로그램으로 인해 사회공간적 분열이 발생했으며, 지역 주민이 가지고 있는 장소의 지역적 의미와 기억, 문화적 지식, 열망, 기술을 무시했다(Evans and Foord 2006a). 이 프로젝트의 풍부한 혼합은 거리의 소매업과 엔터테인먼트의 상품화된 경관으로 축소되어, 인접한 사무직 근로자, 주말 여행객, 새로운 도시 전문가들을 위한 소비 기회가 되었다. 현재 대부분의 유럽 도시의 소수민족 거주지에는 아프로 캐리비언Afro-Caribbean 문화센터와 아시아 문화센터, 유대인 박물관과 다문화 아트센터가 있지만, 이들 공간은 "주로 독립적이며 주류 백인 유럽 문화 기관의 대안공간이다. 이러한 소수민족 문화공간 중에서 기존의 (고급) 유럽 예술 박물관, 극장과 같이 대표적인 곳은 거의 없다"(Evans and Foord 2006a, 70).

---

* 역주: 고기나 채소로 만드는 파키스탄 요리

창조지구와 후기산업사회의 재생

유산지구와 소수민족지구보다 현저하지는 않지만, 현대 도시의 지구는 창조산업 생산지구의 형태로 복합적인 장소 브랜딩의 주요 대상이다. 예를 들어, 리버풀의 로프 쿼터Rope Quarter, 셰필드의 문화산업지구CIQ, 버밍엄의 주얼리 쿼터Jewellery Quarter, 토론토의 리버티빌리지Liberty Village와 디스틸러리 지구Distillery District와 같은 유산지구에서 문화 생산이 특징적으로 이루어졌다. 처음에는 저렴하고 유연한 산업 건물(대소형 바닥 공간, 낮은 소음 제어 등)과 소비공간(예술, 엔터테인먼트, 카페, 클럽, 노상 시장 등)이 있었다. 디지털 경제와 같은 새로운 부문에서 창조 생산의 가치는 도시 브랜드 경관을 확장했다(Evans 2009b). 다음의 사례 연구에서 살펴보자.

암스테르담 노르트

암스테르담 '노르트Noord'는 암스테르담 북쪽 지역에 새롭게 떠오르는 창조지구로, 암스텔-에이강으로 도심과 분리되어 노동자 계층 지구였던 곳이다. 문자 그대로 도시의 뒷문으로, 주요 철도 종착역 뒤쪽으로 접근할 수 있으며, 무료 페리가 24시간 연중무휴로 운행되어 강을 5~15분 만에 건널 수 있다. 여기에서는 신축 건물과 구산업 건물을 재활용하여, 에이랩A-Lab의 관리 작업공간에서 콘서트홀, 극장, 갤러리 공간으로 구성된 독특한 다목적 예술과 엔터테인먼트 장소인 **톨후이스투인**Tolhuistuin까지, ICT와 미디어 회사를 위한 작업공간을 결합한 창조 구역을 조성했다. 근처에는 높이 100m, 22층 규모의 랜드마크인 옛 로열더치셸Royal Dutch Shell 건물의 여러 층이 댄스 클럽과 밤새도록 열리는 이벤트 장소로 전환되었다(그림 5-4). 눈길을 끄는 아이필름 인스티튜트/시네마Eye Film Institute/Cinema 건물도 옛 박물관지구 부지에서 이전하여 2012년에 개관했다. 무료 페리로 연결된 워터프런트를 따라 MTV의 베네룩스 본부와 새로 개조된 창고에는 예술가 작업공간이 있으며, **아트시티**Arts City 스튜디오를 보유한 2만m^2 규모의 격납고가 있다. 이전에는 눈에 띄지 않던 이 지구는 이제 장기적인 도시재생 프로젝트에서 창출된 번성

〈그림 5-4〉 암스테르담 노르트: 톨후이스틴 파빌리온, 아이 빌딩, 옛 로열더치셸 타워
출처: 저자 사진.

하는 문화 허브를 보유하고 있으며, 가장 큰 프로젝트는 NDSM 부두이다. 한때 거대한 조선소였던 이 지역은 이제 암스테르담에서 가장 인기 있는 이색적인 장소 중 하나로, 예술가 스튜디오와 창조-디지털 기업들이 자리 잡고 있지만 여전히 산업적이고 공장 같은 미학을 유지하고 있다.

　이 도시재생지구는 문화 활동과 창의적 산업 생산, 엔터테인먼트를 결합하며, 이러한 활동이 향후 수년 동안 어떻게 통합되어 일하고 놀 수 있는 지구가 될지 지켜보는 것은 흥미로울 것이다. 기업가적·제도적·탈산업적 특성의 복합적 장소만들기가 보여 주는 것은, 도시의 새로운 지구가 그동안 간과되었던 지역에서도 여전히 출현하여 도시를 효과적으로 확장하는 동시에 과밀하고 상품화된 문화 및 관광 지구에 대한 압박을 완화할 수 있다는 점이다. 문화 거점을 다양한 지역으로 이전하는 것은 도시 문화 계획을 위한 흥미로운 전략을 제시할 수 있으며, 많은 도시에서 지나치게 집중된 단일 문화 지역을 초래한 점점 더 무미건조해지는 박물관과 문화지구에 대한 근본적인 대안이 될 수 있다. 그러나 이러한 디지털 클러스터의 경쟁적 성격을 보여 주는 신호는 테크시티Tech City 브랜드에 매료되어 구글의 유럽 본사를 암스테르담에서 런던으로 이전한 것이다(제6장 참조). 이는 다국적기업인 로열더치셸이 본사 입지(세금 목적)를 네덜란드와 영국 중에서 선택했던 도시 간 경쟁이 있었다는 점을 보여 준다. 암스테르담 대신 런던을 선택함으로써 이 회사는 역사적인 로열더치Royal Dutch라는 브랜드를 포기했지만, 바로 문화공간으로 활용되는 구조물을 남겼다.

캐나다

캐나다의 창조산업지구 개발 사례로는 몬트리올의 산업 워터프런트 지구에 있는 멀티미디어시티Cité du Multimédia와 토론토의 리버티홀Liberty Hall 복합지구의 재개발이 있다. 토론토의 킹 리버티 지역에서는 용도 변경에 대한 비교적 자유로운 접근과 건물의 외관 복원이 복합되었다. 이 지역은 예전 공장과 창고가 폐쇄된 후, 예술가와 디자이너가 시작한 소규모 기업을 위한 자연스러운 인큐베이터가 되었다. 저렴한 임대 건물은 스튜디오와 공방으로 개조되었으며, 때로는 계획과 통제를 위반한 직주 복합의 숙박 시설도 있었다. 1990년대 초반에는 산업과 주택이 가까이에 양립할 수 없다는 기존 규정을 변경하여 정책이 크게 바뀌었다. 도시계획에서 산업용으로 엄격하게 구역을 정한 것은 재생을 위한 새로운 전략에 구조적 제약이 되었다. 미국과 유럽처럼, 황무지 재활용과 도심 외곽에 혼합 토지이용 지역을 의도적으로 조성하는 것, 특히 문화산업을 포함하는 계획은 바람직한 목표로 여겨지게 되었다. 물리적 확장을 쉽게 수용할 수 있는 유연한 임대계약 덕분에 일부 지역은 예술 커뮤니티 내에서 번영할 수 있었다. 비스트로 스타일의 바와 레스토랑이 있는 이 지역으로 새로운 미디어 산업이 이전했고, 고용이 10% 이상 증가했다.

프랑스어를 사용하는 몬트리올에서는 창조산업지구 개발에 대한 색다른 접근 방법이 추진되었다. 이 도시 지역은 섬유와 관련 생산 부문에서 주요 제조업체였지만, 이것이 쇠퇴하면서 몬트리올은 뉴미디어, 디자이너-메이커 패션, 섬유와 같은 다른 형태의 창조산업으로 전환할 수 있는 특유의 디자인 역량(북부 이탈리아, 스칸디나비아와 달리)을 개발하지 못했다. 따라서 많은 탈산업도시에서 했듯이, 도심/유산 지구와 수변 지역의 구산업 건물을 개조하여 멀티미디어 회사를 수용할 수 있는 신축 건물로 보완함으로써 성장하는 산업을 지원하고 있다. 고용 성장을 위해 회사에 지원하는 보조금은 10년 동안 성장을 촉진하지만, 임대료와 임대/구매 비용은 시장가격으로 책정된다. 다른 곳에서 모델이 된 건물(관리 작업공간, 임대료 보조금/유연한 임대 조건)이 아닌 노동력과 기술을 지원한다. 몬트리올의 논리는, 회사가 서비스나 상품을 개발하는 데 성공하면, 보조금으로 인건비를 지불할 수 있으므로 자금조달에 경쟁력을 가질 수 있고, 매출과 이익으로 인해 높은 임대료를 지불하기에 충분하며, 시간이 지남에 따라 고용보조금이 종료되더라도 자립할 수 있을 만큼 성장한다는 것이다. 한편, **멀티미디어시티**는 8단계로 전개된 신기술 기업을 대상으로 한 퀘벡주 정부 주도의 재생 사업이었다. 조세 인센티브로 인해 신규와 기존 첨단기술 기업을 유치했지만, 2003년 닷컴버블dot-com bubble이 터지고 나서 이 지역의 정보 기술 분야 고용에 대한 조세 인센티브가 없어진 후 다음 단계의 계획이 취소되었고, 남은 구조물은 합작투자를 통해 민간 부문에 매각되었다. 현재 6,000명 이상의 노동자가 이 지역에 근무하고 있어 임대료가 높다. 흥미롭게도 이러한 정책 전환에 따라 퀘벡 정부는 (문화)수도인 몬트리올에 ICT 연구개발을 집중시키는 대신, 퀘벡주의 중소도시와 농촌 지역을 대상으로 IT 클러스터 프로그램을 시작했다. 덕스베리는 다음과 같이 논평했다.

'혁신도시'와 '지식도시'라는 몬트리올의 새로운 비전에는 불안하게도 문화가 존재하지 않는다. … 도시에서 과학자와 다른 지식노동자 유인 정책을 계속하는 한에서만 문화 및 유산 활동과 자원이 인정되거나 가치 있게 여겨진다. 하지만 이곳에서 문화 활동은 지식과 혁신 환경 자체의 일부로 보이지 않는다(Duxbury 2004, 1).

이에 따라 디지털 산업이 이곳의 문화 또는 창조산업, 혹은 실제로 문화공간으로 간주될 수 있는지 의문이 든다. 오히려 이 모델은 폐쇄적이고 배타적인 기술공간과 비슷하며, 따라서 이 '계급'에 '창조적'이라는 별칭을 적용하는 것은 잘못되었다.

토론토 디스틸러리 지구

구산업유산 건물의 잠재적인 상징적·경제적 가치는 이제 많이 알려져 있다(Zukin 1995). 이러한 건물은 전시/엔터테인먼트 기반이든 제작 기반이든 창조적이고 문화적인 활동을 수용할 수 있는 매력적이고 흥미로운 공간을 제공할 수 있다. 제인 제이콥스가 주장했듯이, "오래된 아이디어는 때때로 새로운 건물을 사용할 수 있다. 새로운 아이디어는 오래된 건물을 사용해야 한다"(Jane Jacobs 1961, 188). 제이콥스는 1960년대 후반 미국에서 토론토로 이주했으며, 그녀의 획기적인 저서 『미국 대도시의 죽음과 삶The Death and Life of Great American Cities』(Jacobs 1961)은 도시 설계, 복합용도, 활기찬 도시 환경의 중요성에 대한 그녀의 지속적인 관심의 기반을 형성했다. 토론토 디스틸러리 지구Distillery District는 제이콥스(Jacobs 1961)가 주장한 대로 도심과 해안 지역을 복합용도/임대 지역과 연결하는 전략적 위치에 있다. 이 지역은 한때 구더햄 앤드 워츠 양조장Gooderham and Worts Distillery이 있던 곳으로, 1990년에 문을 닫은 후 국립사적지로 지정되었다. 이 지구는 2001년에 예술, 문화, 엔터테인먼트에 거의 전적으로 집중하는 보행자 전용 마을로 재개발되었다. 2003년에 공사가 완료되어 지구가 대중에게 다시 개방되었고, 새로운 소유주들은 체인이나 프랜차이즈에 소매점과 레스토랑 공간을 임대하는 것을 거부했으며, 결과적으로 대부분의 건물은 독립 부티크, 미술관, 레스토랑, 귀금속 상점, 카페, 커피숍, 유명한 소규모 맥주 양조장이 입주했다. 건물의 위층은 예술가에게 스튜디오 공간으로 임대되었고, 창조적인 분야에 종사하는 사무실도 입주했다(그림 5-5). 디스틸러리 지구에는 토론토에서 가장 크고 저렴한 작업공간 개발이, 예술가와 예술 단체를 위해 일하는 비영리조직인 아트스케이프Artscape(Evans 2001)에 의해 운영되었다. 2001~2003년 사이에 300만 캐나다달러의 비용으로 보수를 거친 후, 60명의 세입자가 케이스굿즈웨어하우스

〈그림 5-5〉 토론토 디스틸러리 지구
출처: 저자 사진.

앤드캐너리빌딩Case Goods Warehouse and Cannery Building으로 이전했다. 이곳에는 예술가, 디자이너-메이커 스튜디오, 비영리 단체, 극장, 댄스 단체, 예술 단체 등이 입주했다(Gertler et al. 2006).

디스틸러리 지구의 혁신적인 파트너십은 입주 기업인 소울페퍼Soulpepper 극장과 조지브라운칼리지의 연극대학Theatre School의 협업으로 이루어졌다. 이 두 조직을 수용하는 새로운 시설인 영 공연예술센터Young Centre for the Performing Arts가 2006년에 대중에게 공개되었다. 44,000ft 규모의 공연예술, 훈련, 청소년 지원 센터는 학생과 전문가가 함께 일하고 배우고 살 수 있도록 지원하며, 작업 스튜디오, 리허설홀, 의상실, 경관 시설들을 공유한다. 이 센터에는 40~500명의 관객에게 적합한 8개의 공연공간이 있다. 이 프로젝트의 창립자들은 도시에 극장공간이 부족하다는 것을 알고 있었기 때문에, 다른 공연예술 조직도 작업을 위해 시설을 예약할 수 있도록 개방했다. 디스틸러리 지구는 도시의 예술 발전을 위한 공간을 제공할 뿐만 아니라, 현재 토론토의 최고 관광객 목적지 중 하나이다(Gertler et al. 2006). 또한 이 지구는 영화산업의 중요한 자원이다. 지구의 개발 이후 10년 동안 1,000개가 넘는 영화, TV 쇼, 뮤직비디오가 이 지구에서 촬영되었다. 이 복합지구는 업그레이드와 신규 시설에 상당한 자본투자를 했지만, 주요 앵커 세입자(갤러리, 레스토랑, 소매점)들이 지구에서 이전해 나갔다. 다양한 세입자를 위한 복합성과 저렴한 가격을 유지하기에는 문제가 있는 것으로 나타났다. 한편, 이 지역은 유산 장소에 인접한 새로운 아파트 블록과 콘도로 새로운 투자와 주민을 유인했으며, 여기에는 2015년 토론토에서 개최된 팬아메리칸 게임 대회를 위해 개발된 선수 숙박 시설이 포함되었다. 이 시설이 완공되면 지역 인구는 2,500명을 넘을 것이며, 주변 지역에 주거 개발이 더 진행됨에 따라 증가할 것이다. 이 복합 지역이 품질과 독특한 브랜드를 유지할 수 있을지는 아직 알 수 없다. 다음 단계에서는 이 유산 관광지구가 지역의 특색 있는 관광지로 발전할 수 있을지가 관건이다. 이는 또한 도심 지역과의 연결성에 달려 있지만(Matthews 2010), 콘은 다음과 같이 제안했다.

> 디스틸러리 지구가 홍보하는 이미지는 탈상품화의 상품화로 설명될 수 있다. … 디스틸러리 지구는 투자 자본에 대한 수익을 극대화하기 위한 전략일 뿐만 아니라, 세계화와 탈산업화에 대한 문화적 대응으로 가장 잘 이해된다(Kohn 2010, 359).

토론토 리버티빌리지

리버티빌리지Liberty Village는 상업, 경공업, 주거 용도가 혼합된 38헥타르 규

〈그림 5-6〉 토론토 리버티빌리지
출처: 저자 사진.

모의 도심 복합 부지이다(그림 5-6). 이 지역은 전통적으로 산업화 초기의 공장, 감옥, 탄약고가 모여 있던 곳이었고, 1858년까지 토론토 산업박람회의 개최지이다. 토론토시와 협력한 개발업체는 이 지역을 **리버티빌리지**로 명확하게 브랜드화했고, 디스틸러리 지구와 마찬가지로 아트스케이프 예술가 스튜디오 운영자를 고용하여 예술과 미디어 회사를 위한 관리형 작업공간을 만들었다. 현재 리버티빌리지의 100년 된 건물 대부분이 보존되어 디시털, 패션 및 인테리어 디자인, 미디어, 광고, 첨단기술, 인쇄, 식품 및 음료 산업 분야의 창조기업이 모여 있는 상업공간으로 전환하였다. 일부 대형 산업 건물은 새 아파트로 바뀌었다. 2001년까지 리버티빌리지의 신축 콘도미니엄 아파트는 수요가 많아졌다. 부동산 중개업체들은 킹 리버티의 라이프스타일 이점을 강력하게 홍보했으며, 장거리 통근자를 겨냥한 슬로건을 내걸었다. "여기에 살았다면 지금쯤 집에 도착했을 거야!", 콜로라도 덴버의 로도lo-do 지역과 유사한 "키스 더 버브스 굿바이!Kiss the Burbs G'Bye!(교외 지역에 키스하고 안녕!)"가 그 예이다.

이 지역에는 기술집약적 기업이 많아 리버티빌리지는 거의 완전한 무선 도시이다. 예를 들어, 이 지역의 최신 재개발 프로젝트 중 하나인 리버티마켓Liberty Market 건물은 30만ft^2의 상업, 소매업, 스튜디오 공간을 개발했으며, 여기에는 완전 무선 네트워크로 연결되었다(리버티빌리지에 있는 지역 기술 회사가 토론토시와 계약을 맺어 이 지역에 통신을 연결했다). 리버티빌리지 업무개선협회LVBIA는 창조산업 고용 지역을 보호하고 홍보하는 데 주도적인 역할을 했다. 2001년에 공식적으로 지정된 이곳은 캐나다 최초의 비전통적, 비소매 업무개선지구였으며, 대부분의 업무개선지구에서 전형적인 고가의 소매점이 아닌 캠퍼스 스타일의 복합용도 토지이용 구조를 유지했다. LVBIA는 이 지역의 상업용 부동산에서 징수한 특별세로 운영자금을 조달한다. 리버티빌리지의 기업은 자동으로 500개 이상의 LVBIA 회원이 되며, 이 지구에서 일하는 7,000명 이상의 노동자를 대표한다. LVBIA는 또한 이 지역의 디자인, 안전 및 보안 기능을 개선하고 향상하기 위해 노력한다. 또한 뉴스레터와 특별 이벤트를 통해 커뮤니티와 소통하면서 다양한 이슈에 대한 커뮤니티를 대변한다. 리버티빌리지의 창조적인 기업가, 무선 인프라, 합리적인 임대료라는 장치는 현대적이고 혁신적인 작업공간을 찾는 기업에 이 지역을 판매하는 주요 장점이었다. 이 지구는 상업존과 산업존으로 지정된 100개 이상의 토지 구획으로 구성되어 있으며, 토론토시 공식 계획에서 고용존으로 지정되었다. 이 도시의 고용존은 예술가의 거주/작업 스튜디오를 제외하고는 주거용으로 사용할 수 없다. 하지만 최근 몇 년 동안 이 지구의 인기는 특히 지구의 서쪽과 북쪽에서 주택과 콘도미니엄 침범의 압력을 가져왔다. LVBIA는 이 지역의 시의원, 토론토시의 도시개발서비스와 협력하여 미래의 개발 방향을 제공하고, 주거 개발이 가장 적합한 곳을 파악하기 위해 이 지역의 계획을 검토했다. 이 검토에서는 리버티빌리지가 직면한 공공부문, 유산, 토지이용과 교통 문제를 분석했다(Gertler et al. 2006).

그러나 비디츠가 관찰한 바와 같이, 이 지구의 변신은 이 지역을 "예술적인 다락방loft 지구", "보헤미안적 거주지", 엔터테이먼트 지구와 젠트리피케이션이 진행된 퀸스트리트웨스트 지역에 가까이 있고 싶어 하는 사람들을 위한 "살고, 일하고, 놀 수 있는 동네"로 홍보하는 신문 기사가 지원했다. 대형 개발업자의 유입으로 "새로운 개발은 한때 이 지역에 살았던 '예술적'이고 '보헤미안적'인 주민들의 흔적을 지워 버릴 가능성이 높다"(Wieditz 2007, 6). 따라서 복합용도와 혼합경제를 유지하고 재생된 지역에 새로운 주민을 지원하는 인프라(대중교통)를 제공하는 것은 재생된 도시 구역과 특색 있는 브랜드를 유지하는 데 여전히 가장 큰 과제이다. 리버티빌리지에는 수 년 동안의 전치dis-placement에 대한 증거가 분명하게 드러난다. "예술가와 사진작가가 이 지역의 버려진 산업공간을 차지한 최초의 세입자였고, 확실히 마을의 경제적 성공의 선구자로 여겨졌지만, 그들은 새로운 미디어, TV, 광고, 디자인 회사에 의해 빠르게 대체되고 있다. … 또한 예술가, 장인, 음악가, 기타 활동가들이 불법적으로 살고 일했던 '신화적인' 건물인 해나 애비뉴 9번가에서 쫓겨났다. 이 건물은 부선으로 연결된 하이테크 복합지구로 재개발되었다"(Catungal, Leslie and Hii 2009, 1108).

해크니윅과 피시아일랜드

젠트리피케이션과 집중적인 주거용 부동산 개발도 이스트런던 창조산업지구의 특별한 도전이 되었다. 1,000개가 넘는 소규모 기업이 해크니윅과 피시아일랜드Hackney Wick and Fish Island, HWFI에 있으며, 이 중 1/3이 음악, 공연 및 시각 예술과 영화, TV, 라디오, 사진, 패션 및 섬유 디자인, 광고와 출판 등의 부문에서 운영되고 있으며, 650명 이상이 직원이나 프리랜서로 일하고 있다(HWFI 2018). 이 지역은 수백 년 동안 식품(생선 훈제, 과자, 과일 및 채소 재배), 엔지니어링과 소재(플라스틱, 전자 제품, 군수품)를 포함한 전통적인 제조지구였으며, 예술가 스튜디오, 축제와 활동을 위한 대안alternative 문화의 장소이기도 했다. 현재 작업공간은 직주 복합 기능과 예술가 스튜디오 단지 등으로 이 공간의 근면하고 혁신적인 과거의 유산을 보여 준다. 2018년 시장의 정책에 따라 이 지역은 런던 전역에 여러 곳 중 하나인 창조기업존CEZ으로 지정되었다. HWFI 창조지구는 지역 예술, 문화, 창조, 디지털 부문의 부상에 핵심 역할을 한 공공, 민간, 제3 부문의 문화 조직과 예술가 컨소시엄으로 이루어졌다. 예술가들은 이 지구가 국제적 명성을 얻는 데 도움을 주었지만, 이 지구가 중요한 단계에 있다는 것을 인식하고 있다. 이 그룹의 주요 문제는 예술가, 개인 사업자, 독립 거래자, 소규모 성장하는 기업을 위한 다양한 수준의 예술가 공간 비용 부담 가능성, 지역의 특성 보존, 포용적이고 대표성이 있는 강력한 지역 리더십 보장, 지역 주민의 문화·창조 산업과 디지털 산업 일자리 접근성 확대, 소기업이 클러스터 공급망 기회의 이점을 활용할 수 있는 지원 등이었다.

창조기업들은 연중 매달 회의하는 문화관심단체CIG를 통해 자기조직화되어, 신규 진입자가 다른 사람과 연결하고 조직을 홍보하며, 지역 문제에 대해 로비하고 캠페인을 벌이며(지역 의원이 참석할 수 있도록), 연구를 의뢰하고 지역의 문화경제를 홍보할 수 있는 효과적인 네트워크이다. 여기에는 연례 예술제와 오픈스튜디오, 투어와 같은 다양한 이벤트가 포함되었다. 이 거버넌스 모델은 산업 클러스터와 폐쇄적인 업무개선지구/협회 조직(구독/세금으로 회원 자격 부여)에서 운영되고 있는 암묵적이고 비공식적인 네트워크보다는 발전되었지만, 여전히 비공식적인 스타일을 유지하며 장소와 이 지역의 역사와 긴밀하게 연관된, 투명하고 민주적인 시스템이다. 이는 감상적인 유산의 의미가 아니라, 이러한 관행이 어떻게 지역의 현재 형태와 기능에 영향을 미치고, 형성되고, 생산되었는지에 대한 관심이며, 모든 유형과 발전 단계의 문화 생산자에게 도움이 되는 큰 문제이다.

주거-업무 복합용도 개발

문화 생산 지역의 특별한 특징은 참여자들이 생성하는 높은 수준의 밀도로, 이를 통해 집중적인 공간 사용과 창조적인 상호작용을 가능하게 한다. 이는 특히 소기업, 유연한 근무, 협력적 작업공간 배열, 문화 생산과 혁신을 반영하는 복합용도/혼합경제 시스템 지원에 적절했다. 문화시설은 소비나 생산 기반과는 관계없이 미시적 수준의 문화공간을 대표하는 반면, 창조지구와 지역 시스템은 도시 내에서 운영되는 다중심 클러스터와 국경 간 클러스터(Eure-gion, van Heur et al. 2011) 등 도시-지역과 지역 내 규모를 포함한 거시적 수준이다. 반면에 중간 수준의 공간 사용은 복합용도 건물과 수직적·수평적 통합

(상점 위층에 주거, 직주 복합 스튜디오, 아틀리에)과 시간적·사회적·경제적 혼합을 가능하게 하는 집중된 공간 사용에 적합한 형태(예전 공장)로 대표된다. 따라서 여기에 설명된 창조·문화 산업시구에는 스튜디오 생활과 작업에 적합한 직주 복합형 건물 등 복합용도 건물의 비율이 높은 것은 우연이 아니다. 예를 들어, 예술가, 디자이너-메이커, 특정 창조 생산 사슬(제6장에서 논의할 **창조-디지털**) 간의 공동 입지가 있다.

도시 환경에 대한 영향력 있는 녹서Green Paper에서는, 유럽공동체위원회는 먼저 "도시 용도의 혼합—생활, 이동, 작업"을 촉진했으며, 유럽 도시의 오래된 전통적 생활(빈, 바르셀로나, 베를린, 부다페스트)을 모델로 삼아 밀도, 다중용도, 사회문화적 다양성을 강조했다(Commission of the European Communities 1990, 43). 이는 토지이용과 주거 밀도 수준이 높고 사회경제적 활동 존의 공간적 분리에서 벗어나 콤팩트시티compact city(Foord 2010; Breheny 1996)라는 개념을 향한 협력적 움직임이었다. 복합용도 개발과 도심 생활로의 부분적 회귀는 계획 정책, 부동산 시장과 라이프스타일 변화라는 두 가지 결과였으며, 특히 조기 퇴직자와 젊은 전문가에게 그렇다(Evans, Aiesha and Foord 2009). 이는 또한 여행/통근 시간의 감소와 직장과 집 근처에 다양한 서비스와 어메니티가 있는, 지속가능한 도시 경제의 기회를 제공했다(표 5-2).

문화 생산지구와 관리형 작업공간(예술가 스튜디오 단지와 직주 복합 건물 포함)

〈표 5-2〉 복합용도 개발의 장점

특성	활동의 집중과 분산	
편리한 환경	낮은 이동 수요 낮은 자동차 의존도	지역 경제, 지역 클러스터 생산 가치사슬, 혁신의 일출
매력적, 좋은 품질의 도심	대중교통, 자전거, 도보 경제적·사회적·환경적 이익	지역 고용, 어메니티, 서비스의 증대

은 산업 시대 전반에 걸쳐 도시 성장을 견인했던 토지이용과 경제적 용도 지역의 분리 이전에 도시의 경공업 지역이었던 곳과 쇠퇴 지역에서 운영된다. 따라서 이러한 지역의 재발견은 도시재생, 장소 브랜딩, 재사용 기회(작업장, 주거, 소매, 여가 용도)를 통해 관심을 불러일으켰다. 고용 활동과 네트워크 지원을 강하게 하여 바/카페/레스토랑, 음악 클럽, 갤러리, 전문 소매점과 같은 사회문화적 용도를 유치했으며, 방문객에게 매력적이었다. 느슨한 계획과 규제 원칙(과 집행)으로 인해 일시적 사용이 편리해져 공간을 하루 몇 시간대로 나누어 사용하고 요일에 따라 다양한 활동에 사용되었다. 즉 주간 상점은 밤이나 주말에는 갤러리 또는 음악 클럽으로 운영될 수 있고, 클럽은 낮에는 작업 공간 또는 컨퍼런스 장소로 사용될 수도 있다. 이와 같은 이유로 야간과 심야 활동도 활성화되어 공식적인 문화공간과 도심에서는 할 수 없었던 방식으로 경제적·사회적·문화적 활동이 더욱 확대되었다. 이러한 사용은 아마 독일통일 후 베를린(Fuller et al. 2018)과 런던의 도시 외곽 지역(Evans 2014b)에서 정점에 다다랐을 것이다. 이러한 기여 요인(내생적·외생적)의 조합이 적어도 일시적으로는 24/7(연중무휴)의 상상을 만들어 냈다. 베를린은 프리드리히샤인-크로이츠베르크Friedrichshain-Kreuzberg와 같은 지역의 공실, 쇠퇴, 자유, 일에 대한 잠재적인 수요, 엔터테인먼트, 저렴한 생활공간으로부터 편익을 얻었지만, 런던의 역사적인 클러컨웰 지구는 도시와의 근접성, 신도시 아파트 거주자, 다락방loft 스타일 생활, 밤새 운영되는 독특한 지붕으로 덮인 시장 등의 특성으로 인해 문화와 공예 생산 시설을 유지했다. 〈그림 5-3〉에서 볼 수 있듯이, 클러컨웰은 건물 용도의 특이한 수직적 통합과 주거, 소규모 공예를 위한 작업공간, 창조·문화 산업, 다양한 어메니티, 엔터테인먼트 및 제도권 시설(대학, 병원, 시장)을 매우 가까운 거리에 배치하여 주거 커뮤니티를 지원하고 서비스하는 지역적 혼합을 개발했다.

수직적 공간 사용 분석은 층별로 표시되며, 건물 유형/형태, 도로/보행자 네트워크와 토지이용 복합에 대한 분석을 기반으로 토지이용 유형이 표시된다. 이는 주거와 상업적/복합용도 간의 남북 분리뿐만 아니라 1층 위의 주거 용도도 보여 준다. 어두운 음영으로 처리된 블록이 고층 주거지와 함께 위쪽으로 확장되고, 다양한 소매점, 사무실, 전시실(가구, 인테리어 디자인), 카페와 기타 어메니티 용도가 있는 복합적 토지이용 구역이다(그림 5-3).

이러한 복합적 토지이용과 주야간, 주거 인구의 증가로 인해, 나이트클럽이 대형 스미스필드Smithfield(육류) 시장 옆에 문을 열었다. 야간 근무자들이 퇴근하고 전통적으로(즉 한 세기 넘게) 클럽 이용자들이 장소를 떠나는 이른 시간부터 지역 술집에서 술을 마실 수 있었고, 체력과 돈이 있다면 클럽 이용자들과 합류할 수 있었다. 이러한 피상적인 문화지구는 일종의 이중생활을 발전시켰지만, 무리한 여흥, 범죄/반사회적 행동의 증가, 주민, 근로자, 방문객 간의 단절(그리고 아이러니하게도 이러한 공간의 단일 사용 증가)로 인해 일과 휴식의 균형이 무너지면서 불가피하게 야간/24시간 경제 붐은 많은 경우 억제되어야 했고, 이전 같은 진보적인 규제를 통제했다. 그러나 이 단계에서 도시와 상인에 의한 부동산 주도의 젠트리피케이션과 장소만들기는, 처음으로 유기적이고 계획되지 않은 방식으로 이 복합용도 지역을 만든 순진한 문화 생산자들에게 저렴한 임대료 지불 가능성과 매력을 모두 감소시키게 했다.

장소만들기와 장소-만들기

이전 문화·유산 지구와 연관된 창조 허브는 새로운 창조지구를 변화시키고 재창조할 수 있는 역사적·상징적 연관성과 건물 유형의 중요성을 나타내지만, 장소만들기 잠재력이 부족했던 도시의 탈산업 지역에서도 창조지구가 출현할 수 있음을 알 수 있다. 런던의 클러컨웰, 뉴욕의 소호, 베를린의 이글스코트Eagle's Court, 즉 아들러스호프Adlershof(현재는 대학과학공원 모델)와 같은 구산업도시의 공장 지역은 효과적으로 도시의 방문객과 문화적 발자국을 확장하는 도시 외곽 지역에서 도심과의 근접성으로 이익을 얻는다. 예를 들어, 바르셀로나의 새로운 대학·미디어·첨단기술 지구 @22의 포블레노우Poblenou 지구를 산업(서비스/교육/주택과 대조적으로)지구로 지정한 것은 섬유 생산 지구에서 새롭게 단장한 창조산업지구로의 전환을 반영하지만(Charnock and Ribera-Fumaz 2014), 상징적·공예적·문화적 경제가 크게 부족하다(사실 기존의 문화산업은 경제적 가치가 높은 기술/전문 서비스로 대체되었다). 이러한 시나리오에서 분명한 것은 창조, 미디어, 디지털 산업이 예전의 제조업 못지않게 산업 계획과 용도 지역 보호가 필요하며, 산업 브랜드가 유산 장소나 주요 소비 기반 장소만큼이나 효과적이라는 점이다. 이러한 **지구화**quarterisation는 인접한 지구가 재생과 문화 재개발의 확산에 포함되면 더욱 확대될 수 있다. 예를 들어, 뉴욕 브루클린에서 그린포인트, 윌리엄스버그, 레드훅, 덤보의 신생 창조·소비 지구와 런던의 스트랫퍼드와 외부 지역('템스 게이트웨이Thames Gateway')이 올림픽 이후 거침없이 동쪽으로 확산한 것을 보면 알 수 있다. 따라서 연결성은 새로운 지구를 만들고 유지하는 데 중요하며, 이러한 지역 간에는 어느 정도의 구별이 필요하다. 이는 유산과 역사적 연관성(원산지 브랜딩) 측면에서 반영될 수 있다. 물리적으로는 형태, 건축 품질, 스타일(블록, 거리, 지역 수준에서 복합용도 유지 등)을 통해 반영될 수 있다. 예를 들어, 축제, 음식과 같은 민족적 또는 문화적 경험을 통해 반영된다. 또한 고급 소매점, 노상 시장, 야외 무역박람회와 같은 특정의 문화 활동과 비즈니스 측면에서 반영될 수 있다.

물리적 개입을 통한 장소만들기와 도시 경관의 재구상은 점진적이고 근본적인 형태로 나타나지만, 일반적으로 의도적인 브랜딩이라기보다는 새로운 산업 발전의 결과이다. 기존의 대도시는 이러한 전략을 사용하여 문화 공급을 향상시키고 확장하며, 지속적인 성장과 미래에 대한 자신감을 표시한다. 공간적으로 이는 장소만들기와 축제화 노력의 하나로, 미개발되어 '구석진' 지역과 장소를 새로운 이미지와 환영하는 공간으로 만드는 데 사용된다(Hannigan 1998). 정반대로 도시 역사가 짧거나 쇠퇴했던 도시는 대형 작품과 화려한 건축물을 통해 새로운 물리적 브랜드와 도시 이미지를 창조하는데, 이는 지역적·역사적·문화적 콘텐츠가 거의 없거나 전혀 없을 때 사용하는 고위험 전략이다. 그러나 두 접근 방법은 실행에서 모두 하향식 의사결정의 경향이 있으며, 상징적인 협의 과정만이 수반된다(Evans 2005, 2006). 50년 전, 르페브르는 도시 정치에서 참여가 자주 언급되지만 진지하게 실천되는 경우는 드물다고 한탄했다. 그의 시대도 우리 시대와 같이 참여는 빈곤했다. 시민들은 의사결정에서 명목상의 자문적 발언권 이상을 거의 갖지 못했다(Purcell 2013, 150). 르페브르는 대신 "'실질적이고 적극적인 참여'와 주민의 광범위한 활성화와 동원"(Lefebvre 1996, 145)을 주장했지만, 이것이 어떻게 실현될 수 있는지는 명확히 밝히지 않았다. 문화 생산지구에서 공간에 관심이 있는 행위자의 네트워크와 커뮤니티는 개발에 대한 어느 정도의 발언권과 일정 수준의 자율권을 제공했지만, 시간이 지남에 따라 권한을 유지하거나, 자유주의 정권과 임대 사업자에 대항할 만큼 충분한 영향력을 가진 세력을 유지하기는 어렵다는 것이 증명되었다.

반면에 창조·문화 지구는 대안적 차원으로 도구적인 장소만들기를 제시한다. 이는 유기적이고 대체로 계획되지 않은 개발 궤적 때문일 뿐만 아니라, 상징적/역사적 생산 문화와 지역의 토속적 공간, 그리고 작업공간 제공자, 예술 조직과 유산 조직, 소규모 기업 네트워크와 같은 개인이나 비영리기관이 이끄는 기업가 정신, 나아가 개척 정신의 조합의 결과이기도 하다. 어떤 경우에는 창조·문화 산업과 축제를 중심으로 한 업무개선지구BID/지역BIA도 포함된다. 이와 같은 사례로는 런던의 사우스뱅크와 오스카 와일드의 **레딩 감옥** Reading Gaol(Historic England 2016)이 있다. 이러한 도시공간의 상향식 재생은 더 큰 진정성을 추구하고, 도시의 새롭고 재발견된 지구에서 주민과 방문객이 일상적 경험을 공동으로 창조하는 것과 일치한다(Richards 2019). 그러나 여기에 제시된 사례에서 알 수 있듯이, 그들의 생산자 지위를 보호하고 유지하기 위해 존재하는 바로 그 기관에 의한 상품화라는 공통된 경험을 한다. 이는 의도치 않은 결과를 가져오는 창조적 파괴의 왜곡된 유형이다. 문화 생산공간을 브랜딩하는 과정을 둘러싼 증거가 축적됨에 따라 정책과 시행의 영향은 더 이상 의심할 여지가 없으며, 창조·문화 지구의 브랜딩을 추구하는 사람들의 의도에 의문이 제기된다. 연약하고 역사에 기반을 둔 생태계가 구축crowding-out(경제적·사회적·공간적)되어 쇠퇴하면, 기관과 기업화(비즈니스 공원과 과학공원)로는 재창조할 수 없다. 기업화된 지역은 결코 처음 이 지역을 만든 예술가들의 문화적 기반이나 문화 조직을 재창조할 수 없기 때문이다. 물론 창조기업 역시 (잠재적인) 고객에게 긍정적인 이미지를 제시하고자 할 때 가능한 한 이러한 브랜딩 과정을 활용한다(Hutton 2006). "모든 기업가에게 물리적 환경은 자신과 회사가 창의적이라는 평판을 재생산하고 강화하는 데 중요하다. 이러한 의미에서 장소는 마케팅의 도구가 된다"(Hebbels and van Aalst 2010, 359).

　도시는 복잡하고 지저분하며, 일상적인 거리에서 생활하고 경험하는 문화적인 힘이 있으며, 자주 상품과 기업 입장의 브랜드 개념과 충돌한다. 이는 긍정적인 속성으로 볼 수 있는데, 장소의 지속적인 정체성은 공유되지만, 관심을 가지는 다양한 커뮤니티의 마음과 경험에서 차별화되기 때문이다. 도시에 대한 그들의 문자 그대로이거나 심리적 관점이거나(현재 거주하거나 근무하든, 그렇지 않든) 상관없이 장소의 집단적 정체성을 구성하며, 이는 저항과 고집(Hommels 2005)일 수도 있고, 시간이 지남에 따라 도시 경관에 대한 변화를 받아들이는 것일 수도 있다. 따라서 문화적 장소만들기를 통한 **지구화**(Jayne and Bell 2004)는 **지시적** 행위라기보다는 열망으로서, 도시에 대한 문화적 계획 접근 방법의 한 부분이지만 보조적이어야 하며, 지속가능하고(Evans 2013a) 문화 거버넌스, 포괄적인 매핑과 도시의 문화적 자산의 사용가치 평가의 산물(Evans 2008)이다. 창조·문화 지구를 착취하기보다는 지원하는 것이 이러한 과정에 실체를 부여하고, 필요한 경우 장소 형성 노력에 중요한 역할을 한다. 모마스는 다음과 같이 주장했다.

> 도시 브랜딩은 확장되고 이동성이 향상되는 현실에서 자신의 도시를 돋보이게 해야 하는 필요성을 충족시킬 뿐만 아니라, 도시적 방향성과 정체성의 원천에 대한 필요성도 충족시킨다. … 이는 분열된 공간을 긍정적인 의미로 다시 채워 시민으로서 자부심의 새로운 원천으로 기능할 필요성을 창출하도록 인도한다(Mommaas 2002, 44).

여기에서 문제는 장소에 대한 권력과 누가 그 권력과 분배 권한을 가졌는지, 도시가 장소정체성을 형성하고 투사하는 이미지에서 어떤 과정을 이용할 수 있는지에 관한 것이다. 이는 개념적 권리뿐만 아니라 실질적인 권리와, 이 창조적인 변증법적 교류에서 혁신적 사고를 위한 문화와 공간의 역할에 대한 고려를 의미한다.

*

도시의 오래된 문화지구와 복합용도 지역에서의 디지털 중심의 생산과 공간이 증가하고 있으며, 장소 브랜딩 전문가와 투자자(정부와 민간)들은 실리콘 밸리의 상상력을 모방했다. 디지털 문화공간은 일반적인 문화공간과 마찬가지로 특이성과 특수성을 보이며, 지역 네트워크와 장소만들기를 통해 매우 독특한 혁신 사례를 창출했다. 따라서 디지털 문화공간은 다음 장의 주제이며, 문화공간은 물리적 현실과 가상현실을 통해 적응하고 변형된다.

제6장

디지털 문화공간

디지털 유비쿼터스―소위 **사물인터넷**―의 등장은 여러 면에서 실제/실시간 문화공간과 경험의 몰락을 예고했다. 확실히 문화 소비와 생산의 중심은 상당 부분 온라인으로 옮겨 갔다. 특히 상징적이고 실질적으로 중요한 음악 장비와 레코드숍 등 소매 도메인과 전통적인 인쇄, 출판 분야에서 두드러졌고, 컴퓨터지원설계, 레이저 커팅, 디지털 인쇄와 같은 새로운 디지털 기술은 패션 상품, 보석, 건축, 제품 디자인의 시각화와 제조CAD/CAM를 혁신했다. 비디오 게임 같은 새로운 미디어 형태는 온라인 게임과 스트리밍 게임으로 인해 이미 쓸모없게 되었고, 스크린 기반의 활동이 위상을 확대했으며, 아카이브, 박물관과 갤러리의 컬렉션은 점점 더 디지털화되어 방문객 경험을 향상하고 보완한다.

지난 30년 동안 뉴욕의 메트로폴리탄 미술관에서 카타르의 이슬람 미술관, 뉴델리의 국립박물관에서 노퍽의 작은 린 박물관에 이르기까지 박물관과 갤러리는 컬렉션 대부분을 온라인에 올려 수백만 명의 사람들이 이용할 수 있도록 했다. 그렇지 않으면 거부당했을 문화적 보물이다 (Malik 2022, 48).

실물 대 디지털의 논쟁에서 앞으로 일어날 일의 징조는 뉴욕 현대미술관 MoMa이 피카소, 모네, 베이컨 등의 걸작 그림 29점을 경매에 내놓기로 결정하면서 분명해졌다. 이는 가상 박물관의 시작이자 실제 문화공간과 경험 자체의 쇠퇴로 볼 수 있는 디지털 미디어와 기술의 우위를 확립하는 계기가 되었다.

온라인 커뮤니케이션이 요구하고 제공하는 기술 인터페이스와 거리로 인해 디지털 문화공간은 근본적으로 달라진다. 첫째, 생산과 소비가 분리된다(Wolff 1981). 우리가 관찰할 수 있는 것은 사진, 영화, 방송매체, 현대의 온라인 미디어까지 이미지와 사운드의 재생산이 가능해진 후 나타나는 연속적이고 점진적인 변화이다. 소비 역시 다양한 레벨의 대행 기관, 집합적 참여, 개인적 접근(라디오, TV, 카메라, 컴퓨터 등)을 통해 이러한 변화의 궤적을 따랐다. 아도르노Adorno(1991)는 대량 재생산과 유통 방식(책과 레코드)을 사용하는 전통적인 산업화 이전의 창작 과정과, 문화 유형 자체가 산업적인 과정(신문, 영화, TV)을 구분했다. 이러한 문화산업의 정의는 전통적인 공연 및 시각 예술과는 분리되었으며, 가넘(Garnham 1984)이 **의미 전달**에 기여하는 핵심 활동이라고 정의한 예술 어메니티와 문화 장소의 개념과도 크게 다르다. 따라서 문화 콘텐츠는 친숙할 수 있고, 나중에 논의하겠지만 여전히 핵심적인 생산 특성을 유지하고 있지만, 소비와 교환의 기회(사회적·문화적·상업적)는 모바일, 스트리밍, 소셜 미디어를 통해 형태와 기능 면에서 파편화되고 확장되었다. "기계 기술에 의해 촉발된 대량 과잉생산"(Pickering 1999, 181)과 디지털 기술에 의한 증폭의 의미에 대한 논쟁은 할리우드가 문화[산업]세계화의 지배적인 형태로 위협을 가했을 때, 아도르노와 호르크하이머가 비난했던 진정성authenticity 문제에 집중되어 있었다(Adorno and Horkheimer 1943). 물론 발터 벤야민은 이전에 사진 이미지의 분리 가능성과 이동성을 통해 예술이 전통적인 미적·문화적 가치에서 분리되는 문제를 다루었다(Benjamin 1979). 반면에 미에지(Miège 1989) 등은 기술에 의해 주도되는 대중문화를 비판했다. 미에지는 1968년 이후 사회운동의 맥락에서 문화산업의 여러 하위 부문에 걸친 차이점을 인정할 것을 주장했고, '문화산업들'이라는 복수형 용어를 선호했으며, 문화 연구에서 '복잡성, 논쟁, 모호성'을 인식하고, 자본을 넘어 문화의 역할이 있다고 주장했다(Hesmondhalgh 2012, 45).

문화의 영역에서 하드웨어와 소프트웨어 애플리케이션의 진화는 실현된 것보다 훨씬 더 긴 잉태 기간을 거쳤으며, 이는 캘리포니아의 실리콘밸리에서 런던의 실리콘 라운드어바웃Roundabout에 이르기까지 다양한 문화공간의 발전과 더 많은 공통점을 가진 독특한 장소 기반 현상을 보였다. 디지털 시대의 문화 생산은 또한 아틀리에/스튜디오, '오래된' 문화 및 엔터테인먼트 지구, 대학 R&D 시설과 공방 등 과거 문화공간의 입지와 이용의 연속성을 보여 주는 관계, 구조, 장소 기반 선호도를 유지한다. 따라서 이 장에서는 **디지털 정보도시**(Cheshire and Uberti 2016; Downey and McGuigan 1999)가 문화공간의 관점에서 재현되는 범위와 이미 나타나고 있는 창조 생산의 부분적 변형(비록 고르지 않더라도)을 살펴본다. 실제와 가상 사이버공간(스크린 뒤의 공간)에서 "방문하고, 보고, 듣고, 소통하고, 만나고, 사고, 둘러보고, 그냥 돌아다닐 수 있다. … 시민은 참여자, 탐험가, 노동자, 소비자 또는 단순히 **산책자**flâneur[*]가 될 수 있다"(Pickering 1999, 181).

---

[*] 역주: 발터 벤야민이 제시한 용어로, 근대가 창조한 환경과 공간, 특히 자본주의 대도시에서 발생하는 생활양식과 경험 구조를 객관적인 시선으로 바라보며 성찰하는 도시의 중산층.

디지털 문화공간의 역사는 아직 쓰이지 않았다. 일부 디지털 미디어에서 영감을 받은 소매업의 경험은 수명이 짧았는데, 특히 테마파크를 모방했다가 테마가 쇠퇴하고 정기적으로 비용이 많이 드는 업데이트(새로운 놀이기구)를 해야 하는 위험이 있다. 라이브 예술의 디지털 생산은 음악과 댄스와 같이 공간/장소를 넘나드는 실시간 협업을 가능하게 하는 블루스크린 배경에서 몰입형 극장으로 빠르게 옮겨 갔다. 흥미롭게도 높은 기술이 아닌, 예를 들어 펀치드렁크 극장Punchdrunk Theatre*은 폐쇄된 공장, 우체국, 부두와 같은 비극장 장소에서 공연하고, 이러한 '비예술'공간을 돌아다니는 관객에게 공연한다.

아마존은 우리에게 상점에 갈 필요가 없다는 것을 알려 주었고, 팬데믹은 우리에게 사무실에 갈 필요가 없다는 것을 알려 주었으며, 펀치드렁크는 우리에게 극장에서 가만히 앉아 있을 필요가 없다는 것을 알려 주었고, 이제 그들은 극장에 전혀 가지 않고도 연극에 참여할 수 있다는 것을 증명하고 있다(채널 4의 CEO인 Alex Mahon).[24]

몰입형 경험이 디지털로 제공되어야 한다는 가정이 반드시 맞는 것은 아니다. 극단 로열셰익스피어컴퍼니Royal Shakespeare Company는 가상현실VR을 일찍이 도입, 이용하여 라이브 온라인 공연을 진행했다. 「드림Dream」이라는 제목의 이 공연은 셰익스피어의 「한여름 밤의 꿈A Midsummer Night's Dream」을 바탕으로 했으며, 가상의 숲을 배경으로 배우들에게 모션 센서를 장착해 집에서 연기를 하여 주변 환경과 관객이 상호작용할 수 있도록 연결했다. 태블릿, 모바일 또는 프로그램의 웹사이트를 통해 관객은 전 세계 어디에 있든

---

* 역주: 2000년에 설립된 영국의 극단으로, 소리, 빛, 움직임, 환경을 활용하면서 관객과 친밀한 경험을 결합하는 몰입형의 독특한 방식의 극장.

라이브 공연에 직접 영향을 미칠 수 있다. 디지털 기술은 무대 세트 디자인과 조명(여전히 전통적인 공연장)도 변화시켰으며, 음성보다 댄스가 하이브리드 댄서/홀로그램/아바타 조합의 혜택을 더 많이 받았다. 여기에서 댄시는 "반은 로봇, 반은 인간이며, 종잇장 같은 빛이 무대를 자르고 신경망과 전자 회로로 만들어진 복잡한 디지털 프로젝션이 바닥을 가로질러 댄서를 쫓아간다" (Winship 2023, 19). VR 기술이 홀로그램으로 많이 활용되면 예술가가 젊어지고 부활할 수도 있다. 예를 들어, 아바ABBA의 홀로그램 '항해Voyage'의 제작이나 5G, 인공지능, AR/VR, 클라우드 기술을 이용하여 관객을 위한 몰입형 3D 경험을 만든 베이징 하계, 동계 올림픽(2008/2022) 개막식과 같은 화려한 쇼 등이 있다. 그러나 AR/VR의 활용은 실제로 광고와 디지털 미디어 회사에서 개발하여 제공한 것이다. 이는 실제 모델과 아바타 모델, 시각적 디스플레이 보드를 결합한 패션쇼[25]가 대중 무대에서 탐구되기 몇 년 전이었다.

사이버네틱스cybernetics에 대한 이전의 시도는 문화센터의 맥락에서 건축가 세드릭 프라이스Cedric Price가 1964년에 극장 기획자 조안 리틀우드Joan Littlewood의 펀팰리스Fun Palace를 위해 고안한 콘셉트에 등장했다. 이것은 리틀우드의 스트랫퍼드 극장(현재 런던 올림픽공원 아쿠아틱스센터) 근처 밀미즈Mill Meads의 섬 부지에 입지하도록 계획되었으며, 여러 면에서 선견지명이 있는 디자인 모델을 기반으로 했다. "임시적이고 유연하며, 영구적인 구조물도 없고, 얼룩지고 갈라진 콘크리트 경기장도 없으며, 고귀한 건축의 유산도 없고, 빠르게 시대가 지나간다"(Littlewood 1964, 432). 프라이스의 비전은 "다양한 용도를 허용하고 변화에 지속적으로 적응하며, 펀팰리스를 공간의 객체가 아닌 시간 속의 사건으로 생각하는 새로운 종류의 활동적이고 역동적인 건축"이었다(Mathews 2005, 40). 이 건물은 단일한 진입점이 없고 활동 구역으로 나뉜다(Evans 2015b). 프라이스와 리틀우드는 건축, 예술, 연극, 기술, 심지어

위기 대처팀까지 다양한 분야의 팀을 구성했으며, 사이버네틱스와 게임 이론이 시설의 일상적 행동과 공연 전략을 주도했고, 사용자의 피드백을 통해 모니터링되었다. 이 습지대 부지는 비용을 회수하기에는 상당히 어려웠다. 올림픽과 지속적인 유산 창출을 위한 끝없는 재정 지출 때문에 나중에는 공적자금이 조달되었다. 펀팰리스의 아이디어는 런던이 33개 자치구로 재편되면서 희생양이 된 것이기도 했는데, 런던 카운티 시의회는 이 열린 공간을 재미와 디자인에 대한 다른 관점을 가진 리밸리 공원Lea Valley Park으로 이전했다(Evans and Reay 1996). 프라이스의 디자인 콘셉트는 결국 완성되지 못했지만, 파리의 퐁피두센터와 런던 북부의 작은 펀팩토리인 인터랙션 아트센터Inter-Action Arts Centre(제2장 참조)에 큰 영향을 미쳤다. 이 아트센터는 필요에 따라 확장과 축소를 할 수 있는 강철 프레임에 매달린 모듈식 방을 사용하여 설계되었다. 그러나 과장된 광고에도 불구하고 프로그래밍, 건축 설계, 몰입형 경험을 통해 사용자를 참여시키려는 시도는, **메타버스**metaverse와 독점 디지털 플랫폼과 같은 VR/AR처럼 제한적인 제공을 하는 매체와 대조될 수 있다. VR/AR은 투박한 물리적 하드웨어, 결정적으로 문화 콘텐츠와 진정성의 부족으로 방해받고 있다.

시간 기반 미디어와 기타 전자, 디지털 시설은 1960년대부터 박물관과 갤러리를 채웠으며, 이 시기에 등장한 새로운 장르인 예술가 영화도 있다(Curtis 2020). 시각예술의 자서전적 전환 경향으로 인해 장소와의 상징적이고 문학적인 연관성도 줄어들었다. 여기에는 국내 개인/유명인을 주제로 축하(길버트와 조지Gilbert and George)와 트레이시 에민Tracey Emin, 세라 루커스Sarah Lucas, 신디 셔먼Cindy Sherman의 작품 등 페미니스트 예술이 있다. 노년의 예술가들은 자신의 '뿌리'로 돌아와 영감의 원천이나 작품의 원류를 남겨 자신의 이름을 딴 지역 갤러리와 지역 재단이 번성하기를 희망한다(에민: 마게이트, 길버트

와 조지: 스피털필즈). 반면에 예술가들의 유산은 여전히 그들의 작업실을 통해 기념되고 있다(Holliss 2015). 예를 들어, 멕시코시티에 있는 프리다 칼로Frida Khalo의 스튜디오/주택과 정원, 하트퍼드셔에 있는 헨리 무어Henry Moore의 주택과 조각 공원, 콘월에 있는 바버라 헵워스Barbara Hepworth의 주택과 정원, 브래드퍼드 외곽에 있는 데이비드 호크니David Hockney의 갤러리, 그리고 고향 바스크 지방에 있는 에두아르도 칠리다Eduardo Chillida의 조각 공원과 박물관 등이 있다(아마 팔로알토에 있는 스티브 잡스의 차고는 그렇지 않을 것이다). 이러한 진정성이 있는 생산 장소는 그들의 작품에 대한 가상 디지털 투어보다 더 오래 지속될 가능성이 크다. 그러나 경관 예술의 전통은 도시나 시골 풍경을 묘사하든 지속되고 있다. 예를 들어, 데이비드 호크니가 요크셔에 있는 자신의 집 풍경을 그린 그림이 있지만, 이러한 1980년대 중반의 예술가들은 아이패드와 아이폰을 그림 도구로 받아들였다. 그의 최신의 몰입형 경험은 런던의 새로운 4층 공간인 더라이트룸The Lightroom[26]에서 이루어졌으며, "시각적으로 놀랍고, 소리가 살아 있으며, 새로운 관점이 풍부하기를 열망한다" (Khomami 2022, 9). 방문객은 AR과 VR을 사용하여 그의 모든 작품을 그의 (예술가) 관점에서 말하는 것을 듣는다. 하지만 비평가 존스는 이렇게 지적한다. "이처럼 거대한 프로젝션에 1시간 동안 몰입하는 것은 갤러리에서 호크니의 실제 원본 작품을 잠깐 보는 것보다 효과가 작다. … 이러한 스펙터클에서 사진과 영상 클립이 드로잉과 그림보다 더 현실적인 것은 슬픈 사실이다. 그래서 순진한 호크니는 자신의 명성을 그의 예술의 아름다움을 포착하지 못하고, 포착할 수 없는 멍청한 현대적 유행에 빌려주었다"(Jones 2023). 이는 고인이 된 프리다 칼로, 달리, 클림트, 반고흐의 작품에 대한 덜 친밀한 몰입형 미디어 전시에 따른 것이다. 하지만 호크니에게 마지막 말을 전하자면 다음과 같다.

영화는 죽어 가고 있다. 당신은 집에서 대형 스크린으로 어떤 할리우드 영화도 볼 수 있다. 하지만 이것은 새로운 종류의 극장, 새로운 종류의 영화관이다. 당신은 나가서 이 새로운 것을 보아야 한다. 사람들은 나가는 것을 진정으로 좋아한다(Jonze 2023, 19).

여기에서 핵심은 디지털로 활성화된 문화적 경험이 집합적으로 소비되고 전용 문화공간에 위치할 수 있지만, 진정한 주체나 대상을 대체할 수는 없다는 점이다(애니메이션과 디지털로 강화된 박물관 전시의 유사한 상황). 테마파크 놀이기구처럼 이러한 경험이 얼마나 오래 지속되거나 피곤해지는지가 시험이 될 것이다.

문화적 상품과 서비스의 소비와 생산의 변화는 일부 영역에서는 엄청났지만, 다른 영역에서는 미미했다. 확실히 소위 창조산업의 성장은 디지털, ICT 애플리케이션과 프로세스가 창출한 기회에 크게 빚지고 있으며, 고용 측면에서 뚜렷한 승자와 패자가 있고, 출판, 인쇄, 공예, 제조(레코드, 직물), 디자인 부문의 고용과 회사의 수는 현저히 감소했다. 반면에 '창조-디지털' 작업은 비디오/컴퓨터 게임(공식적인 창조산업 통계에서는 **여가 소프트웨어**라고 하며, 창조경제 성장의 주요 원동력이다, DCMS 2001)과 디지털 콘텐츠 제작(현재 디지털 영역에서 **스토리텔링**이라고 한다)에서 번성했다.[27]

빅테크

그러나 디지털 혁명의 뿌리 중 일부는 주목할 만한 장소 기반 유산을 보여 준다. 보스턴의 루트Route 128은 현재 대규모 기술(제너럴일렉트릭 본사), 하버드, MIT를 졸업한 기업가와 관련이 있지만(Rissola et al. 2019; Saxenian 1994),

1861년에 설립된 매사추세츠 공과대학교MIT는 1916년에 댄서, 배우, 500명의 가수와 오케스트라가 함께하는 뉴테크 캠퍼스 건물 개관을 기념하는 화려한 문화 이벤트를 목격했으며, 루스벨트 대통령과 발명가 벨이 참석했다(Jarzombek 2004). 캘리포니아 사촌인 실리콘밸리는 소셜/디지털 미디어 산업을 지배해 온 주요 플랫폼의 미국 본거지이다.[28]—애플, 어도비, 알파벳(구글/유튜브), 메타(페이스북/인스타그램/와츠앱)—또한 휼렛패커드, 제록스, 선컴퓨터 같은 회사의 하드웨어 뿌리에서 R&D 기반 대학(스텐퍼드)과 군사시설에 근접하여 발전했다. 경제학자들이 비교우위와 경쟁우위, 즉 기술/노동, 클러스터/집적, 혁신 이전, 경로의존성의 조합으로 여기는 상징적인 문화공간에 그들의 개방형 혁신지구가 구축된 것은 우연이 아니다(Simmie et al. 2008). 이는 이러한 글로벌 기업의 본사로 선택된 위치에서 분명하게 드러난다. 예를 들어, 페이스북은 최근 본사를 팔로알토에서 캘리포니아 멘로파크Menlo Park에 있는 선마이크로시스템즈Sun Microsystems가 소유했던 부지로 이전했다. 선은 세계에서 두 번째로 큰 소프트웨어 회사인 오라클Java의 소유이다. 페이스북의 이전에는 직원을 위한 새로운 주택 개발을 함께 하여, 대규모의 '마을'을 조성했다. 팔로알토 지역은 처음에는 휼렛패커드가 차지했으며, 스탠퍼드 대학교 캠퍼스에서 몇 블록 떨어져 있다. 페이스북이 본사를 이전하더라도 이 부지는 비워지지 않는다. 회사는 인접한 부지를 인수하여 추가적인 주택 개발과 어메니티를 조성하여, 설립자 마크 저커버그Mark Zuckerberg의 이름을 따서 **저커빌**Zuckerville이라고 명명했다. 한편, 캘리포니아에서 텍사스로 트위터 본사를 이전한 일론 머스크Elon Musk(과도한 관료주의)는 '텍사스 유토피아'인 **스네일브룩**Snailbrook에 직원을 위한 주택을 짓고 있다.

컴퓨터 제국 중 가장 큰 애플도 초대형 본사 애플파크Apple Park 개발을 진행했다. 면적 280만ft^2, 지름이 1마일(1.6km) 정도의 도넛 센터가 있는 50억 달러 규모의 신축 원형 건물인 애플파크는 우주에서도 볼 수 있다. 이 우주선의 전 거주자 휼렛패커드는 스타 건축의 사치를 했으며, 지역에 대한 스토리텔링의 장소 기반 문화를 굳건히 했다(또한 애플 공동 창립자 스티브 잡스에게 첫 직장을 제공한 곳도 휼렛패커드였다). 그러나 이 지역에는 1세대와 2세대 히스패닉(인구의 25%)과 베트남인을 포함하여 많은 이주 인구(40%가 외국 태생)가 이곳의 지식경제에 '서비스'를 제공한다. 실리콘밸리 기업들은 일반적으로 커뮤니티나 문화 프로그램을 강력히 지원하지 않으며, 도시 외곽의 산업단지에 머물러 있다. 대부분은 신생기업이다. 오랜 역사를 가진 휼렛패커드, 중서부 출신 창립자와 일시적이고 서로 다른 지역에서 온 이주 노동자(동남아시아 출신)가 있는 최근의 구글은 예외이다. 플로리다의 '관용'과 '불평등' 지수(Florida 2005)에서 모두 높은 순위가 매겨진 '플러그앤드플레이plug and play' 장소는 사회적으로 응집력이 높거나 활기차지도 않은(사실 '무미건조한') 거주지로 평가받았다(Kriedler 2005). 또 다른 아이러니는 ICT에 대한 접근성과 소유의 디지털 격차이다. 캘리포니아에서 라틴계 청년들이 가정에서 컴퓨터에 접근할 가능성은 다른 집단에 비해 절반이다. 미국에서 태어난 비라틴계의 인구는 77%이지만 이들은 컴퓨터 접근 가능성이 36%였다(Fairlie et al. 2006). 샤론 주킨의 뉴욕 『로프트 리빙Loft Living』(Zukin 1982)의 서술에서 예술 자본이 부동산 자본을 부양한 것처럼, 레베카 솔닛은 상가와 주택 임대료가 급등하면서 예술가, 활동가, 비영리 단체가 쫓겨나며 변화한 베이 지역Bay area에 대한 시각적 기록을 통해 닷컴 기업의 광대한 제국적 공간이 어떻게 일종의 문화적 빈곤, 공공 생활의 쇠퇴, 시민 기억의 장소의 소멸, 예술가가 살고 창작할 수 있는 지역의 소멸로 이어졌는지를 웅변으로 보여 주었다(Solnit 2001).

실리콘 섬웨어와 실리콘 에브리웨어

실리콘밸리가 빠른 가치화와 아웃풋output의 자본화를 통해 혁신의 중심으로 성공한 것으로 인식되면서, 실리콘이라는 접두사를 채택하는 기술지구의 유행은 지난 20년 동안 가속화되었다. 한편으로는 실리콘밸리를 모방하는, 즉 **실리콘 섬웨어**Silicon Somewheres와 관련된 희망적 가치를 통한 장소와 '하드 브랜딩'(Evans 2003a)의 경우이다(Florida 2005). 그러나 마이크로칩, 하드웨어 제조 부문과 달리 이러한 새로운 미디어 클러스터는 수많은 온라인 플랫폼, 웹 기반 서비스, 모바일 장치를 구동하는 문화 콘텐츠를 생산하는 디지털-창조 융합산업이다.

보다 유기적으로 진화한 디지털 클러스터는 지역적으로 고도로 집중된 지역에서 다양한 규모로 볼 수 있다. 예를 들어, 실리콘 펜Fen(영국 케임브리지)과 실리콘 글렌Glen(스코틀랜드 던디)에서 ICT 회사가 창조적이고 다른 고차 생산자 서비스, 금융 서비스와 함께 입지하는 지역 허브까지 있다. 후자의 사례로는 파리의 실리콘 상티에Sentier, 베를린의 실리콘 알레Allee, 뉴욕의 실리콘 앨리Alley, 그리고 이스트런던의 실리콘 라운드어바웃Roundabout, 디지털 쇼디치Digital Shoreditch(라운드어바웃은 2021년에 철거되어 보행자와 자전거 친화적인 광장으로 대체) 등이 있다. 도시 외곽에 버려진 것처럼 자리 잡거나 고속도로 옆 창고를 차지하는 테크노파크나 테크 캠퍼스, 단일 산업부지와 달리 이러한 디지털 공간은 지저분하고 이질적이며, 주변의 넓은 창조적·문화적 생태계의 일부를 형성한다. 실제로 이러한 공간은 이전의 문화적 생산 관행과 산업에서 진화했으며, 처음에는 복합용도의 도시 외곽 지역에서 브랜드나 표식 없이 시작한다.

런던의 디지털 쇼디치

이 문화-창조-디지털 지구(Foord 2013; Cities Institute 2010; Evans 2019)는 역사적으로 유명하지 않은 도시 외곽에 위치하여, 새롭고 현대적인 디지털 문화공간을 제공한다. 이 지역의 저소득/빈곤층 주민 커뮤니티는 원래 방문객 경제나 눈에 띄는 문화 소비의 영향을 받지 않은 도시의 작업공간이다. 문화 관련 작업공간의 전통은 수 세기 전으로 거슬러 올라가며, 보석, 금속가공, 인쇄, 출판, 패션, 섬유 등 영세 공장과 같은 공예에서 유래했으며, 예술가 커뮤니티가 저렴한 스튜디오 공간을 차지한다. 즉 장소 기반의 문화 생산 지원을 가능하게 한 특별한 자원이다.

낮은 비용의 문화 경제는 이 지역이 세계에서 가장 유명한 창조지구 중 하나로 변모하는 데 중요한 요소를 제공했다. 현재 이 지역에는 새로운 미디어와 디지털 기업, 대안적 나이트클럽, 음악, 예술 및 독립 소매업을 위한 장소, 디지털 크리에이티브, 즉 **디저라티**digerati(Foord 2013)가 밀집되어 있다. 이러한 요소로 인해 이스트런던 지구에는 새로운 관광지가 탄생했다. 최근 몇 년 동안 여러 개의 부티크 호텔이 문을 열었는데, 여기에는 ACE(미국 외 지역 최초, 마이크로소프트의 본거지인 시애틀에서 시작)가 있으며, 특별한 벽돌과 타일에서 조명에 이르기까지 현지에서 생산된 소재로 설계되었고, 침실에는 과거 뮤직홀 시절을 담은 건물 사진이 있다.

이 디지털 문화공간에 대해 상세히 보면, 예술, 디자인, 건축, 음악, 출판뿐만 아니라 테크 기업과 관련 있는 컴퓨터 과학 관련 전문 분야를 포함해 다양한 분야와 관심사를 가진 창립자가 만든 소기업들이 있다. 대부분은 소기업으로 여겨져 과소평가할 수 있지만, 경제적 영향과 성공, 네트워크와 프로젝트 기반 구조를 보면 운영 규모를 알 수 있다. 프리랜서, 하청, 파트너십을 통해 지역적·국가적·국제적으로 중요한 계약이, 유연한 공유 오피스 안에서 운영되어 표면적으로는 소기업처럼 보이는 회사에 의해 수행되었다. 일부 기업의 가치평가는 주요 미디어 및 기술 회사와 투자자가 전통적인 인수합병을 하면서 분명해졌다. 예를 들어, CBS에 1억 4,000만 파운드에 매각된 디지털 미디어 회사인 라스트 FM과 2009년에 1,000만 파운드 이상의 가격으로 노키아Nokia에 매각된 소셜 네트워킹 사이트인 도플러Dopplr(2013년까지 도플러는 새 소유주에 의해 운영이 중단되었다)가 있다. 파트너십과 네트워킹이 기업의 주요 활동 방식이었으며, 이는 지역 대학과 기업가가 운영하는 이전 산업 건물과 스타트업 시설에서 공유 작업공간을 마련함으로써 가능하게 되었다. 월간 회의는 신규 참여자를 소개하고 교류하는 핵심 포인트가 되었으며, 새로운 작업을 시작하고, 기술을 찾고, 교환하고, 프로젝트를 개발할 기회를 제공했다. 이러한 사회적 기회를 통해 대기업이 소규모 디지털 크리에이티브를 만날 수 있었고, 그 반대의 경우도 마찬가지였다. 이러한 분야의 기업은 자체 제작과 커뮤니케이션 방법에 디지털 전문 지식과 솔루션이 갈수록 더 필요해졌다. 도보 거리에 바, 클럽, 기타 비공식적인 만남의 장소가 있어 예술 및 문화 단체와 지역에 더 오래 자리 잡은 디자이너-메이커 등의 참여와 시너지가 더욱 발휘될 수 있었다.

이 클러스터, 정확하게는 소규모 창조-디지털 기업과 기업의 네트워크[29]는 2000년대 후반 처음으로 디지털 미디어 언론(와이어드Wired, 테크크런치Tech Crunch)에 의해 '발견'되고, 다음으로 주요 언론사, 그다음 지방정부와 중앙정부가 선택하고, 그 결과 국제 투자자와 대형 디지털 기업(구글, 마이크로소프트, 보다폰, 시스코)들이 선택했다. 이 소기업들은 1970년대부터 런던 동부의 **시티 프린지**City Fringe 지역과 도시 외곽 지역에서 등장했으며, 이는 인쇄·출판과 그래픽디자인 부문에서 볼 수 있는 소위 '창조적 파괴'에서 비롯되었다(Evans 1999a). 하지만 이 두 부문의 기업 분포 지도를 보면, 이 시기에 상당한 규모

〈그림 6-1〉 인쇄·출판업과 ICT 기업 분포, 런던 시티 프린지

로 서로 근접하여 입지하고 있다(그림 6-1). 창조산업에서 이처럼 인쇄와 디자인을 구분하는 것은 많은 인쇄·출판 회사가 닷컴 혁명보다도 수년 전에 데스크톱 출판과 디지털 그래픽 애플리케이션을 채택했기 때문에, 생산 방식의 혁신으로 인해 공식적인 분류가 쓸모없게 되었다는 사실을 은폐한다(NESTA 2012). 그러나 이는 전적으로 기술에서 비롯된 것은 아니었다. 미디어, 음악, 출판, 영화, 기타 창조 부문 내의 구조조정으로 인해 독립 제작사에 아웃소싱/위탁생산이 가속화되었고, 라이선스 자유화로 창의적 콘텐츠에 대한 수요가 확대되었기 때문이다(Evans 1999b). 물론 이는 디지털 미디어 플랫폼과 일반적인 웹 기반 서비스가 콘텐츠에 대한 수요를 더욱 부추기면서 기하급수적으로 성장했다. 소셜 미디어, 게임, 웹 기반 서비스가 성장함에 따라 새로운 기업과 개인 사업자가 이 핵심 그룹에 합류했으며, 주로 200개 이상의 소기업으로 구성된 긴밀한 네트워크로 대표되었다. 디지털 쇼디치 네트워크의 중개자는 눈에 띄지 않고 지배적이지 않으며, 지역 대학 인큐베이터, 심화교육대학 FE, 그리고 쇼디치 지역에 예전부터 입지한 소수의 대기업이 포함되었다. 쇼디치 지역은 올드스트리트(**실리콘 라운드어바웃30**으로 명명)를 중심으로 형성되었으며, 여기에는 오랜 역사를 가진 인공위성 회사인 인마샛Inmarsat도 있다.

이러한 신생 창조-디지털 허브에 대한 기업들의 관심이 있기 전에, 한 지역 부동산 사업가이자 기술 분야 저널리스트는 **테크 허브**Tech Hub 설립에 관한 광범위한 홍보를 통해 이 새로운 클러스터에 기회가 있다고 보았다. 테크 허브는 "임대계약에 대한 골치 아픈 일을 없애고", 진취적인 엔지니어가 "생각이 같은 사람들과 함께 커피를 마시며 코딩할 수 있는" 공간으로, 이 사업을 "테크 스타트업의 영역을 표시하는 깃발을 땅에 꽂고 싶다"는 욕구에서 동기부여가 되었다고 설명했다(Foord 2013, 54). 이는 이 클러스터에 대한 부동산 기반 접근 방법과 일치하는 장소 기반의 **장소만들기** 전략(Evans 2014a)으로,

사무실이 필요하고 상호작용할 수 있는 비공식적 공간이 필요한 회사에 새로운 유형의 비즈니스 문화와 관계 유형을 제공했다(그리고 약탈적 테크 기업이 아니다).

조직적 경험 측면에서 핵심은 이 디지털 네트워크의 주요 창업자들이 확고한 기업가적이고 독립적인 문화를 가지고 있었다는 점이다. 이 문화는 경력 초기에 대기업에서 일했던 경험과 현직 예술가와 디자이너로서의 경험, 기술적·제도적·정책적 변화가 창조적 생산과 소비의 경관을 다시 그려 냈을 때의 급진적 변화로부터 얻은 교훈에서 비롯되었다. 새로운 기술과 생산 사슬에 성공적으로 적응하고 도입한 그들은 회복력과 유연성이 뛰어나며, 여러 면에서 '새로운 적응자'였다. 그러나 그들의 대기업/자영업/신규 사업의 경로는 더 전통적인 스타트업의 경로를 따랐다. 이는 일반적으로 대기업 경험이 부족하고 기업 세계를 우회하며, 젊은 연령대를 목표로 하는 신생기업과 대조적이다. 이들은 기존의 개인적 네트워크 연결이 특히 강하고 디지털 창작을 위한 시장(기업 대 기업, 고용, 최종소비자)이 더 확립된 대학 졸업자이다. 이러한 회사들이 새롭게 형성된 클러스터 중심의 연계망보다는 기존 네트워크를 선호한다는 관찰은 중요하며, 베를린과 같은 다른 창조산업 클러스터에서도 볼 수 있다. 즉 "비공식적인 네트워킹 기회보다는 **이미 구축된** 친구와 동료 네트워크가 기업가가 프렌츨라우어베르크Prenzlauer Berg나 크로이츠베르크Kreuzberg에 입지하기로 결정하는 데 중요했다"(Hebbels and van Aalst 2010, 360). 이러한 네트워크는 그 자체가 목적이 아니다. 네트워크는 야심 찬 기업가와 기존 기업가 모두에게 중요한 기능을 수행하지만, 아마도 그 방식은 다를 것이다(Hebbels and van Aalst 2010, 360). 성숙한 창조-테크 기업은 인근 지역의 기업에 대한 의존도가 낮다. 이 디지털 클러스터는 런던시와 가까운 거리에 있어 한편으로는 독립성과 대안적인 작업, 여가 문화를 유지하면서도, 필요할 때는 주류 기업 세계에 접근할 수 있었다.

런던은 기술, 문화, 은행업이 독특하게 혼합되어 있다. 올드스트리트 라운드어바웃의 아이패드를 든 힙스터들에서 런던시 중심부 은행의 스트라이프 정장을 입은 사람들까지는 1마일 정도 떨어져 있다. 테크시티는 정말 독특한 위치에 있다. 월가에서 돌을 던지면 닿을 거리에 재능 있는 사람들이 가득한 저비용 지역을 테크시티 외에는 상상하기가 어렵다 (Andrew White, FunApps CEO, in Foord 2013, 55).

인근의 신흥 **핀테크**FinTech 부문도 대학들과 함께 잠재적인 시장을 제공했으며, 개방형 디지털 쇼디치 네트워크를 통해 기회를 공유했지만, 쇼디치 지역 내의 회의에 참석하는 데서 뚜렷한 차이점이 있었다(즉 핀테크는 정장과 넥타이를 착용했다).

이러한 특성과 명성은 런던 디자인 페스티벌에서 디지털 쇼디치 페스티벌까지 주요 디자인, 디지털 이벤트와 축제를 개최하려는 수요를 만들어 냈다. 디지털 쇼디치 페스티벌은 2011년에 처음 개최되어 2,000명의 참가자/방문객을 모았고, 2013년에는 1만 5,000명으로 증가하여 일주일간 이어졌다. 디지털 경제를 축제화하려는 수요는 디지털 제작(과 참여)이 장소가 없거나 얼굴이 없는 것이 아니라는 또 다른 지표이기도 하다. 미국 오스틴에서 열리는 사우스바이사우스웨스트South-by-South West, SXSW*의 기술 분야(원래는 영화제)와 암스테르담에서 열리는 연례 테크엑스포TECHSPO는 디지털 시대에 전 세

---

* 역주: 오스틴에서 매년 봄에 개최되는 일련의 영화, 인터랙티브, 음악 축제이다. 1987년에 시작되었고, 매년 규모가 커져 왔으며, 평균 50여 개국 2만여 명의 음악 관계자들과 2,000여 팀의 뮤지션이 참가한다.

계 관객과 '현장' 참석자를 끌어들인다. 창조-디지털 제작 네트워크의 대중적 면모는, 오픈스튜디오 이벤트를 개최하고, 예술가 축제, 오픈 건축 축제를 모방하며(제3장), 디지털 스튜디오와 작업공간을 대중에게 공개하고, 지역 학교 어린이를 대상으로 코딩과 시범 세션을 개최함으로써 더욱 확대되었다. 이 지역에서 1970년대에 최초의 오픈 아티스트 스튜디오가 개최되었고(Hidden Art of Hackney, Foord 1999), 2004년에는 클러컨웰에서 최초의 건축 비엔날레가 개최된 것은 우연이 아니었다(Aiesha and Evans 2017). 이는 이 지역의 예술, 문화, 창조 생산의 전통을 확인하는 것이었으며, 최신 디지털 구현은 가장 최근에 추가된 것이다.

따라서 창조기업의 집적은 협력, 협업뿐만 아니라 특정 상황에서 상당한 혁신을 촉진하는 것으로 여겨진다(Boschm 2005; Bakhshi, McVittie and Simmie 2008). 성공적인 경우, 이 디지털 문화산업의 집적처럼 유사하고 연관 부문에서 일하는 기업과 노동력을 유인하여, 집적을 통해 밀도를 높이고 특정 지역의 이점을 극대화한다. 물리적 근접성이 클러스터의 가장 눈에 띄는 표현이지만, 제도적 근접성institutional proximity은 또한 조직이 동일한 규범과 인센티브(정치 환경, 문화 선호도의 공유)를 통해 어떻게 결속되는지를 설명한다. 반면에 사회적 근접성social proximity은 기업 간의 고도로 내재된 개인적 관계와 연결을 반영하고(Granovetter 1985), 인지적 근접성cognitive proximity(Molina-Morales et al. 2015)은 공유된 지식 기반을 통한 상호 학습의 정도를 나타내며, 이는 특히 네트워크의 역동성에 도움을 준다. 이러한 모든 근접성의 이점은 디지털 쇼디치와 특성이 다른 소위 문화 클러스터에서 분명하게 드러난다(Evans 2009b). 그러나 이러한 디지털 미디어 제작자의 핵심적인 **행동양식**이기 때문에 창조 클러스터라는 개념보다는 '심미적 생산 네트워크'(van Heur 2010)라는 개념을 적용하는 것이 더 정확할 것이다. 이들은 유동적이고 도시 전역과 그 너머의 다중심적 클러스터와 연결된 지역에 집적하여 입지한다(Cities Institute 2010; Evans 2009b). 이 디지털 문화공간을 촉진하는 또 다른 요인은 상호 보완적인 클러스터(원거리/원격 작업의 기회에도 불구하고)와의 근접성이다. 즉 금융과 법률 전문성 측면, 광고와 마케팅 측면, R&D/자금조달과 지식 교환/이전 활동 측면, 학생/스타트업을 포함한 숙련 노동력(예술, 디자인, 코딩, 프로그래밍, 시각화, 경영학 및 예술/이벤트 관리)에 대한 근접성이다.

그러나 심미에 따르면 다음과 같다.

클러스터 아이디어는 많은 학자와 정책결정자들을 강타했다. 최근 몇 년 동안 이 분야의 다른 주요 아이디어보다 더 빨리 받아들여진 지혜가 되었다. 하지만 충분한 설명과 경험적 증거가 부족하다(Simmie 2006, 184).

따라서 이와 같은 주장과 증거 기반은 경제지리학, 지역연구, 혁신연구에서 도출된 것이므로, 이러한 문화공간이 가지고 있는 상징적인 문화적·역사적·유산적 가치를 간과하는 경향이 있다. 이들 가치는 이러한 장소가 번성하고 독특하게 유지되도록 유인한다. 여기에는 건축과 건조 환경, 이러한 공간의 복합용도(Evans 2014b), 예술 및 문화 생산, 발명의 유산 등이 있다. 과장된 새로운 디지털 경제 상황에서 인쇄·출판, 그래픽디자인, 음악과 녹음, 영화와 방송, 패션과 섬유, 보석/금속가공, 가구/목공과 같은 분야의 초기(웹 이전) 기술 개발과 혁신이 포함된다. 이러한 예술, 공예/디자이너-메이커는 수백 년 동안 이 도시 외곽 지역에서 활동해 왔으며, 그 후 도시에서 운영의 통제(공예 길드, 검열관, 허가, 계획) 밖에서 일하면서, 직주 또는 작업-집-생산(Holliss 2015)의 소규모 작업장과 공유 작업공간 시설의 혜택을 누렸다. 이 지역의 역사적 유산의 가치는 베를린의 프렌츨라우어베르크의 경우와 같이 새로운 창조기업가들에게 간과되지 않는다.

> 여전히 건물에서 볼 수 있는 역사는 나에게 영감을 준다. 많은 것이 여전히 열려 있고, 아직 끝나지 않았으며, 무슨 일이든 일어날 수 있고 나는 이에 기여할 수 있다. 여전히 손상되지 않은 지역이 너무 많다. 당신이 여기에 살기를 원하면 살 수 있다. 여기에서 모든 산업을 각각의 시대적 층위별로 볼 수 있다. 100년 전의 흔적도 여전히 보인다. 가려지지 않았고, 닦이지 않았다(Hebbels and van Aalst 2010, 358).

브레즈니츠와 누넌(Breznitz and Noonan 2014)은 연구중심대학, 예술대학이 미디어아트 부문의 성장과 결합된 예술·문화 지구의 효과를 연구했다. 고용 변화와 특허 데이터(점유율과 트렌드) 등 20년 동안의 문화지구가 있는 89개 도시 표본을 기반으로 한 다양한 기술통계를 사용하여 분석한 결과, 문화지구와 연구중심대학의 존재가 예술과 미디어아트 고용에 대한 설명력이 거의 없다는 것을 발견했다. 그러나 예술대학은 이러한 부문에서 높은 수준의 고용 성장과 양의 상관관계가 있었다. 문화지구가 있는 도시는 미디어아트 특허 출원율이 훨씬 더 많지만 놀랍게도 대학의 존재는 그렇지 않았으며, 미디어아트에서 더 혁신적인 도시는 예술지구나 문화지구가 있는 도시인 것으로 결론지었다(**자연발생적 문화지구**, 제9장 참조). 물론 이는 문화지구의 특성과 다른 요인(저자들이 인정하듯이)에 따라 달라지지만, 런던에서 가장 큰 미디어아트 클러스터인 디지털 쇼디치는 지역 대학이나 예술 학교의 영향에서 크게 독립적으로 발전했으며, 연결성, 개인 네트워크(장소 기반이 아니다), 금융, 광고, 기타 창조산업의 생산/공급망과의 근접성과 같은 성장 요인이 기존 문화지구에 존재했다는 점이 흥미롭다(Foord 2013; Evans 2019). 이 문화 허브는 또한 소지역의 도시 성장과 도시의 창조산업 전략(LDA 2003)에서 지정되었으며, 문화적 자산이 창조·디지털 산업의 입지와 성장에 직접적인 영향을 미쳤다는 점을 인정했다(TBR, Evans 및 NEF 2016).

역사적('유산')이거나, 비서구 사회/지역에 여전히 관련 있는 개념인 영적이거나 신성한 특성은 창조 활동과 발명이 축적되는 데 기여할 수 있으며, 이는 리Lee가 주장한 것처럼 공간적 영역에서 **입지의 아비투스**habitus of location에 기여할 수 있다. 부르디외를 인용한 리는, 도시에는 현재의 주민이나 어떠한 시점의 수많은 사회적 과정에 비교적 독립적으로 존재하고 기능하는 지속적인 문화적 지향이 있다고 주장한다.

이러한 의미에서 우리는 도시가 특정의 문화적 특성을 가졌다고 설명할 수 있다. … 이는 특정 도시 주민에 대한 대중적 표현을 분명히 초월하거나, 도시의 공공·민간 기관에서 명백히 표현되는 것을 초월한다(Lee 1997, 132).

후자는 경제개발과 문화 계획에 중요하다. 왜냐하면 도시나 민간 기관이 도시의 문화적 특성을 창조하거나 조작하려는 시도는 실패할 가능성이 높고, 패러디나 피상적인 문화를 만들어 내며, 심지어 원래 존재할 수 있는 고유한 창조정신을 몰아낼 가능성이 높기 때문이다(Evans 2001).

테크시티

그럼에도 불구하고 이 소지역 클러스터에 부여된 전략적 중요성과 새로운 디지털 산업에서의 역할은 2010년 영국 정부가 시티 프린지에 위치한 이 창조산업지구가 있는 광역 지역을 고전적인 도시적 상상의 공간인 **테크시티**Tech City(McKinsey & Co 2011)로 지정했을 때 인정받았다. 테크시티는 런던의 동쪽 회랑 지역에 창조-디지털 기업이 없음에도 불구하고 이 지구와 올림픽공원을 더 동쪽으로 연결하는 띠로, 2012 런던하계올림픽의 물리적 유산이다(Evans 2015b, 2016a). 2012년 4월 구글은 공동 작업공간, 유연한 공간, 무료 고속 인터넷, 디바이스랩, 액셀러레이터 공간, 그리고 캠퍼스 카페Campus café를 제공하는 지역 **캠퍼스**를 열었고, 일일 이벤트, 정기적인 강연 시리즈, 강의, 멘토링, 지역 구글 직원의 교육을 제공했다. 2012년 캠퍼스 개막식에서 사장 에제 비드라Eze Vidra는 다음과 같이 말했다.

> 우리는 창업가, 투자자, 개발자, 디자이너, 변호사, 회계사 등 스타트업 커뮤니티 구성원을 환영합니다. 이 비공식적이고 고도로 집중된 공간이 우연한 만남과 상호작용으로 이어져 새로운 혁신적인 사업을 끌어낼 아이디어와 파트너십을 창출하기를 바랍니다.31

시티 프린지는 이전의 도시적 상상력에 또 다른 층을 추가하여, 이번에는 문화 생산의 정체성과 주요 기업의 입지가 변화했다(Foord 2013). 한때 공예와 현대 예술에 기반을 두었던 시티 프린지는 이제 이스트런던과 기술 스타트업, 그리고 동쪽으로 뻗어 있는 소지역 테크시티 회랑의 중심 허브와 동의어가 되었다. 캠퍼스 런던Campus London은 구글이 창업자를 위한 공간으로 마련한 것으로, 현재 서울, 바르샤바, 텔아비브, 상파울루, 마드리드에서 캠퍼스를 운영하고 있다. 마이크로소프트 액셀러레이터의 캠퍼스는 구글을 따라 런던 동부 디지털 쇼디치의 창조-디지털 기업 클러스터로 빠르게 진입했고, 그 뒤를 이어 실리콘밸리 투자은행과 공공기관, 특히 영국 정부가 이 실리콘밸리의 모방 도시를 포착하고 홍보하기 위해 만든 테크시티 UK가 뒤따랐다.

10년 후, 구글의 새로운 영국 본사는 국제(유로스타) 철도 허브인 킹스크로스에서 3마일(4.8km)도 떨어지지 않은 곳에 완공을 앞두고 있다(Partridge 2022). 이 11층 건물은 수영장, 농구와 5인 축구 또는 테니스를 위한 멀티게임 구역, 옥상 운동 트레일, 휴식을 위한 '낮잠 공간'을 즐길 수 있는 회사 직원 4,000명을 수용할 예정이다. 이 건물에는 지역 주민이 사용할 수 있는 커뮤니티 공간과 1층 매장도 포함될 예정이며, 일부는 소규모 신생 영국 브랜드에 임대될 예정이다. 이 모호한 '커뮤니티 혜택'은 대규모 개발에서 흔히 볼 수 있는 일이며, 부분적으로는 계획 허가를 확보하고 지역 내 반대를 무마하기 위한 것이다. 이러한 요소가 2024년 건물이 완전히 문을 열면 어떻게 작동할지는 시간이 알려 줄 것이다. 한편, 디지털 쇼디치로 이전한 실리콘밸리 은행은 미국 모회사의 부실에 따라, 엄청난 고금리 시대에 현금 흐름을 처리할 수 없어 청산되었다. 영국 지점은 국제적인 '하이스트리트' 은행인 HSBC(이전 홍콩상하이 은행)에 인수되었지만, 이제는 더 이상 고위험 소규모 기술 스타트업을 전문으로 하는 벤처캐피털 대출 기관이 아니다.

오래된 문화지구가 시각적으로 디지털화된 산업 세계로 변모하는 것은, 한편으로는 디지털에서 영감을 받은 기술이 발전하고 적응함에 따라 오래된 문화 형태가 새로운 문화 형태로 자연스럽게 진화하는 것으로 볼 수 있다. 그러나 이러한 시설의 거버넌스는 미디어, IT, 금융, 부동산 회사 등의 대기업이 베를린이나 **벵갈루루**와 같은 주요 도시 지역에서 이들 개발을 조정하고 있다. 분명한 것은 이 기업들이 역사적·문화적 공간을 차지하고 있다는 점이다. 일부는 창조적 파괴이고 일부는 세계화이며, 저항할 수 없을 것 같은 조합이다.

아웃터넷-인(터넷)-사이드-아웃?

아웃터넷Outernet은 런던 지하철의 새로운 엘리자베스 노선의 토트넘코트로드Tottenham Court Road 역 위에 최근 지어진 아주 새로운 시설이다. 이 지역은 수년 동안 예술과 엔터테인먼트 지구였으며, 런던의 소호Soho와 인접해 있다. 소호는 클럽(댄스, 음주, 음악, 스트립쇼), 악기 매장, 그 위에 있는 음악 에이전트, 음반 회사, 출판사와 서점(예술, 골동품, 학술) 사무실의 중심지로 **틴팬 앨리**Tin Pan Alley라고 불리며, 한때 음악산업의 중심지였던 음악 공연장 애스토리아Astoria도 있다. 팝에서 펑크까지(즉 롤링 스톤스, 지미 헨드릭스, 데이비드 보위, 섹스 피스톨스, 에드 시런 등) 아우르는 음악이 있다. 여기에서 도보 거리에 최초의 인터넷 카페인 사이버리아Cyberia가 1994년에 문을 열었는데, 원래는 ICA 아트센터에서 고안된 아이디어에 기반을 두고 있다. ICA는 1940년대부터 새로운 예술 운동과 사상을 위한 급진적인 공간(Massey 2014)으로, 버킹엄 궁전으로 이어지는 신고전주의 건물인 더몰The Mall에 어울리지 않게 입지해 있다(Arts Lab/Centres, 제2장 참조). 그러나 이 커피하우스*의 전통은 "매우 유연하고 디지털로 활성화된 거리 경관에 자리 잡은 급진적인 신기술 중심의 마케팅 엔터테인먼트와 정보 서비스"(Moore 2022, 28)라고 자신을 설명하는 오래되면서 새로운 문화공간의 자신만만한 타임스스퀘어 스타일의 스크린에서는 알아차리기 어려울 것이다.

2,000석 규모의 애스토리아는 이 복합단지를 만들기 위해 철거되었다. 원래 1920년대에 영화관으로 지어졌다가 극장으로 개조되었고, 마침내 라이브 음악 공연장으로 개조되었다(19세기에서 21세기 동안에 뮤직홀에서 영화관으로, 극장과 음악 공연장으로 개조). 50년 이상을 많은 영국 록 밴드가 커리어를 시

---

* 역주: 커피숍의 개념이 아니라 클럽, 살롱의 개념이 복합적으로 포함된 곳으로, 지식이나 이념 등도 자유롭게 나눌 수 있는 사교와 소통의 장소.

작하는 데 도움이 된 상징적인 공간이 되었다. 도시계획 부서의 주장에 따라 일부 용도가 유지되었지만, 특히 음악 매장과 600석 규모의 소규모 공연장@sohoplace은 "정신적으로 완전히 바뀌었다. … 저항과 혼돈에 의해 조성된 문화가 이제는 대규모 부동산 소유주의 과정을 통해 전달되어야 한다는 명백한 역설에 기반을 두고 있다"(Moore 2022, 28).

음악, 영화, 예술, 게임, 소매 경험이 새로운 숨 막힐 듯한 방식으로 살아나는 몰입형 엔터테인먼트 지구라고 설명하지만, 실제로는 콘솔리데이티드 부동산개발Consolidated Developments이라는 적절한 이름의 한 회사가 소유한 단일 프로젝트이다. 이는 앞서 설명한 문화 클러스터와 디지털 쇼디치와는 거리가 멀다. 이 공간은 단언컨대 기업적이지 않고, 많은 소기업과 소수의 대기업, 작업공간 제공업체, 문화 조직과 엔터테인먼트 장소로 구성되어 있으며, 글로벌 테크 기업의 본사와 달리 기존 건물을 점유하고 개조하여 사용하는 것을 기쁘게 생각한다. 아웃터넷의 디지털 시설은 23,000ft^2 규모의 바닥부터 천장까지 고해상도 LED 화면이 있는 아트리움에 있고, 다른 공간은 걸어갈 수 있는 거대한 광고판(Wainwright 2022)과 유사하게 후원 브랜드가 제품을 홍보하는 더 많은 화면으로 방문객을 둘러싸고 있으며, 그 수익은 뒤쪽에 남아 있는 몇 안 되는 음악 매장을 보조하는 데 도움이 된다(그림 6-2). 여러 면에서 이 새로운 디지털 경험은 타임스스퀘어, 피커딜리서커스, 도쿄 도심, 기타 주요 도시의 전자 광고판과 유사하다. 이는 발터 벤야민Walter Benjamin이 지적한 고급 그라피티의 네온 버전이며(Benjamin 1999, 제8장 참조), 자체 홍보보다는 공동 제작에 중점을 둔 디지털 미디어 캠퍼스나 실리콘 클러스터와 대조된다.

도심에 있는 브랜드 미디어센터는 야심 찬 세계와 창조도시에서 익숙한 곳이며(Evans 2009c), 국제적 부동산의 공통적인 논리가 주도한다. 예를 들어, 베를린의 포츠담 광장Potsdamer Platz은 항상 이 도시의 상징적인 중심지였으

〈그림 6-2〉 아웃터넷, 런던 토트넘코트로드
출처: 저자 사진.

며, 제2차 세계대전 중에는 나치 인민법원으로 편입되었고, 그 후 폭탄 투하 장소이자 베를린장벽의 사람이 살지 않는 지대가 되어 남아 있는 건물들도 더욱 손상되었다. 통일 이후 베를린은 말 그대로 개발업자와 예술가들에게 인기 있는 부동산이었다. 1990년대 초에 이 부지는 소니코퍼레이션Sony Corporation이 인수하여 이 8개 건물 단지에 자금을 투여했는데, 이 건물을 덮고 있는 4,000m²의 아치형 지붕과 씨네스타 영화관, 소니 센터와 본사, IMAX 극장 등을 건축했고, 2019년에 새로운 소유주가 이 영화관을 폐쇄할 때까지 베를린 영화제에 사용되었다. 이 센터는 여러 차례 주인이 바뀌었고, 본질적으로 부동산 투자가 목적이다. 최근 소유주는 건강과 웰빙에 중점을 두고 소니 센터 캠퍼스를 대대적으로 개조하고, 부동산 용어로 **세계적 수준의 소매점과 미래 지향적 어메니티**를 계획하고 있다. 이 미래가 디지털 생산과 경험을 어느 정도 수용할지는, 디지털 결정주의의 시대임에도 불구하고 여전히 미지수이다.

1980년대 후반~1990년대에는 **창조도시**(Landry and Bianchini 1995; Evans 2017)라는 개념과 연관되어 2000년대에 모바일 **창조계층**(Florida 2005; Evans 2011)으로 채워졌다. **디지털 시대**는, 경제지리학자 앨런 스콧Alan Scott이 '인지문화자본주의'(2014)라고 부른 시대라기보다는 소위 **경험경제 시대**에 의해 주도되었다. 원자화된 형태로 본질적으로 시각적(Jay 2002)이고, 다양한 기기와 앱 내에서 VR과 몰입형 기능을 통해 향상되었지만, 지속적인 물리적 형태로 여전히 예술가/제작자와 관객 모두에게 장소 기반의 집단 참여와 '공간적 배태성'의 매력을 유지한다. 경험경제에 대한 이러한 모순된 견해(Pine and Gilmore 1998)는 한편으로는 크고 작은 디지털 문화 제작자가 이전 문화와 다른 산업 생산 형태의 작업 스타일과 입지 선호도를 많이 유지하고(아마도 아마추어 소셜 미디어 제작자는 예외일 수 있다), 입지한 지역의 커뮤니티와 어느 정도 물리적·사회적 연결을 유지한다는 것을 의미하기도 한다. 카스텔이 글로벌 정보기술의 힘을 통해 예견한 단절(Castells 1996)이 아니다.

반면에 소비자는 스트리밍과 앱을 통해 문화 활동에 접근할 수 있는 혼란스럽고 고르지 못한 다양한 대안을 가지고 있지만, 현장에서의 '진정한' 경험과 어메니티는 여전히 살아 있고 수요가 있다(Clark 2011). 극장, 축제, 클럽 또는 갤러리에서든, 그리고 글로벌 차원에서 방문객 경제를 통해—집에서든 밖에서든(MacCannell 1996; Richards 1996). 디지털 복제품을 통해 인과적 방식으로 경험을 디자인하는 것은, 마치 경험이 새로운 개념이고 예술에 대한 감정적 참여가 제한적이고 (인공적인) 애니메이션이 필요한 것처럼, "사용자의 일상적인 창조성을 거부하고 '이용'을 역동적이고 지속적인 성취로 해석하는 것을 배제할"(Redström 2006; Shove et al. 2007, 131) 위험이 있다. 채프먼이 관찰한 대로, "경험 디자인이 등장하기 전에 물질문화가 어떻게든 질적 사용자 경험이 없었다고 가정하는 것은 터무니없는 일이다. … 사실 경험 디자인은 경험적 인식보다 새로운 것이 아니다"(Chapman 2011, 92; Shedroff 2001). 인공지능AI 현상의 또 다른 이면은 일러스트레이션과 이미지 생성으로, 이미지 데이터베이스(공개 도메인에 있는 것만은 아니다)를 활용한다. 텍스트 프롬프트를 입력한 후 1분도 채 지나지 않아 AI 이미지가 발신자에게 반환된다. '스크래핑 scraping*'된 작품의 원작자에게는 저작권이나 어떠한 표식도 없다.

이러한 프로그램은 수많은 현직 예술가, 사진작가, 일러스트레이터, 기타 권리 보유자의 불법 복제 지식재산에 전적으로 의존한다. … AI는 예술을 보고 스스로 창조하지 않는다. 모든 사람의 예술을 샘플링한 다음 완전히 다른 것으로 반죽해 버린다(Shaffi 2023, 8).

문화공간과 달리 디지털 경험은 동등한 가치의 진정한 경험을 포착하기 위해 과장과 추가 자극이 필요하다고 가정하는 듯하다. 마치 우리의 구전 문화, 시각 문화와 전통도 디지털 향상과 검증이 필요한 것처럼 만든다. 현재 상태(개발과 거버넌스)에서 디지털은 주로 콘텐츠산업이 사이버공간의 끝없는 공허함을 채우려는 끊임없는 갈증의 도구이다. 다중채널, 다중플랫폼, 다중기기의 세계에서 '라이브' 극장이나 음악 공연을 지역 영화관으로 스트리밍하든, 전자책 대출 서비스를 통해 도서관에서 공급을 보완하든 접근을 가능하게 한다. 그러나 차세대 AI가 등장하면서(이 기술의 제작자/소유자, 즉 머스크, 구글, 마이크로소프트가 경고) 통제 불능이 될 위기에 처해 있는 가운데, 인공적이고 파생적인 콘텐츠가 기존의 구상되고 인식되는 공간을 점점 더 훼손할 위협이 되고 있다. 따라서 문화공간은 이러한 익명이고 장소가 없는 디지털 공간과 대

---

* 역주: 컴퓨터 프로그램이 웹페이지나 프로그램 화면에서 데이터를 자동으로 추출하는 것.

조되는 역할을 할 수 있다. 사용자, 소비자 또는 문화 생산자의 중개를 통해 실제 공간과 사이버공간을 매개할 수도 있다. 이러한 측면에서 디지털은 문화공간에 종속되어야 하며, 그 반대가 되어서는 안 된다.

*

　창조-디지털은 기존의 예술, 문화 생산, 활용(VR/AI 데이터마이닝)과 새로운 기술 제공과 보급 플랫폼의 진화이자 조합이며, 현재는 문화 콘텐츠에 크게 의존하고 있다. 전 세계적인 커뮤니케이션 혁명과 함께 디지털 기술은 건축, 그래픽 아트의 실천뿐만 아니라 의류 등 상품의 디자인과 생산 과정에서도 수많은 창조적 생산과 제작 과정을 변화시켰다. 패션의 생산과 소비 공간은 놀랍지 않게도 디지털 기술의 영향을 받았으며, 이는 디지털 문화공간을 통해 공간적으로도 나타난다. 따라서 다음 장에서는 패션 생산공간을 고찰한다.

제7장

패션공간

거리에서 **패션쇼 무대**까지 패션은 디자인/디자이너 레이블과 고가 브랜드의 지배적인 위계를 나타내는 패션의 도시와 특별한 장소적 연관성을 가지고 있다. 물론 이러한 브랜드는 창립자(샤넬, 구찌, 매퀸, 프라다, 디올 등)와 함께 상당히 개인화되고 강하게 브랜딩된다. 브리워드와 길버트(Breward and Gilbert 2006)는 글로벌 패션에 대한 현대적 이해를 뒷받침하는 패션산업과 도시 성장 간의 복잡한 관계가 세계 패션 수도, 특히 파리, 뉴욕, 런던, 밀라노, 도쿄의 유동적인 네트워크를 중심으로 조직되었으며, 가장 크고 영향력 있는 패션 회사는 이러한 도시를 "중요하고, 미적으로 도전적이며, 기업가적이고, 사업의 중심"으로 간주한다고 주장한다(Chiles and Russo 2008, 7). 그 아래 '2차' 도시와 야심에 찬 패션도시도 이러한 도시 계층을 보완한다. 예를 들어, 모스크바, 빈, 베를린, 상파울루, 쿠웨이트시티, 케이프타운, 바르셀로나, 앤트워프, 델리, 멜버른, 시드니, 상하이, 홍콩, 뭄바이 등이 있다. 이 도시들은 최소한 자기 지역에서는 패션도시 지위를 확보하고자 열성적으로 노력하고 있다(Eicher

2010). '오래된' 문화적 형태로서 패션은 경제 성장과 혁신을 주도한다고 여겨지는 새로운 기술 부문과 비교해도 높은 가치를 유지한다. 이에 대한 지표는 2023년 1월 기준으로 세계에서 가장 부유한 사람의 순위에서 볼 수 있는데, 그는 프랑스인 베르나르 아르노Bernard Arnault로, 루이뷔통과 디오르 등의 패션 브랜드를 소유한 프랑스 명품 대기업 LVMH의 최고경영자이다. 그는 미국의 테슬라/트위터X 최대 주주인 미국의 일론 머스크를 제쳤다. 그러나 20세기 동안 위대한 패션 하우스의 소유권이 변화하면서 설립자/가족의 통제력이 감소하는 특징이 나타났다. "쿠튀리에(패션) 설립자와 소유권 사이에 이제는 재정적 일치가 존재하지 않는다"(Santagata 2004, 88). 설립자가 세상을 떠나면서 (샤넬, 매퀸) 브랜드와 주식 시장 가치는 동의어가 되었다.

패션 브랜드와 장소 브랜드는 일상과 화려한 공간에서 모두 상호 이익을 찾는다. 제6장에서 논의한 것처럼, 라이브 경험은 여전히 거래, 소비자, 미디어에 대한 매력을 유지하고 있으며, 모든 형태의 패션 콘텐츠와 유명인celebrity의 가치를 상승시킨다. 밀라노, 런던, 뉴욕, 파리의 4대 패션위크fashion week가 이제 일 년 내내 분산되어(런던은 4개, 뉴욕은 6개 패션위크를 개최) 피지에서 파나마까지 전 세계적으로 100개가 넘는 패션위크 이벤트가 개최되고, 플러스 사이즈와 생태 중심 테마에서 인도 고아Goa[32]의 비치웨어에 이르기까지, 나아가 아트 비엔날레의 확산에서도 볼 수 있는 **세계화**mondialisation의 한 사례이다(Evans 2011). 저자는 이 용어를 (진부한) **세계화**globalisation **이전**의 단계로 사용하는데, 현대의 국제 시장과 환경에서 생존하기 위해서는 패션위크 형식이 채택되더라도 많은 사례에서 국지적·지역적 정체성과 생산이 여전히 유지되기 때문이다(2023년 V&A에서 열리는 **아프리카 패션** 전시회와 라고스에서 열리는 아프리카의 '프리미어 패션위크' 세션). 코로나19 팬데믹과 여행 제한으로 인해 강제 폐쇄된 후 패션쇼로 복귀하면서, 초대자 목록에 없는 사람들을 위해 극장, 영화, 온라인 하이브리드 버전을 결합한 패션 하우스의 화려한 무대가 부활했다. 예를 들어, 디오르의 2021 패션쇼는 아테네의 7만 석 규모 파나티나이코 스타디움Panatheinaiko Stadium에서 불과 400명의 게스트를 위해 열렸고, 패션 저널리스트 카터몰리는 "패션쇼는 창의적인 예술이자 사업으로서 패션의 정체성을 상징한다"고 말했다(Carter-Morley 2021, 21). 국제적인 로드쇼이기는 하지만, 이 경우 현지 그리스 제작자도 전통적인 그리스 자카르jacquard 기술을 사용하여 직조한 작품을 제공하도록 의뢰했다. 구찌의 2023년 쇼는 경복궁에서 열린 화려한 패션쇼로 K-pop과 거리 문화, 급성장하는 고가 상품 시장(한국인은 매년 고가 상품에 평균 260파운드를 지출하며, 이는 세계에서 가장 높은 1인당 지출이다)을 기념하는 패션도시 강국으로서 서울의 지위를 굳건히 하고자 했다. 이는 궁궐의 의례 전용 안뜰에서 열린 최초의 패션쇼였다. 이 행사의 귀빈은 적절하게 이름이 붙여진 브랜드 홍보대사인 걸그룹 뉴진스의 하니였다. 또 다른 LVMH의 명품 브랜드인 루이뷔통의 패션쇼는 일본의 미호 박물관, 브라질의 니테로이 갤러리에서 열렸고, 서울에서는 잠수교에서 다시 열렸으며, 런던에서는 새로운 디자이너들이 거대한 옛 셀프리지 주차장과 올림픽 아쿠아틱스센터를 전부 사용했다. 아바타나 '디지털 마네킹'과 같은 가상현실VR과 CGI의 기회에도 불구하고, 최고급 패션은 진정한 문화적·일상적 공간을 찾아 끊임없이 스스로 틀을 형성한다.

    그러나 최근 브리워드와 길버트(Breward and Gilbert 2010)는 해외 생산자에 의존하는 패스트패션fast fashion 시스템이 시간, 장소, 패션 창의성 간의 전통적인 관계를 파괴함에 따라, 이러한 지리적 패션도시의 위계가 변화하고 있다고 주장했다(Ottati 2014). 이와 같은 변화는 온라인 패션 소매업과 소셜 미디어(인스타그램과 틱톡 '인플루언서')에 의해 가속화되었다. 물론 의류 생산은 아웃소싱과 해외 생산을 통한 국경 없는 세계화 경향에 의해 파편화되었으며, 지역 특성을 살린 지역 생산과 소비 사슬은 끊어지고, 소수의 패션 브랜드만이 디자인 하우스와 주요 소비자 시장이 있는 지역에서 제조한다(후자의 경우 중국과 다른 아시아 소비자는 고급 브랜드와 가짜 브랜드, 그리고 디자이너 아울렛을 통해 중심가 패션 트렌드를 찾음에 따라 이러한 상황이 변화하고 있다). 이로 인해 소비자의 시야에서 크게 가려진 복잡한 생산망과 공급망이 생성되었다. 디자인, 원자재(면, 양모), 가공과 마무리, 소매와 쇼케이스에 이르기까지 전자상거래와 현실-가상 하이브리드 판매를 통한 온라인 소비로 인해 더욱 복잡해졌다(Alexander and Alvarado 2017). 지속적인 저생산 비용 추구로 인해 국가들은 이 가치사슬에서 자리를 차지하다가 잃는다. 예를 들어, 포르투갈과 터키에서 베트남과 중국과 같은 국가로 생산이 이동하고 있다. 그러나 지속가능한 개발과 공정무역의 출현으로 지속가능한 디자인과 생산, 섬유 제조의 자국 생산onshoring, 농업(메리노 양), 재배가 아니더라도(맨체스터의 면화, 한때 **코튼폴리스**Cottonpolis로 알려졌다) 폐기물 재활용, 수선/재가공하는 공간(Evans 2018c)의 형태로 대응하면서 이러한 관행의 사회적·환경적 영향에 관한 관심이 뜨거워지기 시작했다. 블록체인 기술의 새로운 발전으로 공급망을 찾고 검증하고 원산지를 식별하기가 더 쉽고 투명해졌다(디자인 복사 가능성 감소). 특히 의류 라벨이 실제 원산지를 반영하거나 신뢰를 주지 못할 때 유용하다(Braddock, Clarke and Harris 2012). 예를 들어, 상하이에서 제조되었지만 이탈리아에서 '생산'된 것으로 추정되는 고급 브랜드나, 중국인에 의해 제조되었지만 이탈리아 제품인 브랜드가 있다.

의류는 아마도 가장 개인적인 문화적 산물, 즉 **두 번째 피부**일 것이다. 일부 문화는 사적으로 경험할 수 있고 취향이 반드시 공유되는 것은 아니지만(음악 감상), 패션과 액세서리(보석)는 기본적으로 실용주의적일 때조차도 일종의 표현과 정체성이다.

의류는 지위를 부여하는 상품이다. 가장 낮은 수준의 범주에 있는 의류도 일반적인 상품 범주보다는 위에 있으며, 경제학자들이 명명한 '지위재positional goods'로 기능하며, 그 가치는 다른 사람들이 가치 있다고 여기는 인식과 밀접하게 연관되어 있다(Raustiala and Sprigman 2006, 1718).

물질 기반의 문화적 실천에서 의류는 가장 전통적이고 흔한 문화산업 중 하나이며, 세넷이 관찰했듯이(Sennett 1997) 현대 세계에서 시선과 외모가 중요한데, 곤잘러스는 이를 구조적으로 현대적인 공간과 역사적인 문화적 이상(Gonzales 2010)의 조합에 기인한다고 주장했다. 패션은 또한 공예/수공예와 대량생산/패스트패션의 극단 등 다른 예술/창조적 형태에 존재하는 사회적으로 구성된 고급 예술/대중문화의 변증법을 반영하며, 다른 주요한 구별 방법도 있다. 예를 들어, 창조산업의 분류에서 '디자이너 패션'은 정부의 정의, 창조경제와 고용의 측정에 포함되지만, 다른 유형의 패션 생산과 활동은 포함되지 않는다(DCMS 2001; Bakhshi, Frey and Osborne 2015). 경제활동에 '창조적 또는 비창조적'을 귀속시키는 것은 현실을 너무 축소시키는 모험이 될 수 있다. "러시아 인형을 여는 것과 비슷하다. 패션의 단계가 일단 중심에서 제거되면 무정형의 실체로 나타난다"(Galloway and Dunlop 2007, 29). 공간적·문화적으로 하청 공장과 거리/대중 문화, 그리고 디자인 하우스, 고급 패션 소매점, 박물관에서 표현된 **오트쿠튀르**haute couture* 사이의 관계는 우리가 인식하는 것보다 더 가깝다.

---

* 역주: 최상급의 맞춤복 패션 디자인 제작물

거리에서 무대로

영화, 음악, 출판과 같은 문화산업은 점점 더 집중화되고 있으며, 전체 산업 생산의 상당 부분을 소수의 기업이 차지하고 있지만, 디지털 경제가 확산됨에 따라 이러한 과점 현상은 희석되고 있다. 물론 기술 부문 자체는 그렇지 않다. 반면에 패션산업 전체의 집중도는 비교적 낮으며, 다양한 규모의 많은 기업이 독창적인 디자인을 생산하고 마케팅하고 있지만, 인수합병을 통한 집중은 고급 브랜드 지주사(프랑스 LVMH와 케링Kering)에서는 분명하다. 단일 기업 또는 소수의 기업집단이 전체 산업 산출량의 상당 부분을 차지하지는 않는다. 그러나 1980년대 후반부터 고급 브랜드들이 개인 소유의 가족 운영 회사에서 글로벌 대기업으로 상장하고 진화함에 따라, 쿠튀르 또한 로고가 새겨진 립스틱, 향수, 핸드백 등을 대중에게 판매하는 브랜딩을 시작했다(Thomas 2004). "[타미힐피거Tommy Hilfiger의] 친숙한 엠블럼이 박힌 아기 옷부터 일회용 카메라까지 모든 것"(Wolfson 2023).

패션은 고도로 상품화된 문화적 형태와 마찬가지로 시장 구별짓기를 하고 이를 유지하기 위해 노력해 왔으며(Bourdieu 1984), **오트쿠튀르**, 기성복(**프레타포르테**/레디투웨어)에서 고급 의상(하이스트리트)/일상복, **스트리트**웨어, 패스트 패션, 중고/빈티지에 이르기까지 카테고리에 따라 특성이 다르지만, 브랜드/가격 차별화가 있는 이러한 구분에는 불투명한 중복이 있다. 이 위계(매슬로 Maslow의 욕구위계에 따라 모델링되었다, Doeringer and Crean 2006; Raustiala and Sprigman 2006 참조)는 현대에 이르러 적절히 위계화되었지만(그림 7-1), 소위 명품 브랜드는 점점 중간 패션과 패스트패션 부문을 연결하고, 적절한 거리문화와 대중문화를 연결하여 시장 도달 범위와 매출을 확대하고 브랜드 정체성을 확장한다. 이 과정에서 점유되고 제조되는 패션공간은 이러한 구별을 반영

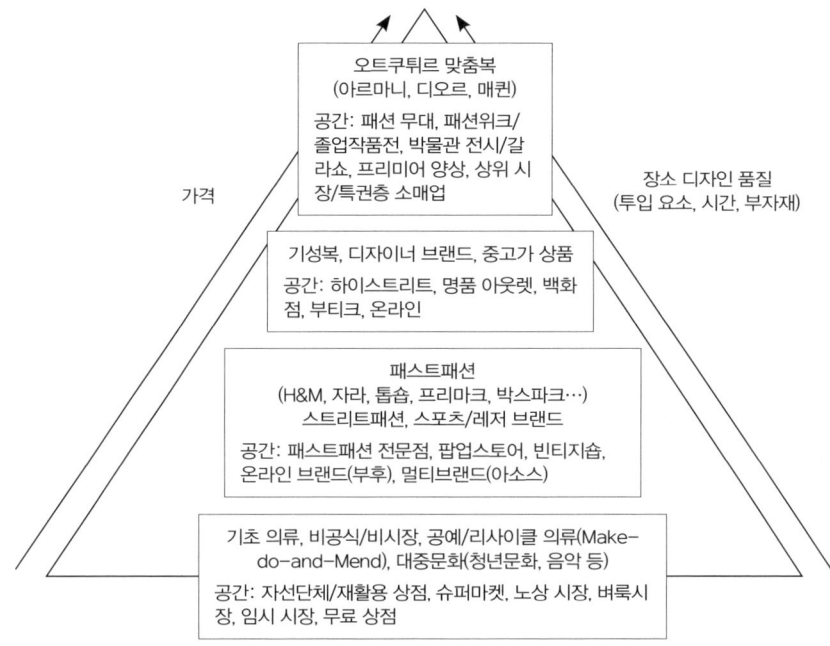

〈그림 7-1〉 패션의 위계와 패션공간

하고 초월하기도 한다.

　오트쿠튀르는 박물관과 영화(시사회, **레드카펫**)와 같은 미디어와 특별한 공생/아첨의 관계를 맺고 있다. 왜냐하면 대중은 다년간의 패션쇼와 관련 이벤트, 언론보도, 주요 도시의 소수 고급 매장을 제외하고는 하이패션에 대한 접촉이나 경험이 거의 없기 때문이다. 소비자와 패션 애호가들은 예전에는 '윈도쇼핑window shopping'이라고 불렸을 만한 것을 실천하면서 생산 사슬의 하이스트리트와 기성복 단계를 통해 직접 경험한다. 여기서 오트쿠튀르의 유사 복제품이나 하위 브랜드 버전이 대중 시장에 출시되고, 이 과정은 패스트패션과 합법적이든 짝퉁이든 디자이너 복제품을 통해 더욱 복제된다. 많은 패션 디자인 회사는 피라미드의 여러 단계에서 운영된다. 예를 들어, 조르조 아르마니Giorgio Armani는 쿠튀르 의류, 조르조 아르마니 라벨을 통해 마케팅되는 프리미엄 기성복 컬렉션, 아르마니 콜레지오니와 엠포리오 아르마니 브랜드를 통해 마케팅되는 차별화된 중간 라인, 그리고 아르마니 익스체인지 브랜드를 통해 쇼핑몰에 유통되는 '더 나은 의류' 라인을 생산한다. 제품 범주 간의 경계는 소위 오트쿠튀르가 패스트패션 소매업과 만나면서 점점 더 모호해지고 있다.

9월의 어느 활기찬 금요일 밤, 파리의 세련되고 힙한 사람들이 퐁피두 센터의 옥상 레스토랑에 모여 패션계의 가장 멋진 새로운 협업을 축하했다. 카를 라거펠트Karl Lagerfelt[샤넬 디자이너, 자체 브랜드 디자이너]와 H&M이 협업한 것이다. 라거펠트는 스웨덴 소매업 체인을 위해 새로운 옷을 공개했다(Thomas 2004).

패션 브랜드는 또한 광고 디스플레이, 스폰서십(스포츠웨어, 유명인)은 물론 다른 제품의 브랜드 파생 브랜드spin-off(안경, 향수, 여행 가방)를 통해 이미지, 로고, 브랜드 이름이 부과되는 시각문화에서 널리 사용된다. 그러나 패션에서 나타나는 복사와 전유appropriation의 정도는 음악(샘플링), 출판(표절), 예술(위조)과 같이 소송이 많은 다른 문화적 관행에서는 용납되기가 어렵다. 따라서 실제 패션 디자인 자체보다 브랜드 로고를 복사한 혐의로 고소당할 가능성이 더 높으며, 이는 이 분야의 현대적 가치체계에 대해 시사하는 바가 크다. 라우스티알라와 스프링맨은 패션 디자인에서 이러한 **해적행위의 역설**을 관찰했다.

패션 회사는 상표가 있는 브랜드의 가치를 보호하기 위해 상당한 비용이 드는 조처를 취하지만, 대체로 디자인의 전유를 삶의 사실로 받아들이는 것처럼 보인다. 디자인 복사는 가끔 불평을 받지만, '해적행위'로 공격받는 만큼 '오마주'로 찬양받는 경우도 많다(Raustiala and Sprigman 2006, 1691).

사실 소위 고전적 디자인은 다른 서양 예술 형식과 마찬가지로, 오랫동안 다른 '저급한 디자인'과 여러 면에서 더 창조적이고 변화무쌍한 문화적 원천에서 차용되어 왔다. 코언은 다음과 같이 주장한다.

가장 두드러진 문화적 융합의 사례는 … 세계의 중심지에서 나오지 않고 오히려 세계 주변부에서 나온다. 이는 주로 글로벌 스타일 트렌드의 현지화 시도를 보면 알 수 있다. 서양의 예술 스타일이나 형태와 제3세계 또는 제4세계의 지역 문화 요소의 융합이다(Cohen 1999, 45).

그러나 베이싱 에이프Bathing Ape의 '스트리트웨어streetwear' 브랜드(실제 '스트리트'와 혼동하지 말 것)의 창립자가 말했듯이, 일상 패션 아이템에 붙은 브랜드 로고의 부가가치가 그 지위를 보장한다. "내가 처음 시작했을 때 패션계가 스트리트 의류에 관심을 가지는 현상은 거의 충격적이었다. 이제는 그것이 정상이다"(Benigson 2014).[33] 그래서 그해 샤넬의 봄 파리 패션쇼에서 모델들은 물론 브랜드가 새겨진 운동화를 신었고, 보석과 자수로 맞춤 제작했고 장식했다. 미국에서는 창립자의 이름과 같은 의류 브랜드인 타미힐피거는 브랜드 주도의 홍보와 정체성이 우월함을 상징한다(힐피거는 실제로 패션 디자인 작업보다 마케팅과 커뮤니케이션 활동으로서의 브랜드에 더 열광한다고 인정한다). 1980년대 초반에 공장(팩토리)에서 만난 앤디 워홀Andy Warhol과 상징주의의 힘에서 영감을 받은 힐피거는 먼저 롤링 스톤스의 혀, 나이키의 스우시Swoosh 로고, 메르세데스의 별, 샤넬의 두 개의 'C'와 구찌의 두 개의 'G'와 같은 상징을 연구했다. 힐피거는 기존의 스포츠웨어(럭비 셔츠, 치노, 세일링 재킷, 깔끔한 사립학교 스타일)를 전유했다. 원래는 실용주의적인 의류에 상징적인 로고를 붙였지만, 1990년대 초반에 래퍼 등 미국의 젊은 흑인들이 이를 수용하면서 브랜드의 이중적인 열망의 지위가 확보되어 거리에서는 물론 부유한 백인 청소년들도 입었다. "거리의 청년과 래퍼들은 부유해 보이고 싶어서 옷을 입었다"(Wolfson 2023)—그리고 부유한 아이들은 멋져 보이기 위해 입었다. 수많은 부자 흑인 팝 음악 스타들이 자신의 패션 레이블을 브랜드화했고, 패션 하우스 디자인팀에 합류하기도 했다(퍼렐 윌리엄스Pharrell Williams에서 루이뷔통까지). 스트리트 디자인 자체는 거리예술과 유사하다(제8장). 이는 주로 라이선스가 없는 기존 패션산업과 브랜드에 의해 전유된다.

패션이 계급의 문제였을 때 부르주아지는 귀족을 모방했다. 그러나 20세기에는 더 이상 귀족에서 모델이 나오지 않았다. 1985년에 프랑스에서 **오트쿠튀르**로 분류된 상위 21개 하우스는 작업실에 2,000명의 노동자만 고용했고, 전 세계적으로 여성 고객은 3,000명을 넘지 않았다. 그러나 이러한 디자이너 브랜드는 더 이상 이익을 내지 못했지만, 표준화된 **기성복**prêt-à-porter, 액세서리, 향수, 가죽 제품, 식기, 펜 등을 넓은 시장에 판매하여 이익을 냈다. 1980년대 중반까지 이브생로랑Yves Saint-Laurent은 이익의 2/3를 로열티에서 얻었고, 피에르카르댕Pierre Cardin은 600개가 넘는 외국 라이선스에 의존했다(Sassoon 2006, 1367). "오트쿠튀르는 대중 시장에 판매하기 위한 마케팅 도구가 되었다"(Lipovetsky 2002, 89). 1950년대 이후로 패션은 위에서 시작되어 아래에서 퍼지는 형태로 분명하게 옮겨 갔으며(Crane 2000, 14), 유명인을 패션 트렌드의 전달자로 활용했지만, 모방은 여전히 남아 있었다(Gonzales 2010).

그러나 지멜 스스로 지적했듯이(Simmel 1971), 모방은 완전할 수 없다. 사회와 패션 모두 차별화를 요구하기 때문이다. 예를 들어, 부르주아지는 귀족을 모방했지만, 이전의 패션이 하층 계급으로 스며들었을 때 항상 새로운 패션을 도입하여 사회적 차이를 유지했다. 따라서 특정 패션 스타일이 주류에 어느 정도 수용되었을 때, 그 과정에 주도권과 이해관계가 있는 소비자는 새로운 스타일과 혁신을 채택하여 다시 차별화한다(Gonzales 2010). 이는 또한 스페인 패션 브랜드 자라Zara가 대표하는 **오트쿠튀르**에 대한 패스트패션의 주요 매력이다. 디지털 디자인과 제조(그리고 온라인 소매/소셜 미디어)로 인해 빠른 처리가 가능해졌으며, 패션 아이템의 유통기한은 문자 그대로 4~6주로 단축되었다.

패션화하는 박물관

물질문화로서의 패션은 박물관에서, 그리고 패션지구와 이벤트 주변의 장소 만들기를 통해서도 갈수록 주목을 받고 있다. 민속예술과 국가 상징 의복에서 황실에 이르기까지 의복과 역사 유물이 박물관 컬렉션에 오랫동안 등장해 왔지만, 전문 패션 박물관이 개장하여 현대 패션과 스타일, 패션 아이콘, 패션 시대와 장소(카나비스트리트Carnaby Street, 스윙잉 런던Swinging London, Breward 2004)에 대한 대중의 관심과 학술적 작업을 시작했다. 패션과 다른 대중문화, 특히 음악(데이비드 보위)[34], 연극/무용(댜길레프Dyagilev), 예술(프리다 칼로Frida Kahlo)과의 관계는 큐레이터와 박물관 프로그래머에게 풍부한 연결고리를 제공했다. 살아 있는 패션 디자이너는 런던의 V&A와 뉴욕의 메트로폴리탄 미술관Met에서 열리는 주요 전시회에서 자주 기념되며, 회고전은 가장 많은 관람객이 모이는 전시회 중 하나이다. 예를 들어, V&A에서 열린 **디오르**(관객 60

만 명), **매퀸**(50만 명), 디자이너 샤넬, 라거펠트, 돌체앤드가바나Dolce & Gabbana의 작품을 선보인 '천체: 패션과 가톨릭의 상상력Heavenly Bodies: Fashion and the Catholic Imagination'(관객 160만 명)은 메트로폴리탄 미술관의 '블록버스터' 피카소, 모나리자, 인상파, 투탕카멘 전시회를 능가했다. 물론 메트로폴리탄 미술관은 '패션계 최대의 밤'으로 불리는 갈라쇼를 개최하는데, 이는 미술관 자체를 위한 명목상의 모금 행사(패션 브랜드가 후원)이며, 패션 업계의 유명 인사나 패션 리더와 함께 영화, 팝, 스포츠 스타가 참석한다. 그러나 현실은 많은 패션 생산이 숨겨진 채로 남아 있다는 것이다. 해외 주요 패션도시의 착취적 생산의 불편한 진실뿐만 아니라, 위그노Hugenots(실크 직조)부터 유대인 재단사와 의류 회사에 이르기까지 이주자 커뮤니티의 기여가 과소평가되는 곳도 있다. 휘트모어Whitmore가 언급했듯이, "유대인 디자이너와 제작자가 기성복산업을 확립하는 것부터 1960년대 카나비스트리트와 같은 패션 메카를 지배하기에 이르기까지 패션산업의 모든 단계에서 미친 영향을 인식하는 사람은 거의 없다"(Addley 2023, 13). 1900년대 초반 런던으로 이주한 유대인 이민자의 약 60~70%가 '저가 의류산업rag trade'에서 일했으며(뉴욕에서도 비슷한 비중의 유대인이 의류 무역에서 일했다), 1950년대에는 방글라데시와 파키스탄 이민자들이 뒤를 이었다. 성공적인 브릭레인Brick Lane 식당 주인이 브릭레인 의류 공장에서의 직장 생활을 회상했듯이, "우리는 데번햄스Debenhams와 셀프리지Selfridges 의류를 많이 취급했다. 글쎄, 그것이 전통이다. 이스트엔드에서 생산, 웨스트엔드에서 판매"했다.[35] 런던 도클랜드 박물관에서 열린 전시회 '패션도시: 런던의 유대인은 어떻게 글로벌 스타일을 형성했을까'에서 패션의 문화적 기여를 기념했다. 하지만 유대인 기업과 디자이너가 영화, 음악, 스포츠 스타와 왕족을 위해 만든 상징적인 패션 아이템은 아직 확립되지 않았고, 기존 박물관 컬렉션에 보관되거나 귀속된 것도 거의 없다. 물론 미국에서는 레비스트로스와 랠프 로런에서 캘빈 클라인에 이르기까지 여러 패션 디자인 아이콘이 유대인이었다.

현대 패션의 박물관화는 문화적 브랜딩이 박물관과 패션 브랜드 모두에 의해 채택된 이 시기에 예술 형태로 진지하게 받아들여지기를 바라는 열망과 욕구로 볼 수 있다. V&A의 주요 전시회는 1851년 만국박람회 이후 설립의 문화 외교의 미션을 더욱 발전시키면서 전 세계를 순회한다(Evans 2020c, 제3장). 오늘날 큐레이터는 미술대학, V&A와 테이트모던과 같은 박물관에서 근무하며 패션 회사가 전시, 연구, 아카이브를 후원하는 혜택을 받는다. 이는 패션 브랜드 박물관 전시회의 성공과 미래 박물관 컬렉션의 원천을 고려할 때 놀라운 일이 아니다. "소매업체가 이제 목표 고객에게 매장 내 경험도 제공해야 한다"(Servais, Quartier and Vanrie 2022)는 경험적 혁명(Pine and Gilmore 1998)의 초기 징후는 주요 패션 매장의 변신에서 볼 수 있다. 문화와 소비의 복합은 뉴욕 소호 지구에 있는 구겐하임 미술관에서 새로운 정점에 도달했다. 네덜란드 건축가 렘 콜하스Rem Koolhaas가 디자인한 새로운 프라다 매장은 도쿄와 샌프란시스코의 새로운 매장을 예고했다. 이 모두가 '프라다 유니버스Prada Universe'의 일부이다. 콜하스에 따르면, 이는 소비와 문화를 융합하기 위해 쇼핑의 즐거움, 커뮤니케이션 아울렛의 개념과 기능을 재구성하는 데 도움이 될 것이다. 매장은 엔터테인먼트와 문화공간이라는 두 가지 역할을 수행하며, 공연을 위해 천장에서 바닥까지 펼쳐진 무대가 있는 저녁 극장으로 변신한다(Evans 2003a, 434). 매장은 "단순한 소비가 아닌 상호작용과 탐험을 장려하는 사회적 실험실로 구상되었다. 쇼핑객은 극장, 거래소, 박물관, 거리의 요소를 빌린 환경에서 '연구자, 학생, 환자, 박물관 관람객'이 될 것이다"(Emerling 2001). 그러나 프라다와 콜하스의 과대 선전과 오만함은 실현되지 않았다. 오히려 새로운 혁명인 온라인 쇼핑과 인근의 실제 박물관(MoMa와 박물관 소매점)

〈그림 7-2〉 패션섬유박물관, 런던
출처: 저자 사진.

과의 경쟁, 그리고 프라다 매장이 문을 연 해 9월에 일어난 쌍둥이빌딩 테러와 같은 비극적 사건으로 인해 훼손되었다.

　21세기에는 벨기에 플랑드르(플랑드르 지역은 직물 제조의 오랜 전통이 있다)에 있는 안트베르펜(Pandolfi 2015), 하셀트, 그리고 런던에 전문 패션 박물관이 설립되었다. 디자이너 잔드라 로즈Zandra Rhodes가 2003년에 멕시코 건축가 리카르도 레고레타Ricardo Legorreta가 설계한 화려한 건물에 패션섬유박물관을 열었다. 이 건물은 사우스런던 버몬지Bermondsey의 칙칙하고 좁은 거리에서 뚜렷한 존재감이 있다(그림 7-2).

　이 박물관은 현재 이스트런던 뉴엄Newham에 있는 고등교육대학에서 운영하고 있다(고급 브랜드나 주요 후원자가 없는 경우). 뉴엄은 이스트런던 지역으로, 주로 2012 런던올림픽과 주요 소매업 중심 개발(웨스트필드 쇼핑센터)의 결과로 대대적인 재개발을 거쳤으며, 패션지구가 성장하고 있다. 여기에는 **올림피코폴리스**Olympicopolis 프로젝트의 하나로 2023년 옥스퍼드스트리트 중심부에서 스트랫퍼드의 이스트뱅크로 이전한 런던패션대학 등이 있다.

　개인 소장품을 기반으로 한 현대 패션 박물관들은 1960년대부터 문을 열었다. 예를 들어, 원래 디자이너이자 수집가인 도리스 랭글리 무어Doris Langley Moore의 소장품을 기반으로 한 영국 서부의 배스 패션 박물관Fashion Museum Bath이 있다. 이 박물관은 현재 어셈블리룸Assembly Rooms에서 도심의 옛 우체국 부지로 이전할 계획으로 문을 닫았고, 아카이브는 록스브룩Locksbrook에 있는 배스 스파 대학교로 이전되었다. 대학과 무역 협회의 아카이브(핸드백, 모자) 등 주요 박물관과 아카이브가 아닌 대부분의 패션 컬렉션은 '유산' 신발 브랜드인 바타Bata(토론토)와 클락스Clarks(영국 서머싯)부터 빌라와 세련된 맨션의 명품 브랜드 전시장(피렌체의 구찌, 페라가모, 파리의 디오르, 이브생로랑,

 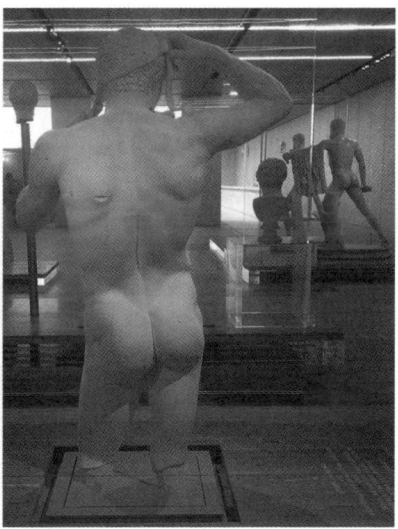

〈그림 7-3〉 파리 LVMH 박물관과 밀라노 프라다 박물관
출처: 저자 사진.

스페인 바스크 지방의 발렌시아가)에 이르기까지 패션 하우스 컬렉션에 속해 있으며, 패션도시로서의 지위를 강화한다(Jansson and Power 2010).

본질적으로 창립자의 허영 프로젝트인 패션 브랜드 박물관은 LVMH의 파리 신박물관(구 볼링장), 파리 외곽의 카르티에 재단, 밀라노의 프라다 재단(디스틸러리 부지에 건립)(그림 7-3)에 이르기까지 예술과 상업, 자선 활동, 문화적 인정을 기념하는 곳이기도 하며, '문화 기관은 무엇을 위한 곳인가?'라는 질문을 던진다. 이것이 오늘날의 핵심 질문이다. 우리는 문화가 매우 유용하고 필요하며 매력적이고 참여적이라는 사고를 받아들인다. 문화는 우리의 일상생활에 도움이 되어야 하며, 우리와 세상이 어떻게 변화하고 있는지 이해해야 한다. 세상은 테슬라 박물관이나 머스크 박물관처럼, 창립자의 웅장한 은하계적인 비전을 기다리고 있다. 그러나 이러한 패션 회사의 재단은 의류가 아닌 **예술**을 전시한다는 점은 흥미롭다. LVMH 박물관은 프랭크 게리Frank Gehry가 12개의 파사드가 있는 기울어진 배와 비슷하게 설계했지만, 어린이 놀이 공원에 인접한 **불로뉴의 숲**Bois de Boulogne에 입지하고 있다. 반면에 게리는 이것이 아이러니라는 지각도 없이 "아무도 공원에 침입하는 것을 원하지 않았다"라고 주장했다(Gehry 2014, 257).

패션지구

패션도시는 내생적이고 수입/수출된 인재, 브랜드, 시장을 모두 결합하여 국제적인 지위로 정체성을 가지지만, 패션 생산은 많은 문화산업처럼 상당히 지역화되어 있다. 공방-아틀리에가 주로 있는 이곳은 디자이너가 "환상과 상상력을 통해 작업 환경을 해독하고 … 사회와 역사에 대한 견해를 통해 고유한 연결을 실현하는" 곳이다(Chiles and Russo 2008, 5; Maramotti 2000). 따라서 패션 제품은 독특한 특성이 있으며, "커뮤니티나 사회집단에 참여하고 문화산업지구의 생산적 분위기에 몰입하는"(Santagata 2004, 79), 두 가지 방식으로 경제적 행동에 영향을 미친다고 설명할 수 있다. 패션지구에는 디자인 및 제조 클러스터와 관련 소매업, 쇼케이스 등이 입지한다. 이 지구는 재료 가공, 제조, 마무리, 중간 도매와 소매, 그리고 디자인과 혁신이 관련된 다양한 단계의 산업이 규모와 차이(부티크, 디자이너, 고급 시장, 대량생산/소매 등)에 의해 구분되고, 다중심적 클러스터 전체에 분산되어 있어 단일 중심적인 경우가 드물며, 느슨하고 최소한의 관계, 즉 강력한 생산 사슬의 연계를 형성한다. 예술과 디자인 기관, 박물관, 노상 시장과 관광의 영향을 고려하면, 패션지구는 패션의 창조 생산 사슬의 한 요소일 뿐이며, 실제로는 소기업, 디자이너와 수공예 지향적 생산에 초점을 맞추고 있다. 이탈리아 북부 에밀리아로마냐주와 같이 전통적인 제작자에 뿌리를 두고 있든, 패션과 섬유 유산이 있는 탈산업 지역의 재생을 중심으로 구축된 새로운 경제발전의 일부이든 마찬가지이다. 따라서 패션지구에 대한 사례 연구와 문헌은 산업, 문화, 창조 클러스터에 대한 연구(Gong and Hassink 2017), 재생과 장소/도시 브랜딩(Kavaratzis, Warnaby and Ashworth 2014), 유산지구(Shorthouse 2004)에 관한 연구를 특징으로 하며, 이러한 패션 활동이 상징적 경제와 정치경제에 모두 중요하다는 것을 보여 준다(Zukin 1995).

예를 들어, 노마 랜티시(Rantisi 2002)가 분석한 뉴욕의 의류지구는 생산과 혁신의 다중심적 성격(그림 7-4)을 강조한다. 저비용/저임금 공장, 패스트패션이 **오트쿠튀르**, 도심의 고급 소매점, 브랜드와 공생적으로 공존하고, 예술 및 디자인 기관과 쇼케이스가 있으며, 다양한 문화산업 기업이 모두 가까이에 위치하여 불투명한 생산 사슬을 보완하고 완성한다.

패션산업 집중도에서 뉴욕에 이어 두 번째인 로스앤젤레스는 할리우드 영

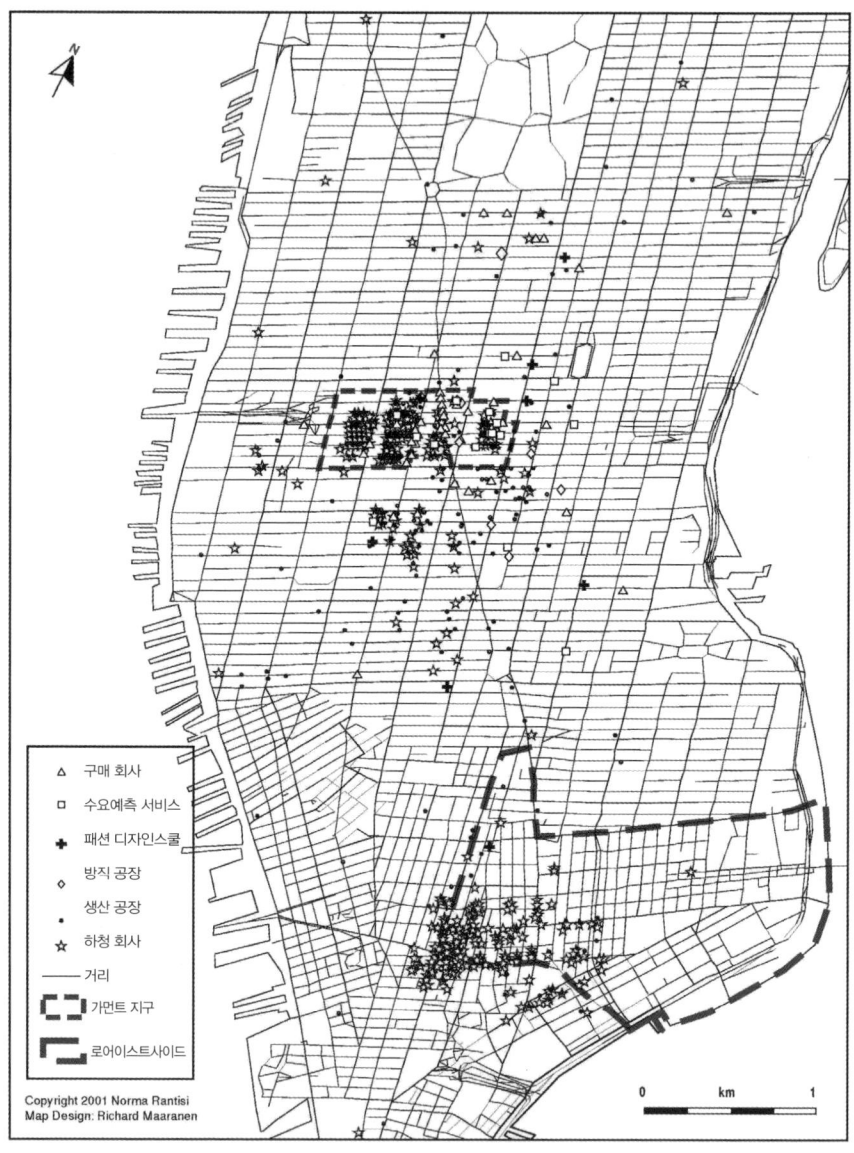

〈그림 7-4〉 뉴욕시 패션 디자인 생산 시스템
출처: Rantisi(2002, 595).

화, TV 부문과의 연계와 근접성에서도 혜택을 받고 있다. 이 두 도시는 도매의 46%, 제조의 50%, 디자인의 43%를 차지하여 미국 패션산업을 지배하고 있으며, 가장 가까운 경쟁자인 마이애미와 시카고는 이 부문에서 각각 5%와 4%만을 제공한다. 여기의 패션 시스템은 다른 탈산업도시(이러한 측면에서 '탈산업'은 산업 생산이 여전히 명백하므로 잘못된 명칭이다)와 마찬가지로 디자인 중심의 '인지-문화 경제'로 이동했지만(Scott 2014), "혁신과 예비 생산 과정에 필요한 재료와 중간재를 공급하는 생산도 중요하다. … 패션이 샘플과 고급 디자인 컬렉션을 위한 적시just-in-time 원자재와 생산의 필요성과 관련이 있다"(Williams and Currid-Halkett 2011, 3043; Rantisi 2002).

　이러한 이중 패션 생산(과 소비) 시스템은 런던의 패션지구에서도 분명하게 드러난다. 계획의 통합, 소비자 협력, 시각적 일관성을 피할 수 있을 만큼 충분히 떨어져 있는 이스트런던 내외부의 소위 저임금 의류 공장은 웨스트엔드와 런던 중심부의 디자인 하우스, 고급 매장, 패션 기관과는 표면적으로는 연결되어 있지 않다. 그러나 지역 기반 재생, 창조기업의 집적, 주택과 작업공간 비용의 격차가 커지면서(제5장) 독립 디자이너와 생산 기능이 동쪽으로 이동함에 따라, 패션 디자인 과정과 제조 공급망은 공간적·문화적으로 더 뚜렷해졌다. 이러한 저임금 의류 공장은 항상 웨스트엔드와 적시생산 패션쇼 무대에 공급해 왔지만, 이제 독립 디자이너, 학생 스타트업, 대학원생, 부티크, 이벤트 공간/갤러리, 디지털 디자인, 제조와 같은 새로운 작업공간과 시설이 추가되었다. **디자이너** 패션과 **일반** 패션 간의 잘못된 구분은 집적이 분명한 시티 프린지에 위치한 회사의 분포 지도에서 잘 드러난다(그림 7-5). 이 클러스터는 동쪽의 신생 패션지구를 연결하고 향상시킨다.

　2016년 초에 이 지역의 패션 소매점, 디자인, 제조, 유통, 광고에 직접 고용된 사람은 3만 6,200명으로 2010년 이후 1만 900개 이상의 일자리가 증가했

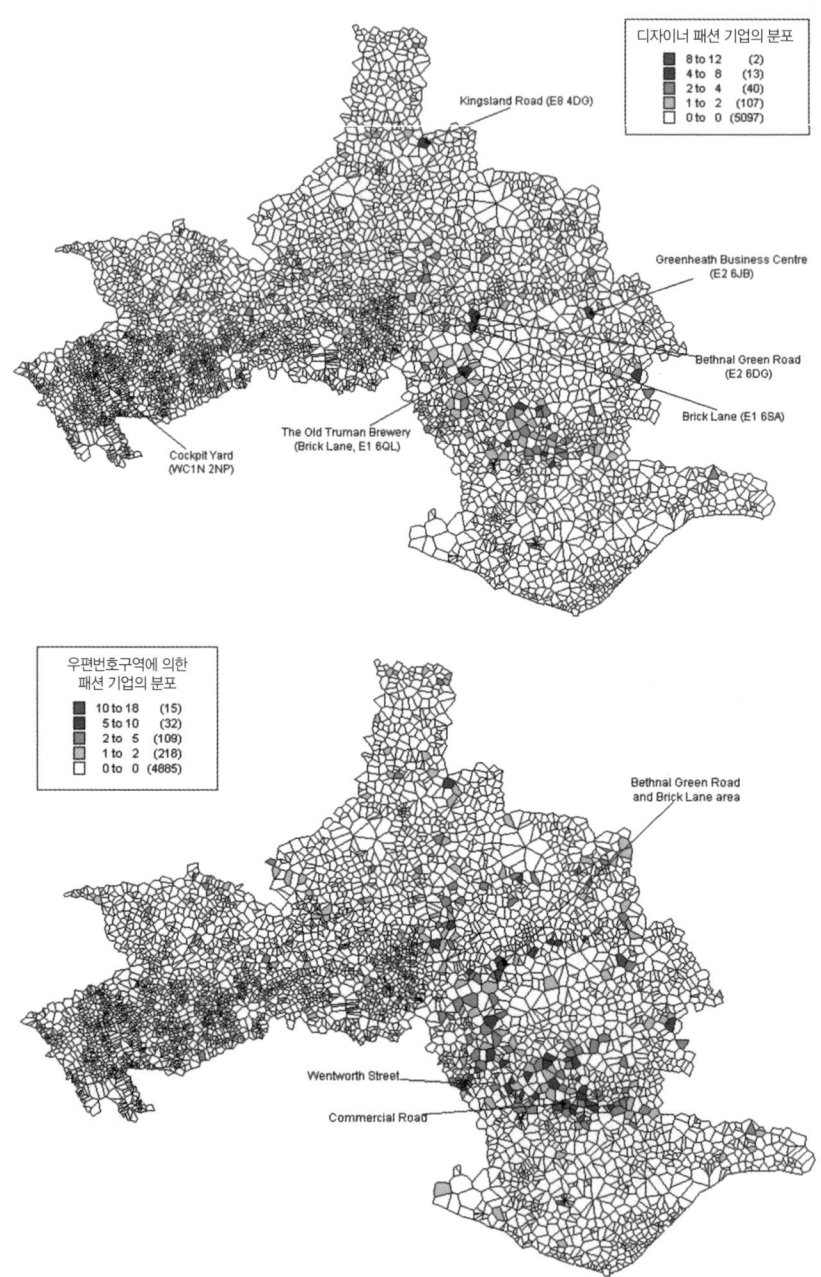

〈그림 7-5〉 시티 프린지의 디자이너 패션과 패션 기업의 집중

다. 이스트런던은 런던 전체의 패션 기업과 고용의 1/4 이상의 본거지이므로 런던의 패션 디자인, 판매와 제조 부문의 성장을 주도하고 있다. 패션 클러스터의 중요성은 10년 전 런던시와 이스트런던의 경계를 연결하는 시티 프린지 지역을 도시의 창조 허브 중 하나로 지정하면서 확인되었다. 이는 당시 런던 개발 기관인 크리에이티브 런던(Foord 2013; LDA 2003)이 추진한 공간 전략이다. 따라서 **디자이너 패션**과 (일반) **패션**은 작업공간, 트루먼 브루어리Truman Brewery와 같은 전시/쇼케이스 시설, 브릭레인Brick Lane, 베스널그린Bethnal Green과 같은 전문 상업 거리, 일반적인 동네 소매 거리, 시장 주변에 모여 있는 다양한 창조·문화 산업과 집적/공존한다. 한편, 옥스퍼드스트리트의 소매점과 관광 산책로를 중심으로 한 웨스트엔드는 온라인과 교외 쇼핑으로 인한 주요 거리의 전반적인 쇠퇴, 코로나19 팬데믹, 그리고 가장 중요한 상징적인 패션 기관인 런던패션대학(현 런던예술대학교)의 임박한 손실로 인해 하락 추세를 이어 가고 있다. 이 대학은 2023년 이스트런던의 스트랫퍼드에 있는 새로운 건물로 이전했다(그림 7-6). 2012 런던올림픽 공원 부지에 있는 이스트뱅크 개발회사(이전 명칭 올림피코폴리스)의 일부이자 인근 패션지구의 일부이다(제3장 참조).

이스트런던 패션지구(기본적으로 잔여 제조와 디자이너 제작 커뮤니티의 리브랜

〈그림 7-6〉 런던패션대학, 옥스퍼드스트리트와 스트랫퍼드, 이스트뱅크
출처: 저자 사진.

딩)는 지역 기반 재생, 지역 레벨업36, 그리고 활기찬 19세기 산업 지대이자 혁신의 원천이었던 지역인 동쪽으로의 이동의 조합으로 볼 수 있다. 예를 들어, 재료(초기 플라스틱인 파크신)와 무기고/군수품(엔필드 소총) 부문 혁신의 원천이다. 오늘날 로어리밸리Lower Lea Valley로 알려진 이 넓은 지역에는 이미 다른 영국 지역보다 더 많은 섬유 회사가 있다. 다른 영국의 지역은 일반적으로 영국의 북부, 특히 요크셔와 맨체스터(영국 북서부)의 대규모 제조와 동일시된다(RSA/UCL 2018). 다른 도시와 마찬가지로, 대체로 숨겨진 제조와 가공 클러스터는 넓고 중심적인 도시의 패션 생태계를 제공하며, 효과적으로 주류 패션 브랜드, 매장, 소규모 공방, 디자이너와 대규모 제조를 연결하는 벨트이다. 이 정도로 작은 지역을 패션지구로 지정하는 것은 이러한 관계를 과소평가하는 경향이 있지만, 창조 생산 사슬의 한 부분, 더 눈에 띄고 시각적인 부분에 주의와 투자를 집중하려는 정치적 욕구에 부합한다(BOP 2016; Vecchi and Evans 2018). 이러한 역사적 배경은 재생의 광범위한 스칼라 서사scalar narrative에서 역할을 한다(Gonzales 2006).

국가 재생, 지역주의와 연관된 인센티브에 의해 주도되는 주요 문화 기관과 시설의 전략적 이전은 문화 장소가 어떻게 고려되고 창조되는지에 대한 중요한 질문을 제기한다. BBC가 런던 서부의 화이트시티에서 북서부의 솔퍼드로 이전한 사례, 덴마크 방송국 DR과 IT 대학교가 코펜하겐 중심부에서 새로운 위성도시의 확장인 외어스태드Ørestad로 이전한 사례(City of Copenhagen 2003), 바르셀로나의 포블레노우로 이전한 포브라파브라대학교와 **아라비안란타**Arabianranta 산업지구로 이전한 헬싱키 예술디자인대학교와 같은 새로운 재생 지역으로 이전한 예술·디자인 대학의 통합은, 새로운 문화 생산 지역이 인정받고, 지역 문화 생태계와 연결되는 데 걸리는 시간과 원래 위치와 동일한 수준의 상징적·문화적 가치를 달성하는 데 걸리는 시간에 관한 사례이다. 그러나 이전 지역, 지역 문화 경제와 일상생활에 미치는 영향, 강제 이전 (이전할 수 없거나 의향이 없는 직원)으로 인해 발생한 손실과 피해에 관한 연구나 정책은 거의 없었다. 원래 경작지였던 런던의 화이트시티의 경우, 1908년 올림픽과 1908~1914년 기간에 연이은 만국박람회(국제 엑스포의 전신, 제3장)가 열렸지만 제1차 세계대전으로 인해 중단되었다. BBC 센터는 1908년 올림픽의 유산인 화이트시티 스타디움 부지에 1990년에 건설되었다가 1984/1985년에 해체되었으며, BBC 텔레비전센터와 BBC 라디오스튜디오 등 관련 시설이 들어섰다.

2011년에 센터와 대부분의 다른 스튜디오가 솔퍼드의 **미디어시티UK**로 이전하면서 직접 고용뿐만 아니라 패션/액세서리, 의상 및 세트 디자이너와 제작자 등 광범위한 2차 고용과 공급업체도 함께 이전했다. 이러한 활동의 대부분은(일부는 BBC 직원이지만 전부는 아니다) 새로운 위치로 이전되었거나 공급되었지만, 고용의 순이익은 미미했다. 이러한 문화적 이전에 대한 평가는 미디어/방송과 IT 활동에 국한되었으며, 패션과 공예 부문의 고용(Scott 1997; Rantisi 2002)**37**에서 광범위한 제작 사슬과 이 지역에 배태된 다층적 역사는 무시되었다. 화이트시티 부지의 새로운 점유자로는 '크리에이티브'를 위한 사설 회원 클럽인 소호하우스Soho House(대부분의 '크리에이티브'가 이전했다는 점을 고려하면 아이러니하다)와, 문화나 창조 분야에 종사하는 것이 아니라 화학을 전공하는 임페리얼칼리지Imperial College의 새로운 교수진이 있었다. 다른 사례는 코펜하겐으로 확장된 외어스태드로, 현대 건축 사무실과 소매업 블록, 새로운 학교와 주택, 이전된 테크 대학과 덴마크 방송 시설이 선형으로 배열되어 있다. 여기에서 개발자들은 낡은 건물과 지역과 관련이 있는 문화 활동을 복고적으로 맞추려고 했으나retro-fitting, "인프라 시설만으로는 새로 건설한 주택에서 실제 생활을 창조할 수 없다"는 점을 인정한다. 놀랍지 않게도 예술가와 디자이너들은 이 새로운 지역에 자리를 잡는 것을 꺼렸고(Evans 2009b), 덴마크 패션 하우스, 디자인 센터, 대학은 도심과 역사적인 쇼케이스 장소(시청)에 그 입지를 유지하고 있다.

건축유산을 상당 부분 보존한 이전(또는 남아 있는) 패션·섬유 지구는 역사적 연관성과 환경을 바탕으로 젠트리피케이션과 재개발을 위한 주요 지역이기도 했다. 이러한 지역 중 많은 곳이 고부가가치 창조산업과 고차 생산자 서비스(미디어, 건축, 디자인 스튜디오), 노팅엄의 레이스마켓Lace Market(Shorthouse 2004)과 같은 주택과 소매 활동에 의해 재점유되었지만, 다른 지역은 대규모 지역 제조(섬유 포함)의 구조적 변화를 통해 부상했다. 예를 들어, 바르셀로나의 포블레노우 지구는 '지중해의 패션쇼 무대'로 새로운 패션 경제를 통해 재창조되었고(Chiles and Russo 2008), 헬싱키의 아라비안란타 대학—창조산업지구는 이전 아라비아 도자기 공장단지에서 개발되었다(Evans 2009b). 다른 지역에서는 규모가 작아 패션지구가 약하게 시작되었다. 규모가 작은 경우는 장소에 더 많이 뿌리를 내리고 있으며, 지역 예술 아카데미(안트베르펜, 마스트리흐트)를 졸업한 독립적인 디자이너—메이커와 연결된 소규모 패션 기업이 입지한다. 이러한 기업과 디자이너는 운영하는 소셜 네트워크와 도시 환경(Aage and Belussi 2008)에 의존하며, 패션 블로깅, 의류 공동 디자인, 개인맞춤화, 공유 소비 관행에 대한 지역 주민의 적극적인 참여에 의존한다. 예를 들어, 네덜란드 아른험Arnhem의 경우는 본질적으로 빈곤한 노동자 계층 지역인 클라렌달Klarendal의 도시재생 프로젝트였으며, 이 도시는 아트EZ 예술연구소의 패션 디자인 부서와 성공적인 패션 디자이너 동문, 도시 내 패션 소매업과 브랜드의 지역 본사를 통해 기존 패션산업의 뿌리를 가지고 있었다. 2005년 이후 창조 부문에서 50개 이상의 일자리가 창출되었으며, 최대 150개의 소규모 생산을 조직할 수 있는 샘플 공방이 있다. 아른험 패션 커넥션Fashion

Connection은 아트EZ의 패션 부서와 직업훈련 기관인 라인아이셀RijnIJssel 간의 긴밀한 협력을 목표로 한다. 패션쇼/패션 나이트 이벤트, 아른험에서 교육받은 패션 및 제품 디자이너가 장식한 20개의 객실을 갖춘 패션·디자인 호텔인 모데즈Modez가 있다(Jacobs 2014).

패션의 유산

당당한 세계 패션도시 밀라노에서, 그림 같은 운하 옆 클러스터인 티체네즈Ticenese 패션지구는 젠트리피케이션, 교통 인프라와 거대 프로젝트, 특히 밀라노 2015 엑스포(제3장 참조)로 인한 광역도시 개발에 직면하면서도 지금까지 살아남았다. 패션과 디자인(가구/인테리어)의 도시에서—매년 열리는 **디자인 피에라**Design Fiera—도심의 '**패션과 월드주얼리센터의 도시**'와 같은 대규모 **그랑 프로제**를 시행하려는 시도는 패션 디자이너와 다른 사람들의 저항에 부딪혔다. 그들은 이러한 계획이 주로 부동산 프로젝트라고 의심했고(Bolognesi 2005), 그 결과 계속 실패했다(Pandolfi 2015). (구찌의 본사는 옛 공장 건물의 창고 지역에 입지하고 있으며, 다른 건물은 도시 밖 레냐노의 아스페시Aspesi와 토스카나의 구찌 등에 있다.) 그러나 티체네즈 패션지구의 오랜 전통과 신뢰 기반 시스템은 시장과 정치적 변화에 적응하는 데 성공했다.

이중적인 지역적-세계적 지향은 생산-소비 선순환의 특징이다. … [여기서] 해당 지역에서 생산된 상품과 서비스의 일부는 그곳에서 살고 일하는 사람들이 현지에서 소비하고, 다른 일부는 일시적인 인구가 자신의 지역에서 소비하며, 또 다른 일부는 수출된다. 문화기업가들은 의미를 변형하여 재판매하고, 한 맥락에서 다른 맥락으로 옮기고, 다양한 대중에 맞게 조정한다(Bovone 2005, 377).

이러한 도시 작업공간은 분명히 일상적으로 거주하고 생활하며, 다른 시간대에 있는 다른 사용자의 인식을 만족시키는 장소적 진정성을 유지할 수 있는 '차이적 공간differential space'이다.

물질 기반의 문화 상품이라는 이미지이지만 브랜드와 미디어 중심의 패션으로 구별되는 이미지는 파편화된 생산과 변덕스러운 소비 습관으로 인해 지속성이 없고 무장소성임을 시사한다. 심지어 진정성을 바탕으로 거래하지만, 입지가 자유로운 제조와 소매/유통의 특성으로 인해 저렴한 비용/열악한 조건(인간, 환경)을 착취하는 명품 브랜드에서도 동일하다. 그러나 지역에 뿌리를 둔 패션 생산은 소규모 섬나라와 도시화가 더딘 개발도상국에서 익숙한 마을 기반의 제작(Evans 2000)뿐만 아니라, 영국과 같이 고도로 세계화되고 도시화된 국가에서도 지속될 수 있다. 예를 들어, 존스메들리John Smedley 기업은 1784년 존 스메들리와 피터 나이팅게일Peter Nightingale(플로렌스 나이팅게일의 증조할아버지뻘)에 의해 더비셔의 매틀록에 있는 리밀스Lea Mills에서 설립되었다. 두 사람은 몇 마일 떨어진 크롬퍼드에서 산업혁명이 시작되기 13년 전에 공장 시스템을 개척한 리처드 아크라이트Richard Arkwright에게서 영감을 받았다. 그들은 방적 공장을 짓기 시작했고, 완성된 리밀스는 이상적인 환경이었다. 마을을 흐르는 개울은 깨끗하고 끊임없는 동력의 공급원이 되었다. 오늘날 리밀스는 여전히 존스메들리의 집이며, 지속적으로 운영되는 세계에서 가장 오래된 제조 공장이다(그림 7-7).

처음에 존스메들리는 더원트밸리에 있는 공장들과 크게 다르지 않게 면실을 생산하다가 속옷, 조끼, 운동용 트렁크, 긴 옷으로 생산을 확대했다. 두 차례의 세계대전 동안 생산의 상당 부분이 전쟁 수행에 투입되었는데, 주로 군

〈그림 7-7〉 존스메들리 공장, 더비셔
출처: 저자 사진.

인을 위한 니트 속옷을 생산했다. 1950년대 후반에 남녀용 고급 아우터웨어 생산을 결정했다. 상징적인 존스메들리 폴로 셔츠, 크루, V넥, 롤넥(숀 코너리가 제임스 본드 역할할 때 입었다)과 우아한 카디건과 풀오버의 트윈 세트와 점퍼(오드리 헵번)는 존스메들리를 영국 패션의 심장부로 끌어올린 핵심 아이템이었다. 이러한 의류는 여전히 컬렉션에서 매우 중요하고 인기 있는 부분으로 남아 있다. 직원 대다수는 반경 10마일(16km) 이내에서 일하기 위해 출퇴근하는데, 소규모 디자인팀 등 약 400명이며, 많은 사람이 서로 연계되어 있고 세대를 초월한다. 따라서 이 회사는 지역사회와 환경에 깊이 뿌리를 두고 의존하고 있으며, 창업자로 거슬러 올라가는 대가족에 의해 소유권이 유지되고 있다. 물론 이 공장은 방문객을 위한 매장과 온라인 서비스를 운영하지만, 런던과 일본에도 매장을 두고 있다. 일본은 주요 수출 시장이며, 중국에서는 디지털 채널을 개설하고 있다. 디자인과 생산은 현지에서 이루어지지만, 원자재는 수입된다. 미국(롱아일랜드)의 시아일랜드 코튼Sea Island Cotton과 오스트레일리아의 메리노울Merino wool은 이탈리아에서 중간 마무리 작업을 한 후 더비셔에서 최종 직조와 마무리 작업을 한다. 기후변화의 영향으로 더비셔에서 스

〈그림 7-8〉 부렐 방직 공장, 포르투갈 만테이가
출처: 저자 사진.

메들리의 사양을 충족할 만큼 충분히 고운 울로 메리노를 재배하는 데는 시간이 걸릴 수 있다.

현지에서 원자재를 조달하는 경우 생산은 지역적 특성을 갖게 된다. 이는 포르투갈 중부의 **세라다에스트렐라**Serra da Estrela 계곡에 자리 잡은 만테이가의 **부렐**Burel 공장의 경우이다. 19세기에 설립된 이 공장은 양치기의 망토나 코트에 사용되는 양모를 주로 생산하는데, 촘촘하게 짜인 양모 직물인 부렐은 양모를 건조하고 따뜻하게 유지해 주었다. 다른 유럽 생산자와 마찬가지로 포르투갈의 양모와 섬유 산업도 저비용 생산자의 영향을 받았고, 이 지역의 대부분 공장은 문을 닫았다. 생태 호텔 개발업자의 예상치 못한 개입으로 만테이가(그림 7-8)에 남아 있던 공장과 빅토리아 시대의 기계가 남게 되었고, 마지막 세대의 직공과 기계공이 여전히 기술과 지식을 전수하여 공장을 현대적 생산으로 개조하고 재건할 수 있었다. 기계뿐만 아니라 섬유 스타일을 만들었던 카드와 손으로 쓴 패턴북도 회수되어 전통적·현대적 의류와 가구에 모두 사용할 수 있었다. 한정판 의류 브랜드인 **울클로피디아**Woolclopedia는 느린 생산 공정에서 발생하는 모든 폐기물을 재사용하고 재활용한다고 주장한다. 이 회사는 리스본과 포르투에 전용 매장을 두고 있고, 공장 투어를 진행하는 지역 호텔이 있으며, 부렐은 런던과 뉴욕의 주요 매장 등에서 광범위하게 수출되고 있다. 이 회사의 지속적인 과제는 젊은 직원을 유치하고 '은퇴 후'에 일하는 노년 세대로부터 디자인과 기술, 기량, 지식을 전수받는 것이다. 시골 지역과 공장 직원에 따르면, 부렐 공장의 현재 상황은 일이나 직무 훈련을 장려하지 않고 지나치게 관대한 국가 실업수당 시스템으로 인해 악화되었다.

패션의 공간 낭비

빠른 저비용 패션의 공급과 브랜딩으로 가능해진 패션 의류의 참신함과 이미지에 대해 우리가 집착하게 되면, 이 산업이 전 세계 인공 탄소 배출량의 10%를 차지한다는 냉정한 사실이 단점이며, 의류는 지난 10년 동안 가장 빠르게 증가하는 폐기물 흐름의 주범이었다. 1970년대 이래로 섬유 폐기물은 800%나 증가했으며, 영국에서만 매주 3,000만 개의 의류가 매립지로 보내진다. 비분해성, 합성, 마이크로 섬유 등 다양한 소재가 결합되어 폐기물 관리 당국은 재활용과 처리에 어려움을 겪고 있으며, 가정에서는 의류와 섬유를 쓰레기로 버리거나 쓰레기통에 재활용할 수 없다. 결과적으로 실제로 재활용되는 의류는 1%에 불과하다. 스포츠웨어와 레저웨어에 점점 더 많이 사용되는 마이크로 섬유는 전 세계 미세 플라스틱 오염의 1/3 이상을 차지하고 있으며, 패션은 모든 폐수의 20%를 생산한다. 청바지 한 벌을 만드는 데만 800갤런 이상이 사용된다. 따라서 의류 폐기물의 주기는 패션과 소재 생태계에 따라 다르지만, 여전히 연결된 고리를 제공한다. 예를 들어, 영국 가정의 평균 의류 가치는 4,000파운드로 추산되며, 그중 30%는 최소 1년 동안 입지 않았다. 잉여 가치를 나타내는 지표로, 영국에서 매년 1,000개가 넘는 의류 은행(그림 7-9)의 옷이 주차장에서 도난당하고 '리브랜딩'되어 자선단체에 판매된다(Evans 2018c).

세인즈버리스Sainsbury's 슈퍼마켓에서 의뢰한 연구에 따르면, 소비자의 3/4이 원치 않는 의류를 재활용하거나 기부하기보다는 버리는 것으로 나타났다(Evans 2018c). 이전 단계에는 온라인에서 구매한 의류의 절반 가까이가 공급업체와 소매업체로 반품되어 패션산업에 매년 70억 파운드의 비용이 들고, 불필요한 운송과 환경 비용이 추가된다.[38] 이러한 반품의 상당 부분은 재판매

〈그림 7-9〉 자선 의류 수거함, 커뮤니티 수영장 주차장, 북런던
출처: 저자 사진.

되지 않고 폐기된다. 패스트패션의 수명주기는 제품 가치가 '비경제적'이 되기 약 6주 전이다(전자 제품 반품의 15%가 동일한 폐기 운명을 겪는다[39]). 매립지에 폐기물을 묻는 관행은 19세기 후반의 현상이었고, 그때까지 인간의 폐기물 고고학은 크게 변하지 않았다. 대부분 가정용이나 신성한 품목(동전, 유리, 도자기)이었고, 초기 매립지는 해안의 부드럽고 모래가 많은 토양에 입지했다. 분

해 불가능한 플라스틱과 기타 석유 유래 제품 및 합성 소재, 예를 들어 나일론과 폴리에스터(의류에 사용되는 모든 섬유의 60% 이상을 차지)에 의존하기 시작한 제조업만이 1930년대부터 도시 인구가 늘어나는 곳에 가까운 매립지가 필요했다. 의류와 기타 제품, 포장에 사용되는 합성 소재가 등장하면서 재활용, 재사용, 폐기를 거부하는 새로운 폐기물 흐름이 만들어졌다. 영국 버밍엄의 매립지의 고고학적 발굴을 통해 알려진 사실은, 1950~1960년대에 처음으로 쓰레기로 채워졌다가 쓰레기 보물을 가리기 위해 덮고 '녹색'으로 처리한 결과 합성 소재로 만든 옷이 문제라고 밝혀졌다. 성인과 아동용 옷은 50년이 넘도록 전혀 손상되지 않고 완벽하게 보존되었다(Evans 2018c).

오브로니우아우: 자선 상점에서 아프리카 시장으로

자선 상점과 수거 지점을 통한 의류의 재활용은 서구의 특징적 현상이다. 이본 티아모아Yvonne Ntiamoah[40]에 따르면, 가나에서만 영국 자선 상점에서 하루에 2만 5,000파운드의 수입이 발생하는 것으로 추산되며, 연간 3만 톤을 수입한다. 아프리카는 서구 재활용 가치사슬의 일부로서, 지역 시장에는 저렴하고 구하기 쉬운 의류로 넘쳐난다. **오브로니우아우**Obroniwuawu('죽은 백인의 옷')는 '강력한 힘' 또는 **포스**Fose로 알려져 있다. 이는 중고 의류산업에 붙은 지역 이름으로, 지역 섬유산업 붕괴의 주요 원인 중 하나이다. 이 무역은 테마Tema의 항구에서 시작하여 아크라Accra를 거쳐 쿠마시Kumasi(가나 최대 도시)로 이어지며, 경로를 따라 모든 도시와 마을로 퍼져 나간다.

포스를 거래하는 시장 여성들은 중고 시장에서 여러 세대에 걸쳐 거래하는 상인으로, 귀중한 켄테kente 천을 만드는 전통적인 가나의 장인과는 대조적이다. 서구에서 원치 않는 옷을 자선 상점에 기부하는 자선 행위가 개발도상국

산업 전체를 위협하는 무역으로 바뀔 때까지는 '좋은 실천'으로 여겨진다. 이 재활용 무역은 여러 세대에 걸쳐 전해져 온 산업에 막대한 영향을 미쳤으며, 가나와 다른 수혜국의 패션산업과 섬유산업에 부당한 제한을 가했다. 지역 생산자와 디자이너는 국내로 수입되어 지역 시장에서 판매되는 중고품의 가격과 경쟁할 수 없다. 자선 상점에서 판매되고 있는 원치 않는 옷이 원래 제품이 기부된 지역사회로 제한된다면 재활용이 가능한 가치를 유지하지만, 수입이 거의 없고 생계가 토착 디자인, 섬유, 공예품을 만들고 상호 거래에 기반을 둔 지역사회로 보내진다면 분명히 해롭고 지속불가능해진다.

재활용과 기술적 솔루션만으로는 해결책이 아닐 것이다. 소위 '생분해성' 소재가 매립지에서 실제로 생분해되지 않는다는 현실에 직면하여(산소와 빛이 부족), 미세 플라스틱에 의존하는 '기술적', 즉 '스마트smart' 섬유는 식량과 수자원의 가치사슬을 오염시키고, 우리가 보았듯이 중고 의류 수출은 개발도상국의 섬유 생산과 시장을 파괴한다. 재활용-재사용-수리라는 구호에 대한 건설적이지만 소규모의 대응은 수선하여 오래 쓰기 운동make-do-and-mend movements의 부활이었다. 그라지아노와 트로갈은, 이와 같은 실천은 자전거, 전자 제품, 가구, 가정 개선, 환경(정원, 텃밭)과 의류, 기타 섬유 등에 대한 정치적/생태적 활동가 현상이 갈수록 증가하고 있다고 지적했다(Graziano and Trogal 2017). 실천 활동은 집에서뿐만 아니라 수리 카페, 커뮤니티 도구 도서관, 온라인 포럼과 같이 집합적이고 사회적인 장소에서도 이루어진다. 부모/조부모가 일반적으로 보유한 기술을 대부분 잃어버린 세대에서 수리와 수선이 다시 부상하는 것은 긴축, 환경에 대한 인식, 지식과 기술 교환을 쉽게 하는 메이커 운동에 자극받았기 때문이다. 중고 의류 시장이 이제 주류가 되었다는 증거는, 톱숍Top Shop과 에이소스 마켓플레이스Asos Marketplace와 같은 고급 의류, 온라인 판매상의 중고 상품과 패스트패션 상품, 그리고 지난 5년 동안 중고와 빈티지 의류의 판매가 1.5배 증가했다는 점에서 확인된다. H&M[41]과 같은 패스트패션에서는 이제 매장에서 의류 기부 키오스크와 재활용 의류 라인을 제공하며, 업계에서 이러한 활동이 확산하고 유지된다는 것은 특정 시기에 한정된 참신함이 아니라 그들의 강한 의지를 보여 주는 신호이다.

폐기물-재활용-디자인의 연계성을 탐구하는 예술가는 '발견된 예술'(폐기물/폐기된 재료와 비예술적 사물)의 오랜 전통과 자연, 폐기물 재료를 기능적이고 창의적인 사물로 새롭게 변형하는 것이다(Ehrman 2018). 예를 들어, 섬유 디자이너이자 예술가인 구니코 마에다Kuniko Maeda는 어디에나 있는 갈색 종이 봉투를 시작점으로 삼아 감즙으로 처리하여 속성을 변화시킨 다음, 레이저로 절단하여 낭비를 발생시키지 않는다. 그녀는 다음과 같이 주장한다.

우리는 때로는 더 많은 소비를 초래하는 실제의 물질적 가치를 고려하지 않고 종이 재활용에 대해 긍정적인 느낌과 안정감을 가지고 있는 것 같다. 종이는 우리가 이것을 가지고 어떻게 소통하느냐에 따라 그 가치가 더욱 높아질 수 있다. 나는 종이 봉투를 주요 자원으로 활용하며 종이 쓰레기의 가치를 어떻게 재생산할 수 있을지 고민했고, 일회용 종이와 품질이 낮은 종이를 오래 지속되는 고품질 패션 예술 작품으로 전환하려는 의욕을 느꼈다(Maeda, Evans 2018, 10).

마에다의 혼합 방식을 사용한 작품/의류는 고집스러우면서도 유연할 수 있지만 놀랍게도 튼튼하며, 낮은 수준의 폐기물 배출을 믿게 하는 머리 장식, 조각된 옷, 인테리어를 만들어 낸다(그림 7-10). 반면에 다른 섬유 예술가들은 폐기물의 지속가능성 문제를 무시하고 석유 기반 소재로 작업을 계속한다. 예를 들어, 우크라이나 예술가 아샤 코지나Asya Kozina는 역사적이고 환상적인 의

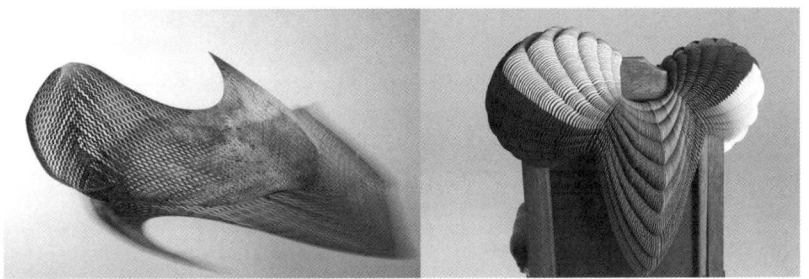

〈그림 7-10〉 종이 봉투로 만든 구니코 마에다 패션
출처: 저자 사진.

상을 만들지만, 합성지(수지 기반 폴리프로필렌/폴리에틸렌)를 사용하여 복잡한 머리 장식을 만든다. 2019년 돌체앤드가바나는 런웨이 쇼를 위해 코지나의 작품 두 개를 구매했고, 로스앤젤레스의 메트로폴리탄 패션위크에서는 같은 공정을 사용하여 자국의 건축에서 영감을 받은 의상의 제작 의뢰를 받았다. 지속가능한 소재 개발의 진전에도 불구하고, 패스트패션과 오트쿠튀르는 지속가능한 소재를 채택하고 적응하는 데 느렸거나, 오염자 부담 원칙을 폐기하는 데 동의했다. 프랑스 기업인 케링이 소유한 구찌 등 일부 기업은 마케팅에서 **탄소중립**을 주장하지만, 이는 회사의 생산에서 발생하는 배출량을 상쇄하기 위해 크레디트를 구매한 그린워싱greenwashing의 사례로, 최근 광고표준위원회ASA에서 금지한 관행이다.

패션은 "장소특정적인 비교우위와 전문화의 명확한 증거이며, 제품에 내재된 장소와 밀접하게 연결되어 있다"(Williams and Currid-Halkett 2011, 3043). 의류에서 발생하는 폐기물은 한편으로는 상황과 문화적 맥락에 따라 달라지지만, 극도로 특정 지역에 집중 분포되어 있고, 다른 한편으로는 경제적, 생태적/윤리적 발자국이 공간과 시간을 가로질러 뻗어 분산되어 있다. 특히 장소는 패션 생산과 정체성이 형성되고 투사되는 방식과, 패션 관련 폐기물이 어떻게 생성되고 어떠한 맥락과 규모에서 발생하는지에 따라 차이가 있다. 따라서 패션과 그에 따른 물질적 폐기물은 체화된 문화 상품이며, 그 내용, 폐기, 새사용, 재활용 과제와 가능성에 대한 인식은 미래에 패션이 인식되고 관리되는 방식에 따라 큰 차이를 만들 수 있다.

*

패션 의류는 착용자에게는 두 번째 피부일 수 있지만, 그 디자인의 영향은 예술과 거리에서 비롯되었다. 놀랍지 않게도 거리예술에서 나왔다. 패션 브랜드는 지난 몇 년 동안 거리예술가에 상당한 관심을 보였고, 디자이너와 예술가의 이러한 영역 교차는 새로운 현상이 아니다. 예를 들어, 키스 해링Keith Haring의 이미지는 디자이너에게 영향을 미쳤다(2019년 테이트 갤러리의 키스 해링 전시에는 비비언 웨스트우드와 맬컴 맥라렌의 니트 점퍼와 스커트 앙상블이 전시되었다). 2017년 패셔니스타의 성경인 『보그Vogue』는 거리예술을 옹호하는 기사를 실었는데,[42] 그라피티의 수용 가능한 면모가 지닌 정치적 힘을 칭찬했다. 이는 적어도 패션과 거리예술이 공통된 문화적 영향과 중요성을 가지고 있다는 신호였다. 따라서 다음 장은 그라피티의 문화적 현상과, 수용 가능한 형태이며 궁극적인 공공 미술공간을 대표하는 거리예술에 대해 살펴본다.

제8장

그라피티와 거리예술

그라피티graffity와 최근 분류 체계에 포함된 거리예술street art은 수천 년 된 존재와 현대적 해석을 지닌 특정한 문화 공간과 실천이다. 실제로 파괴적인 그라피티와 대조되는 거리예술이라는 용어는 공공미술 자체의 가치평가와 문화적 변화를 나타낸다. 집중적이고 광범위한 그라피티와 거리예술의 주제가 되는 지역은 박물관이나 적어도 '벽이 없는' 갤러리를 의미하며, 예술의 용도로 의도되지 않은 표면에 문화적 표식을 만든다고 할 수 있다. 따라서 그라피티와 거리예술의 창작은 건축(표면), 광고(예술가/그룹), 장소의 문화(정체성) 사이에 불편하게 자리 잡고 있다. 이러한 예술은 고도로 지역화될 수도 있고, 많은 주류 문화와 마찬가지로 고도로 세계화될 수도 있다. 적어도 겉보기에는 친숙할 수도 있다.

그라피티와 그보다 세련된 거리예술은 집중되고 그 장소에서 반복되는 경향이 있다. 이는 일반적으로 필요한 지역적 조건, 즉 사용 가능한 '벽 공간'과 대중이 볼 수 있는 장소(관중이 있을 가능성이 없다면 그라피티는 감옥 벽과 같이 개인적인 기록으로만 존재할 수 있다)와 적발되거나 기소될 위험 없이 작업할 수 있는 범위를 고려하면 놀라운 일이 아니다. 그라피티가 있으면 더 많은 그라피티가 만들어지고, 그 동기가 경쟁자이든 동료들이든 간에 그라피티를 겹쳐서 그리거나 확장해서 그린다. 반달리즘vandalism의 시각적 표현인 그라피티는 도시 쇠퇴, 범죄 위험 증가, 근린 수준에서의 커뮤니티 안전에 대한 위협과 관련이 있다. 예를 들어, 깨진 유리창 이론Broken Windows Theory은 건물에 퇴락한 부분을 방치하면 방치로 인해 통제되지 않은 그라피티 등이 많아지는 건조 환경이 더 악화하여 쇠퇴의 상승작용이 발생한다고 주장한다(Wilson and Kelling 1982). 그러나 그라피티가 사회적·시각적 실천인 거리예술로 전환되면서, 거리예술은 쇠퇴의 상징이라기보다는 방문객을 끌어들이고 즐기는 대상이 되었으며, 더 이상 파괴 행위나 통제력의 상실과 연관되지 않았다. 분명히 부동산 소유자와 거주자, 지역 기관(경찰, 지자체)의 묵시적 계약 상태라고 할 수 있는데, 적어도 장소만들기와 도시재생 전략의 일환으로 거리예술을 용인하고, 어떤 경우에는 장려하는 것을 전제로 한다. 그러나 현실은 단기 거주자(예술가 포함)가 살고 있고, 조만간 건물 재개발과 재사용 사이의 중간 상황인 경우가 많다. 장기 재생 지역에서는 수년이 걸릴 수 있지만, 다른 지역에서는 거리예술이 정상화되고 관행과 존재가 지역에서 받아들여지며, 적어도 중기적으로는 부동산 시장에 안정성이 있다. 그라피티는 건물 외벽의 건축적 요소나 광고 게시판, 표지판과 동등한 것으로 볼 수 있다. 그러나 장기적으로는 임대료가 상승하고 개인 기업의 이익이 지역 기반 정체성을 압도함에 따라 젠트리피케이션이 결국 지역이나 특정 건물과 부지를 '정화'할 수 있다. 따라서 거리예술을 다루는 방식은 예술가가 잉여 산업공간을 점유하는 방식과 유사점이 있다. 토론토 예술위원회의 기업 보고서 표지에 재현된 몬트리올 그라피티에서 인용한 적절한 문구를 사용하면, "예술가는 젠트리피케이션의 돌격대이다"(TAC 1988; Evans 2001, 172). 현대의 거리예술가 CSRK는 유명한 영화 캐릭터를 몬트리올 거리와 융합하고 있다. 푸틴poutines 캔과 건설 표지판을 든 스톰트루퍼Stormtrooper에서 한솔로Han Solo의 블래스터건이 감자튀김, 치즈 커드, 그레이비로 바뀌는 것까지, 그 힘은 마을의 담벼락에서 강해졌다. 아마도 포스트모던 아이러니의 폭발이거나, 그저 기회주의일 것이다.

그라피티와 거리예술은 예술가, 하위문화, 민족지학, 범죄 발생적 관점에서 다양한 연구의 관심을 받았으며, 예술 보고서와 커피 테이블 스타일의 화보가 증가하고, 개별 그라피티와 거리예술가, 갱단, 장르에 관한 연구가 많았다. 어빈이 관찰한 바와 같이, "거리예술은 … 통합된 이론, 움직임이나 메시지에 대한 감각보다 실시간 실천에 의해 정의된다"(Irvine 2012, 235). 하지만 장소와 거리예술 수용의 역할 등 경험적·이론적 비판이 명백하게 부족했다(Nitzsche 2020). 반달리즘으로서의 그라피티와 거리예술(갤러리, 경매장 포함)로서의 그라피티 사이의 생산적 변증법은 도시에서 그라피티와 거리예술의 역할과 장소의 더 넓은 측면을 고려하지 않았다. 도시정부, 커뮤니티, 방문객, 부동산 소유자의 반응, 그리고 다른 장소와 도시 문화가 현재 장소만들기와 관광 전략에 이용되는 그라피티와 거리예술을 어떻게 다른 방식으로 받아들이고 반응하는지를 고려하지 않았다. 소매 회사와 광고 회사(Borghini et al. 2010)가 고용한 전 그라피티와 거리예술가가 설립한 그라피티와 거리예술 의뢰 기관과 조직(예술가를 예약하세요, Book an Artist), 지자체, 안전한 실험을 위한 합법화된 공간과 담벼락이 늘어가고 있다. 그라피티와 거리예술의 문화 콘텐츠는 항의, 정치, 영토, 지역(지역 행사, 역사) 또는 본질적으로 유희적인 지역적 조건과 맥락을 반영한다. 그라피티와 거리예술은 이제 도시와 도시 유산의 이미지에서 지속적으로 자리를 차지하고 있으며, 놀랍지 않게도 도시 관광과 도보 관광에서 많이 등장한다.

투어 버스는 맨해튼의 디자이너 호텔 밖에서 우리를 태웠다. 출퇴근하는 사무실과 상점 근로자, 관광객, 경찰, 도로를 파는 노동자들이 도심 교통의 혼란 속에 섞여 있었다. 윌리엄스버그 다리를 건너 우리는 포스터, 그라피티, 모래로 뒤덮인 불결한 건물에서 오늘의 투어 가이드인 앤젤 로드리게스를 태우기 위해 멈췄다. 그는 라틴계 음악가이자 브롱크스 출신의 살사 드러머로, 투어 그룹에게 그 지역의 배경을 설명해 주었다. "브롱크스가 불타고 있다"(빈민가 집주인이 방화 공격), 오래된 단골 재즈클럽과 댄스 클럽, 영화 '포트 아파치', 지금은 재건된 지역 경찰서로 '원주민'(즉 흑인/히스패닉계)으로부터 자신을 방어하기 위해 지어짐, 지역 랩 스타의 그라피티 아트(그림 8-1), 4개 블록을 덮고 있는 거대한 미국 조폐국 건물은 한때 모든 미국 지폐의 2/3가 인쇄되었던 곳으로, 현재는

〈그림 8-1〉 빅펀Big Pun의 '메모리얼Memorial', 뉴욕 브롱크스
출처: 저자 사진.

두 개의 커뮤니티 학교, 예술가 스튜디오, 취업 프로그램을 수용하고 있다. 족쇄에 묶인 열두 살짜리 어린이가 있는 지역 교도소—목적지인 더 포인트에 도착하기 전. 여기는 그라피티 소년들의 작전 기지—한때 이들이 뉴욕 지하철을 채우고 있어 뉴욕 시장의 무관용 정책을 탄생시킴—는 이제는 '합법적'이 되어 맨해튼의 광고 회사와 백화점에서 대규모 매장 디스플레이와 빌보드 아트 작업을 하고 있다(Evans 2007, 35).

거리예술가 마테오Matteo는 다음과 같이 제안했다.

사실상 우리는 광고와 공통점이 있다. … 그것은 깊은 연결이다. 형식뿐만 아니라, 대형 포스터와 광고판 … 장소도 마찬가지이다, 광고처럼 벽에. 침입의 효과는 같고 공격도 같다(Borghini et al. 2010, 125).

그라피티는 1960년대의 현대적 뿌리를 두고 먼 길을 왔으며, 일반적으로 뉴욕, 필라델피아, 로스앤젤레스의 인종 기반의 빈민가에서는 태그/이름 쓰기 정도로 여겨졌지만, 런던과 같은 다른 도시에서는 시위와 벽 포스터 예술로 폭발적인 현상이 분명했다(Dawson 2021). 그라피티는 현대와 마찬가지로 400년 전에도 보편적이었고, 마찬가지로 평판이 나빴기 때문에 새로운 현상은 아니었다(Jones 2021). 그러나 이 활동의 상품화가 시작되었을 때는 신호가 있었다. 그라피티는 음악(랩, 그라피티는 '힙합의 네 가지 핵심 요소' 중 하나, Nitzsche 2020), 패션(거리예술가 **마우마우**Mau Mau는 티셔츠 디자인에서 그라피티 아트로 전환), 영화(애니메이션, 팝 비디오), 비주얼/팝아트, 광고, 건축/도시 설계와 같은 다른 문화적 형태로 확대되었으며, 집합적으로 유통기간을 연장했다. 거리에서 거리 스타일로 처음 작업한 예술가들이 갤러리와 공공장소에 진출한 초기의 몇 년 동안 특정 예술가 작품의 빠른 가치 상승과 큐레이션에도 불구하고 그다지 성공적이지는 못했다. 특히 미국에서는 고인이 된 예술가 장미셸 바스키아Jean-Michel Basquiat와 키스 해링Keith Haring이 유명하고, 영국의 뱅크시Banksy는 독특한 스텐실 벽화로 50만 달러(주로 미국 구매자와 유명인에게) 이상에 팔렸다. 이는 2014년에 런던의 국제 경매 회사인 소더비스Sotheby's에서 1970년 '작품'에 대한 허가받지 않은 회고전은—뱅크시가 거리 벽화에서 쌓은 신용 관점에서 볼 때—최저점에 도달했다. 그러나 여기에서 작품은 먼저 현장에서 검증되었고(가치와 진정성의 근본적인 요소), 그런 다음 역사적인 벽화와 매우 유사하게 개인 소장품으로 옮겨졌다.

따라서 그라피티는 (예술의) 박물관화에 크게 저항했으며, 주로 '벽 없는 박물관'에서 번성했지만, 도시의 담벼락에서 가장 크게 번성했다. 그라피티에 대한 다양한 관점과 문화적 중요성은 발터 벤야민의 1920년대 마르세유의 벽에 관한 그의 에세이에 나타난다.

이 도시에서 그들이 따르는 규율은 감탄스럽다. 중앙에 있는 부유한 사람들은 제복을 입고 지배계급의 급여를 받는다. 그들은 화려한 패턴으로 옷을 입고 최신 브랜드의 식전주, 백화점, '메니에 초콜릿Chocolat Menier'이나 돌로레스 델 리오Dolores del Río에까지 상품 전체를 수백 번이나 팔았다. 가난한 지역에서는 정치적으로 동원되어 조선소와 무기고 앞에 있는 붉은 경비대의 선두로서 크고 붉은 글자를 게시한다(Benjamin 1999, 135).

실제로 반민주적이고 원치 않는 광고 이미지로 인식되기 때문에 탈산업도시의 벽을 빌린 것이 뱅크시와 같은 현대 그라피티 예술가에게 그라피티를

"주로 반예술운동으로, 반달리즘을 예술 형태로 만드는" 정치적 동력을 제공했다(Armstrong 2019, 15). 뱅크시가 직접 선언한 바는 다음과 같다.

> 비뚤어진 작은 사람들이 매일 나가서 이 위대한 도시를 훼손한다. 멍청한 낙서를 남기고, 커뮤니티를 침략하고, 사람들에게 더럽고 이용당했다고 느끼게 한다. 그들은 그저 가져가고, 가져가고, 가져가고, 아무것도 돌려주지 않는다. 그들은 못된 짓을 하고 이기적이며 세상을 추악한 곳으로 만든다. 우리는 그들을 광고 대행사와 도시계획가라고 부른다 (Banksy 2002, n.p.).

크로닌은 옥외광고와 그라피티를 편재성과 시각적 영향 측면에서 함께 연구해야 한다고 제안한다(Cronin 2008). 또한 보르기니 등은 다음과 같이 관찰했다.

> 거리예술은 스스로 광고를 구현하는 제품이다. … 상업적 또는 국가주의적 소외에 대한 반문화적 대응, 대중적 미학으로서의 거리예술, 소비주의에 대한 비판, 도시개발 프로젝트이다. 거리예술은 상업적으로 시끄러운 거리나 완전히 조용한 거리를 예술가가 '주인'을 위해 되찾는 장소로 다시 회복하는 비전을 표방한다(Borghini et al. 2010, 113).

르페브르의 **도시를 쓸 권리**라는 프리즘을 통해 그라피티를 분석한 지엘레니에츠는 낙관적으로 다음과 같이 주장한다. "그라피티는 사용가치를 증진하고 의미 있는 식민화 활동과 거주를 촉진함으로써 공간을 사회적이고 공공적으로 만든다. 계획, 디자인, 상거래의 동질화 관행과 감시, 질서, 보안에 대한 중요한 관심과 대조된다"(Zieleniec 2016, 2).

반달리즘으로서의 그라피티

최근까지 그라피티에 대한 공식적인 대응은 그라피티를 범죄적인 '반달리즘vandalism' 영역에 정확히 위치시켰고, 초기 논평가들은 "그라피티는 사유재산과 질서와 미학에 대한 공식적인 개념을 무시한다"는 견해를 부추겼다(Lachmann 1995, Ferrell 1993, 100). 뉴욕과 로스앤젤레스의 그라피티 '전염병'에 대한 초기 대응은 형사 처벌이 증가하고 특수부대가 설립되었으며, 경관의 질서가 깨졌고, 청소 비용이 상승했다고 주장했다. 즉 1980년대 후반까지 두 도시에서 연간 5,000만 달러가 넘었다. 영국에서 그라피티 청소 비용은 연간 100만 파운드로 추산되고, 시카고에서는 600만 달러가 들었다(graffitihurts.org 참조). 잉글리시 헤리티지English Heritage는 7만 개의 유산 건물과 기념물이 낙서로 인해 파손되거나 훼손되었으며, 특히 유산의 재질이 다공성 석조물, 벽돌과 석회이기 때문에 낙서 방지 보호 페인트를 사용할 수 없어 취약하다고 지적했다.43 영국의 다른 지역에서 네트워크 레일Network Rail*은 그라피티 청소에 연간 500만 파운드를, 런던교통공사는 1,000만 파운드를 지출한다.

  1960~1970년대 뉴욕에서 갱 그라피티 작가들은 지하철 시스템 덕분에 뉴욕의 모든 자치구를 가로질러 지역을 벗어나 객차 전체를 덮는 대형 낙서를 할 수 있었다(교통경찰은 이러한 유인을 줄이기 위해 열차 운행을 신속하게 중단할 것을 운영자에게 권고했다). 뉴욕 지하철은 성공적으로 청소되었지만, 대중교통은 여전히 그라피티의 주요 장소로 남아 있으며, 광범위한 접근성과 높은 잠재

---

* 역주: 영국 대부분의 철도 네트워크의 소유주이자 인프라 관리 기업으로, 2023년에 그레이트 브리티시 레일웨이스로 회사명이 변경되었다.

고객으로 인해 매력적이다. 도로나 철도로 많은 도시를 방문하는 방문객에게 가장 먼저 보이는 시각적 신호는 고속도로 벽과 다리를 따라 있는 그라피티와 태그, 그리고 기차역(마스트리흐트)으로 가는 중간 통로에 있는 태그들이다. CCTV와 감시 장비가 도입되었지만, 기차역과 버스 정류장에는 원치 않는 작품과 의뢰된 작품, 태그가 모두 있다. 예를 들어, 스톡홀름의 '지하철의 예술'(그림 8-2)과 런던의 '지하철 예술 포스터'와 '지하철의 시'는 진행 중인 프로그램이다. 따라서 그라피티와 거리예술은 경찰/도시 정치인과 미술 큐레이터/갤러리라는 서로 다른 지배적인 세력의 이중 공격에 직면하여 그 관행과 영향을 제거당하거나 통제당했다. 그러나 이러한 상황에도 불구하고, 혹은 아마도 이러한 처우 때문에 자극받아서, 어떤 의미에서는 그라피티를 문화적 개념이자 현재 국제적으로 여러 가지 유형으로 나타나는 관행으로 살아 있게 한, 헤게모니에 저항하는 담론이 등장했다. 즉 그라피티는 이제 글로벌 문화현상이다. 따라서 라흐만이 1988년에 한 관찰은 오늘날에도 여전히 타당하다. "어떤 형태의 그라피티는 특정 커뮤니티, 인종 집단, 연령대의 특정한 경험과 관습을 바탕으로 헤게모니에 도전할 수 있으며, 이를 통해 사회생활이 지배적인 현실 개념과 다른 방식으로 구성될 수 있음을 보여 준다"(Lachmann 1998,

〈그림 8-2〉 스톡홀름 '지하철의 예술', 암스테르담 버스 정류장의 그라피티
출처: 저자 사진.

231-232).

이러한 과제는 그라피티 예술가가 예술 시장 자체에 반응하는 데서 분명히 드러난다. 뱅크시의 **모큐멘터리**mockumentary 영화 '선물 가게를 지나야 출구 Exit Through the Gift Shop'(2010)의 경우, 가상의 영화 제작자는 로스앤젤레스, 뉴욕, 런던, 파리의 언더그라운드 예술계를 추구하며, 로스앤젤레스에서 자신의 아방가르드 '쇼'를 홍보하고 참여할 수 있는 운 좋은 소수에게 예술계/언더그라운드 화제를 만드는 자칭 거리예술가의 역할을 맡는다.

따라서 뱅크시는 현대 예술계와 언더그라운드 예술계를 발굴하고 활용하려는 그들의 사냥을 조롱한다. 재활용된 예술과 무의미하거나 공허한 것으로 여겨지는 대중문화적 상징을 인정하려는 의지는 분별력 없고 기회주의적인 것으로 드러난다. 여기에서는 사회적 비판이 인쇄물, 포스터, 엽서 판매를 하는 것으로 축소된다(Birdsall 2013, 116).

그러나 그의 거리예술의 이동성의 가치는 파괴적인 시장(또 다른 형태의 반달리즘)을 부추겼는데, 이는 공개적으로 전시된 작품을 벽에서 잘라내어 사라지게 한 다음 경매를 통해 다시 나타나게 하는 것이다. 이러한 장소는 계속해서 관람객과 그에 따른 그라피티 반응을 끌어들이고, 그라피티를 통한 장소 브랜딩은 작품 자체가 제거된 후에도 계속 유지될 수 있다(기억 속에 남는다). 이는 재정적 이득을 위함이다(작가/창작자를 위해서가 아니라). 리더는 1911년 루브르 박물관에서 모나리자가 도난당한 이야기를 들려준다. 그림이 도난당한 후 수천 명의 사람들이 한때 전시되었던 곳을 보기 위해 몰려들었다. 그들 중 대부분은 처음부터 그 그림을 본 적이 없었다(Leader 2002). 이러한 현상은 뱅크시의 그림이 발견되어 오늘날 '분실'될 때마다 반복된다(Hansen and Flynn 2014).

뱅크시의 그림이 개인의 집 담벼락이나 지방 도시의 벽에 나타날 때마다 반복되는 사이클을 이룬다. 지도에 자신이 사는 지역의 위치 표시에 대한 열광, 국가적 미디어의 관심과 방문객의 흐름, 불가피한 제거/도난, 그라피티가 제거된 장소로의 순례 등. 조만간 상업 갤러리 소유주는 의심하지 않고 차고 소유주(지역 철강 노동자)에게 인수 제안을 하며 경쟁한다. 최근 웨일스 포트탤벗의 타이바흐 지역에 나타난 뱅크시의 경우를 보자. 지역 제철소 근처의 통풍구 블록에 있는 차고 모서리에 스텐실로 새겨진 '송년 인사Season's Greetings'라는 작품은 1년 동안 그대로 있었는데, 에식스의 미술상이 차고 소유주에게서 사들여 4.5톤 무게의 벽 일부를 근처의 옛 경찰서로 일시적으로 옮겼다. 2년 후, 이 작품은 웨일스에서 완전히 철거되었고, 지역 시인인 **포트탤벗의 뱅크시**Port Talbot's Got a Banksy가 촛불을 밝히고 이별을 추모하는 기도회가 열렸다. 뱅크시의 직원이 벽화 영상에 더빙한 곡인 '리틀 스노플레이크Little Snowflake'를 부르는 아이들과 이 작품이 마을에 남아 있기를 간청하는 연설도 있었다. 한 주최자(아이러니는 전혀 없다)에 따르면, "우리는 웨일스를 거리예술 수도라고 주장할 수 있다. 우리는 큰 갤러리를 짓기 위한 돈은 없을지 몰라도, 우리의 거리를 갤러리로 바꿀 힘은 있다"(Morris 2022).

복합적 메시지

오늘날 이러한 이중성, 즉 반달리즘과 예술은 계속되고 있으며, 영국에서는 성인(18세)이 저지른 범죄의 피해가 5,000파운드를 초과하면 최대 10년의 징역형에 처하고, 12~17세의 경우 최대 2년의 구금/훈련 명령을 내리는 금지형이 있다. 사소한 범죄의 경우 형량이 훨씬 낮고, 법원 절차 없이도 고정 벌금(최대 100파운드)을 부과할 수 있으므로, 유죄 판결을 받거나 **현행범으로 적**

발되면 어느 정도 재량권이 있다. 미술관과 갤러리는 국제적 예술 형식으로서 그라피티에 관여한다. 예를 들어, 2008년 테이트모던의 거리예술 커미션과 전시회는 도시 환경과 관련된 작품을 선보이는 국제적으로 유명한 6명의 예술가를 초청했다. 일본 자동차 회사인 닛산이 후원한 이 전시회는 런던에서 처음으로 열린 대규모 거리예술 공개 전시회였다. 예술적 타당성을 부여하기 위해 '좋은' 거리예술은 저급한 그라피티, 태그와 구별되어 "그라피티를 적절한 장소에 주입하고 자연스럽지 않은 힘을 빼앗으려" 했다(Creswell 1996, 55; Creswell 1992). 스폰서인 닛산과의 연계도 중요했는데, 전년에 출시한 캐시카이 자동차 광고에 이 강렬한 거리예술을 활용했기 때문이다. 최근에는 그라피티가 상업 미술관 세계에서도 입지를 강화했는데, 로스앤젤레스와 뉴욕에서 개최된 '거리를 넘어서' 전시회에 이어, 아디다스 스포츠웨어의 후원으로 사치Saatchi의 3층 갤러리에서, 영국에서 가장 큰 거리예술 전시회인 '런던 거리를 넘어서Beyond the Streets London'를 개최했다. 100명이 넘는 거리예술가의 작품을 기념하는 이 최신 행사는 "공적 자기표현에 대한 인간의 근본적인 욕구를 고찰하고, 그라피티와 거리예술에 뿌리를 둔 예술가들의 작업을 엄격한 스튜디오 관행으로 발전시킨 예술가들과, 이 예술계에서 영감을 받은 중요한 문화적 인물들을 고찰한다"[44]. 이 전시회는 또한 현재 그라피티/예술과 도시 사이의 모호한 위치와 관계에 대한 단서를 제공한다. 이는 어떤 면으로 보면 현대 도시 환경에서 만연한 소비문화와 시각문화를 반영한다. 즉 고도로 시각화된 형태로 상업과 문화가 융합된 것이다. 버네사 장은 "이미지로 포화된 현대 도시는 시각이 지배하는 장소이다"(Chang 2013, 216)라고 주장하는 반면, 어빈의 관점에서 오늘날의 거리예술은 "글로벌 시각문화 혼종성hybridity의 패러다임"이다(Irvine 2012, 235).

롬바드는 그라피티의 거버넌스가 사회적 반향이 있고 난 후에 바뀌었느냐는 질문에 대답한다. 그녀는 통치성(Lombard 2013)의 개념, 또는 고든이 고안한 **수행의 수행**conduct of conduct(Gordon 1991)의 개념을 사용하여 그라피티가 현재 어떻게 통제되는지 분석하고, 그라피티에 대한 정책과 대응이 완화되는 것처럼 보이지만, 이는 거버넌스가 약화했다는 것을 의미하지 않으며, 신자유주의적 형태의 거버넌스의 영향으로 그라피티에 대한 수용이 더 커졌다는 것을 의미한다고 주장한다. 버네사 장은 반대 용어인 포스트그라피티post-graffiti와 네오그라피티neo-graffiti의 등장을 지적한다.

> 도시를 각인하는 방식에서 일종의 질적·스타일적 변화의 표식이다. 벽화, 포스터 그리기, 조각과 같이 문자 텍스트를 넘어서는 여러 유형의 도시적 각인을 포괄한다. … (이는) 도시공간의 스펙터클한 본질을 나타낸다(Chang 2013, 217).

여기서 그녀는 기존 그라피티(단일 필름 프레임을 나타낸다) 위에 정성스럽게 그림을 그리거나 사진을 찍은 다음, 이를 놀라운 거리 생활 애니메이션으로 바꾸는 예술가 블루Blu의 작업을 비판한다(www.blublu.org 참조). 이는 그라피티가 일상적인 거리예술의 본질을 바탕으로 그림을 그리고 구상하면서 움직이는 이미지로 변환되는 하나의 사례이다. 이는 또한 비일시적인 형태로 그라피티 예술을 포착하고 창조하는 중요한 문화적 실천을 의미한다. 대부분 거리예술이 시간적 한계가 있고 날씨 등으로 인해 청소, 손상, 훼손될 수 있으므로 중요하다. 그라피티 예술 아카이브도 다양한 미디어에서 출판물, 영화와 함께 이 작업을 기록하려고 한다(DeNotto 2014).

청년들의 그라피티 '수요'에 대한 정부의 대응은 새로운 뱅크시가 처벌 없이 예술을 실천할 수 있도록 안전한(기소로부터) 기회를 제공하려는 다양한 계획에서도 볼 수 있다. 예를 들어, 웨일스의 **그라피티 유산 프로젝트**는 청소년 범죄자들에게 고고학 유물을 소개하고 유물을 사용한 사람들(로마 군인, 광부, 운하 보트 승객)에게 어떠한 의미가 있는지 설명함으로써 "자신의 유산에서 귀중한 교훈을 배우도록"[45] 돕는다. 청소년들이 그들의 해석과 경험을 묘사한 '우리의 웨일스Our Wales'라는 벽화를 만들어 기록하고 대중에게 공개했다. 스코틀랜드 던디의 DPM 공원에서는 영국에서 가장 길고 합법적인 110m 길이의 그라피티 벽을 누구나 언제든지 사용할 수 있다. 시의회에서 운영하는 이 프로젝트에서는 지역 어린이들을 위한 워크숍도 개최한다. 그러나 참여자들이 불법적인 그라피티 활동을 얼마나 자제하는지(또는 자제하지 않는지)는 측정되지 않는다. 글래스고는 클라이드강 근처의 옛 아연 도금 지역에 있는 SWG3 예술 공연장 주변에서 **야드웍스**Yardworks 축제를 개최하여 거리예술을 기념하고 홍보하는 최첨단의 스코틀랜드 도시이다. 여기에서 시의회는 그라피티 예술가가 체포의 두려움 없이 작품을 발전시킬 수 있는 합법적인 벽을 세우는 것도 고려하고 있다. 이는 가장 가까운 경쟁자(런던 동부의 해크니)의 두 배에 달하는 비용을 그라피티 제거에 사용하는 의회에서 나온 계획이다. 글래스고의 거리예술가 제임스 클린지James Klinge의 관점에서 보면, "사람들은 갤러리에 들어가기에는 정말 위압적인 장소로 생각할 수 있지만, 거리를 걸으면서 이 벽화가 진행되는 모습을 볼 수 있는 사람이라면 누구나 그곳이 그들의 갤러리이다"(Brooks 2022, 7).

  도시 주민들의 그라피티와 거리예술에 대한 태도도 변화하고 있으며 모호하기도 하다. 놀랍지 않게도 이러한 태도는 도시 내에서도 다르며, 일부 근린, 장소, 건물은 감시, 고발, 보호, 축하 등 상당히 다르게 여겨진다. 예를 들어, 콜롬비아 수도 보고타에서는 2011년 경찰에게 총격당한 젊은 거리예술가가 사망한 후, 거리예술에 대한 새로운 관용이 생겼다. 시장은 그라피티를 예술적·문화적 표현의 한 형태로 장려하는 동시에, 기념물과 공공건물 등에 제한이 없음을 알리는 부분을 지정하는 조례를 발표했다. 또한 선정된 예술가에게는 주요 도로를 따라 2층, 3층, 심지어 7층 건물의 벽을 캔버스로 제공하고 보조금도 제공했다. 그 결과 정치적·사회적 메시지가 담긴 다채로운 작품이 탄생했다. 이 자유주의 정권하에서는 일상적인 그라피티도 글쓰기가 금지된 건물 등에 확산되었다. 이는 규칙을 준수하지 않고는 이러한 방식으로 그라피티를 통제하기는 어렵기 때문에, 금지해야 할 벽면과 공공공간을 표시하려는 호소이다. 리스본은 긴축과 불황에서 벗어나기 위해 거리예술을 받아들인 또 다른 도시이다(GAU 2014). 대규모 작품과 벽화가 공공건물과 산업지구를 장식하고 있다(그림 8-3). 예술적 이미지에서 항의 이미지와 메시지까지 다양하다.

여기에서는 빌스Vhils(알렉산더 파르토Alexandre Farto)와 같은 지역 예술가들이 주목받고 있으며, 반달리즘의 미학과 사회적 논평을 결합한다. 빌스는 스프레이 캔과 스텐실 대신 전기 드릴을 사용하여 건물 벽에 렌더링하여 커뮤니티 구성원의 대형 초상화를 제작하고 공공시설에도 작업을 한다. 그의 첫

〈그림 8-3〉 거리예술, 리스본
출처: 저자 사진.

번째 전시회는, 도시 예술 기관에 받아들여졌다는 의미로 개조된 전기 시설에 있는 새로운 박물관 개관식에서 열렸다(그림 8-4). 또한 리스본 대학교는 거리예술과 도시 창의성에 대한 첫 번째 국제 콘퍼런스를 개최하고 학자, 큐레이터, 박사과정 학생들의 논문으로 구성된 광범위한 프로그램을 진행했다(www.urbancreativity.org).

다른 지역에서는 젊은 예술가를 위촉하여 기업 건물을 장식하는 것이 전형적인 공공미술 설치의 대안으로 떠올랐다. 프랑크푸르트에서 건설 중이었던 45층 건물인 유럽중앙은행 본부는 높은 보호 울타리로 둘러싸여 있었다. 여기에 지역의 한 사회복지사가 은행에 문의하여, 자신이 돌보는 '문제 있는' 어린이들이 은행 터 주변에 세운 나무 울타리에 스프레이 페인트를 칠하도록 허락을 받았다(비용은 1만 유로). 그라피티는 유럽중앙은행 총재와 당시 총리였던

〈그림 8-4〉 전기박물관과 저장탱크의 그라피티(빌스Vhils의 전시회, '절개Dissection'), 리스본
출처: 저자 사진.

메르켈의 캐리커처(작품의 60%가 유로존 위기를 반영)와 건물 안쪽에 전시된 싸움닭을 묘사했다. 그라피티 작품 중 일부는 아이러니하게도 은행가들이 '예술공사중Under Art Construction' 프로그램을 통해 구매했지만, 나머지 작품은 판매되지 않는 것으로 보인다. 프랑크푸르트 시장은 다른 건설 현장에서도 이러한 프로젝트의 시행을 촉구했다. 한편, 다른 장소도 허가된 그라피티의 대상이 되는데, 이는 한편으로는 보기 흉한 공사장 울타리에 활기를 불어넣고, 다른 한편으로는 기회주의적 그라피티를 예방/억제하고, 영구적인 구조물에서 주의를 돌릴 수 있기 때문이다. 예를 들어, 마드리드와 암스테르담에서는 옛 로열더치셸 유럽 본사 건물이 댄스 이벤트 주최자의 임시 점유로 재개발을 기다리고 있다(그림 8-5). 암스테르담 노르트로 알려진 이 도시의 북부 지역은 중앙역 뒤에서 무료 페리가 자주 운행되는 새로운 창조지구이기도 하며, 디지

〈그림 8-5〉 옛 로열더치셸 본사에 있는 그라피티 예술, 암스테르담 노르트
출처: 저자 사진.

털 미디어 워크숍과 예술 및 엔터테인먼트 장소가 이 산업단지와 노동계층 지구를 대체했다(제5장 참조). 이 경우 그라피티 예술은 과거처럼 쇠퇴와 사회적 불안을 의미하기보다는 전환, 재미, 창의성을 의미할 수 있다. 많은 경우, 그라피티는 저항과 새로운 개발을 예고하거나 심지어 '새로운' 또는 새롭게 구상된 장소 자체를 축하하는 등 젠트리피케이션 과정의 시작을 알린다.

따라서 실제로 범죄-예술과 통제-관용 사이의 긴장은 도시정부, 대중, 그라피티와 거리예술가가 취향, 의견(지역과 국가 미디어 포함), 도시 브랜딩과 개발이 시간의 흐름에 따라 이동하여 움직이는 연속선상에서 전개된다. 이는 우리가 보았듯이, 거리예술의 강화와 연성화, 도구적 사용을 의미하며, 도시 브랜딩, 장소만들기 노력과 전략에 많이 사용된다. 대중은 물론 더 이상 동질적이지 않다. 주요 코즈모폴리턴 도시와 역사도시에서는 관광객과 다양한 비즈니스, 교육, 여가 방문객이 여러 국가에서 온 주민, 출퇴근 근로자와 다른 미적·도덕적 입장을 가진 사람들과 섞여 있다. 예를 들어, 거리예술/그라피티에 대한 해외 관광객의 관점은 매력, 브랜드 이미지, 멋진 장소의 표시 중 하나일 수도 있고, 두려움, 쇠퇴, 낮은 미적 가치/매력 중 하나일 수도 있다. 주민에게 같은 이미지가 일상생활의 일부를 형성하거나, 지역정체성(자신 또는 다른 사람—좋은, 나쁜 또는 무관심)을 나타내거나, 심지어 방문객의 관점과 일치할 수도 있다. 따라서 이러한 이미지는 푸코적 의미에서 헤테로토피아 공간이 되어 특정의 장소를 의미하지만, 시공간을 초월하거나 그 안에서 경험되는 공간이다(Massey 1999; Unwin 2000).

그러나 지역 주민은 그라피티가 그곳에 있었던 기간, 그라피티가 배치된 위치(즉 어떤 유형의 건물/구조물), 그라피티가 그들에게 어떤 의미가 있는지에 따라 더 깊게 아는 방식으로 참여할 가능성이 크다. 그라피티와 거리예술은 이전보다 장소감과 동일시되는 정도가 커지고 있다. 물론 이전의 태그와 지역적/갱의 특성과 다양성을 보이는 그라피티는 공공에서 청소할 가능성이 더 높다. 그라피티 예술가에게 장소의 매력은 상호적이다. 통일 이후 베를린과 같은 유동적인 도시는 "도시 예술계의 그라피티 메카 … 유럽에서 가장 '폭격을 많이 받은' 도시"로 인식되었다(Trice, in Arms 2011). 여기서 수용/용서는 베를린이 유네스코 디자인도시로 지정되고 문화 관광지로 성장하는 현상과 관련이 있으며, 거리의 창조성이 있는 도시의 이미지에 의해 촉진된다. 여기에는 물론 소셜 미디어를 통해 거리에서 갤러리로, 다시 거리로 작품이 이동하는 그라피티 예술가 등의 국제 예술가들이 포함된다. 시드니와 같은 도시에서는 창조계층 담론(Florida 2005)과 공공미술에 대한 정책이 "그라피티를 생산적이고 창의적 실천으로 의미를 재정의할 기회"를 제공하기도 했다(McAuliffe 2012, 189).

도시에서의 장소만들기 노력에서 도시공간은 연관된 이미지, 상징(Lefebvre 1991)과 다른 감각을 통해 살아가며, 우리의 일상적인 환경과의 관계와 개별적인 장소 및 공간에 대한 정체성의 경험적인 본질이 중요하다. 이러한 의미에서 우리는 소비자로서 공간이나 도시 환경을 '사용'하지는 않지만(브랜드 제품처럼), 우리는 개인적으로, 생산적으로(즉 일에서/일을 통해) 그리고 집합적으로 경험하지만, 우리가 살고 있는 공공공간의—그라피티의 존재를 포함하여—(재)구성에 대한 영향력은 감소한다. 그라피티와 거리예술은 이미 인정받은 시각적 예술의 한 유형이 되었고, 도시는 이를 채택하고 도시 정체성의 일부로 투사하며, 관광지 마케팅 혼합의 요소로 사용하는 것이 분명해지고 있다. 따라서 이제 거리예술은 특정 지역을 장소만들기와 브랜딩하기 위한 새로운 전략으로 떠오르고 있으며, 앞의 사례에서 알 수 있듯이 범죄의 근원에서 벗어났다(Ross 2016).

런던의 해크니윅

이스트런던의 해크니윅Hackney Wick은 스튜디오, 임시 갤러리 공간, 공장들의 집적지, 운하 옆의 시설에서 작업하는 예술가들이 밀집되어 있다. 이러한 밀집은 인접한 올림픽 시설과 공원, 그리고 이벤트 이후 개발 단계에서 새로운 주택을 만들기 위해 스튜디오가 철거되고 이스트런던의 다른 지역에서 작업 공간의 비용이 증가함에 따라 가속화되었다(제6장에서 논의한 대로 상업용 주택과 하이테크 시장으로 인해 가격이 상승했다). 이러한 경관과 산업의 풍경은 그라피티 예술가가 대규모 작품을 제작할 기회를 제공했으며(그림 8-6), 이 지역의 젠트리피케이션에 대한 불만을 표출하고, 이는 결국 그들의 전치displacement로 이어질 수도 있다(그림 8-7).

이 지역은 매년 해크니 위키드Hackney WICKed라는 예술 축제를 개최하고(제9장 참조), 시정부, 캐널 앤드 리버 트러스트Canals and Rivers Trust, 올림픽공원 관리청에서 방문객의 목적지로 홍보하고 있다. 분리된 근린과 커뮤니티를 '함께 엮어 주는' 역할을 하는 지역 개발 기업의 말에 따르면, "디자인 품질을 통해 이벤트, 여가, 스포츠, 문화를 위한 독특하고 영감을 주는 장소, 기업과 혁신의 허브, 다양하고 지속가능한 커뮤니티를 만드는 것"을 사명으로 삼고 있다(LLDC 2014, 5). 이처럼 새롭게 홍보된 지역을 관리하고 합법화하는 기관은 또한 국제적(지역이 아닌) 예술가를 참여시킨 큐레이션[46] 프로젝트(예로 운하 프로젝트[47])의 일환으로 그라피티 예술가에게 지역 건물을 장식하도록 의뢰했다(그림 8-6).

하지만 2012년 올림픽 이전에 이미 이 지역에서 그라피티 청소가 진행되었다는 것을 알게 되자, 이 프로젝트는 지역 그라피티 예술가, 다른 예술가, 주민들의 분노를 샀다. 상처에 모욕을 더한 것은 브라질, 네덜란드, 스웨덴, 이탈리아의 여러 예술가가 같은 건물에서 예술 작품을 제작하도록 자금을 지원

〈그림 8-6〉 그라피티를 주제로 한 운하 프로젝트, 해크니윅

출처: 저자 사진.

〈그림 8-7〉 그라피티 예술, 해크니윅
출처: 저자 사진.

받았다는 사실 때문이다. 자금 지원 기관에 따르면, "우리는 부끄러움 없이 최고의 국제 예술가를 선보이고, 운하의 이 부분을 거리예술의 목적지로 바꾸고 싶었다. 사람들이 보트 투어를 와서 작품을 보기를 바란다"(Evans 2016d, 178) 라고 했다. 하지만 지역의 그라피티 예술가인 **스위트 투프**Sweet Toof가 말했듯이, "거리예술의 상업화로 인해 모든 벽면이 최고 입찰자에게 팔려 나가고 '선불제pay-as-you-go' 벽이 되고 있다"(Wainwright 2013). 따라서 그라피티를 독특성과 지역적 표현으로 채택하는 장소만들기는, 그라피티 작업을 지역의 건축 유산과 커뮤니티 문화의 일부로 소속시키는 전략을 개발하여야 한다.[48] 스미스는 다음과 같이 말한다. "이것은 마치 거리예술이 재개발의 거대한 지각변동 압력에 의해 사방에서 압박받는 해크니윅의 영혼을 보존할 책임을 맡은 것과 같다"(Introduction, Lewisohn 2013, 5).

쇼디치

이 지역의 이미지는 작업장과 공장의 후기산업사회의 사용, 소규모 수공예품과 소매점, 사회적인 창고형 다락방 아파트에, 이 역사적인 건물과 벽의 광범위한 그라피티 예술을 결합한다. 이것은 뱅크시, 스틱Stik과 같은 선망받는 예술가가 처음으로 실행한 효과적인 그라피티 거리 실험실이 되었다(그림 8-8). 거리예술의 중요함을 나타내는 상징처럼 여러 회사가 온라인 갤러리와 예술가/예술 작품 프로필 목록이 있는 쇼디치Shoreditch 거리예술 가이드 투어를 제공한다. "쇼디치에서 예술은 야외 활동이다. 건물의 거대한 벽화(그림 8-9의 '별' 참조)부터 어디에서나 볼 수 있는 작은 스티커에 이르기까지 거리는 공정한 게임이다. 누가 알겠는가? 새로운 뱅크시를 만날 수 있을지를"(Shoreditch Urban Walkabout 2014).**49** 뉴욕과 마찬가지로 전문 갤러리와 기관도 **그라피티 라이프**Graffiti Life와 **그라피티 킹스**Graffiti Kings와 같이 그라피티 예술가와 거리예술가의 작품을 일시적 또는 영구적으로 이용할 고객에게 위탁 서비스를 제공한다. 따라서 전문적인 그라피티 예술가와 중개자의 시대가 왔다. 사실 예술가들은 오랫동안 그라피티를 예술 작품에 적용해 왔다. 예를 들어, 거주 퍼포먼스 예술가인 길버트와 조지Gilbert and George는 1970년대 지역의 그라피티 이미지를 자신들의 작품 '더러운 말 그림The Dirty Words Pictures'에 사용했다. 이 작품에서는 그라피티의 욕설과 슬로건을 도시 생활의 불안한 이미지와 예술가 자신의 암울한 현존재와 병치한다.

〈그림 8-8〉 쇼디치 그라피티: 스틱, 뱅크시, 디스크리트
출처: 저자 사진.

〈그림 8-9〉 벌 그라피티, 쇼디치
출처: 저자 사진.

    이 도심 지역은 도시와 저소득층 주민에게 서비스를 제공하는 노동자(계급) 작업장 지역에서, "'쇼디치 정신의 상태'인 **디저라티**digerati(디지털 지식층)의 느슨한 연계로 자신을 드러내는"(Foord 2013, 57), 테크노-창조적 아비투스habitus로 진화했으며, 그 안에서 기성 그라피티 예술가들이 어울리고 거리예술을 만든다. 이 지역의 생태계가 지원하는 색다른 나이트라이프와 카페 문화 덕분에 예술가는 점점 더 많은 방문객을 확보할 수 있게 된다. 그러나 푸어드는 다음과 같이 관찰한다. "디저라티의 열망과 경기 침체의 영향에 매일 직면하는 커뮤니티의 열망 사이의 간극은 줄어들 가능성이 없다"(Foord 2013, 59). 그라피티 예술가는 이 상황에서 점점 더 모호한 위치를 차지하고 있으며, 사실상 기존 공간 생산자에 합류했다.

그들을 이길 수 없으면 합류하라

따라서 도시에서 그라피티와 거리예술은 복잡하고 모호한 위치를 차지한다. '도심' 거리예술과 (인기 없는) 그라피티 사이에는 분명히 이중성이 존재한다. 부동산 소유자와 다른 이해관계자(특히 교통 부서와 공공 부문)의 완전한 위임과 승인 없이는 기술적으로 불법적인 활동이지만, 거리예술에 대한 묵인은 통제가 완화되었거나 일반적으로 자유방임적인 상황이 존재하는 도시와 지역에서는 분명하다. 이는 아테네처럼 현재 경제적 쇠퇴와 사회적·정치적 분열로 인해 청소나 집행을 위한 권한과 자원이 줄어든 도시에서 분명하다(Avramidis 2012 참조). 여기에서 쇠퇴로 인해 발생한 공백은 거버넌스 적자와 경제적 영향(실업, 부채, 서비스 감축)에 대한 정치적 대응/저항 때문에 촉진된다. 심각한 경기 침체의 영향을 똑같이 받은 다른 도시 중에서는, 앞서 논의한 대로 보고타와 리스본처럼 더 창의적인 접근 방법을 채택한 곳도 있다.

지역 경찰의 태도도 다양하며, 그라피티와 거리예술에 관한 경찰의 입장은 여러 요인에 의해 결정될 수 있다. 미국 동부 연안 경찰국에 관한 연구에 따르면, 경찰관의 인종과 근무 교대(주간 또는 야간)가 그라피티 범죄에 대한 태도와, 가해자와 집행에 대한 태도에 영향을 미치는 것으로 나타났다(Ross and Wright 2014). 런던경시청의 안전한 이웃팀Safer Neighbourhood Teams도 자원 효율성과 정책/정치적 목표(절도, 강도)에 따라 중요 범죄에 집중하며, 문자 그대로 현행범이거나 민원에 대한 대응으로 잡히지 않는 한 그라피티를 우선순위에서 낮춘다. 이는 그라피티를 지속해서 이어지는 범법 행위로 파악하고, 자신들이 '심각한 반달리즘'이라 부르는 범죄를 기소하는 증거를 확보하기 위해 그라피티를 기록하는 등 무관용원칙을 시행하는 영국 교통경찰과는 대비된다.50 스코틀랜드의 경찰관은 태그를 수집하여 데이터베이스에 저장하고,

이를 사용하여 특정 이미지가 사용된 위치를 정확히 파악하여 경찰이 수사 범위를 좁힐 수 있도록 하며, 이를 통해 여러 건의 체포가 이루어졌다.

그러나 토지 소유자가 멀리 떨어져 있거나 무관심한(그리고 부동산 가치가 위협받지 않는) 지역으로 변화를 경험하고 있거나 애매한 탈산업화 지역에서는 해크니웍과 쇼디치처럼 그라피티와 거리예술이 번성한다. 이스탄불의 베요글루Beyoglu와 같은 코즈모폴리턴 지역은 도시의 어떤 곳보다 자유롭고 논쟁이 있는 영역에 거리예술이 집중되어 있다(Erdogan 2014). 다른 도시를 보면, 암스테르담의 대학지구에 넓은 그라피티가 있는데, 이는 대부분 거주자인 학생들의 관용, 만족, 장소만들기의 조합을 보여 준다. 그라피티는 아테네와 같은 도시의 시위를 자주 하는 대학지구에서도 분명하지만, 정부 건물 주변 지역과 시위대가 사망한 장소 등 갈등 지역으로 확대되었다(Avramidis 2012). 또 다른 사례를 보면, 거리예술이 위탁, 설치 등 상업적으로 주도되고, 현대 미술에 포함되어 도심, 소매점, 젠트리피케이션(뉴욕 브루클린의 덤보)을 겪고 있는 지역에서 볼 수 있으며, 특히 임시적인 장소에서 볼 수 있다. 그러나 그라피티는 여전히 버려진 장소와 '접근 가능한'(Avramidis 2012) 교통 시설에서 지배적인 이미지로 남아 있으며, 이 경우 여전히 쇠퇴, 잔여와 관련이 있다. 다른 지역에서는 거리예술이 근린의 창의적인 지구화를 반영하고, 효과적으로 이미지와 독특한 브랜드 가치를 더하는 데 도움이 된다. 이는 대도시와 도심에 국한되지 않는다. 포르투갈 중부에서는 2주간 진행되는 코빌랑Covilhã 도시예술 축제가 2011년에 처음으로 이스트렐라산맥이 내려다보이는 시골 대학도시에서 개최되었다. 이 축제 **울 온 레지던스**WOOL on Residence는 전국의 그라피티 예술가와 지역 예술가를 모아 마을 전역에 벽화를 제작하는데, 이 지역 양 사육의 전통, 양모 섬유 디자인과 제조에 대한 언급을 한다(부렐 공장, 제7장 참조).

거리예술은 한편으로 현대 미술의 목록에 합류했고, 미술 시장은 그라피티 예술가가 신중하게 다루어도(Brighenti 2010) 상업 광고와 미디어에 전유되었으며, 다른 한편으로 그라피티는 근본적 유형으로서 일상적인 도시 환경에 계속 거주하면서, 많은 사람에게 낮은 수준의 '소음'과 귀찮은 존재일 뿐만 아니라 제작자와 위탁자에게는 거의 끝없는 캔버스이기도 하다.

그라피티와 거리예술이 도입되고 지위가 부러울 만큼 높아졌다는 지표는, 유명한 현대 영국 예술가인 그레이슨 페리Grayson Perry가 영국 전역의 3만 개가 넘는 옥외광고판과 포스터 사이트에 예술 작품 이미지를 배치하는 **아트 에브리웨어**Art Everywhere 계획을 시작한 데서 나타난다. "요즘에는 거리예술이 어디에나 있었기 때문에 갤러리 아트를 거리에 두는 것이 좋았다"(Brown 2014, 11)—이길 수 없다면 합류하라. 이 프로젝트를 본떠 2023년 한 달 동안 11명의 예술가의 작품이 영국 전역 수천 개의 옥외광고판과 디지털 화면에 등장했다(광고 사이트 회사의 후원). 이는 "예술에 대한 전통적인 시각과 사고 모델에 도전하는 새로운 종류의 문화제도를 만드는 것을 목표로 한다. 벽이 없어 자유롭고 접근 가능한 색다른 유형의 국립 미술관 … 미술관이 아닌 '야생'에서"(O'Callaghan 2023, 2). 물론 거리예술은 수십 년 동안 이러한 실천을 해왔지만, 큐레이션이 되지 않고 자의식 없는 방식으로 이루어져 왔다.

*

그라피티는 낮은 형태의 반달리즘일 뿐만 아니라, 예술 형식이자 도시공간의 상업화에 대한 해독제이다. 명백한 정치적 선언에서 지역 시위와 논평에 이르기까지 활동가적 뿌리와 관행도 분명히 존재한다. 이는 그라피티 예술가가 문화 발전과 민주주의 운동에 직접적으로 관여하면서 **기습적인** 스타일을 넘어서는 살아 있는 경험이다. 놀랍지 않게도 거리예술은 사회적으로 참여하는 예술 프로젝트에서 점점 많아지고 있으며, 오랫동안 수행된 개인주의적인 (그리고 익명에 의한) 실천보다는 참여적 실천에 많이 등장하고 있다. 마지막 장에서는 사회적으로 참여하는 문화공간 개발의 실천과 장소, 문화, 유산 장소 안팎의 수용하는 커뮤니티와 협업, 그리고 **거리에서** 일하는 예술가 등 실천적인 예술가와의 협업을 탐구한다.

제9장

사회적 참여 실천과 문화 매핑

이전 장에서 살펴본 문화공간은 문화 어메니티와 자산을 포괄하는 개념이다. 무형의 전통이나 커뮤니티 전통 등의 이유로 선정이 되어야 하는 유산 장소에서 예술과 이벤트 참여, 소비를 위한 장소, 디지털, 패션, 거리예술과 같은 생산공간까지 다양하지만, 점차 수렴되어 도시의 '시각적' 문화공간을 지칭하게 되었다. 사회적으로 생산된 공간의 모델은 여러 단계에서 작동하며, 르페브르가 주장했듯이, 이러한 공간 현상은 동시적이고 실존적으로 경험되며 상호 배타적이지 않다. 물론 1960년대 파리 이후 사회적·기술적 변화는 생산, 소비의 현실과 관행을 변화시켰다. 특히 대량 관광, 이주, 공공영역이 상품화되고 민영화되고 일상생활의 패턴(일, 레크리에이션, 라이프스타일)이 파편화되는 후기자본주의의 세계화가 문화 생산과 소비 가능성에 영향을 미쳤다. 그 결과 도시에 대한 권리와 특히 문화적 권리에 대한 개념이 불가피하게 변화했으며, 일부 지역에서는 민주화가 이루어졌지만, 정권과 장소에 따라 경험은 고르지 않았다. 문화 계획과 같은 접근 방법을 통해 부분적으로는 문화시설의 고른 분포와 접근성을 유지하고 주류 문화와 제도 중심의 문화의 탈중심화를 이루었지만, 여기에서도 **실제**보다는 위성, 전초기지, 프랜차이즈를 통한 주변적인 현상이었고, 문화적·기술적 힘은 여전히 중심에서 대부분이 유지되었다.

반면에 문화 발전에 대한 사회적 참여와 교류공간, 경험공간은 이전의 커뮤니티 예술운동, 아트랩과 커뮤니티 기반 예술 주도 활동주의와 같이 실험적인 공급을 기반으로 구축되었다. 주와 기초단체의 문화 공급도 보완되었고, 어떤 면에서는 상업적인 엔터테인먼트(Adorno and Horkheimer 1943)와 원자화된 디지털 소비로 대체되어 문화공간이 도전받았지만, 진정성과 라이브 경험에 대한 갈증이 있었다. 몰입적이고 디지털-초현실적 복합 경험과 미래적이지만 무미건조한 예술 성당의 형태로 나타나는 반응은 특수한 현상(생활세계보다 유산이 풍부)이지만, 이러한 공간은 그림을 그리거나, 악기를 연주하거나, 함께 춤추고, 즐기고, 노래하거나, 전통적이고 새로운 예술과 문화 실천에 몰두할 수 있는 곳이 아니다. 따라서 참여와 경험의 장소와 과정은 문화민주주의와 문화 발전에서 모두 최우선 순위이다.

> 사회적으로 참여하는 예술적 또는 창조적 실천은 특정 커뮤니티나 더 넓은 세계의 상황을 개선하는 것을 목표로 한다. … 사회적으로 참여하는 예술가는 상품 대신 변화에 영향을 미치도록 설계된 프로세스에 집중한다. 그들은 혼자가 아니라 다른 사람들과 협력하여—그리고 공공공간에서—이를 수행한다.[51]

레이시는 공공미술에 '공공'을 되찾으려고 시도하면서 활동가 예술적 실천을 표현하기 위해 '새로운 장르' 공공미술이라는 용어를 만들어 냈다(따라서 전통적으로 위탁받은 공공미술 관행과 구별).

지난 30여 년 동안 다양한 배경과 관점을 가진 시각예술가들은 정치적·사회적 활동과 유사한 방식으로 작업해 왔고, 미적 감성으로 인해 두드러졌다. 우리 시대의 가장 심오한 문제인 독성 폐기물, 인종 문제, 노숙자, 노화, 갱단 전쟁, 문화정체성을 다루었다(Lacy 1995, 19).

브라질에서 사회적·정치적 이슈에 관여하는 참여 예술 실천의 두 가지 사례는 관객 참여 기반spect-actor-based의 **억압받는 자의 극장**Theatre of the Oppressed과 예술-음악 퓨전인 **트로피칼리아**Tropicalia 운동이 있다. 그러나 예술 활동가는 사회적으로 참여하는 실천의 한 사례일 뿐이며, 다른 문화 분야는 공동 설계/제작 방식으로 커뮤니티, 특히 커뮤니티 건축가, 기획자, 디자이너와 함께 이슈 기반 프로젝트를 진행한다(Evans 2018b). 또 다른 참여 영역은 건강으로, 치료의 전통(요양원/의료 시설에서의 예술, 드라마, 음악)과 건강생활센터(예술과 웰빙 활동을 공중보건 교육과 결합한 비진료/비건강 기반 공간)에서 생물의학적 건강 모델에 도전한다(White 1998, 9). 예술과 창의적 기술은 잘 활용될 수 있지만, 미적 산출물은 상호작용의 일부를 형성하지 않을 수 있다(Thompson 2012).

협업적이고, 참여적이며, 사람들을 작품의 매체 또는 소재로 포함하는 사회적 참여 예술. … 사회적 참여 예술의 핵심 요소는 작품 자체(만약 제작된다면)가 아닌 실제 참여 또는 경험이다. 행위 자체, 즉 사회적 참여가 예술이다.[52]

이 분야에서 발생하는 의미적 구분, 즉 커뮤니티 예술, 새로운 공공미술, 활동가 예술, 대화적 미학, 사회적 참여 예술은 '사회적 전환'(Bishop 2006)과 사회 정책에서 예술을 수용하는 현상을 모두 반영하지만, 커뮤니티 예술의 전문화와 비정치화(Braden 1977; Kelly 1984), 예술가들의 '외부인에서 활동가, 의사결정권자로의 여정'(Merkel 2009),[53] 그리고 일반적으로 자금 지원자와 중개자가 주도하는 위탁 과정 자체에 대한 예술가들의 불안을 감추기도 한다. 예술가의 특수한 위치, 즉 독립적이고 프리랜서이며 불안정하고 자율성을 추구/보호하는 것도 문화 노동의 관점에서 고려되었다. 예를 들어, 벨피오레는 예술가/창작 활동가의 상당한 액수의 숨겨진 비용(웰빙, 재정)과 보이지 않는 보조금, 위탁 기관에서 제공하는 자금의 부족(Belfiore 2022)을 지적하며 이 관행의 조건을 비판하는 반면, 뱅크스는 더 나아가 '창조적 기여 관행'을 주장하는데, 이는 점유자와 문화적·창조적 일자리에 접근할 수 없는 사람 간의 불균형을 바로잡는 개념(Banks 2023)이며,[54] 이는 예술가, 학자, 협력하는 커뮤니티 간의 사회적 참여에 내재해 있는 불평등이다(Brook, O'Brien and Taylor 2020). 그러나 이 분야와 서사는 특히 전문 예술가와 학자들이 차지하고 있으며, 여기에는 모호성도 있다. 학자로서의 예술가(많은 예술가가 대학교 미술대학에서 강사/연구원으로 일한다)와 커뮤니티 및 사회적 참여 예술 실천 과정 프로그램, 학자는 위탁 예술가와 커뮤니티의 협력자와 함께 자금을 지원받은 연구 프로젝트를 운영한다. 일반적인 행태—연구 파트너십 모델이다. 이러한 비판과 입장에도 불구하고, 실제로 '참여'하는 사람들과 이러한 창조적 개입의 수혜자 또는 그들이 차지하고 창조하는 공간의 수혜자로 추정되는 사람들의 목소리는 거의 들리지 않는다.

그러나 더 많은 경험이 축적되고 지식이 전파되며 사회적으로 참여하는('예술'에 국한되지 않는다) 실천, 특히 연구자, 예술가, 커뮤니티 간의 협업을 인정하게 되면서 **공동 창작, 공동 설계, 공동 제작 문화공간**이라는 개념이 자리 잡게 되었다. 이는 도시 변화와 환경 및 기후변화, 재생(특히 문화유산과 정체성을 중심으로), 사회적 불의, 지역과 일상 수준에서의 영향과 같은 메타 과제에 대한 대응으로 견인력을 얻었다. 여기에서 지역 커뮤니티와 관심 커뮤니티와의 문화에서 영감을 받은 참여는 창조적인 대응을 구체화했고, 적어도 문화공간의 구상자와 그 공간에서 살고 표현되는 사람들 간의 권력 이동을 위한 기회를 제공했으며, 예술가/활동가에게 다음과 같은 질문을 제기했다. "우리의 작업은 불평등한 권력관계를 불안정하게 만드는가, 아니면 현상 유지를 확인하고 지지하는가?"(Moriarty 2014). 이러한 과제는 오늘날 많은 사회적 참여 문화 실천의 핵심이지만, **예술을 사람들에게 제공**한다는 개념과 이분법적 전문가-아마추어 관계라는 가정은 더 이상 유지될 수 없다(Hope 2017). 따라서 케스터의 '대화적 미학'은 "우리가 대화자의 특정 정체성을 인정하고 그들을 단순히 우리가 대신 행동할 수 있는 주체가 아니라, 자아와 사회 변화에 공동으로 참여하는 사람으로 생각하도록 요구한다"(Kester 2004, 79). 실제로 물리적·상징적·상상적 문화공간의 생산을 둘러싼 참여는 미시적·거시적 등 다양한 규모에서 이루어지며, 따라서 강도도 다르므로 한편으로는 공간적 차원과 인식이 필요하고, 다른 한편으로는 장소와 '특정한 것'과의 긴밀한 정체성 확인도 필요하다(Wallerstein 1991). 전자는 사람과 장소를 공간적·사회적 관점에서 고려하는 문화 매핑이라는 새로운 과정을 통해 포착할 수 있으며, 이러한 관계, 지역적 지식, 문화 발전과 공간의 접근에 대한 장벽과 열망에 중점을 두고 참여한다.

문화 매핑 – 사회공간적 접근

최근의 문화 매핑(Longley and Duxbury 2016) 개념과 실천은, 첫째, 문화 제공의 개선된 분배와 접근성에 대한 필요성, 둘째, 일상생활의 예술과 문화적 어메니티와 경험에 대한 지역적 지식의 필요성에 대한 대응으로 볼 수 있다. 여기에는 전략적인 문화 계획의 규모와 참여적 매핑과 예술/행태연구PAR, 지역 단위에서 관련된 시각화 기술을 통해 구현되는 열망이 있다. 공간적 접근 방법은 또한 '장소 없는' 문화 활동 설문조사(Evans 2016b)와 실제 경험(가격/비용 관계와 기본 사용자 프로필 등)이나 '비이용자'('부재' 이외의 설문)에 대해 거의 알려 주지 않는 관객 데이터를 통해 분명히 드러나는 장소, 문화 제공, 참여 간의 단절을 해소한다. 문화와 커뮤니티 시설의 이용자(그리고 비판적인 비이용자)에 대한 가부장적 관점은 본질적으로 규범적인 시민 어메니티 제공과 설계, 계획 전문가들 자체에서 오랫동안 확립되어 왔다. 여기서 이용자는 점유자, 주민, 그리고 거래적 의미에서 심지어 고객(일반적으로 건축가의 브리핑을 만드는 데 기여할 것으로 기대되지 않는 사람들)을 의미하지만(Forty 2000, 312), 얼굴 없는 '이용자'와 문제가 있고 감사하지 않는 '비이용자'에게 무력하고 불리한 역할을 의미한다. 르페브르는 이러한 긴장을 인식했다. "'이용자[usager]'라는 단어는 … 모호하고 모호하게 의심스러운 무언가를 가지고 있다. '무엇을 이용하는가?' 사람들은 궁금해하는 경향이 있다. … 이용자의 공간은 살아 있는 것이지 표현(또는 구상)되지 않는다"(Lefebvre 1991, 362). 포티도 다음과 같이 관찰했다.

'이용자'와 '이용자 수요'에 대한 관심의 감소는 1980년대 공공부문 위탁의 감소와 일치했다. 아마도 '이용자'에 대한 불만족의 또 다른 이유는 사람들이 예술 작품, 건축물과 관계 맺는 방식이 너무 불만족스럽기 때문일 것이다. 사람들은 조각 작품을 '이용'하는 그것에 관해 이야기하지 않을 것이다(Forty 2000, 314).

국가가 진행하는 분배적 문화 프로젝트가 정치적으로 쇠퇴하면서, 2000년대 이후 문화 계획 관행(Evans 2001, 2008)은 특히 오스트레일리아, 캐나다, 영국에서 기존과 신규 커뮤니티를 위한 문화 활동, 시설 및 자원의 전략적 발전에 널리 채택되고 적용되었다(Evans 2008). 특히 재생, 주요 이벤트, 인구 증가, 다양성에 대응하여 문화적 자산을 포착하는 데 체계적인 접근 방법을 만들어냈다. 특히 문화 매핑의 이론적 기초는 사회과학의 '공간적 전환'에 기반을 두고 있으며, 여기에는 사회문화적 공간(Duxbury and Redaelli 2020)과 장소정체성(Santos and van der Borg 2023)이라는 개념이 포함된다. **도시에 대한 권리**와 문화적 기회의 평등성, 문화민주주의 개념의 관점에서 문화공간의 분배, 접근, '소유권'에 대한 자세한 이해도 기본적이다. 이를 행정 또는 계획의 문제로 치부해서는 안 된다. **권리**에 대한 법적·정치적·이론적 주장만으로는 주민의 대부분이 경험하는 문화자원의 불균형과 결핍을 (그렇지 않더라도) 시정할 수 없다. 이 과정에 커뮤니티의 참여가 분명히 중요하지만, 거의 실행되지 않는다.

문화 매핑은 다양한 지도와 디지털 데이터 분석, 시각화 도구를 활용한 방법론이자 일련의 기법이다. 문화 매핑과 계획 모델의 개발은 인구 증가와 토지이용 변화를 경험하는 지역, 새로운 주택과 환경적 위험(홍수/침식)에 노출된 지역, 관광 개발 같은 주요 재개발과 재생 등 문화 인프라 전략을 시행하는 여러 사례 연구에 적용되었다(Santos and van der Borg 2023). 후자의 시나리오는 도시 변화를 시각화하고 설명에 협업 예술가의 역할과 개입을 구성하여, 전통적인 환경 기관/과학자/계획가의 헤게모니, 즉 공간의 생산을 구상하는 헤게모니를 보완하고 도전한다(Duxbury, Garrett-Petts and Longley 2018).

예술적 접근 방법은 사회적으로 참여하는 실천의 한 형태로, 장소의 문화와 창조성 매핑에 대한 비판적 관심을 강조하여 예술 생산과 장소의 전략적 계획에 대한 사회적 참여 문제를 해결하고, 커뮤니티의 지식을 강화하는 대리인으로서 예술가(와 예술)의 역할을 강조한다(Santos and van der Borg 2023, 7; Edizel-Tasci and Evans 2021 참조).

독립적인 수행과 자원, 즉 광범위한 문화 계획과 문화 수요 평가 과정의 일부로서의 문화 매핑은 특정 커뮤니티의 문화적 자산, 수요, 열망을 포착하는 데 유연한 접근 방법을 제공한다. 이는 보다 체계적인 문화 감사, 컨설팅적인 계획, 시각화 모델(Evans 2008)에서 커뮤니티의 창조성, 저항 운동, 예술 형식 전반에 걸친 실천 기반 예술 개입을 참여시킬 수 있는 예술가와 커뮤니티 주도 매핑 프로젝트에 이르기까지 다양한 기법의 종합이다. 그러나 문화 매핑과 지침에 대한 국제 보고서(Evans 2008)에 따르면, 공식적인 분류와 지도 작성 연습에서 '문화적 자산'을 구성하는 요소는 다양하다. 예를 들어, 자연유산이나 환경을 포함하는 프로젝트는 거의 없지만 일부 프로젝트는 지역적 지식을 통해 커뮤니티 자산, 지역유산, 이에 대한 이용자의 해석을 포착하는 등 더욱 포괄적이다(Geertz 1985). 반면에 변화(인구통계, 나이, 민족)하고 성장하는 커뮤니티, 인구 집단과 미래의 문화적·사회적 어메니티 수요를 계획하기 위해 더욱 정교한 공간 모델도 개발되었다. 이를 통해 관리된 커뮤니티 문화적 성장의 한 형태로서 문화적 목표와 지속가능한 개발정책 목표가 통합되었다. 이를 통해 확인되는 것은 문화 매핑이 단일 모델을 사용하지 않고 사회적·정치적으로 생산되며(Gray 2006), 국가/지역 계획, 문화정책 시스템과 우선순위를 반영한다(Guppy 1997).

예를 들어, 캐나다 토론토에서는 기능적으로뿐만 아니라 지역 문화 발전 전략의 측면에서 문화적 자산을 분류하고 매핑하려는 새로운 시도가 채택되었다. 방법론을 수립할 때는 현저히 다른 사용자 그룹들의 기대를 포괄하는 넓은 스펙트럼의 시설이 고려되었다. 가장 넓은 의미에서 문화 활동이 발생할 수 있는 모든 장소이기 때문에 이 용어는 정량화할 수 없게 된다. 이 매핑 연습에서 문화시설은 먼저 정의된 문화적 역할을 수행하는 건물 또는 디자인된 경관을 찾았다. '문화시설'이라는 용어는 문화와 관련된 특정 시정 목표와 책임을 지원하는 네 가지 정의된 역할로 구분되었다. 즉 (1) 도시의 다양한 커뮤니티 전반에 걸친 문화 활동 지원, (2) 도시의 예술가 지원, (3) 도시의 경제발전과 관광 전략 일부로서의 문화 지원, (4) 유산 자원으로서 문화 지원이다. 이후의 역할은 개별 문화시설과 조직이 표현된 네 가지 범주로 설명되었다. **허브**는 도시의 다양한 커뮤니티 전반에 걸친 문화 활동을 지원한다. 허브는 커뮤니티를 중심으로 하고, 지역 단위에서 문화 활동을 육성하는 경향이 있다. 허브의 약 60%가 도심에 집중되어 있고, 약 1/3이 시 소유이다. **인큐베이터**는 토론토 예술가들을 지원한다. 인큐베이터는 예술가가 운영하는 시설이며, 특정 지역에 밀집되어 있다. **쇼케이스**는 시의 경제발전 전략의 일환으로 문화를 지원한다. 이러한 시설은 지역적·국가적·국제적으로 진행된다(Evans 2008). 이러한 문화적 자산에서 750개 이상이 식별되고 매핑되었다(Davies 2003).

노스노샌츠 주거 지역

지역 단위의 문화 매핑의 사례는 영국 중부의 노스 노샘프턴셔Northampton-shire(노샌츠Northants)에 대한 문화 인프라 계획이 있다. 이 계획은 주요 대도시가 없고, 따라서 상위 문화시설이 없는 소지역에 새롭고 업그레이드된 문화시설의 투자와 접근성 개선이 필요한 정부 지정의 성장 지역을 대상으로 한다. 이 매핑은 국가문화계획(Evans 2008; DCMS 2010)의 시범 사업으로 사용되었다. 지역 도시, 개발 기관, 지역 예술 조직, 기타 문화 단체와 협력하여 문화, 환경, 사회 영역 등 25개 이상의 자세한 디지털 데이터 지도를 사용하여 포괄적인 매핑이 수행되었다. 주요한 맥락은 인구 증가와 주택 성장 지역, 그리고 사회적·공간적으로 분리된 주민이 있는 혼합된 탈산업(철강 제조[55]), 반농촌 지역에서의 도심 재생(코비Corby)이었다. 다양한 사회경제적 분포에 대한 기초 매핑에는 가구 소득, 교육, 인구밀도, 나이, 장애/질병, 라이프스타일이 포함되었다. 이는 모두 문화 참여와 '문화자본'의 잠재적 지표이며, 향후 20년 동안의 인구와 주택의 성장도 포함된다. 문화적 어메니티의 범주는 예시 지도(그림 9-1)에 표시되어 있으며, 문화시설이 가장 필요할 것으로 예상되는 주택 증가 지역과 다양한 공간 데이터 분석 지역에 '진하게' 표시되어 있다. 이러한 주석이 달린 지도는 주민과 이해관계자와의 협의를 위한 기초 자료로 사용되었으며, 문화적 자산의 분포와 접근성, 문화 제공의 격차를 강조하는 데 사용되었다. 예를 들어, 재생 중심 문화시설 개발에는 새로 건설된 코비 큐브Corby Cube가 포함되었으며, 도서관, 건강 센터, 기타 도시 중심 시설인 400석 규모의 극장, 스튜디오/연구실, 지하 미디어/녹음 스튜디오를 결합 개발했지만, 매핑과 컨설팅에서 알 수 있듯이 이 마을에는 영화관이 한 개도 없었다. 게다가 청소년 극장을 젊은이들이 집중된 곳, 지역 교통이 편리한 곳, 케터링Kettering 도심에서 떨어진 전시장으로 '합리적으로' 이전하는 것도 인구 집단을 어메니티, 접근성과 연계시키는 데서 비롯되었다. 두 사례 모두 잘못된 문화공간을 건설하거나 잘못된 장소에 건설하는 경향을 보여 준다(Evans 2015a).

타운의 커뮤니티가 운영하는 예술가 레지던시 조직인 '**싱크 스페이스**Think Space(공간을 생각하라)'는 참여에 초점을 둔다. 지역 주민들과 함께 다양한 지역 문제/지역 과제와 해결 방안에 대해 예술 작품, 이벤트 등 다양한 참여 작업을 했다. 여기에는 타운 전역에 있는 빌딩/철거 현장의 울타리에 사진 이미

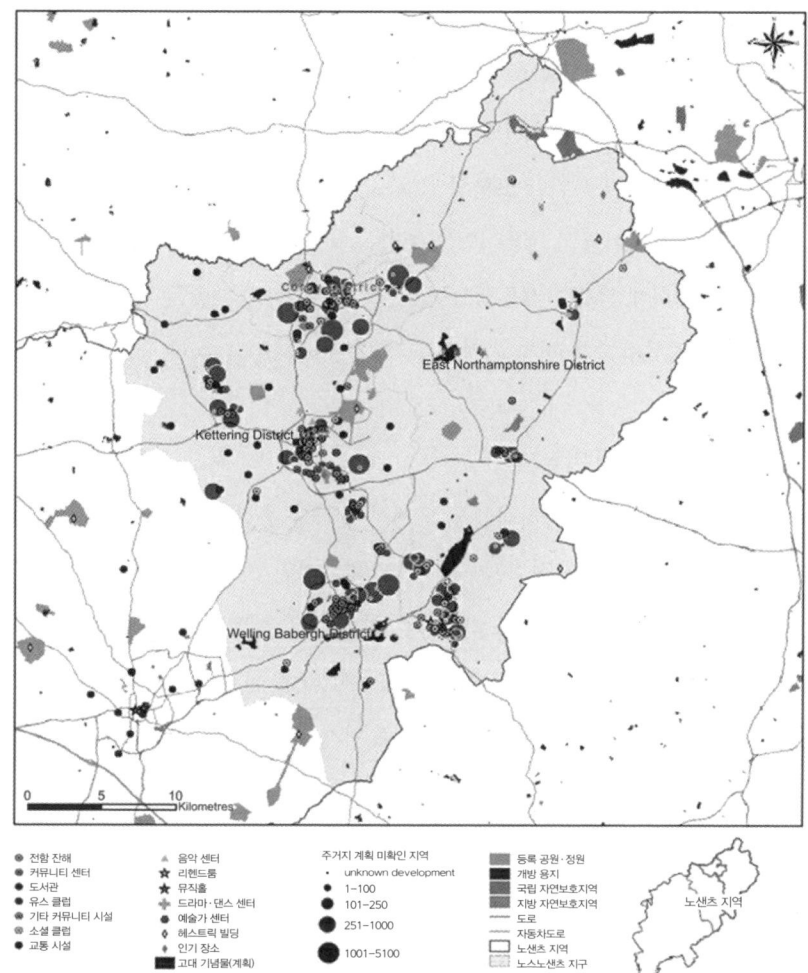

〈그림 9-1〉 노스노샌츠의 커뮤니티 문화시설과 성장 지역

지를 표시하는 **건설/철거 표시 작업**, 폐쇄된 술집/나이트클럽에 설치된 **비전 펍 공간**Vision Pub Space 이미지 등 주민과 함께 타운 중심가 변화의 경험과 재사용/재생의 문제를 탐구하는 토론의 시작점으로 사용한다. 타운 전역에 부착한 50개의 표지판 시리즈인 **휴식과 놀이**Rest and Play는 사람들이 쉬고 놀

수 있는 시장 가판대(대부분 마을 중심가 주변에 없다)이다. 지역사회에서 만든 시각 예술이 어떻게 마을 경관을 더 활기차고 역동적으로 만들 수 있는지 청년들과 소통하는 중심점인 **변화하는 공간**Changing Spaces 워크숍을 설치했다. 지역 예술가와 주민을 위한 **토론의 날**Debate days도 구상했다. 이러한 기초 작업과 문화지도 데이터의 세부적인 계층화를 통해 지역 단위에서 이 지역의 전략적 문화 계획에 정보를 제공했으며, 미래에 문화공간 개발을 비교하고 측정할 수 있는 역사적 기록과 참고 자료를 제공했다(Fleming 2010).

문화를 통한 울위치 만들기

지역적 규모보다 작은 국지적인 규모에서 **문화를 통한 울위치**Woolwich **만들기**는 상세한 시설 위치 정보를 사용하여 세부적인 지리적 규모에서 정확한 문화적 자산을 식별할 수 있도록 했다. 이 수준의 세부 정보는 정보의 분석적 잠재력을 높이고 지역 기반 접근 방법에서 타운 센터의 전략 개발에 사용할 수 있도록 했다. 런던 남동부에 있는 울위치에서 문화의 주요 동인은 주택 성장과 인구 변화가 예상되는 지역에 문화 인프라의 개발을 지원한 정책이었다. 기존 문화적 자산의 접근성에 대한 추가 분석은 새로운 주택 개발이 완료된 후(그림 9-2 참조), 현재와 미래 문화 제공의 격차(품질과 역량)를 식별하는 데 도움이 되었다. 이는 노스노샌츠의 사례와 같다. 울위치에서 개별 개발 부지, 예상 인구 증가와 기존 문화적 자산의 위치 간의 관계를 파악하는 것은, 울위치를 '살기 좋고 일하기 좋은 곳'으로 만드는 시나리오 구축에 중요한 부분이다. 물리적 자산의 공간적 집적을 분석한 결과 '문화적 노드'로 연결되었다. 인벤토리의 데이터로 시각화에 주석을 달아 개별 자산의 크기, 품질, 사용에 대한 정보(역량/좌석 수, 기술적 사양)를 표시할 수 있다. 문화 매핑은 또한 참여-GIS와 같은 시각적 컨설팅 방법을 사용하여 소규모 그룹이 인지적·경험

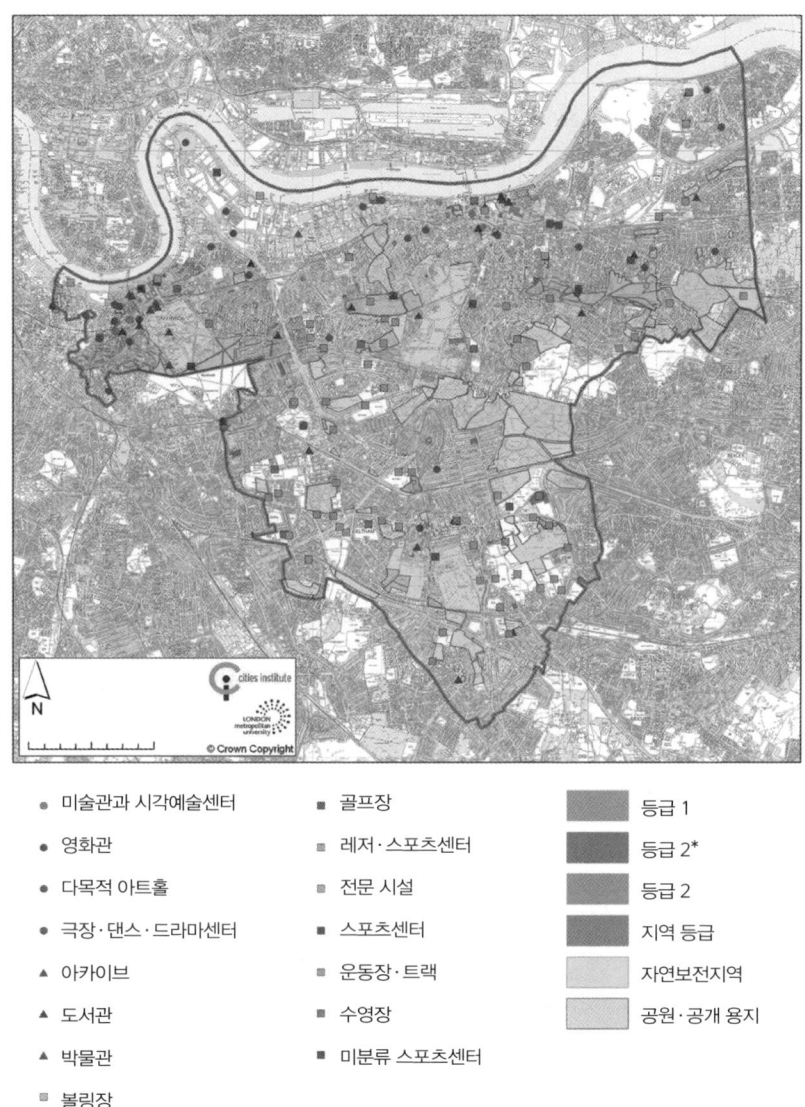

● 미술관과 시각예술센터	■ 골프장		등급 1
● 영화관	■ 레저·스포츠센터		등급 2*
● 다목적 아트홀	■ 전문 시설		등급 2
● 극장·댄스·드라마센터	■ 스포츠센터		지역 등급
▲ 아카이브	■ 운동장·트랙		자연보전지역
▲ 도서관	■ 수영장		공원·공개 용지
▲ 박물관	■ 미분류 스포츠센터		
■ 볼링장			

〈그림 9-2〉 울위치의 문화시설과 유산 자산

적 피드백(현지 장소까지의 도보 시간 포함)으로 주석을 달 수 있는 대축척 지도를 사용하여 작업할 수 있다(그림 9-3). 이러한 지역적 지식과 정서는 지리인

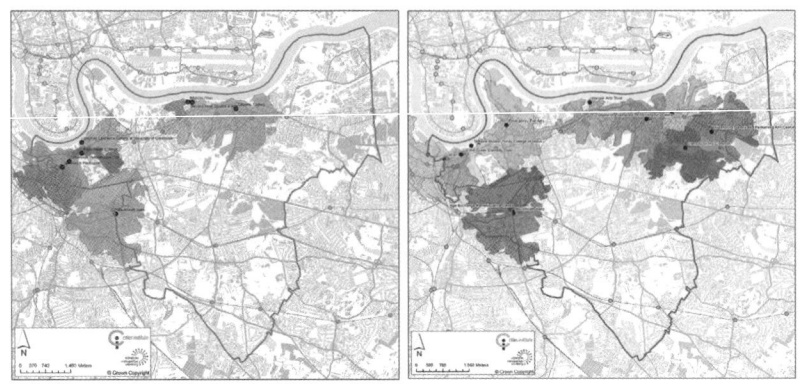

〈그림 9-3〉 다목적 시각공연예술센터 영향권

구통계, 시설, 교통과 기타 데이터가 포함된 대화형 지도로 다시 디지털화할 수 있으며, 그룹으로 분리하여 반복 작업을 할 수 있다(DCMS 2010). 이 기법은 간단한 보드게임, 모형, 지도를 사용하는 **실제 계획** 모델을 기반으로 하고, 초등학교 어린이부터 연금 수급자까지 다양한 사용자에 의해 성공적으로 활용되고 있으며, 도시 설계, 교통, 유산 해석(Evans and Cinderby 2013, 제4장 참조), 갈등 현장과 해결에도 활용되고 있다.

자연발생적 문화지구

앞서 설명한 내용과는 다른 유형의 지역 기반 접근 방법에서 문화지구라는 개념은 미국에서 사용되었으며, 문화시설이 집중되어 앵커나 명소 역할을 하고, 주로 도시에서 유명한 레이블이 붙은 복합용도 지역으로 정의되며(Stern and Seifert 2007, 2010), 대규모 예술 기관 근처에 자리 잡는다. **자연발생적 문화지구**라는 개념은 필라델피아에서 박탈, 인구 감소, 경제적 쇠퇴를 겪고 있는 지역에서 개발되었으며, 도시의 근린에서 예술가와 창작가를 생산자로, 참여자를 소비자나 현장 실무자로 연결하여 커뮤니티, 상업적·비공식적인 문화적 자산 클러스터를 형성하게 한다는 사고를 기반으로 한다. 이 연구에서는 근린 지역 문화 경관의 강도를 나타내는 네 가지 지표를 사용했다. 문화 참여, 비영리 문화 제공자/커뮤니티 협회, 상업적 문화 기업, 독립 예술가/창작자가 지역의 문화적 자산을 구성한다. 여기에는 네 가지 자료를 사용했다. 비영리 문화자원의 지역 인벤토리, 대도시 지역의 상업적 문화 기업 데이터베이스, 예술가 목록, 75개 이상의 문화 조직에서 제공한 데이터를 기반으로 한 소규모 지역 문화 참여 추정치이다. 이 네 가지 지표는 모두 필라델피아 대도시권의 모든 인구조사 블록(약 6~8개 도시 블록)으로 구분하여 계산되었다. 자연발생적 문화지구를 식별하기 위해 요인분석을 사용하여 단일 척도를 만들어 대도시권 전체에서 이 네 가지 지표의 변화를 살펴보았다. 분석 결과, 네 가지 지표가 매우 유사한 변동 패턴이 있는 것으로 나타났다(단일 척도가 전체 변이의 81%를 차지하여 **문화적 자산 지수**를 생성). 두 번째 단계에서는 사회경제적 지표, 다양성, 도심과의 거리 등의 변수로 보정하여 예상보다 지수 점수가 높은 근린을 식별했다. 본질적으로 이 지역들은 문화적 자산의 집중도에서 '기댓값을 초과'한 곳이다. 근린 재생에서 문화공간의 역할을 검증하기 위해 문화적 자산 지수와 근린 변화 데이터를 결합했다. 그 결과는 놀랍다. 2001년과 2003년 사이에 두 개 이상의 시장가치 분석MVA 범주가 개선된 모든 블록 그룹의 83%가 문화지구였으며, 이러한 문화 클러스터와 주택 시장 조건 개선 간의 연관성은 지속되었다(Evans 2016b).

장소 기반 실천

지역 및 공간적으로 생산된 문화 계획은 참여를 위한 어느 정도의 기반을 제공하지만, 불가피하게 조감도식의 하향식 관점으로 인해 어려움을 겪는다. 참여-GIS를 사용한 커뮤니티 기반 매핑의 발전과 지역 주민에게 시각화 기법과 기술을 이전했음에도 불구하고, 사회적 참여를 통해 생산될 수 있는 문화 공간과 경험의 창의석인 공동 설계와 공동 제작을 요구하는 교류 관계와 결합하지 않는 한, 기술관료적 중개자(학계, 지자체, 문화 기관, 컨설턴트)에 지나치게 의존할 수 있다. 현장 기반 예술가의 참여는 사회적으로 참여하는 관행에서 가장 익숙한 시나리오일 수 있으며, 특정 주제, 변화(물리적·경제적)나 현상 유지에 대한 위협에 대처하기 위해 연합하며, 이는 일반적으로 기존의 문화센터로 시작한 지역사회와의 참여와 확장 작업과는 다르다. 현장 기반 참여의 사례로는 포블레노우 @22바르셀로나와 서울의 왕십리 신도시(Kriznik 2004)의 주요 도시재생 프로젝트가 있으며, 예술가와 커뮤니티가 문자 그대로 자신의 뒷마당에서 프로젝트에 개입했다. 이러한 노력에도 불구하고 두 경우 모두 투기적 도시 개발로 인해 사회적 응집력 감소와 시민 참여의 부족이 드러났다. 도시재생은 지역 고유의 문제를 해결하기보다는, 투자를 유치하고 도시의 세계적인 매력을 개선하는 데 사용되었다. 또한 눈에 띄는 저항은 젠트리피케이션 현상이 일어나는 지역에서 분명하게 나타난다. 특히 앞서 논의한 바와 같이, 커뮤니티와 협력하여 작업하는 거리예술가와 그라피티 예술가를 통해 명확히 보인다. 도시의 일상생활 영역에서 사회적으로 참여하는 문화공간 생산의 사례는, 소규모의 예술가 활동주의와 창조적인 커뮤니티 미디어에서 참여 예술과 행동 연구에 참여하는 다학제적이고 창조적인 팀의 복합적 환경과 문화유산 시나리오에 이르기까지 참여 과정과 범위에 대한 통찰력을 제공한다. 모든 사례는 기관 외부의 커뮤니티와의 배태적 실행과 점진적 협업의 사례이며, 공동 설계와 공동 제작을 향한 움직임이다. 이는 "각각의 재생 스토리는 시로 시작하지만, 필연적으로 부동산으로 끝나는" 문화와 재개발 서비스에서 사용되는 단기 개입(아티스트 레지던시, 공공예술위원회)과는 대조된다

(Kunzmann 2004b, 2).

나는 동의하는 데 실패했다

웨스트요크셔West Yorkshire의 셰필드에서는 예술가들이 도시 재개발 과정에 직접 참여했다. 특히 새로운 주택 개발 프로젝트인 데번셔Devonshire 지구의 젠트리피케이션이 그중 하나였다. 앤디 휴잇과 게일 조던은 셰필드 도심 근처 데번셔 그린이 내려다보이는 스튜디오를 운영하는 현장 기반 설치 예술가이다. 이 팀은 두 가지 프로젝트를 의뢰받아 진행했는데, **아웃사이드 예술공간**Outside Artspace과 **나는 동의하는 데 실패했다. 휴잇과 조든**(I Fail to Agree: Hewitt & Jordan, Beech 2004)으로, 모두 데번셔 지구에 초점을 맞추었다. 아웃사이드 예술공간 프로젝트에서 예술가들은 도시계획 부서와 협력하여 "지역의 정체성을 강화하고 토지이용, 교통, 도시 설계, 지역 경제, 주택 혼합, 지속 가능한 생활, 환경의 질과 커뮤니티 안전을 개선하는" 비전을 개발하는 데 도움을 주었다(Beech 2004, 26). 이 지역은 청소년 활동과 이 시장을 담당하는 소규모 사업(스케이트장, 레코드 판매장, 카페)과 인근에 새로운 기숙사가 개발되면서 증가하는 대학생 집단과 연관이 있다(Evans and Foord 2006b). 이 과정에서 대규모 8층 아파트인 웨스트원West One이 도심에 남아 있는 유일한 넓은 녹지 공간을 내려다보는 공사가 진행 중이었다. 예술가들은 웨스트원 쇼룸을 방문하여 개발에 대한 비전을 논의했다. 그들은 위원회가 연주대를 짓고 CCTV가 있는 쾌적하고 안전한 구역을 만들 계획이라고 말했다. 이는 '독점적인' 아파트 시장을 겨냥한 이미지로, 녹지는 커뮤니티, 사회 및 공공 공간이 아닌 새로운 주민을 위한 '정원' 기능을 한다. 커뮤니티 협의에서 나온 예술가들의 제안은, 예술 프로젝트, 전시, 영화, 공연, 음악 이벤트(연례 프로그램의 일부)를 위한 장소와 스케이트보드 공원 등 청소년 시설이 포함되었다. 이러한 제안은 위원회에 접수되었고, 그 후 위원회와의 접촉이 중단되었다. 예술가들의 제안은 채택되지 않았다. 5년 후, 상업적 기획사 EDAW가 주도한 계획 협의 과정에서 그린 스케이트 파크가 (새로운) 계획에 표시되지 않고, 오히려 제외된다는 소식을 들었다는 우려가 표명되었다. 대화와 참여의 형태는 단지 화장술일 뿐이며, 이 경우 익숙한 공모 행위였다.

이것은 도대체 누구의 뉴스인가?

저항은 물론 지역 예술가에게만 국한되지 않지만, 지역 커뮤니티는 지역 신문을 통해 소위 문화 주도 재생 과정과 주택 재개발에 대한 분노를 표출했다. 지역 신문인 『샐퍼드 뉴스Salford News』에 따르면, 문자 그대로 부유한 맨체스터 이웃의 '가난한 사촌'인 샐퍼드시는 1980년대 재개발과 중앙정부 지원의(그리고 자금을 지원받아) 도시재생 지구인 샐퍼드 부두가 있으며, 현재는 라우리 아트센터Lowry Art Centre와 왕립북부전쟁기념관이 있으며, 샐퍼드 대학교 캠퍼스에 인접한 새로운 미디어시티 UK 개발 지역에 BBC 스튜디오를 이전했다(Christophers 2008). 이 새로운 문화지구에는 맨체스터 메트로 경전철의 연장선이 운영되지만, 이 교통망은 샐퍼드 도심이나 지역 주민이 대부분 실제로 사는 곳으로는 가지 않는다. 여기에는 예술 단지에 대한 '소유권'이 거의 없거나 전혀 없는 청년들도 포함되며, 당연히 그들은 배제된다고 느낀다.

2006년 『솔퍼드 스타Salford Star』 신문은 솔퍼드 동부에 사는 6명의 지역 청년(후드티를 입은)에게 라우리 그림 전시회(지역 공장 노동자와 '비슷한 지역에 사는 노동계층'을 묘사) 관람을 위해 센터 방문을 요청했다. 비가 오는 일요일 오후에 그들은 건물에 들어가 에스컬레이터를 타고 전시회장으로 올라간 후 접수대를 지나 갤러리로 들어갔다. 그들은 이 '무료' 장소에 들어간 지 2분 만에 멈추어 섰고 입장을 거부당했다. 경비원이 출동했지만, 직원들은 그 이유를 설명하지 않았다. 당시 다른 방문객은 "그들은 일상이 지루해서 그림을 보러 온 지역 청년들이었고, 모든 사람에게 개방되어 있다고 들은 시설에 들어가지 못했다"라고 증언했다(Evans and Foord 2006b). 이러한 이야기는 지역 뉴스가 없었다면 보도되지 않았을 것이고, 이러한 상호작용은 문화 기반 재생이 필연적으로 강조하는 문화자본의 분리(구별짓기)에 대한 신화의 부록처럼 남겨졌을 것이다.

도클랜드 커뮤니티 포스터 프로젝트

인쇄 매체, 신문/편지, 포스터의 사용은 1970년대와 1980년대의 저기술 시대에 대규모 도시 재개발에 대응하여 광범위하게 사용된 도구였다. 런던의 도클랜드Docklands 지역의 도매급 재생은 강력한 지역적 저항에 부딪혔다. 지역 상공회의소는 지역 예술가 피터 던Peter Dunn과 로레인 리슨Loraine Leeson에게 접근하여 주민들의 캠페인을 지원했다. 그 결과 1981년에 도클랜드 커뮤니티 포스터 프로젝트DCPP가 탄생했다.

> 그들은 우리에게 세입자, 행동 그룹과 협력하여 지역 주민들에게 다가올 일에 대한 경고 포스터를 제작해 달라고 요청했다. 이 지역의 세입자들은 이미 지역 행동 그룹에 연합되어 있었고, 우리가 그들과 상의했을 때 포스터가 실제로 필요했고, 제안의 규모에 맞는 큰 포스터가 필요했다.[56]

던과 리슨이 요약한 내용을 보면, 역사적인 시나리오가 포착된다. 부두의 잔해를 둘러싼 엄청난 골판지로 인해 지역 주민들은 시설이 거의 갖추어지지 못한 열악한 주택에 갇히고 무슨 일이 일어나고 있는지 알지도 못했다. 따라서 제안된 대형 포스터, 즉 '사진 벽화'의 주요 대상은 도클랜드 커뮤니티 자체였다. 이미지는 길이 약 18ft(5.5m), 높이 12ft(3.7m)의 옥외광고판에 부착되었다. 이미지의 위치도 중요했다. 상업용 광고판과는 달리, 지나가는 차가 아닌 보행자가 볼 수 있는 곳에 배치되었기 때문이다. 첫 번째 포스터는 건강센터 맞은편에 설치되었고, 그 후 몇 년 동안 도클랜드 지역 주변에 7개가 더 설치되었으며, 한 번에 6개가 운영되었다. 사진 벽화는 각각 합판 패널에 장착된 18개의 섹션으로 구성되었다. 이러한 식으로 벽화는 개별 섹션을 교체하여 점진적으로 변화할 수 있었고, 슬로모션 애니메이션과 같은 서사를 개발할 수 있었다. 실제로 이미지를 한 사이트에서 다른 사이트로 전송할 수 있었고, 도클랜드의 이야기가 시간과 공간을 통해 전개될 수 있음을 의미했다. **변화하는 도클랜드의 모습**[57]이라는 명칭의 도크-랜즈Dock-lands 포스터 프로젝트는 1991년까지 10년 동안 계속되었다(Leeson 2018). 예술가 팀과 지역 조직의 커뮤니티와 장소에 대한 참여와 헌신이 컸다는 점을 알 수 있다. 특히 리슨은 연속적인 장기 프로젝트(Active Energy, cspace.org.uk 참조)를 통해 장소 기반 참여를 계속했다.

혼지 타운홀 – 커뮤니티의 미래

제4장에서 논의했듯이, 공식적, 지정 및 비지정, 지역적 문화유산에 대한 태도는 다양하다. 일상적인 환경에 함께 있는, 일반적인 유산 대부분은 양호하거나 특별하지 않은 것으로 보일 수 있다. 즉 역사적 건물은 어떤 방식으로든 (문화적·물리적 용도 변경) 위협을 받을 때까지는 커뮤니티의 주민이 모여 시민의 자부심을 되살리는 구심점 역할을 할 수 있다(OBU 2003). 카스텔스가 말했듯이, "장소의 상징 표식, 인식의 상징 보존, 실제 의사소통 관행에서 집합적 기억의 표현"(Castells 1991, 351)은 장소의 정체성을 인식하고 필요한 경우 보호하는 데 매우 중요하다. 그러나 커뮤니티가 중시하는 문화적 자산은 항상

지방정부가 '문화적'으로나 환경적으로 '중요하다'라고 생각하는 자산과 같지는 않다(Cauchi-Santoro 2016).

아트센터의 모델과 선례는 현재와 미래의 커뮤니티와 문화적 수요에 대응하고, 시간이 지남에 따라 유연하고 실행 가능한 등록 건물을 세부적으로 적응시키는 기회를 제공한다. 영화관, 극장, 호텔이나 주택이든 단일용도는 이러한 가능성을 효과적으로 차단하고 주민이나 문화 커뮤니티의 수요를 반영할 가능성이 작다. 아트센터로의 전환은 이미 입증된 재사용 옵션이다. 제2장에서 논의했듯이, 영국 아트센터의 80% 이상이 오래된 건물에 들어서 있어 건축이 기회주의적이며, 유연하고 적응 가능한 공간 사용과 함께 시간적 차원은 다른 시간에 보완적으로 사용할 기회를 제공하고, 시간이 지남에 따라 일시적인 '당분간' 사용으로 인해 진화한다. 이 경우 구 타운홀에 문화적 용도나 다른 용도가 필요해짐에 따라 앞으로 변화할 커뮤니티 자원으로 재정립된다. 문화적 용도로 기존 시민센터 선택을 선호하는 것은 우연이 아니며, 경제적·정치적 기회주의의 사례일 뿐이다. 그들의 상징적 중요성은 또한 이전 사용, 건물, 신성하고 심지어 세속적인 의미와 관련된 장소의 깊은 역사에 기반을 두고 있다. 이것은 건물, 미적·공간적 특징에 구현된 것이 아니라 장소감이라는 개념으로 포착될 수 있다. 노르베르그 슐츠는 다음과 같이 제안했다.

> 삶이 발생하는 공간은 장소이다. … 장소는 독특한 특성을 가진 공간이다. 고대부터 천재성, 즉 장소의 정신은 인간이 일상생활에서 직면하고 받아들여야 하는 구체적인 현실로 인식되었다(Schulz 1979, 5).

1920년대에 런던 북부 지방의회가 현재의 혼지 타운홀Hornsey Town Hall이 있는 기다란 쐐기 모양의 대지를 매입했다. 여기에는 브로드웨이홀(1923년 화재로 소실), 레이크 빌라, 그리고 몇 개의 별장이 있었다. 의회는 놀이터가 있는 공원으로 조성했다. 1929년까지 의회는 아래층의 상점에서 보조금을 받아 브로드웨이 정면 위에 사무실을 짓는 계획을 세웠다. 그러나 시민센터로서의 기능적 사용이 30년 정도 지속되었고, 그 후로 시민센터와 문화센터의 기능이 쇠퇴하기 시작했으며, 의회의 사용이 감소하고 건물의 조성과 구조가 퇴락하면서 쇠퇴가 가속화되었다. 쇠퇴와 방치의 기간에 타운홀을 보존하고 개조하려는 관심이 커졌고, 여러 차례의 설계 계획 시도가 기대를 모았지만 매번 좌절되었다. 위원회 주도의 제안은 건물과 공공광장을 외국 부동산 회사에 125년 임대계약으로 효과적으로 매각하고, 건물/주차장 뒤쪽에 개인 주택을 개발하며, 주택이 역사적 건물 자체(2등급)에 들어오는 것이었다. 놀랍게도 현재의 임시 점유 기간 동안 다양한 커뮤니티, 문화, 비즈니스 용도에 대한 잠재적 수요와 집중이 나타났다. 100개가 넘는 문화와 커뮤니티 조직, 팝업 혼지 타운홀 아트센터 조직, 지역과 소외된 예술가에 초점을 맞춘 미술관, 영화 촬영, 결혼식(이전 시청도 제공), 크라우치엔드 페스티벌Crouch End Festival을 위한 장소가 있다. 이처럼 커뮤니티 자산의 민영화로 인한 위협과 전망에 대한 대책으로 새로운 커뮤니티 조직과 네트워크가 형성되었다.

커뮤니티와 문화 부문의 재사용 옵션과 건물과 광장을 효과적으로 매각하려는 위원회의 제안에 대한 대응을 조정하기 위해 크라우치엔드 페스티벌의 구성원, 주민 그룹(플라이 아트갤러리Ply Art Gallery), 지역 대학의 미술과 디자인 학교 대표, 지역 역사협회가 보존 트러스트(신탁)를 구성했다. 두 가지 공통점은 모두 지역 주민이었고, 커뮤니티에서 공간을 문화적으로 활용하려는 비전을 공유했다는 점이다. 따라서 예술가와 디자이너(건축가, 인테리어 전문가, 엔지니어)는 이 커뮤니티의 일부였으며, 자금, 학생, 연구자, 디자인 스튜디오 등의 자원에도 접근할 수 있었다. 자금은 토머스 모어의 『유토피아』가 출판된 지 500주년을 기념하는 **커뮤니티의 미래**Community Futures 프로그램의 하나로 소규모 축제 보조금을 통해 예술인문학연구위원회AHRC를 통해 제공되었다.⁵⁸ 홀에서 열린 전시회의 홍보는 매년 6월에 열리는 런던 건축축제 기간에 진행되었다. 10일간 개최된 '**커뮤니티 미래와 유토피아: 어제, 오늘, 내일-혼지 시청의 사용 및 재사용 전략**'은 3,500명 이상의 방문객을 맞이했다. 공동설계 단계에서 트러스트에서 대중에게 공개된 일련의 커뮤니티 협의 이벤트를 개최하여 재사용과 협의회 제안에 대한 계획을 논의했다. 시장 노점, 거리공연, 인근 지역 도서관에서의 전시 등 공공광장(그림 9-4)에서의 시연도 계획했다. 지역 실내 건축과 학생, 교환 직원과 폴리테크니코 디 밀라노Polimi의 학생들과 함께 진행한 디자인 전시회에 가장 집중적인 참여가 있었으며, 이들은 모두 타운홀에 접근할 수 있었다. 디자인 제안은 주민 협의 행사(회의, 거리, 구술 역사 워크숍, 공동 설계 솔루션, 주민 피드백)를 통해 반복적으로 제안되었

〈그림 9-4〉 혼지 타운홀, '비매품'
출처: 저자 사진.

으며, 10일 동안 플라이 갤러리에서 도면/입면도, 모델, 비디오 등 여러 디자인 계획이 전시되었고, 방문객은 재사용과 현재의 제안에 대한 피드백과 자기 아이디어를 제공하도록 권장되었다. 구 시민센터로서, 지역 주민의 기억은 일상적인 사용(출생과 사망 등록, 세금 납부, 주차 위반금, 지역 계획 열람)과 공식적인 사항(협의회 회의 참석, 결혼식), 기억에 남는 사항(특히 '떠오르는' 지역 밴드인 더 킨크스The Kinks, 퀸Queen, 프리티 싱스Pretty Things 등이 참여한 콘서트)이 섞여 생생했다.

전시의 일부인 혼지 타운홀에는 두 개의 피드백 벽도 만들어졌으며, 참가자들은 입구에서 나누어 준 인쇄된 엽서에 있는 질문에 포스트잇으로 답하고 전시 디자인 테마와 장소의 전반적인 경험에 대한 일반적인 피드백을 제공하도록 장려되었다(그림 9-5). 내용을 종합하면, 대중은 이 유산 건물을 커뮤니티

〈그림 9-5〉 혼지 타운홀 전시회 피드백 벽
출처: 저자 사진.

와 문화적 용도로 보존하고 특정 용도와 활동에 대한 많은 혁신적인 아이디어를 원한다는 것이 확인되었다. 지역 의회와의 후속 회의에서 직원들은 프로젝트와 반응에 대해 매우 긍정적이었다. 문화분과 의원도 강하게 지지했고, 앞으로 이 커뮤니티와 협력하여 전략적이고 연계된 방식을 개발하겠다는 포부를 표명했다. 이러한 문화적 자산의 개조는 개인 주택, 호텔, 클럽 장소로 전락할 예정이었지만 지역 예술가, 주민, 문화 단체와의 참여를 통해 접근 가능한 문화공간에 대한 감정과 비전의 강점을 표현할 수 있었다. 복합용도 개발을 통해 노후화된 유산 건물과 광장을 효과적으로 보호할 수 있었으며, 이를 통해 어셈블리홀, 공동 작업공간, 공연과 워크숍을 위한 소규모 장소가 그대로 유지되고 커뮤니티 단체, 학교, 지역 예술가들의 접근이 보장되었다.

덴시티

축제를 참여 기회로 사용하는 것은 전문가와 지역 참여자가 공동 제작한 커뮤니티 축제부터 지역 테마를 중심으로 설계될 수 있는 커뮤니티 연극과 음악 공연(Moriarty 2004)에서 문화공간의 창조와 큐레이션을 통해 사회적·장소적 문제를 명확히 탐구하는 커뮤니티 기반 이벤트까지 다양하다(제3장). 지역 예술가와 문화 조직이 함께하는 이러한 유형의 참여는 공동의 문제에 대한 그들의 관점을 반영하며, 문화 행위자와 커뮤니티 행위자 간의 구분이 모호하다. 지역이나 근린에 존재한다는 것은, 공유공간과 공통 관심사를 나타낼 수는 있지만, 계층 기반이거나 일상생활에 대한 경험이 여전히 다를 수 있는 이러한 그룹 간에도 구분이 지속될 수 있다. 지역이나 근린의 커뮤니티가 균일하고 사회경제적, 주택, 고용, 사전 지식(이주민/신규, 기존 거주자)과 문화적·사회적 자본에 차이가 없다는 가정은 분명히 잘못된 것이다.

참여형 행동연구(Pain et al. 2012)는 협업 작업과 발생하는 모든 문화 프로젝트의 공동 설계/공동 창작을 위한 전제 조건으로 표현, 역량, 신뢰 구축 과정의 문제를 고찰한다. 이 경우 이벤트 이전에는 선출된 지방 의원 등 지역 주민과 함께 문화 매핑 세션을 개최하고 1년 동안 지역 조직, 예술가, 세입자 협회 대표와 함께 월례 미팅에 참석했다. 개방형 축제 환경에서 매핑하면 지역과 귀중한 문화적 자산에 대한 관점과 경험이 다를 수 있는 지역 주민과 방문객이 모이는 동시에 참여형 예술 활동, 설치, 공연을 통해 문화적 표현, 아이디어 교환, 문화지도에 대한 응답을 보완할 수 있다. 폐쇄적인 그룹 회의(커뮤니티 협의 이벤트, 포커스 그룹)와 달리 예술 및 커뮤니티 축제는 지역 주민과 근린 사용자를 더욱 친근하고 편안하며 활기찬 방식으로 모을 수 있다. 문화지도를 통한 대화는 해당 지역의 유형뿐만 아니라 이야기, 역사, 가치, "특정 지역에 '장소감'과 정체성을 제공하고, 의미와 가치가 구체화된 경험에 기반을 둘 수 있는 방식"과 같은 무형적 측면도 식별하는 데 도움이 된다(Longley and Duxbury 2016, 2). 실물 지도를 중심으로 전개되는 대화는 정량화하기는 쉽지 않지만, 장소와 주민, 방문객이 장소의 가치를 진정으로 이해하는 과정의 중요한 특징을 포착한다. 이 경우 초기 지도 작성과 참여를 통해 제기된 문제에는 오염(물, 소음, 공기, 폐기물, 건설), 접근 가능한 문화 어메니티, 개방공간 부족, 예술가 작업(과 직주)공간의 손실, 저렴한 주택 부족과 새로운 고급 주택 개발을 통한 '구축효과crowding out'가 포함된다. 지역사회에서의 사람들의 상호작용과 개인적·집단적 기억은 서사를 구축하는 데 도움이 된다. 활동 자체는 공식적인 계획, 지도(Cauchi-Santoro 2016), 공식적인 역사, 서사, 세계관과도 분명히 다른 가치와 장소 기반 의미의 커뮤니티 중심의 '시각적' 대상을 만드는 데 도움이 된다. 이는 인근 2012 런던올림픽 이후의 광역 지역 재개발의 결과로, 이러한 커뮤니티가 경험한 것처럼, 주요 재생 지역의 설계와 개발을 지배하는 종합계획의 과정과는 대조적이다(Evans 2015b).

6월의 긴 주말에 열린 커뮤니티 축제는 지역 청소년 센터에서 열린 워터사이드 유산 건물을 기반으로 한 디자인 프로젝트 전시회 등 커뮤니티와 여러 문화 장소에서 다양한 이벤트, 전시회, 워크숍, 토크쇼가 개최되었다. 40명 이상의 방문객이 매핑 연습에 참여한 야외 카페와 작업공간에 문화 매핑 스탠드가 설치되었고, 저녁에는 마더갤러리Mother Gallery에서 이 지역이 어떻게 대중화 과정을 배경으로 이스트엔드 기반의 '롱 굿 프라이데이Long Good Friday' 영화가 상영되었고, 커뮤니티 토지 신탁과 예술가 작업공간 등의 주제에 대한 공개 토론이 열렸다. 축제 동안에 예술가의 오픈스튜디오, 거리 공연, 디자인 전시와 함께 운하를 따라 버려진 대지를 점유하여 재활용 재료와 잔해로 임시 덴시티DEN-City를 건설했다. 이곳에서 주민과 방문객은 독립 예술가 그룹과 함께 도시 변화와 지속가능성의 맥락에서 강변 환경을 탐험할 수 있었다. 이들의 설치물, 예술 작품, 공연은 이러한 우려를 반영하고 대응했다(예술가는 의상에 폐기물/재활용 재료를 사용, 그림 9-6). 덴시티는 올림픽경기장 그늘에 있는 빈 땅인 포맨스야드피시스모키Forman's Yard Fish Smokery에서는 지역 예술가 레베카 페이너Rebecca Feiner가 큐레이션을 맡은 이벤트가 개최되었다. 페이

〈그림 9-6〉 덴시티 축제, 피시아일랜드
출처: 저자 사진.

너에 따르면 텐시티는 설치물, 작은 굴, 조립품의 임시 유토피아 도시이다. **작업 중**Work in Progress이라는 주제로 다채롭고 사물의 목적을 바꾸며, 재활용한다. 이 이벤트는 환경 영화 제작자 세라 펜린존스Sara Penrhyn-Jones[59]가 필름으로 촬영했으며, 이벤트에서 진행된 토론은 커뮤니티 라디오에서 방송되었다.

여러 면에서 이러한 커뮤니티 중심의 예술 축제는 처음에는 느리게 성장하다가 정점에 도달한 후, 지속가능한 전략(자금 지원)과 종료 전략이 수립되지 않는 한, 소규모 조직자와 예술가에 대한 에너지와 의존도가 사라지는 패턴을 따른다. 또한 축제가 위치한 커뮤니티와 맥락의 변화, 즉 지역 주민의 목소리를 듣고 지역 문제를 표명하기 위한 필요성이나 공급 격차에 대응하여 형성되었다. 이러한 문제가 해결되거나 변화되면 원래의 목적도 변경되고, 축제의 근거도 변경되거나 완전히 사라질 수 있다(하지만 나중에 부활할 가능성도 열어둔다). 여기서 중요한 것은, 커뮤니티에 거주하고 관행이 배태된 현장 기반 예술가와 예술 그룹의 장기적인 존재의 문제이다.

스리밀스 문화유산과 활동적 에너지

스리밀스Three Mills는 이스트런던의 보우Bow 근처 템스강의 지류인 리강River Lea의 조수 구역 위에 지어진, 세계에서 가장 큰 수차 바퀴를 가진 유산 건물 단지이다. 주변 건물에는 아카데미 과학 학교와 스리밀스 아일랜드가 있으며, 영화, 음악 리허설, 녹음에 사용되는 스튜디오 단지가 있다. 2등급*으로 등재된 건물인 하우스밀House Mill을 담당하는 신탁 회사는 하우스의 재사용 가능성을 모색하고, 특히 지역 주민과 학교에서 대지와 역사, 유산 가치에 대한 인지도를 높이기 위해 노력했다. 대지는 상류 댐과 높은 조류 흐름으로 인해 정기적으로 침수되었고, 오염으로 인해 물고기와 야생동물, 수질에 영향을 미쳤다.

스리밀스의 커뮤니티 참여 활동은 공동 설계, 공동 제작과 문화생태계 개념 (Fish and Church 2013)에 특히 중점을 둔 3년간의 예술인문학연구위원회AHRC 커뮤니티 연결 연구 프로그램의 하나로 수행되었다. 다양한 연구 방법과 참여 방법이 시민과학, 지속가능한 디자인, 시각화에 초점을 맞춘 전반적인 참여형 행동연구PAR 접근 방법의 일부로 채택되어, 복잡한 환경 영역과 일련의 과제에 참여했다. 이 연구 프로젝트는 학계와 예술가, 건축, 공학 학생(학사에서 박사 수준), 지역의 에이지Age UK 지부의 원로 그룹, 하우스밀 신탁, 주민 협회 등 다양한 지역 파트너가 주도했다.

세 가지 통합적이고 협력적인 참여 활동에는 **문화생태계 매핑, 역동적 에너지, 재사용 공동 설계**가 있었다. 이러한 활동은 다양한 방식과 규모로 커뮤니티와 교류했다. 문화생태계 매핑은 수로와 유산 시설을 포함하여 근린 규모의 참여 과정을 보장하고, 커뮤니티의 수요와 의견을 파악했다. 역동적 에너지 시범 수차 프로젝트는 노인과 청년을 모아 커뮤니티의 환경 변화를 이겨 나가게 했고, 참가자들은 지역적으로(상류와 하류) 기후변화에 대처하는 데 도움이 되는 지속가능한 에너지와 깨끗한 물 생산의 필요성, 지구온난화에 대한 광범위한 영향에 대해 배웠다. 마지막으로, 대학 건축학과 학생들은 최종 학년 전공 설계 프로젝트를 위해 스리밀스 부지를 선택했다. 이러한 계획은 하우스밀에 전시되었으며, 환경 문제에 대한 인식을 높이고 미래를 위한 상상력과 지속가능성을 위해 워터프런트 개발을 위한 솔루션을 제시하는 것을 목표로 했다. 창의적 참여의 과정과 깊이가 핵심이었지만, 세 가지 활동의 결과는 지역 기관과 정책입안자에게 사람들이 환경과 유산에 대해 가지고 있는 가치, 우려, 지식에 대해 알리고 기후변화 정책과 프로그램에 대한 커뮤니티의 참여 증진이었다.

문화생태계 매핑

문화생태계 매핑은 먼저 개념적 틀(그림 9-7)을 사용하여 문화적 자산과 경험의 이점, 즉 문화 및 자연 유산 관련 '서비스'를 식별하고자 한다. "커뮤니티의 관점, 경험, 열망을 표현하고, 이를 통해 지역 기관과 정책입안자에게 사람들이 가지고 있는 환경의 가치, 우려, 지식에 대해 알리는 귀중한 도구로 증명되었다"(Edizel-Tasci and Evans 2017, 135). 매핑 연습은 적절한 공간적 규모에서 환경 문제와 삶의 질 문제를 통합하여 스리밀즈 유산 장소 자체에 직접적인 이익이 되는 참여자로부터 유용한 정보를 수집하고, 이 장소에 대한 미래 참

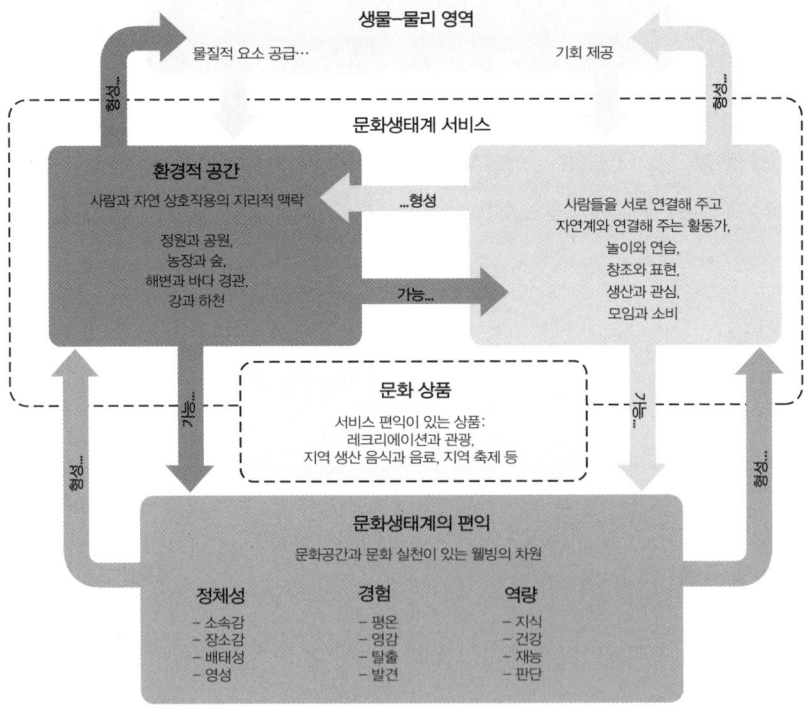

〈그림 9-7〉 문화생태계 서비스의 개념적 틀
출처: Fish and Church(2013, 211).

여 기회와 열망에 대한 인식을 높일 수 있었다. 여기에는 관광객이 2주 동안 탐험할 수 있는 수차 바퀴와 하우스밀의 개조가 포함되었다. 매핑은 밀하우스 외부에서 며칠 동안 진행되어 정기적인 사용자, 방문객, 인접한 학교가 참여했다. 지역팀이 몇 달 동안 존재하고 2년 동안 반복되었다는 것은 이 공간의 사용자가 프로젝트가 진행됨에 따라 프로젝트에 익숙해지고 흥미를 느꼈다는 것을 의미했으며, 특히 프로젝트의 물리적 디자인이 어느 정도 형성되면서 하루 수업 사이에 여러 번 지나가는 학생들이 흥미를 느꼈다.

지역 문화생태계에 대한 관점은 처음에 운하변 지역에서 주민과 함께 개최한 워크숍에서 수집되었고, 나중에는 지역 커뮤니티 가치를 도출하기 위해 분석되었다(Ryan 2011). 이 사이트를 더 넓은 유역적 맥락까지 확대하기 위해 시각예술가 사이먼 리드Simon Read는 며칠 동안 리강의 전체 길이와 강폭을 걸으면서 풍경, 용도/사용자 관찰, 물리적 상태를 기록하고 사진으로 촬영했다(Read 2017). 신데렐라강이라고 명명한 이 집중적인 연습에서 반복된 주제는 접근성, 어메니티, 보존, 환경 품질, 거버넌스를 조사했다. 다음으로는 밀레니엄 생태계 평가(Plieninger et al. 2013)에서 정보를 얻었으며, 사용자/방문자와 함께 생태계 매핑 연습에 적용되었다. 문화생태계 서비스의 개념적 틀(그림 9-7)은 문화적 가치, 환경적 공간, 문화적 실천, 문화적 편익으로 구분한다. 초기 매핑에서는 **사용** 측면에서 구현되었다. 장소감, 활동, 레크리에이션; **미적 측면**: 미적 가치, 영적 가치, 영감; **문화적 사용**: 레크리에이션, 사회적 관계, 문화유산 가치, 지식/교육 시스템; **문제**: 접근성, 안전, 불쾌감; **커뮤니티 응집력**: 다양성, 참여/관여 등이다(Edizel-Tasci and Evans 2017).[60]

문화생태계 매핑은 또한 공동 설계, 지식의 공동 제작과 해당 지역에 대한 커뮤니티 열망의 표현에서 편익을 얻어 사회적으로 참여하는 예술 프로젝트인 **활동적 에너지**Active Energy를 검증하고 지원할 수 있었다. 특히 주석이 달린 지도에서 나온 결과와 제안은 물 터빈이 다루고 강조할 정확한 위치와 주제 측면에서 활동적 에너지 프로젝트의 설계를 알려 주고, 부지 상류와 하류의 공간적 관계를 나타낼 수 있었다. 이는 이 수로에서 느껴지는 흐름(홍수, 오염, 사람)과 다양한 영향을 고려할 때 중요한 부분이다. 매핑에서 발견한 주요 사항 중 하나는 사람들이 모여 음료를 마시고 식사하거나 자연환경을 즐기는 지역 모임 장소도 지역과 유산의 일부로 여긴다는 점이다. 이는 사람들이 문화유산 일부로 가치 있게 여기는 장소 주변에서 시간을 보내는 것을 좋아하지만, 기후변화와 과도한 개발로 인한 오염이나 홍수 위험의 경우 위협을 받고 있음을 보여 준다. 또한 이러한 결과는 지역 정책입안자와 수로를 담당하는 NGO와 공유되어 지역과 도시-지역 수준에서 기후변화에 대한 인식을 높이는 데 도움이 되었다.

활동적 에너지와 기저스

활동적 에너지는 처음에 지역 커뮤니티 예술가 그룹의 기술 발전의 민주화에 대한 참여형 행동 연구 프로젝트로 시작되었다. 이 팀은 "노인의 경험이 새로운 기술 발전에서 배제될 뿐만 아니라, 이 연령대를 다른 사람의 기술 설계와 통제의 희생양으로 내버려두는 방식"을 탐구했다(Leeson 2018, 64). 증기 터빈을 다루었던 엔지니어, 기계에 관심과 경험이 있는 사람 등 지역의 전직 부두 및 해상 근로자였던 은퇴한 남성 그룹이 수차를 사용하여 근처 조수에서 재생에너지를 생산하는 방법에 대해 논의했다. 보우Bow 지역에 있는 에이지 Age UK의 지역 연금자 단체에서 회의 후, 그곳에 있는 공공미술 설치물을 위해 수차에서 전기를 생산한다는 아이디어가 나왔고, 이 아이디어를 더욱 발전시키기 위해 지역 커뮤니티 예술가를 소개하게 되었다. 이것은 지역 예술가인 로레인 리슨Loraine Leeson과 자칭 연금자 그룹인 더기저스The Geezers와의 장기 협업의 시작이었다. 저소득층에게 전기 요금 상승의 영향을 의식한 이 그룹은 조수 수역의 힘을 지속가능한 에너지원으로 활용하는 데 기술을 어떻게 사용할 수 있을지, 그리고 이를 통해 자신과 지역사회의 삶을 개선할 수 있을지 질문했다. 기저스는 조수 터빈에 대한 아이디어를 계속 발전시키면서 재생에너지의 지역적 자원 활용을 주장했고, 지역 남자중학교에서 세대 간 프로젝트를 시작했다. 이는 지역적 지식과 경험을 젊은 세대에게 전수하고, 이 지역 자연자원에서 재생 가능한 저비용 에너지의 잠재력을 홍보하려는 희망에서 시작되었다. 이전에는 고립된 노인들이었던 기저스는 성취도가 낮은 지역 남학생을 멘토링하게 되었다.

　스리밀스 부지의 하우스밀에서 유출되는 물은 저비용/기술 부유식 수레바퀴를 구동하여 공기공급기에 전력을 공급함으로써, 물에 산소를 공급하고 강의 물고기와 야생동물에 대한 오염의 영향을 상쇄하도록 설계되었다. 이 물가의 유산 장소는 기후변화의 축소판이었다. 주요 개발과 홍수 방지 조치를 거치는 지역 하류, 수위 상승, 홍수, 도로 유출수와 상류 유출로 인한 강과 지류로의 수질 오염이 있었다. 활동적 에너지가 만든 이동식 수차는 국가 공장 주간National Mills Weekend 기간 동안 하우스밀 건물 아래에 있는 스리밀스(그림 9-8)에서 출범했다. 이는 제분 공장의 유산을 기념하는 국가적 행사였다. 나아가 재생에너지, 설계에 대한 지역사회의 의견의 중요성, 노인 인구의 가치

〈그림 9-8〉 밀하우스, 수력 터빈과 학생들, 스리밀스
출처: 저자 사진.

를 사회 전반에 알리는 기회였다. 터빈은 한 달 동안 그 자리에 있었고, 그동안 새들이 둥지를 틀고, 조수 때문에 매일 20ft(6m)씩 오르락내리락했으며, 어느 순간 계류에서 풀려나 다시 부착해야 했다. 수중촬영을 통해 물고기, 새, 기타 수생생물이 움직임에 이끌려 물에 공기를 공급받는 모습이 드러났다. 터빈의 존재는 친숙하면서도 새로움을 주었고, 지나가는 사람과 장소를 방문하는 사람들에게 끊임없이 질문을 던졌다.

물레방아 프로젝트가 성공한 것으로 여겨진 후, 3년 후 같은 팀이 스리밀스 상류의 퀸엘리자베스 올림픽공원에 있는 워터웍스강에 원래의 모델을 기반으로 한 두 번째 물레방아를 만들었다. 강 근처에 있는 고등학교의 과학반 학생들과 대학의 공학과 학생들이 설치에 앞서 워크숍에 참여했다. 학교와 대학의 스템STEM(과학기술, 공학, 수학) 커리큘럼을 통해 참여가 촉진되었는데, 이는 학교 시간 동안 학생들의 참여를 '정당화'하고 지속가능성과 지역 환경에 대한 광범위한 학습에 기여했다(이는 예술이나 인문학 프로젝트로 제시되거나 합리화될 수 없었다). 리슨(Leeson 2020)은 다음과 같이 관찰했다.

[참가자]들은 현장에서 물레방아를 방문하여 기후변화에 대처하는 데 도움이 되는 지속가능한 에너지의 필요성과 지역 강의 생태적 과제에 대해 배웠다. 그룹 워크숍에서 재생에너지 생산에 적합한 터빈의 작동 모델이 만들어졌다.

프로젝트팀은 기후 정의를 위한 세계적 행동 주간 동안 열린 런던유산발전회사(올림픽 이후 구역 개발을 담당하는 시장 직속 기관)에서 이 작업을 발표했다. 활동적 에너지 프로젝트는 노년층과 젊은층이 어떻게 함께 모여 지역사회에서 환경적 변화를 위해 일했는지는 보여 준다.

재활용 공동 설계

기후변화와 광범위한 환경 문제의 맥락에서 유산 재사용에 대한 참여는 지역 대학 건축 디자인 학생들과 함께 수행되었으며, 이들은 지역 협의를 거쳐 **에지 컨디션**Edge Condition(Evans and House 2017)이라는 주제를 선택했다. 이는 이 산업화 이후 고대 환경의 물/육지 경계, 에지시티edge city, 경계선 상태 liminal state를 의미한다. 학생들은 수개월간 현장 조사를 통해 수변 건물(과거와 최근 사용 사례)과 관련 인프라, 관심 커뮤니티를 조사했으며, 이 수로를 따라 있는 부지의 디자인 비전과 개념을 만드는 과제를 맡았다. 연구팀 구성원이 진행한 강의를 통해 문화생태계의 결과와 시각화에 대한 접근 권한을 얻었고, 디자인 프로세스의 일환으로 현장 조사와 현장 방문을 통해 지역 주민, 조직, 수변 건물과 잠재적 사용에 대한 역사와 문제에 대해 논의했다. 활동적 에너지 수차 설치에 이어 스리밀스 유산 건물을 재사용하기 위한 최종 설계 계획 전시회가 스리밀스 유산 조직과 협력하에 조직되어 추진력을 유지하고 참여가 지속되었다.

작품 전시의 기회는 매년 6월에 도시 전역에서 열리는 런던 건축축제LFA를 통해 더욱 강화되었다. 올해의 런던 건축축제 주제는 기억Memory으로, 특히 이 지역의 산업 및 무형 유산과 잘 어울렸다. 한 달간 진행된 학생 디자인 프로젝트 전시회가 스리밀스의 로비/카페 구역에서 열렸다. 이를 통해 지역 주민, 스리밀스 유산센터 방문객, 건축을 처음 접하는 관객이 이 장소를 보고 체험하고, 환경의 과제, 역사, 미래를 위해 상상력과 지속가능성을 모두 갖춘 워터프런트 개발의 가능한 해결책에 대한 인식을 높일 수 있었다. 스리밀스 전시회에서 전시된 디자인은, 다타 립칼네Darta Liepkalne의 '포스트아포칼립스 홍수생존센터'의 '침몰하는 미래Sinking Future'와 '보트 제작 스테이션Boat Crafting Station', 커뮤니티와 교육적 용도를 위한 다양한 창의적·문화적 공간

〈그림 9-9〉 '침몰하는 미래', 스리밀스 전시회
출처: 저자 사진.

까지 다양했다(Evans and House 2017, 그림 9-9 참조).

예술에서 영감을 받은 협업을 통한 사회적·경제적·환경적 변화에 커뮤니티의 참여에 관한 사례 연구는 복잡한 기술적·공간적 차원, 불투명한 거버넌스 시스템, 대부분의 커뮤니티가 이해할 수 없는 시간적 범위, 적어도 실질적인 변화에 영향을 줄 힘이 있는 분야에서 지역적 지식의 중요성을 강조하는 연구 기반 개입에서 공동 설계와 공동 제작의 중요성을 강조한다(Geertz 1985). 정보 제공, 협의와 참여는 이전 사례 연구와 마찬가지로 스리밀스의 참여 활동을 통해 발전했으며, 지역의 환경과 주요 개발 문제에 대한 인식을 높였다. 세대 간 협업의 가치와 사회적으로 참여하는 창의적 관행, 목적의식이 있는 시민과학(참여하는 시민의 소유권 포함), 커뮤니티 경험의 시각화와 환경에 대한 열망은 모두 귀중한 교훈이다. 여기에는 잠재적으로 포괄적이고 지속가능하고 접근 가능한 기술의 이점도 포함된다(Evans 2013a). 활동적인 유산과 일상적인 문화공간(청소년 센터, 지역 행사장, 갤러리/상점/스튜디오)을 참여와 혁신의 장소로 활용하는 것도 도시 개발의 압박을 받는 지역에서 여러 환경적 어려움에 직면하여 기억, 기술, 적응, 회복력을 활용할 수 있는 유용한 맥락을 제공했다. 실제로 모든 장소에는 암묵적이거나 접점이 필요한 문화유산이 있으며, 이는 지정된 예술과 문화 활동의 장소보다 더 중요한 문화공간이다.

결론

사회와 문화는 같은 것은 아니지만, 문화는 사회의 사람들에게 창조되고 전달되기 때문에 불가분의 관계에 있다. 문화는 한 개인의 산물이 아니다. 사람들이 상호작용하면서 지속적으로 진화하는 산물이다(O'Neil 2006).

예술가의 고립에 대한 허버트 리드의 말을 인용하자면, "섬은 육지가 있어야만 정의된다"(Read 1964, 18), 예술 작품, 유물, 공연, 문학 등은 대중과 교류할 때만 살아 있는 문화가 되며, 이는 일반적으로 문화공간에서 이루어진다. 문화공간은 문화적·창의적 기술을 먼저 경험하고 연마하며, 공동 참여자, 대중과 협력하고 공유하기 위해 필요하다. 따라서 문화공간은 직접적·개인적 경험을 통해서가 아니라(즉 '비사용가치') 경험하고, 사용되고, 평가될 때만 진정으로 문화적이다. 경제학자들은 이 개념을 사용하여 문화적 자산의 가치를 실용적 측면을 넘어 확대하는데, 비사용자도 수혜자이며, 실제로 방문하거나 경험하지 않더라도(다른 사람/미래 세대, 국가/인류의 이익을 위해) 문화적 자산의 유산적 성격이나 존재에 가치를 둔다. 그러나 이러한 공공재의 주장은 모든 사람이 접근할 수 있고 그 공간이 배타적이지 않은 경우에만 유효하다. 개념적으로 접근할 수 있어도 혼잡하거나 좋은 품질이 제공되지 않은 경우, 예를 들어 인기 있는 전시회, 매진된 상품, 재정적/비용적 압박 또는 제한된 프로그램 기획 등은 공공재 주장에 마이너스 요인이 된다.

문화에 대한 접근과 권리는 이 책에서 논의한 바와 같이 근접성과 공정한 공간적 분배를 필요로 한다(Evans 2001, 2016b). 이는 문화공간과 일상이 공명할 때 달성할 수 있으며, 일상은 접근과 기회뿐만 아니라 모든 수준에서의 참여, 사회적 참여, 문화 발전을 위한 매개자이다. 따라서 더 높은 규모와 '특별한' 문화공간과 제작(즉 기관, 지정된 고급 예술 장소와 이벤트)과 일상 문화는 별개 또는 계층적이라고 보아서는 안 되며, 각 수준에서뿐만 아니라 마을, 지역, 국가적 규모를 포함한 공간 전반에 걸쳐 접근 기회가 있는 연속체로 보아야 한다. 기회의 피라미드는 지역과 기타 수준의 제공, 활동이 더 높은 규모의 시설(아마추어에서 전문가, 소규모에서 중규모, 청소년에서 성인, 다중에서 문화 간)과 연결될 수 있도록 보장하는 것이다. 앞서 살펴본 것처럼, 다목적, 다중 아트센터는 보편적인 시설 모델을 제공하며, 많은 국가에서 지역과 대규모 아트센터의 확장은 이러한 수요와 잠재력을 반영하지만, 이 모델은 유연해야 하며, 변화하는 문화적 취향과 형태(문화 간, 지역 간, 소외된 문화 생산 등)와 새로운 기술, 접근 방법의 가용성에 대응해야 한다(Evans 2001, 133).

나아가 공식적인 문화공간은 대부분 중개자(예술가나 사회 전체가 아닌)에 의해 설계, 큐레이션, 프로그래밍되고 통제되지만, 그렇지 않으면 드러나기 전까지는 관여하지 않는 대중을 위해 제안되었지만, 엘리트는 효과적으로 엘리트와 대화하고, 자기만족적인 폐쇄형 공장은 잠재적인 문화 소비자의 시선에 거리를 유지하고 신비로움을 보존한다. 예를 들어, 해리스가 박물관의 사례에서 주장하듯이 상호작용적 해석 전략은 다음과 같다.

큐레이터가 미리 결정한 반응을 특권화하고 방문객이 체화하지 못한다고 전제하며, 전시공간을 움직이는 실제 신체가 사실 박물관 경험의 뚜렷한 현실이 아니라고 전제한다. … 방문객의 육체적 존재를 부정함으로써 박물관은 방문객과 별개로 이론화하면서 자신의 제도적 정체성을 계속해서 잘못 인식한다(Harris 2015, 1).

그러나 일단 교류공간(실제나 가상공간)에 놓이면 문화는 그 자체의 삶을 갖게 되고, 이 경험과 과정을 통해서만 문화가 발전되고 비판된다.

대부분의 문화 생산은 물론 엄밀히 규정되고 체계화되고 통제되며, 이 책에서 강조했듯이 아트랩, 커뮤니티 아트센터, 거리예술, 유연/개방적 생산(디자이너 제작과 창의적 디지털 네트워크 등)의 초기 활동주의는, 느리게 움직이는 문화의 성당에 대한 해독제를 제공했다(Lorente 1998). 내부에서 볼 때, 이러한 공식적인 문화공간과 제도적 문화는 일상 문화와 문화 생산(도자기, 댄스 수업, 아마추어 연극 그룹, 공예 제작 워크숍, 밴드 연습, 구술 역사 그룹 참석 등)보다 일상에 의해 크게 지배받으며, 정해진 개장-폐장 시간, 청소, 유지 관리, 큐레이팅과 프로그래밍 등이 있다. 전시와 제작은 적어도 1년 이상 앞서 계획되므로, 제공하는 문화적 콘텐츠에서 자발성, 창의적인 반응이나 소통의 여지가 거의 없거나 전혀 없다. 전문적인 개인 예술가나 앙상블의 훈련도 반복을 요구하며(그리고 리허설/연습은 어떤 식으로든 공유하려는 의도가 있을 때만 목적 지향적이다), 작업이 '고전'이나 친숙한 대상(미술, 음악, 연극, 문학)을 기반으로 하는 경우에도 전시, 공연, 순회공연에서 매일/밤마다 재생산된다. 현대 예술과 엔터테인먼트 제작에 대해 자세히 보면, 대부분 새로운 것이 없고 위험이 낮은 특성, 즉 속편, 재작업된 고전과 부활, 블록버스터, 지나치게 친숙하고 안전한 프로그래밍, 디지털 화장으로 더욱 확장된 특성을 보인다. 따라서 문화 생산과 소비 가능성이 현재 시스템에서 가장 잘 제공되는지, 그리고 이를 위한 수단인 문화공간이 현대의 문화적 열망과 사회 전체를 반영하는지 질문을 하는 것이 합리적일 것이다.

  문화공간의 생산과 소비를 고려할 때 문화의 본질과 특성은 창의성, 유산, 전통, 혁신 아이디어와 실천 등에서 가장 먼저 고려되어야 한다. 이 책에서 주장하는 것처럼 이들은 단순히 교환할 수 없으며, 이러한 특성을 이해하려면 문화자원의 선택, 가치평가, 분배에 대해 개방적이고 공동 창작/공동 제작의 접근 방법이 필요하다. 아마도 제로 베이스(예술과 문화 포트폴리오 자료를 깨끗이 지우는 것)의 극단적인 방법을 통해서가 아니라, 포괄적이고 문화적 매핑, 계획, 많은 문화생활과 기회의 민주화를 통해 확실히 가능하다(Kunzmann 2004a). 이를 확장하면, 대표적인 창조산업을 창출하고 문화 활동의 수용과 인식된 고급 예술/일상 문화의 변증법에 내재된 사회적 분열을 완화하는 데 도움이 될 것이다. 지역 어메니티 제공에 대한 민주적인 접근 방법은, 예를 들어 뉴욕과 같은 도시에서 볼 수 있다.[61] 지방 의원에게 각각 150만 달러의 참여 예산이 할당되어 최소 5만 달러의 비용이 들고 5년 이상 지속되는 지역 프로젝트와 계획(지역의 학교, 공원, 도서관, 기타 공공장소 등의 개선)과 제안에 재정지원을 하고, 계획이 다듬어지고 최종 선정의 과정인 지방선거의 주제가 된 다음, 자금과 예산(연간 3,000만 달러)이 지원되어 실행되고, 의회가 아닌 지방 비영리 조직을 통해 진행된다. 이는 스페인의 모델과 유사하다. 여기서 지방의 **카사데라쿨투라**Casa de la Cultura(문화의 집)와 어메니티는 단순히 지역적으로 개발만 되는 것이 아니라 근린 수준에서 관리되고 우선순위가 지정된다. 이 모델은 캐나다 퀘벡에서도 도입되고 있다. 여기에 제시된 참여적 문화공간의 사례는 이러한 의사결정 과정을 알리고 촉진할 수 있는 접근 방법을 보여 준다. 이는 학교, 건강 시설, 레크리에이션(공원) 시설과 같은 지역 어메니티와는 질적으로 다른 이질적인 문화공간에 특히 중요하다.

이러한 참여의 중요성은 청소년기에 직접적인 문화 경험을 하는 특성과 **장소**가 이후 성인이 되어 관심사를 결정하는 요인으로 분명하게 드러난다. 참여를 장려하는 데 있어 접근 가능한 문화센터 역할의 중요성은 성인의 참여, 출석, 그리고 예술에 대한 어린 시절의 경험에 관한 연구에서 관찰되었으며, 이는 비공식적인 환경(청소년, 지역 아트센터)에서의 참여 경험과 학교, 연극 여행이나 박물관 방문에서의 공식적이고 수동적인 참석 사이에 강력하고 긍정적인 연관성이 나타났다(Dobson and West 1988; Morrison and West 1986). 이러한 상관관계는 경제적·교육적 배경과 관계없이 높았으며, 문화자본의 핵심 결정 요인이었다. 이는 청소년기의 참여에 대한 태도와 장벽에 대한 할랜드와 킨더의 통찰력 있는 연구에 반영되었는데, 이 연구에서는 "학교가 문화 장소에 대한 응용적이고 독립적인 참여 장려에 기여한다는 증거는 거의 없다. … 학교는 청소년을 예술에 참여하도록 도울 수 있지만, 그들을 멀어지게 할 수도 있다"(Harland and Kinder 1999, 36-37)는 결론을 내렸다. 그들은 또한 초기 참여는 교육적 동기(즉 커리큘럼)보다는 오락적이고 경험적이어야 하며, "단일 예술 행사에서 경험하는 극적인 전환을 통한 변화는, 일정 기간 예술을 중재하는 중요한 사람들의 지속적인 지원보다 덜 일반적"이라고 권고했다(Harland and Kinder 1999). 이는 1970년대에 윌리엄 브레이든William Braden[*]이 공유한 감정이다. 따라서 문화공간은 언제 어디서나, 규정되고 구상된 것만이 아니라, 접근 가능하고 매력적이지만 흥미로운 커뮤니티 공간이 우선되어야 하며, 여기에는 무형유산, 일상유산과 예술가와의 사회적 참여를 통한 상호작용, 필요한 경우 활동가도 포함된다.

---

[*] Braden, W., 1970, *The Age of Aquarius: Technology and the Cultural Revolution*, Quadrangle Book.

예술–문화–창조 연속체의 수혜자(그리고 창조산업에서 부의 창출의 원천)로서 문화 생산은 장소적·경제적·상징적 힘 측면에서 배타적일 수도 있으며(Zukin 1995), 이는 새로운 문화 상품과 서비스뿐만 아니라 전통적인 문화 상품과 서비스에도 반영된다. 문화 콘텐츠의 적정한 민주화와 디지털 시스템을 통한 보급에도 불구하고, 불균형과 접근성은 거대 기술 플랫폼, 광고, 데이터 프라이버시/저작권 모델에 의해 왜곡되어 있으며, 이는 커뮤니티 문화보다 포르노, 사기, 가짜 뉴스, 임박한 인공지능AI의 성장을 뒷받침하는 것처럼 보인다. 그러나 생산과 혁신에는 공간이 필요하며, 따라서 작업공간 가용성과 문화적 기술과 시설이 중요하다. 특히 공유된 창조공간과 지식/시설 교류 유지에 가치가 있는 것으로 입증된 문화 생산지구를 통해 더욱 중요하다. 여기에는 전문가와 함께하는 개방형 학습과 학문 분야와 배경을 뛰어넘는 시너지의 개발이 중요하다. 이는 문화 발전에서 아트센터(와 교육 분야의 예술) 모델과 크게 다르지 않다. 그러나 도시 문화생활이 공간의 단일용도 사용과 한편으로는 소비와 생산, 다른 한편으로는 일상공간의 상품화 간의 불균형을 통해 퇴보하도록 허용됨에 따라 장소 브랜딩의 더 해로운 영향에 대응하기 위해 저항 전략과 지속가능한 문화 생산 모델이 필요하다.

50년 전 르페브르가 주장했듯이 도시공간이 사회적으로 생산된다면, 문화공간은 사회적 구조 내에서 문화적으로 생산될 것으로 예상할 수 있지만, 문화공간의 생산–창조–소비 속성은 여전히 이러한 관계와 가변적인 경험이 암시하는 긴장과 함께 지각되고, 구상되고, 살아가는 공간의 공간적 형성과 위계를 보여 준다. 문화공간 생산에서의 이러한 분열(창조, 재생, 사용)은 다른 지역에서 생성된 도시공간에서와 마찬가지로 접근이 부정되거나 거부되고, 행동이나 해석이 통제되거나, 처방되거나, 심지어 무시되거나 인정되지 않을 때 분명해진다. 예술가 레이첼 화이트리드Rachel Whiteread의 **인사이드아웃**inside-out 하우스**62**처럼 공허함이 대상이 되어 내부에서 공간과 형태를 드러낸다. 이 은유에서 (반사회적) 공간은 구체적이고 불투과적이 된다.

시민들은 (비판적으로, 좋든 나쁘든) 문화공간을 채우고 검증하지만, 공식적인 문화 환경에서는 자연스럽게 또는 반드시 긍정적이거나 자신의 열망과 수요를 맞추기에는 충분하지 않다. 여기에서 문화공간의 생산은 역사적으로 배타적이었고, 우리는 대부분의 참여를 제도적 영역 밖의 문화 활동을 통해 경험하기 때문에(Lancaster 2010), 지역 문화와 접근 가능한 문화적 발전과 경험 장소에 관한 관심은, 외부효과(경제적·사회적 이점과 가치)를 통해 존재와 공공자원을 합리화하는 것이 아니고, 문화와 문화적 가치 자체를 통해 합리화하는 것이 아니라(Kaszynska 2017), 문화적 권리가 더욱 충족될 뿐만 아니라 문화기관을 통해 공동생산과 살아 있는 문화공간의 이점(설계/적응과 사용)을 고려하도록 장려할 것이다.

주

1 유럽 도시권 선언에는 19개 항목의 도시 환경에 대한 권리 중에 문화가 포함되었으며, 광범위한 문화적·창조적 활동과 추구에 대한 접근성과 참가를 의미한다.

2 2011년 100여 개 대학의 지역 캠퍼스가 세계적으로 운영되고 있으며, 이 중 1/3 이상이 아랍 지역(대부분이 아랍에미리트와 카타르)에 있다. 대부분은 지난 10여 년 동안 개설되었으며, 50% 정도는 미국 대학이고 그다음으로 영국 대학이다(Miller-Idriss and Hanauer 2011).

3 www.gov.uk/guidance/culture-and-heritage-capital-portal

4 https://montreal.ca/en/topics/activities-arts-centres

5 19세기 아트갤러리의 개관이 사회적 통제의 수단이었지만, 도시 노동계층의 행태를 존중하면서 대안으로서 건강한 여가 습관을 제공하기 위한 수단이기도 했다.

6 보편적 인권선언: "모든 사람이 커뮤니티의 문화생활에 자유롭게 참여할 권리, 예술을 누리고 과학적 진보와 그 혜택을 공유할 권리가 있다"(United Nations Human Right 1948).

7 MAC는 청년을 위한 미들랜드 아트센터로, 청년을 위한 영구적인 아트센터라는 훌륭한 기획 아래 개관하여 다양한 유형의 예술을 실질적으로 체험할 수 있는 기능을 제공한다. 캐넌힐파크의 8.6에이커의 부지에 스튜디오와 2개의 소극장을 포함한 다수의 건축물과 야외의 아레나 극장이 1960년대 중반에 건축되었다. MAC에는 전문 극단, 인형극에 쓰이는 인형과 인형사를 고용한 회사 등 창조적인 자원이 많다.

8 1960년 극작가 아널드 웨스커(Arnold Wesker)는 엘리트 계층을 넘어 최고의 문화를 전파하기 위한 새로운 아이디어를 내놓았다. "센터 42는 문화 허브가 될 것이다. 이 허브는 새로운 접근 방법과 작업을 통해 예술에 대한 신비주의와 교만함을 파괴할 것이다. … 예술가가 청중과 더 가까이 접촉하여 대중에게 예술 활동이 일상생활의 일부인 것을 알 수 있도록 한다"(Centre 42 Annual Report 1961~1962). 웨스커는 노동운동이 예술을 소홀히 한다고 비판했다. 1960년 노동조합 총회에서 예술에 대한 조사를 실시하기 위해 의제 항목 42에 대한 결의안을 통과시켰고, 웨스커의 기획은 센터 42라는 이름을 얻었다.

9 www.frac-centre.fr/_en/art-and-architecture-collection/rossi-aldo/teatro-delmondo-317.html?authID=163&ensembleID=528

10 www.designboom.com/architecture/tadao-ando-commission-mpavilion-10-naomi-milgrom-foundation-australia-03-15-2023/

11 피터 홀은 1980년대 보수당 정부가 정밀하게 기획하고 시행한 엔터프라이즈존으로 이루어진 런던 도클랜드 개발과 스탠스테드의 M25 순환고속도로, 제3공항 개발을 지지했다.

12 최근 영국의 일상 문화에 대한 보고에서는 집에서 이루어지고, 집합적이며, 단순한 예술이나 문화 형태로 분류되지 않는, 중요한 '숨겨진' 활동이 있다고 지적했다(CCV 2022). 미국에서는 노래하고, 음악을 만들며, 춤추거나, 연기하는 성인의 63%는 집에서, 40%가 교회에서 했다(NEA 2019).

13 2015년 스톱스(Stopes 2015)가 언급한 것처럼, "사우스뱅크에서 문화를 소비하는 것은 올바른 행동이며, 스케이트보딩은 그렇지 않다." http://review31.co.uk/article/view/357/the-symbolic-economy

14 www.re-thinkingthefuture.com/know-your-architects/a343-10-most-memorable-quotes-by-jan-gehl-the-humanist-architect/

15 카본은 미술 전시회 관람객에 관한 연구에서, 실험실 환경에서보다 미술 작품을 감상하는 데 걸리는 시간이 훨씬 길었고, 그룹 관람객일 경우 미술 작품을 감상하는 데 더 많은 시간을 보냈음을 알아냈다. 그룹에서 개인들이 그림을 다시 감상하기 위해 돌아왔기 때문에 관람하는 시간이 더욱 길어졌다는 사실을 발견했다(Carbon 2017).

16 https://50.roundhouse.org.uk/content-items/black-arts-centre-home-art-britain-ignores

17 www.jstor.org/stable/40002946

18 오픈하우스에서 2008년에 방문자 3,000명을 대상으로 조사를 한 결과, 70%가 건축물에 놀랐고, 66%는 이 이벤트로 인해 런던에 관한 생각을 바꾸었으며, 24%는 이 행사를 통해 지속가능한/녹색 디자인에 대해 더 많이 알게 되었다고 답했다. 건축물을 직접 방문하는 것이 건축에 대해 많이 알아 가는 가장 유익하고 즐거운 방법이라는 응답도 있었다(Evans 2020b).

19 https://eurocities.eu/latest/a-rising-tide-lifts-all-boats-leeds-2023-explained/

20 https://warwick.ac.uk/about/cityofculture/our-research/ahrc-uk-cities-of-culture-project/futuretrendsseries/

21 수전 애슐리 박사의 AHRC 리더십 펠로 프로젝트는 흑인, 소수민족 등의 비주류 문화 조직 구성원이 유산에 대한 사고와 행동양식을 이해하기 위한 연구를 수행했다(www.academia.edu/video/lDdoVl?email)

22 프랑스, 이탈리아, 스페인, 네덜란드, 그리스, 폴란드 등의 박물관을 조사함.

23 http://www1.geo.ntnu.edu.tw/~moise/Data/Books/Social/08%20part%20of%20theory/henri%20lefebvre's%20the%20production%20of%20space.d

24 www.punchdrunk.com/about-us/

25 https://holition.com/work/dunhill-holographic-fashion-show

26 더라이트룸은 메타(페이스북)의 새 런던 본사 건물 저층에 있다.

27 www.storyfutures.com/https://xrstories.co.uk/about/

28 중국인 소유(바이트댄스)의 틱톡은 강력한 반응형 알고리즘으로 인해 2021년 소셜 미디어 플랫폼에서 유튜브를 제치고 가장 인기 있는(10억 명 이상의 사용자) 앱이 되었다.

29 '창조-디지털' 회사는 광고, 커뮤니케이션, 마케팅 서비스와 함께 애플리케이션(모바일), (컴퓨터) 게임의 맥락에서 기술과 디자인을 융합한다. 일반적으로 고객에게 여러 상품과 서비스를 동시에 제공한다. 크리에이티브 전략 개발, 캠페인 시행, 기술 개발의 하이브리드이다(Cities Institute 2010).

30 투자은행 리먼브러더스가 붕괴하기 1년 전인 2007년 여름, 런던 시티 프린지의 동쪽 경계에 있는 눈에 띄지 않는 원형 교차로 주변에 디지털 클러스터라는 아이디어가 생겨났다. 소셜 네트워크 기반 여행 스타트업(Dopplr)의 기술책임자인 마크 비딜프(Mark Biddulph)는 "런던의 올

드스트리트 지역에 흥미로운 스타트업 커뮤니티가 계속 성장하고 있다"라고 자신이 관찰한 내용을 인터넷에 올렸다. 혁신적인 닷컴, 비즈니스 소프트웨어 회사, 유명 웹 디자이너, 디자인 중심의 디지털 인쇄업체가 함께 있는 커뮤니티였다. 그는 실리콘밸리에 대한 농담조의 경의 표시로 이 지역의 이름을 실리콘 라운드어바웃(Silicon Roundabout)으로 바꾸었다(Foord 2013, 54).

31 Richard Kastelein, 'Google launches facility in East London's Tech City' April 4, 2012 (https://connect.innovateuk.org/web/convergence/articles/blogs/googlelaunches-facility-in-east-london-s-tech-city;jsessionid=A7EE34E5CA3A199990FB8D46B538B113.MekushUdbew4

32 https://fashionunited.com/landing/fashionweeks-around-the-world-list

33 www.thembsgroup.co.uk/internal/streetwear_and_couture__blurring_lines_in_the_fashion_industry

34 Sherwood, H. (2023) 'From rebel to fame: public gets access to David Bowie archive', The Guardian, 23 February, 11.

35 https://beyondbanglatown.org.uk/globe/working-lives-clothing-to-catering/

36 www.artscouncil.org.uk/lets-create/delivery-plan-2021-2024/strengthening-our-place-based-approach-and-supporting-levelling

37 www.centreforcities.org/reader/move-public-sector-jobs-london/summary

38 https://wrap.org.uk/resources/guide/circularity-fashion-and-textiles-businesses

39 섬유는 많은 '문화 상품' 중 하나일 뿐이지만 제품 디자인, 전자/전기-폐기물, 에너지를 많이 소비하는 컴퓨터 서버와 데이터센터로 인한 임박한 환경 재앙과 휴대폰과 전자 제품에는 희귀/독성 금속이 있다—의류와 합성 소재의 엄청난 양과 매출액은 중요한 사회적·문화적 과제를 제시한다.

40 Website: https://portfolio.arts.ac.uk/project/176541-board-of-fashion-ghana-new-generation-of-designers-embracing-circular-and-sustainable fashion/

41 https://www2.hm.com/en_gb/sustainability-at-hm/our-work/close-the-loop.html

42 www.vogue.co.uk/article/in-defence-of-street-art

43 www.researchgate.net/publication/260625858_Performance_and_durability_of_a_new_anti-graffiti_system_for_cultural_heritage_-_The_EC_Project_GRAFFITAGE

44 www.saatchigallery.com/exhibition/beyond_the_streets_london

45 http://cadw.wales.gov.uk/learning/communityarchaeology/heritage-graffitiproject/?lang=en. 2014년 4월 5일 접속.

46 해크니윅 운하 프로젝트의 큐레이터는 2008년 테이트모던 그라피터 전시회를 큐레이팅한 시더 루이손(Cedar Lewisohn)이었다.

47 www.canalrivertrust.org.uk/art-and-the-canal-and-river-trust/the-canals-project-street-art-on-thewaterways. 2014년 8월 3일 접속.

48 메릴은 더 나아가 그라피티와 거리예술이 공식 유산 규정의 적용을 피함으로써만 진정성을

보장할 수 있는 '대체 유산'의 사례로 인식되어야 한다고 제안한다(Merrill 2014).

49   https://mappinglondon.co.uk/wp-content/uploads/2014/09/UW-shoreditch_v3.pdf

50   www.btp.police.uk/advice_and_info/how_we_tackle_crime/graffiti.aspx. 2014년 8월 3일 접속.

51   www.mosleyart.com/socially-engaged-art.html

52   www.tate.org.uk/art/art-terms/s/socially-engaged-practice

53   소피 호프와의 전화 인터뷰, in Hope (2017).

54   영국에서는 공연 및 시각 예술 분야에 종사하는 인구 중 단지 18%만이 노동계급 출신이고, (노동계급의 비중은 대략 인구의 50%임) 흑인, 아시아인 또는 소수민족(BAME) 출신은 4%에 불과하다(이들의 인구 비중은 20%임).

55   1930년대 이후 스코틀랜드인들은 철강 공장에서 일하기 위해 코비(Corby)로 이주했으며, 이는 지역 인구 증가의 10% 이상을 차지했다. 이 마을에는 가장 규모가 큰 레인저 FC 서포터스 클럽과 글래스고 외곽의 스코티시 오렌지(노조) 퍼레이드가 있었다. 철강 공장은 1980년에 문을 닫았고, 지역 노동력의 50%를 고용했다.

56   www.forwallswithtongues.org.uk/artists/dr-loraine-leeson-docklands-poster-project/

57   www.forwallswithtongues.org.uk/projects/the-changing-picture-of-docklands-1985/

58   www.academia.edu/37392569/Community_Futures_and_Utopia_yesterday_today_and_tomorrow_re_using_strategies_for_Hornsey_Town_Hall

59   https://vimeo.com/134902583

60   www.leevalley.org/cultural-mappinggis-participation.html

61   https://council.nyc.gov/pb/

62   화이트리드(Whitread)의 작품은 3층 일반 주택(철거 예정)의 내부를 콘크리트로 주조한 것이었다. 지하실, 1층, 2층, 계단과 베이윈도가 포함된다. 터너상을 수상한 이 주택은 하루에 수천 명의 방문객이 찾는 인기 있는 명소가 되었고, 한쪽에는 "Wot for?"라는 낙서가 있었으며, 수수께끼 같은 답은 "Why not!"이었다. 『인디펜던트』지의 비평가 앤드루 그레이엄딕슨은 이를 "이번 세기 영국 예술가가 만든 가장 특별하고 상상력이 풍부한 공공 조각 작품 중 하나"라고 묘사했다. 이를 영구히 보존하라는 청원서에는 3,300개의 서명이 접수되었다. 지역 의원이 하원에 보존을 위한 동의안을 제출했지만, 현지에서 근소한 표 차이로 보존되지 못하고 11주 만에 지방의회에 의해 철거되었다.

참고문헌

Aage, T. and Belussi, F. (2008) 'From Fashion to Design: Creative Networks in Industrial Districts', *Industry and Innovation*, 15(5): 475-491.

ACE (2003) *Focus on Cultural Diversity: Attendance, Participation and Attitudes.* London: Arts Council of England.

ACE (2017) *Taking Part 2016/17: Museums & Galleries.* London: Arts Council England.

Addley, E. (2023) 'Museum on Hunt for Bowie's Dress and James Bond Shirts', *The Guardian*, 23 January, 13.

Adorno, T.W. (ed) (1991) *The Culture Industry: Selected Essays on Mass Culture.* London: Routledge.

Adorno, T.W. and Horkheimer, M. (1943) 'The Culture Industry: Enlightenment as Mass Deception', in *Dialectic of Enlightenment* (trans. J. Cumming). New York: Seabury, 29-48.

Aiesha, R. and Evans, G.L. (2017) 'VivaCity: Mixed-use and Urban Tourism', in M. Smith (ed) *Tourism, Culture and Regeneration.* Wallingford: CABI, 35-48.

Alexander, B. and Alvarado, D.O. (2017) 'Convergence of Physical and Virtual Retail Spaces: The Influence of Technology on Consumer In-Store Experience', in A. Vecchi (ed) *Advanced Fashion Technology and Operations Management.* Hershey, PA: IGI Global, 191-219.

Ando, T. and Futagawa, K. (1990) 'Kara-za: A Movable Theater', *Perspecta Theater, Theatricality, and Architecture*, 26: 171-184.

Andra, I. (1987) 'The Dialetic of Tradition and Progress', in G. Stanishev (ed) *Architecture and Society: In Search of Context.* Sofia: Balkan State Publishing, 156-158.

Andres, L. and Gresillon, B. (2014) 'European Capital of Culture: Leverage for Regional Development and Governance? The Case of Marseille Provence 2013', *Regions*, 295: 3-5.

Anholt, S. (2006) *Anholt City Brand Index - How the World Views Its Cities*, 2nd ed.

Bellvue, WA: Global Market Insight.

Appleyard, D. (1981) *Livable Streets*. Berkeley, CA: University of California Press.

Arets, W. (2005) *Living Library: University Library Utrecht*. London: Prestel Publishing Ltd.

Arms, S. (2011) 'The Heritage of Berlin Street Art and Graffiti Scene. Art, Inspiration, Legacy', *Smashing Magazine*, July 13, 1-16. www.smashingmagazine.com/2011/07/13/the-heritage-of-berlinstreet-art-and graffiti-scene.

Armstrong, S. (2019) *Street Art*. London: Thames & Hudson.

Arnold, D. (2016) 'The Architectural Heritage of Cities: Some Thoughts on Research Methods, Theories and Strategies for Preservation and Sustainable Re-use in a Global Context', *The 4th International Symposium on Architecture Heritage Preservation and Sustainable Development*. Tianjin, China: Urban Flux, October, 180-183.

Ashworth, G. and Tunbridge, J. (2001) *The Tourist-Historic City*. London: Routledge.

Ashworth, G.J. (1994) *Let's Sell Our Heritage to Tourists?* London: London Council for Canadian Studies.

Ashworth, G.J. and Voogd, H. (1990) *Selling the City: Marketing Approaches in Public Sector. Urban Planning*. London: Belhaven Press.

ATCM (2009) *Light Night Network*. www.lightnight.co.uk

Avramidis, K. (2012) *Live Your Greece in Myths: Reading the Crisis on Athens' Walls*. Trento: Professional Dreamers.

Backlund, A.-K. and Sandberg, A. (2002) 'New Media Industry Development: Regions: Networks and Hierarchies - Some Policy Implications', *Regional Studies*, 36(1): 87-91.

Bagwell, S., Evans, G., Witting, A. and Worpole, K. (2012) *Public Space Management: Report to the Intercultural Cities Programme*. Strasbourg: Council of Europe.

Bakhshi, H., Frey, C. and Osborne, M. (2015) *Creativity vs Robots. The Creative Economy and the Future of Employment*. London: NESTA.

Bakhshi, H., McVittie, E. and Simmie, J. (2008) *Creating Innovation: Do the Creative Industries Support Innovation in the Wider Economy?* London: Experian.

Banks, M. (2023) 'Cultural Work and Contributive Justice', *Journal of Cultural Economy*, 16(1): 47-61.

Banksy (2002) *Existencillism*. London: Weapons of Mass Distraction.

Basu, P. (2013) 'Memoryscapes and Multi-Sited Methods', in E. Keightley and M. Pickering (eds) *Research Methods for Memory Studies*. Edinburgh: Edinburgh University Press, 115-131.

Bauer, O. (2000) *The Nationalities Question and Social Democracy*. Minneapolis: University of Minnesota Press.

Bauman, Z. (1996) 'From Pilgrim to Tourist - Or a Short History of Identity', in S. Hall and P. Du Gay (eds) *Questions of Cultural Identity*. London: Sage, 18-36.

Bazelman, J. (2014) *The Valuation of Cultural Heritage: A Roadmap*. Amsterdam: Dutch Heritage Agency.

Beauvert, T. (1995) *Opera Houses of the World*. New York: The Vendome Press.

Beech, D. (2004) *I Fail to Agree: Hewitt and Jordan*. Sheffield: Site Gallery.

Belfiore, E. (2022) 'Who Cares? At What Price? The Hidden Costs of Socially Engaged Arts Labour and the Moral Failure of Cultural Policy', *European Journal of Cultural Policy*, 25(1): 671-678.

Bell, C. and Newby, H. (1976) 'Community, Communion, Class and Community Action', in D. Herbert and R. Johnson (eds) *Social Areas in Cities*. London: Wiley.

Bell, D. and Jayne, M. (eds) (2004) *City of Quarters. Urban Villages in the Contemporary City*. Aldershot: Ashgate.

Benigson, M. (2014) *Streetwear and Couture: Blurring Lines in the Fashion Industry*. London: The MSB Group.

Benjamin, W. (1935/1979) '*The Work of Art in the Age of Mechanical Reproduction*', in Illuminations (trans. H. Zohn). London: Fontana, 219-253.

Benjamin, W. (1999) *Selected Writings, Volume 2: 1927-1934*. Cambridge, MA: Belknap/Harvard University Press.

Bennett, T. (1988) 'The Exhibitionary Complex', New Formations, 4: 73-104.

Bianchini, F. and Parkinson, M. (eds) (1993) *Cultural Policy and Urban Regeneration: The West European Experience*. Manchester: Manchester University Press.

Birdsall, C. (2013) '(In)audible Frequencies: Sounding Out the Contemporary Branded City', in C. Lindner and H. Hussey (eds) *Paris-Amsterdam Underground*. Amsterdam: Amsterdam University Press, 115-131.

Bishop, C. (2006) 'The Social Turn: Collaboration and Its Discontents', *Artforum*,

February, 178-183.

Black, L. (2006) '"Making Britain a Gayer and More Cultivated Country": Wilson, Lee and the Creative Industries in the 1960s', *Contemporary British History*, 20(3): 323-342.

Boddy, T. (2006) 'The Library and the City', Architectural Review, 44: 1-46.

Boland, P., Murtagh, B. and Shirlow, P. (2019) 'Fashioning a City of Culture: "Life and Place Changing" or a "12- Month Party"', *International Journal of Cultural Policy*, 25(2): 246-265.

Bolognesi, C. (2005) *Milan and Lombardy: The Revival of the Future*. Milan: Lombardy Region/Milan City.

Bone, J., et al. (2021) 'Who Engages in the Arts in the United States? A Comparison of Several Types of Engagement using Data from the General Social Survey,' *BMC Public Health*, 21(1349): 1-45.

BOP (2016) *East London Fashion Cluster*. London: BOP.

Bordage, F. (2002) *TransEuropeHalles: The Factories Conversions for Urban Culture*. Basel: Birkhauser.

Borghini, S., Visconti, L.M., Anderson, L. and Sherry, J. (2010) 'Symbiotic Postures of Commercial Advertising and Street Art', *Journal of Advertising*, 39(3): 113-126.

Boschma, R. (2005) 'Proximity and Innovation: A Critical Assessment', *Regional Studies*, 39: 61-74.

Bourdieu, P. (1983/1993) *The Field of Cultural Production* (trans. R. Johnson). Cambridge: Polity Press.

Bourdieu, P. (1984) *Distinction: A Social Critique of the Judgment of Taste*. Cambridge, MA: Harvard University Press.

Bourdieu, P. and Darbel, A. (1969/1991) The Love of Art. Cambridge: Polity Press.
Bovone, L. (2005) 'Fashionable Quarters in the Postindustrial City: The Ticinese of Milan', *City and Community*, 4(4): 359-380.

Boyko, C.T. (2003) 'Breathing New Life into Old Places Through Culture: A Case of Bad Breath?', in G. Richards and J. Wilson (eds) *From Cultural Tourism to Creative Tourism: Changing Places*, the Spatial Challenge of Creativity (Part 3). Arnhem: ATLAS, 19-31.

Braddock Clarke, S.E. and Harris, J. (2012) *Digital Visions for Fashion and Textiles: Made in Code*. London: Thames & Hudson.

Braden, S. (1977) *Artists and People*. London: Routledge & Kegan Paul.

Breheny, M. (1996) 'Centrists, Decentrists and Compromisers: Views on the Future of Urban Form', in M. Jenks, E. Burton and K. Williams (eds) *The Compact City: A Sustainable Urban Form?* London: Pion.

Breward, C. (2004) *Fashioning London. Clothes and the Modern Metropolis*. Oxford: Berg.

Breward, C. and Gilbert, D. (eds) (2006) *Fashion's World Cities*. Oxford: Berg.

Breward, C. and Gilbert, D. (2010) *Fashion Cities. Berg Encyclopaedia of World Dress and Fashion*. London: Bloomsbury.

Breznitz, S. and Noonan, D. (2014) 'Arts Districts, Universities, and the Rise of Digital Media', *The Journal of Technology Transfer*, 39(4): 594-615.

Brighenti, M. (2010) 'At the Wall: Graffiti Writers, Urban Territoriality, and the Public Domain', *Space and Culture*, 13(3): 315-332.

Brook, O. (2011) *International Comparisons of Public Engagement in Culture and Sport*. London: DCMS.

Brook, O., Boyle, P. and Flowerdew, R. (2010) 'Geographic Analysis of Cultural Consumption', in J. Stillwell, P. Norman, C. Thomas and P. Surridge (eds) *Spatial and Social Disparities: Understanding Population Trends and Processes - Volume 2*. Dordrecht: Springer, 67-82.

Brook, O., O'Brien, D. and Taylor, M. (2020) *Culture Is Bad for You: Inequality in the Cultural and Creative Industries*. Manchester: Manchester University Press.

Brooks, L. (2022) 'The People's Gallery. Legal Walls Allow Street Art to Thrive in Glasgow', *The Guardian*, 6 January, 7.

Brown, M. (2014) 'Gormley and Company Send Art All Over the Place', The Guardian, 17 July, 11.

Brown, W. (2020) *A New Way to Understand the City: Henri Lefebvre's Spatial Triad*. https://will brown.medium.com/ a-new-way-to-understand-the-city-henri-lefebvres-spatial-triad-d8f800a9ec1d (accessed 29 December 2022).

Burgers, J. (1995) 'Public Space in the Post-Industrial City', in G. Ashworth and A. Dietvorst (eds) *Tourism and Spatial Transformations: Implications for Policy and Planning*. Wallingford: CAB International, 147-161.

Burgess, J.A. (1982) 'Selling Places: Environmental Images for the Executive', *Regional Studies*, 16: 1-17.

Burtenshaw, D., Bateman, M. and Ashworth, G.J. (1991) *The European City: A Western Perspective*. London: David Fulton.

Butler, R.W. (1980) 'The Concept of the Tourism Area Life Cycle of Evolution: Implications for Management of Resources', *Canadian Geographer,* 24(1): 5-12.

Cairncross, F. (1995) 'The Death of Distance: A Survey of Telecommunications', *The Economist*, 336(7934): 5-28.

Calvino, I. (1979) Invisible Cities. London: Pan.

Carbon, C.C. (2017) 'Art Perception in the Museum: How We Spend Time and Space in Art Exhibitions', *Iperception*, 18(1): 2041669517694184. https://doi.org/10.1177/2041669517694184.

Carter-Morley, J. (2021) 'Fashion Blockbuster Locations Showcase Return of Dressing Up', *The Guardian*, 19 June, 21.

Castells, M. (1991) *The Informational City Information Technology, Economic Restructuring, and the Urban Regional Process*. Oxford: Blackwell.

Castells, M. (1996) *The Rise of the Network Society*. Oxford: Blackwell.

Castells, M. (1997) 'Citizen Movements, Information and Analysis: An Interview with Manuel Castells', *City*, 7: 140-155

Catungal, J.P., Leslie, D. and Hii, Y. (2009) 'Geographies of Displacement in the Creative City: The Case of Liberty Village, Toronto', *Urban Studies*, 46(5/6): 1095-1114.

Cauchi-Santoro, R. (2016) 'Mapping Community Identity: Safeguarding the Memories of a City's Downtown Core', City, *Culture and Society*, 7(1): 43-54.

CCV (2022) *Research Digest: Everyday Creativity, Vol. 1*. Leeds: Centre for Cultural Value.

CEC (1992) *European Ministers of Culture Meeting Within the Council on Guidelines for Community Cultural Action*. Brussels: Official Journal of the European Communities Council (CEC).

Chanan, M. (1980) *The Dream that Kicks: The Prehistory and Early Years of Cinema in Britain*. London: Routledge & Kegan Paul.

Chang, V. (2013) 'Animating the City: Street Art, Blu and the Poetics of Visual Encounter', *Animation*, 8(3): 215-233.

Chapman, J. (2011) *Emotionally Durable Design*. London: Earthscan.

Charnock, G. and Ribera-Fumaz, R. (2014) 'The Production of Urban Competitiveness: Modelling22@Barcelona', in L. Stanek, C. Schmid and A. Moravanszky (eds) *Urban Revolution Now. Henri Lefebvre in Social Research and Architecture*. Farnham: Ashgate, 157-171.

Chen, J., Judd, B. and Hawken, S. (2015) *Adaptive Reuse of Industrial Heritage for Cultural Purposes in Three Chinese Mega-Cities: Beijing, Shanghai and Chongqing*. Sydney: RICS/COBRA AUBEA.

Cheshire, J. and Uberti, O. (2016) London: Information Capital. London: Penguin.

Chilese, E. and Russo, A.P. (2008) *Urban Fashion Policies: Lessons from the Barcelona Catwalks*, EBLA Working Paper 200803. Turin: University of Turin.

Christophers, B. (2008) 'The BBC, the Creative Class, and Neoliberal Urbanism in the North of England', *Environment and Planning A: Economy and Space*, 40(10): 2313-2329.

Çinar, A. and Bender, T. (eds) (2007) *Urban Imaginaries: Locating the Modern City*. Minnesota: University of Minnesota Press.

Cinderby, C. and Evans, G.L. (2013) *Proceedings of INCLUDE Asia*. London: Royal College of Art, 68-76.

Cities Institute (2010) 'Mapping the Digital Economy', *Digital Shoreditch*, May, 1-13.

City of Copenhagen (2003) *Orestad. Historic Perspective, Planning, Implementation, Documentation*. Copnhagen: City of Copenhagen.

City of Toronto (2010) *Creative City Planning Framework: A Supporting Document to the Agenda for Prosperity: Prospectus for a Great City*. Toronto: Authenticity/City of Toronto.

Cohen, E. (1999) 'Cultural Fusion', in *Values and Heritage Conservation*. Los Angeles: Getty Conservation Institute, 44-50.

Cohen, P. (2013) *On the Wrong Side of the Track? East London and the Post-Olympics*. London: Lawrence & Wishart.

Colliers International (2011) *Encouraging Investment in Heritage at Risk*. London: English Heritage.

Connor, C. and Barlow, G. (2023) 'Could Arts Centres Hold the Key to UK Culture's Future?', *The Guardian*, 3 April. www.theguardian.com/culture-professionals-network/culture-professionals-blog/2014/apr/03/art-centres uk-culture-future (accessed 22 March 2023).

Council of Europe (1992) *European Urban Charter. Strasbourg: Standing Conference of Local and Regional Authorities of Europe* (CLRAE).

Council of Europe (2008) *Living Together as Equals in Dignity. White Paper on Intercultural Dialogue*. Strasbourg: Council of Europe.

Craik, J. (1997) 'The Culture of Tourism', in C. Rojek and J. Urry (eds) *Touring Cultures: Transformations of Travel and Theory*. London: Routledge, 113-136.

Crane, D. (2000) *Fashion and Its Social Agendas. Class, Gender, and Identity in Clothing*. Chicago and London: The University of Chicago Press.

Creigh-Tyte, S. and Selwood, S. (1998) 'Museums in the UK: Some Evidence on Scale and Activities', *Journal of Cultural Economics*, 22(2/3): 151-165.

Creswell, T. (1992) 'The Crucial "Where" of Graffiti: A Geographical Analysis of Reactions to Graffiti in New York', *Environment & Planning D: Society and Space*, 10(3): 329-344.

Creswell, T. (1996) *In Place/Out of Place: Geography, Ideology and Transgression*. Minneapolis: University of Minnesota Press.

Crewe, L. and Beaverstock, J. (1998) 'Fashioning the City: Cultures of Consumption in Contemporary Urban Spaces', *Geoforum,* 29(3): 287-308.

Cronin, A.M. (2008) 'Urban Space and Entrepreneurial Property Relations: Resistance and the Vernacular of Outdoor Advertising and Graffiti', in A.M. Cronin and K. Hetherington (eds) *Consuming the Entrepreneurial City: Image Memory, Spectacle*. New York: Routledge, 65-84.

Crowhurst, A.J. (1992) The Music Hall, 1885-1922. *The Emergence of a National Entertainment Industry in Britain*. Unpublished PhD thesis. Cambridge: University of Cambridge.

Culture24 (2009) *5th Edition of the European Night of Museums*. www.culture24.org.uk

Cummings, N. and Lewandowska, M. (2000) *The Value of Things*. Basel: Birkhauser.

CURDS (2009) *Literature Review: Historic Environment, Sense of Place, and Social Capital*. London: English Heritage.

Curtis, D. (2020) *London's Arts Labs and the 60s Avant-Garde*. London: John Libbey Publishing.

Cuthbert, A. (2006) *The Form of Cities*. Oxford: Blackwell.

Daniels, M. (2013) *Paris National and International Exhibitions from 1798 to 1900: A Finding-List of British Library Holdings*. London: British Library.

Davidson, J. (2022) 'Dub, Utopia and the Ruins of the Caribbean', *Theory, Culture and Society,* 39(1): 3-22.

Davies, R. (2003) *A Map of Toronto's Cultural Facilities: A Cultural Facilities Analysis.* Toronto: City of Toronto Division of Economic Development, Culture and Tourism.

Dawson, R. (2021) *London Street Art and Graffiti Through the Decades: 1960-2021,* May 7. https://blog.bookanartist.co/london-street-art-and-graffiti-through-the-decades-1960-to-2021 (accessed 20 February 2023).

DCMS (2001) *Creative Industries Mapping Document 2001, 2nd ed.* London: Department of Culture, Media and Sport.

DCMS (2010) *Culture and Sport Physical Asset Mapping Toolkit, Cities Institute and TBR for ACE,* Historic England & Sport England. London: DCMS.

DCMS (2014) *Independent Library Report.* London: Department for Culture Media and Sport.

DCMS (2016) *The Culture White Paper.* London: DCMS.

DCMS (2020) *Heritage - Taking Part Survey 2019/20.* London: DCMS.

DCMS (2022) *Scoping Culture and Heritage Capital Report.* London: DCMS.

de Abreu Santos, V.Á. and van der Borg, J. (2023) 'Cultural Mapping Tools and Co-Design Process: A Content Analysis to Layering Perspectives on the Creative Production of Space', *Sustainability,* 15(6): 5335.

Deleuze, G. and Guattari, F. (1987) *A Thousand Plateaus: Capitalism and Schizophrenia.* London: Continuum.

Delrieu, V. and Gibson, L. (2017) 'Libraries and the Geography of Use: How Does Geography and Asset "Attractiveness" Influence the Local Dimensions of Cultural Participation?', *Cultural Trends,* 26: 18-33.

DeNotto, M. (2014) 'Street art and Graffiti. Resources for Online Study', *C&RL News,* April, 208-211.

De Propris, L. and Hypponen, L. (2008) 'Creative Clusters and Governance: The Dominance of the Hollywood Film Cluster', in P. Cooke and L. Lazzeretti (eds) *Creative Cities, Cultural Clusters and Local Development.* Cheltenham: Edward Elgar, 340-371.

DeSilvey, C., Blundell, A., Fredheim, H. and Harrison, R. (2022) *Identifying Opportunities for Integrated Adaptive Management of Heritage Change and Transformation in England: A Review of Relevant Policy and Current Practice.* Research Report 18/22. London: Historic England.

Dinnie, K. (2004) 'Place Branding: Overview of an Expanding Literature', *Place Branding and Pubic Diplomacy*, 1(1): 106-110.

Di Vita, S. (2020) 'The Milan EXPO 2015', in G.L. Evans (ed) *Mega-Events, Placemaking, Regeneration and City-Regional Development*. London: Routledge, 70-86.

Dobson, L.C. and West, E.G. (1988) 'Performing Arts Subsidies and Future Generations', *Journal of Cultural Economics*, 12: 8-115.

Dodd, F. (2008) *Our Creative Talent: The Voluntary and Amateur Arts in England*. London: DCMS.

Doeringer, P.B. and Crean, S. (2006) 'Can Fast Fashion Save the us Apparel Industry?', *Socio-Economic Review*, 4(3): 353-377.

Downey, J. and McGuigan, J. (eds) (1999) *Technocities*. London: Sage.

Duncum, P. (2002) 'Theorising Everyday Aesthetic Experience with Contemporary Visual Culture', *Visual Arts Research*, 28(2): 4-15.

Duxbury, N. (2004) *Creative Cities: Principles and Practices. Background Paper F47*. Ottawa: Canadian Policy Research Networks Inc.

Duxbury, N., Garett-Petts, W. and MacLennan, D. (eds) (2015) *Cultural Mapping as Cultural Inquiry*. London: Routledge.

Duxbury, N., Garrett-Petts, W. and Longley, A. (eds) (2018) *Artistic Approaches to Cultural Mapping. Activating Imaginaries and Means of Knowing*. London: Routledge.

Duxbury, N. and Redaelli, E. (2020) 'Cultural Mapping', in P. Moy (ed) *Oxford Bibliographies in Communication*. New York: Oxford University Press.

Ebrey, J. (2016) 'The Mundane and Insignificant, the Ordinary and the Extraordinary: Understanding Everyday Participation and Theories of Everyday Life', *Cultural Trends*, 25(3): 158-168.

EC (2009) *Preserving Our Heritage, Improving Our Environment, Volume I. 20 Years of EU Research into Cultural Heritage*. Brussels: European Commission (EU) DG Research.

Edensor, T. (1998) *Tourists at the Taj: Performance and Meaning at a Symbolic Site*. London: Routledge.

Edizel-Tasci, O. and Evans, G.L. (2017) 'Participatory Mapping and Engagement with Urban Water Communities', in A. Ersoy (ed) *The Impact of Co-production*. Bristol: Policy Press, 119-136.

Edizel-Tasci, O. and Evans, G.L. (2021) 'Community Engagement in Climate Change Policy: The Case of Three Mills, East London', in E. Peker and A. Ataöv (eds) *Governance of Climate Responsive Cities*. Vienna: Springer.

Edizel-Tasci, O., Evans, G.L. and Dong, H. (2013) 'Dressing up London', in V. Girginov (ed) *Handbook of the London 2012 Olympic and Paralympic Games, Vol. 2*. London: Routledge, 19-35.

EH (2000) *Power of Place: The Future of the Historic Environment*. London: English Heritage.

EH (2003) *Heritage Counts*. London: English Heritage.

Ehrman, E.W. (2018) *Fashioned from Nature*. London: V&A.

Eicher, J.B. (ed) (2010) *Berg Encyclopaedia of Fashion Cities*. Oxford: Berg.

Elden, S. (2004) *Understanding Henri Lefebvre: Theory and the Possible*. New York: Continuum Books.

Emerling, S. (2001) 'Prada Enters a New Frontier of Retailing', *Los Angeles Times*, 16 April. www.latimes.com/archives/la-xpm-2001-apr-16-cl-51533-story.html (accessed 20 April 2023).

Erdogan, G. (2014) 'Mapping Street Art in the Case of Turkey, Istanbul, Beyoglu Yuksek Kaldirim', Paper to Lisbon Street Art & Urban Creativity International Conference. Lisbon: Lisbon University, 3-5 July.

Evans, G.L. (1995) 'Planning for the British Millennium Festival: Establishing the Visitor Baseline and a Framework for Forecasting', *Festival Management and Event Tourism*, 3(4): 183-196.

Evans, G.L. (1998a) 'In Search of the Cultural Tourist and the Post-Modern Grand Tour', International Sociological Association XIV Congress (RC50). Montreal, July.

Evans, G.L. (1998b) 'Urban Leisure: Edge City and the New Leisure Periphery', in M. Collins and I. Cooper (eds) *Leisure Management - Issues and Application*. Wallingford: CAB International, 113-138.

Evans, G.L. (1999a) 'Networking for Growth and Digital Business', in W. Schertler et al. (eds) *ICT in SMEs*. Vienna: Springer-Verlag, 376-387.

Evans, G.L. (1999b) 'The Economics of the National Performing Arts - Exploiting Consumer Surplus and Willingness-to-Pay: A Case of Cultural Policy Failure?', *Leisure Studies*, 18: 97-118.

Evans, G.L. (2000) 'Contemporary Crafts as Artefacts and Functional Goods and

Their Role in Local Economic Diversification and Cultural Development', in M. Hitchcock and K. Teague (eds) *Souvenirs: The Material Culture of Tourism*. Aldershot: Ashgate, 127-146.

Evans, G.L. (2001) *Cultural Planning: An Urban Renaissance?* London: Routledge.

Evans, G.L. (2002) 'Living in a World Heritage City: Stakeholders in the Dialectic of the Universal and the Particular', *International Journal of Heritage Studies*, 8(2): 117-135.

Evans, G.L. (2003a) 'Hard Branding the Culture City - From Prado to Prada', *International Journal of Urban and Regional Research*, 27(2): 417-440.

Evans, G.L. (2003b) 'Whose Heritage Is It Anyway? Reconciling the "National" and the Universal in Quebec City', *British Journal of Canadian Studies*, 16(2): 343.

Evans, G.L. (2004) 'Cultural Industry Quarters: From Pre-Industrial to Post-Industrial Production', in D. Bell and M. Jayne (eds) *City of Quarters. Urban Villages in the Contemporary City.* Aldershot: Ashgate, 71-92.

Evans, G.L. (2005) 'Measure for Measure: Evaluating the Evidence of Culture's Contribution to Regeneration', *Urban Studies,* 42(5/6): 959-983.

Evans, G.L. (2006) 'Branding the City: The Death of City Planning?', in J. Monclus (ed) *Culture, Urbanism & Planning.* Aldershot: Ashgate, 197-214.

Evans, G.L. (2007) 'Tourism, Creativity and the City', in G. Richards and G.J. Wilson (eds) *Tourism Creativity & Development.* London: Routledge, 35-48.

Evans, G.L. (2008) 'Cultural Mapping and Sustainable Communities: Planning for the Arts Revisited', *Cultural Trends*, 17(2): 65-96.

Evans, G.L. (2009a) 'Urban Sustainability: Mixed Use or Mixed Messages?', in C. Boyko, R. Cooper and G.L. Evans (eds) *Designing Sustainable Cities.* Oxford: Wiley-Blackwell, 190-217.

Evans, G.L. (2009b) 'From Cultural Quarters to Creative Clusters: Creative Spaces in the New City Economy', in M. Legner (ed) *The Sustainability and Development of Cultural Quarters: International Perspectives.* Stockholm: Institute of Urban History, 32-59.

Evans, G.L. (2009c) 'Creative Cities, Creative Spaces and Urban Policy', *Urban Studies*, 46(5&6): 1003-1040.

Evans, G.L. (2009d) 'Creative Spaces and the Art of Urban Living', in T. Edensor, D. Leslie, S. Millington and N. Rantisi (eds) *Spaces of Vernacular Creativity: Rethinking the Cultural Economy.* London: Routledge, 19-32.

Evans, G.L. (2010) 'Heritage Cities', in R. Beauregard (ed) *Encyclopaedia of Urban Studies.* New York: Sage, 136-138.

Evans, G.L. (2011) 'Cities of Culture and the Regeneration Game', London Journal of Tourism, *Sport and Creative Industries,* 5(67): 5-18.

Evans, G.L. (2012a) 'Hold Back the Night: Nuit Blanche and All-Night Events in Capital Cities', *Current Issues in Tourism,* 15(1-2): 35-49.

Evans, G.L. (2012b) 'Creative Small and Medium-Sized Cities', *International Journal of Cultural Administration,* 1: 141-157.

Evans, G.L. (2013a) 'Cultural Planning and Sustainable Development', in G. Baker and D. Stevenson (eds) *The Ashgate Research Companion to Planning and Culture.* London: Routledge, 223-228.

Evans, G.L. (2013b) 'Maastricht: From Treaty Town to European Capital of Culture', in C. Grodach and D. Silver (eds) *The Politics of Urban Cultural Policy: Global Perspectives.* London: Routledge, 264-285.

Evans, G.L. (2014a) 'Rethinking Place Branding and Place Making Through Creative and Cultural Quarters', in M. Kavaratzis, G. Warnaby and G. Ashworth (eds) *Rethinking Place Branding: Comprehensive Brand Development for Cities and Regions.* Vienna: Springer, 135-158.

Evans, G.L. (2014b) 'Living in the City Mixed Use and Quality of Life', in R. Cooper, E. Burton and C. Cooper (eds) *Wellbeing and the Environment: Wellbeing: A Complete Reference Guide,* Vol. II. Oxford: John Wiley.

Evans, G.L. (2014c) 'Accessibility and User Needs: Pedestrian Mobility and Urban Design in the UK', *Municipal Engineer,* 168(1): 1-13.

Evans, G.L. (2015a) 'Cultural Mapping and Planning for Sustainable Communities', in N. Duxbury, W. Garett Petts and D. MacLennan (eds) *Cultural Mapping as Cultural Inquiry.* London: Routledge, 45-68.

Evans, G.L. (2015b) 'Designing Legacy and the Legacy of Design: London 2012 and the Regeneration Games', *Architectural Review Quarterly,* 18(4): 353-366.

Evans, G.L. (2016a) 'London 2012', in J. Gold and M. Gold (eds) Olympic Cities. City Agendas, *Planning and the Worlds Games,* 1896-2016. London: Routledge.

Evans, G.L. (2016b) 'Participation and Provision in Arts & Culture - Bridging the Divide', *Cultural Trends,* 25(1): 2-20.

Evans, G.L. (2016c) *Place Branding and Heritage, with TBR and Pomegranite Seeds.*

London: Historic England Heritage Counts.

Evans, G.L. (2016d) 'Graffiti Art and the City. From Piece-Making to Place-Making', in I. Ross (ed) *Routledge Handbook of Graffiti and Street Art*. London: Routledge, 164-178.

Evans, G.L. (2017) 'Creative Cities: An International Perspective', in G. Richards and J. Hannigan (eds) *The SAGE Handbook of New Urban Studies*. New York: Sage, 311-329.

Evans, G.L. (2018a) 'Designing Contemporary Mega Events', in A. Massey (ed) *Blackwell Companion to Contemporary Design*. Oxford: Blackwell.

Evans, G.L. (2018b) 'Inclusive and Sustainable Design in the Built Environment: Regulation or Human-Centres?', *Built Environment*, 44(1): 79-93.

Evans, G.L. (2018c) *Smart Cities and Waste Innovation. Global Fashion Conference*. http://gfc-conference.eu/wp content/uploads/2018/12/EVANS_SmART-Cities-and-Waste-Innovation.pdf

Evans, G.L. (2019) 'Emergence of a Digital Cluster in East London: Birth of a New Hybrid Firm', *Competitiveness Review*, 29(3): 253-266.

Evans, G.L. (ed) (2020a) *Mega-Events: Placemaking, Regeneration and City-Regional Development*. London: Routledge.

Evans, G.L. (2020b) 'Events, Cities and the Night-Time Economy', in S. Page and J. Connell (eds) *Routledge Handbook of Events*. London: Routledge.

Evans, G.L. (2020c) 'From Albertopolis to Olympicopolis', in G.L. Evans (ed) *Mega-Events. Placemaking, Regeneration and City-Regional Development*. London: Routledge, 35-52.

Evans, G.L. (2022) *Maximising and Measuring the Value of Heritage in Place. Paper in 5 in AHRC Future Trends Series*. Warwick: Warwick University City of Culture Project.

Evans, G.L., Aiesha, R., and Foord, J. (2009) 'Mixed Use or Mixed Messages?', In R. Cooper, G.L. Evans and C. Boyko (eds) *Designing Sustainable Cities*. Oxford: Blackwell, 190-217.

Evans, G.L. and Foord, J. (2000) 'European Funding of Culture: Promoting European Culture or Regional Growth', *Cultural Trends*, 36: 53-87.

Evans, G.L. and Foord, J. (2006a) 'Rich Mix Cities: From Multicultural Experience to Cosmopolitan Engagement', *Ethnologia Europaea: Journal of European Ethnology*, 34(2): 71-84.

Evans, G.L. and Foord, J. (2006b) 'Small Cities for a Small Country: Sustaining the Cultural Renaissance?', in D. Bell and M. Jayne (eds) *Small Cities, Urban Experience Beyond the Metropolis*. London: Routledge.

Evans, G.L. and House, N. (2017) 'Architecture, Intervention and Adaptive ReUse', *Int/AR Journal*, 8: 26-33.

Evans, G.L., NEF and TBR (2016) *The Role of Culture, Sport and Heritage in Place Shaping. Culture Evidence (CASE) programme*. London: DCMS/ACE/Historic England, Sport England.

Evans, G.L. and Reay, D. (1996) *Arts Culture and Entertainment Park Plan - Topic Study*. Waltham Abbey: Lee Valley Regional Park Authority.

Evans, G.L. and Shaw, S. (2001) 'Urban Leisure and Transport: Regeneration Effects', *Journal of Retail Leisure Property*, 1: 350-372.

Evans, G.L. and TBR (2010) *The Art of the Possible: A Feasibility Study on Assessing the Impact of Cultural and Sporting Investment. DCMS CASE programme*. London: DCMS/ACE/Historic England, Sport England.

Evans, G.L. and Witting, A. (2006) Creative Spaces, Strategies for Creative Cities: Berlin. London: LDA Creative. Fairlie, R.W., London, R.A., Rosner, R. and Pastor, M. (2006) *Crossing the Divide: Immigrant Youth and Digital Disparity in California*. Santa Cruz: University of California, Center for Justice, Tolerance and Community.

Ferrell, J. (1993) *Crimes of Style: Urban Graffiti and the Politics of Criminality*. New York: Garland.

Filion, P. (2019) 'Lefebvre and Contemporary Urbanism. The Enduring Influence and Critical Power of His Writing on Cities', in M. Leary-Owhin and J. McCarthy (eds) *The Routledge Handbook of Henri Lefebvre, The City and Urban Society*. London: Routledge.

Fish, R. and Church, A. (2013) *A Conceptual Framework for Cultural Ecosystem Services Working Paper*. Exeter: Centre for Rural Policy Research: University of Exeter.

Fisher, R. (1993) *The Challenge for the Arts: Reflection on British Culture in Europe in the Context of the Single Market and Maastricht*. London: Arts Council of Great Britain.

Fleming, T. (2010) *North Northants Mapping Overview of Cultural Assets*. London: Tom Fleming Consultancy.

Florida, R. (2002) *The Rise of the Creative Class: And How It's Transforming Work, Leisure, Community and Everyday Life*. New York: Basic Books.

Florida, R. (2003) 'Cities and the Creative Class', *City & Community*, 2(1): 3-19.

Florida, R. (2005) *Cities and the Creative Class*. New York: Routledge.

Foord, J. (1999) 'Creative Hackney: Reflections on Hidden Art', *Rising East*, 3: 69-94.

Foord, J. (2009) 'Strategies for Creative Industries: An International Review', *Creative Industries Journal,* 1(2): 91-113.

Foord, J. (2010) 'Mixed-Use Trade-Offs: How to Live and Work in a "Compact City" Neighbourhood', *Built Environment*, 36(1): 47-62.

Foord, J. (2013) 'The New Boomtown? Creative City to Tech City in East London', *Cities*, 33: 51-60.

Forty, A. (2000) *Words and Buildings: A Vocabulary of Modern Architecture*. London: Thames and Hudson.

Foster, H. (2013) *The Art-Architecture Complex*. London: Verso.

Fraser, A. (2005a) 'From the Critique of Institutions to an Institution of Critique', *Artforum,* 44(1): 283.

Fraser, A. (2005b) '"Isn't This a Wonderful Place?" A Tour of a Tour of the Guggenheim Bilbao, Museum Highlights', in A. Alberro (ed) *The Writings of Andrea Fraser*. Cambridge, MA: MIT Press, 233-260.

Fuller, H., Helbrecht, I., Schlueter, S., Mackrodt, U., Genz, C., Walthall, B., van Gielle Ruppe, P. and Dirksmeier, P. (2018) 'Manufacturing Marginality. (Un-)Governing the Night in Berlin', *Geoforum*, 94: 24-32.

Galloway, S. and Dunlop, S. (2007) 'A Critique of Definitions of the "Cultural and Creative Industries" in Public Policy', *International Journal of Cultural Policy*, 13(1): 17-31.

Garcia, B. (2017) 'Cultural Olympiads', in J. Gold and M. Gold (eds) Olympic Cities. City Agendas, *Planning and the World's Games*, 1896-2020. London: Routledge.

Garcia, B. and Cox, T. (2013) *European Capitals of Culture: Success Strategies and Long-Term Effects, IP/B/CULT/IC/2012-082*. Brussels: European Parliament.

Garnham, N. (1984) *Cultural Industries: What Are They? Views*. London: Independent Film and Video Producers Association.

GAU (Galeria De Arte Urbana) (2014) *Vol. 3.* www.facebook.com/galeriadearteurbana

Geertz, C. (1985) *Local Knowledge: Further Essays in Interpretive Anthropology.* New York: Basic Books.

Gehl, J. (2001) *Life Between Buildings.* Copenhagen: Danish Architectural Press.

Gehry, F. (2014) 'Editorial', *Wallpaper Magazine,* October. London, 255-272.

Gertler, M. et al. (2006) *Creative Spaces, Strategies for Creative Cities: Toronto.* London and Toronto: LDA Creative London/City of Toronto.

Getty (1999) *Economics and Heritage Conservation.* Los Angeles: Getty Conservation Institute.

Getz, D. (2012) *Event Studies: Theory, Research and Policy for Planned Events.* London: Routledge.

Girard, A. (2001) 'Maison de la culture', in E. de Waresquiel (ed) *Dictionary of Cultural Policies in France Since 1959.* Paris: Larousse/CNRS Editions.

Glendinning, M. (2010) *Architecture Empire? The Triumph and Tragedy of Global Modernism.* London: Reaktion Books.

Gluckman, R. (2007) 'Qatar's Desert Bloom', *Urban Land,* 66(4): 90-93.

Gold, J. and Gold, M. (2016) 'Olympic Futures and Urban Imaginings: From Albertopolis to Olympicopolis', in G. Richards and J. Hannigan (eds) *The Sage Handbook of New Urban Studies.* New York: Sage, 514-534.

Gold, J. and Gold, M. (2020) *Festival Cities: Culture, Planning and Urban Life.* London: Routledge.

Gong, H. and Hassink, R. (2017) 'Exploring the Clustering of Creative Industries', *European Planning Studies*, 25(4): 583-600.

Gonzales, A.M. (2010) 'On Fashion and Fashion Discourses', *Critical Studies in Fashion and Beauty*, 1(1): 65-85.

Gonzales, S. (2006) 'Scalar Narratives in Bilbao: A Cultural Politics of Scales Approach to the Study of Urban Policy', *International Journal of Urban and Regional Research*, 30(4): 836-857.

Gordon, C. (1991) 'Governmental Rationality: An Introduction', in G. Burchill, C. Gordon and P. Miller (eds) *The Foucault Effect: Studies in Governmentality.* London: Harvester Wheatsheaf, 1-51.

Grabow, B., Henckel, D. and Hollbach-Grömig, B. (1995) *Weiche Standortfaktoren.*

Berlin and Köln: Kolhammer.

Grabow, B. (1998) 'Stadtmarketing: Eine Kritische Zwischenbilanz', *Difu Berichte*, 98(1): 2-5.

Granovetter, M. (1985) 'Economic Action and Social Structure: The Problem of Embeddedness', *Amercian Journal of Sociology*, 91: 481-510.

Gray, C. (2006) 'Managing the Unmanageable: The Politics of Cultural Planning', *Public Policy and Administration*, 21(2): 101-113.

Graziano, V. and Trogal, K. (2017) 'The Politics of Collective Repair: Examining Object-Relations in a Postwork Society', *Cultural Studies*, 31(5): 634-658.

Green, N. (2001) *From Factories to Fine Art: A History and Analysis of the Visual Arts Networks in London's East End, 1968-1998*. London: Bartlett School of Planning, University College London.

Greenhalgh, P. (1988) *Ephemeral Vistas. The Expositions Universelles, Great Exhibitions and World's Fairs, 1851-1939*. Manchester: Manchester University Press.

Gripsiou, A. and Bergouignan, C. (2021) 'The Internal Socio-Economic Polarization of Urban Neighborhoods, the Case of Marseille', *Investigaciones Geográficas*, 77: 103-128.

Gu, X. and O'Connor, J. (2014) 'Making Creative Spaces: China and Australia: An Introduction City', *Culture and Society*, 5(3): 111-114.

Guppy, M. (ed) (1997) *Better Places, Richer Communities: Cultural Planning and Local Development - A Practical Guide*. Sydney: Australia Council for the Arts.

Gwee, J. (2009) 'Innovation and the Creative Industries Cluster: A Case Study of Singapore's Creative Industries' *Innovation*, 11(2): 240-252.

Hall, C.M. (1989) 'The Definition and Analysis of Hallmark Tourist Events', *GeoJournal*, 19(3): 263-268.

Hall, P. (1998) *Cities and Civilization: Culture, Innovation, and Urban Order*. London: Weidenfeld & Nicholson.

Hall, P. and Hall, P. (2006) 'Reurbanizing the Suburbs?', *City*, 10(3): 377-392.

Hall, S. (1996) 'Gramsci's Relevance for the Study of Race and Ethnicity', in D. Morley and K.-H. Chen (eds) *Stuart Hall: Critical Dialogues in Cultural Studies*. London: Routledge, 411-440.

Hall, T. and Smith, C. (2005) 'Public Art in the City: Meanings, Values, Attitudes and Roles', *Interventions: Advances in Art and Urban Futures*, 4: 175-179.

Handa, R. (1998) 'Body World and Time: Meaningfulness in Portability', in R. Kronenburg (ed) *Transportable Environments: Theory, Context, Design and Technology*. London: E & FN Spon, 8-17.

Hannigan, J. (1998) *Fantasy City: Pleasure and Profit in the Postmodern Metropolis*. London: Routledge.

Hansen, S. and Flynn, D. (2014) "Bring Back Our Banksy!" Street Art and the Transformation of Public Space, Lisbon Street Art & Urban Creativity International Conference. Lisbon: Lisbon University, 3-5 July.

Harland, J. and Kinder, K. (1999) *Crossing the Line: Extending Young People's Access to Cultural Venues*. London: Calouste Gulbenkian Foundation.

Harris, A. (2009) 'Shifting the Boundaries of Cultural Spaces: Young People and Everyday Multiculturalism', *Journal for the Study of Race*, Nations and Culture, 15(2): 187-205.

Harris, J. (2015) 'Embodiment in the Museum - What Is a Museum?', *ICOFOM Study Series*, 43b: 101-115.

Harrison, R. and DeSilvey, C. (2022) *Heritage Futures: Comparative Approaches to Natural and Cultural Heritage Practices*. London: UCL Press.

Harvey, D. (1989) 'From Managerialism to Entrepreneurialism: The Transformation in Urban Governance in Late Capitalism', *Geografiska Annaler. Series B, Human Geography*, 71(1): 3-17.

Hawkes, J. (2001) *The Fourth Pillar of Sustainability: Culture's Essential Role in Public Planning*. Melbourne: Common Ground.

Heebels, B. and van Aalst, I. (2020) 'Creative Clusters in Berlin: Entrepreneurship and the Quality of Place in Prenzlauer Berg and Kreuzberg', *Geografiska Annaler: Series B, Human Geography*, 92(4): 347-363.

Hertzberger, H. (1991) *Lessons for Students in Architecture*. Rotterdam, The Netherlands: Uitgiverij.

Hesmondhalgh, D. (2012) *The Cultural Industries, 3rd ed*. London: SAGE.

Hetherington, K. (1996) 'The Utopics of Social Ordering - Stonehenge as a Museum Without Walls', in S. Macdonald and G. Fyfe (eds) *Theorizing Museums: Representing Identity and Diversity in a Changing World*. Oxford: Berg.

Hewison, R. (1987) *The Heritage Industry. Britain in a Climate of Decline*. London: Routledge.

Higgs, P., Cunningham, S. and Bakhshi, B. (2008) *Beyond the Creative Industries:*

Mapping the Creative Economy in the United Kingdom. London: NESTA.

Hillery, G. (1955) 'Definitions of Community: Areas of Agreement', *Rural Sociology*, 20: 111-123.

Hillier, B. and Hanson, J. (1988) *The Social Logic of Space*. Cambridge: Cambridge University Press.

Historic England (2015) *Heritage Counts: The Value and Impact of Heritage*. London: Historic England.

Historic England (2016) *Place branding and Heritage. Heritage Counts*. Evans, G.L., TBR and Pomegranite Seeds. London: Historic England.

Holliss, F. (2015) *Beyond Live/Work. The Architecture of Home-Based Work*. London: Routledge.

Hommels, A. (2005) *Unbuilding Cities - Obduracy in Urban Sociotechnical Change*. Cambridge, MA: MIT Press.

Hope, S. (2017) 'From Community Arts to the Socially Engaged Art Commission', in A. Geffers and G. Moriarty (eds) *Culture, Democracy and the Right to Make Art*. London: Bloomsbury, 203-221.

Hosagrahar, J. (2017) *Culture: At the Heart of the SDGs*. Paris: UNESCO.

Hubbard, P. and Hall, T. (1998) 'The Entrepreneurial City and the New Urban Politics', in T. Hall and P. Hubbard (eds) *The Entrepreneurial City: Geographies of Politics, Regime and Representation*. Chichester: John Wiley & Sons.

Hughes, R. (1991) *The Shock of the New: Art and the Century of Change*. London: Thames and Hudson.

Hutchison, R. and Forrester, S. (1987) *Arts Centres in the UK*. London: PSI.

Hutton, T.A. (2006) 'Spatiality, Built Form, and Creative Industry Development in the Inner City', *Environment and Planning A*, 38(10): 1819-1841.

HWFI (2018) *Hackney Wick & Fish Island Creative Enterprise Zone Workshop*. London: Tom Fleming/We Made That/Regeneris, 18 July.

Impacts08 (2009) *Local Area Studies: 2008 Results*. Liverpool: University of Liverpool and Liverpool John Moores University.

Irvine, M. (2012) 'The Work on the Street, Street Art and Visual Culture', in B. Sandywell and M. Heywood (eds) *The Handbook of Visual Culture*. New York: Berg, 235-278.

Islam, S. and Iversen, K. (2018) 'From "Structural Change" to "Transformative

Change": Rationale and Implications', DESA Working Paper, 155. New York: United Nations Department of Economic and Social Affairs (DESA).

IT (1969) *International Times Newsletter*, 66, 10-23 October. London.

Jacob, D. and van Heur, B. (2014) 'Taking Matters into Third Hands: Intermediaries and the Organization of the Creative Economy', *Regional Studies,* 49(3): 357-361.

Jacobs, D. (2014) 'Fashion District Arnhem: Creative Entrepreneurs Upgrading a Deprived Neighbourhood', in L. Marques and G. Richards (eds) *Creative Districts Around the World*. Breda: CELTH/NHTV, 74-80.

Jacobs, J. (1961) *The Death and Life of Great American Cities*. Harmondsworth: Penguin.

Jameson, F. (1998) *The Cultural Turn: Selected Writings on the Postmodern, 1983-1998*. Brooklyn: Verso.

Jansson, J. and Power, D. (2010) 'Fashioning a Global City: Global City Brand Channels in the Fashion and Design Industries', *Regional Studies,* 44(7): 889-904.

Jarzombek, M.M. (2004) *Designing MIT: Bosworth's New Tech*. Cambridge, MA: Northeastern University Press.

Jay, M. (2002) 'That Visual Turn', *Journal of Visual Culture*, 1(1): 87-92.

Jeffers, A. and Moriarty, G. (2017) *Culture, Democracy and the Right to Make Art*. London: Bloomsbury.

Jiwa, S., Coca-Stefanik, A., Blackwell, M. and Rahman, T. (2009) 'Light Night: An "Enlightening" Place Marketing Experience', *Journal of Place Management and Development*, 2(2): 154-166.

Jones, J. (2021) 'The More Satirical Street Murals Are, the Less They Resemble Great Art', *The Guardian*, 5 February. www.theguardian.com/artanddesign/2021/feb/05/the-more-satirical-street-murals-are-the-less-they resemble-great-art (accessed 23 March 2023).

Jones, J. (2023) 'David Hockey: Bigger and Closer Review - An Overwhelming Blast of Passionless Kitsch', *The Guardian,* 21 February.

Jonze, T. (2023) 'A Life in Art. The World According to Hockney', *The Guardian*, 20 February.

Joseph, M. (1998) 'The Performance of Production and Consumption', *Social Text*, 54: 25-61.

Kalantzis, M. and Cope, B. (2016) 'Learner Differences in Theory and Practice', *Open Review of Educational Research, 3*(1): 85-132.

Kanya, A., et al. (2019) 'The Criterion Validity of Willingness to Pay Methods: A Systematic Review and Meta Analysis of the Evidence', *Social Science & Medicine*, 232: 238-261.

Kaszynska, P. (2017) *The Cultural Value Scoping Project*. London: AHRC, PHF and KCL. www.ukri.org/wp content/uploads/2021/11/AHRC-291121-AHRCCulturalValueScopingProjectReport.pdf

Kavaratzis, M. (2005) 'Place Branding: A Review of Trends and Conceptual Models', *The Marketing Review,* 5: 329-342.

Kavaratzis, M., Warnaby, G. and Ashworth, G. (eds) (2014) R*ethinking Place Branding: Comprehensive Brand Development for Cities and Regions*. Vienna: Springer.

Kearns, G. and Philo, C. (1993) *The City as Cultural Capital; Past and Present*. Oxford: Pergamon.

Keegan, R. and Kleiman, N. (2005) *Creative New York*. New York: Center for an Urban Future.

Kelly, O. (1984) *Community, Art and the State: Storming the Citadels*. London: Comedia.

Kester, G. (2004) *Conversation Pieces: Community and Communication in Modern Art*. Berkeley: University of California Press.

Khomami, N. (2022) 'David Hockney Joins Immersive Art Trend with New London Show', *The Guardian*, 16 November. www.theguardian.com/artanddesign/2022/nov/16/david-hockney-joins-immersive-art-trend-with new-london-exhibition

Khovanova-Rubicondo, K.M. (2012) 'Cultural Routes as a Source for New Kind of Tourism Development: Evidence from the Council of Europe's Programme', *International Journal of Heritage in the Digital Era*, 1(1): 83-88.

Kohn, M. (2010) 'Toronto's Distillery District: Consumption and Nostalgia in a Post-Industrial Landscape', *Globalizations*, 7(3): 359-369.

Kornblum, J. (2022) *Marseille, Port to Port*. New York: Columbia University Press.

Kotler, P., Asplund, C., Rein, I. and Heider, D. (1999) Marketing Places Europe: Attracting Investments, Industries, Residents and Visitors to European Cities, *Communities, Regions and Nations*. London: Pearson Education.

Kriedler, J. (2005) *Presentation of Silicon Valley Cultural Initiative. Creative Spaces*

Study Tour. Toronto: University of Toronto.

Križnik, B. (2004) 'Transformation of Deprived Urban Areas and Social Sustainability: A Comparative Study of Urban Regeneration and Urban Redevelopment in Barcelona and Seoul', *Urban Izziv,* 29(1): 83-95.

Kronenburg, R. (2003) 'Tadao Ando Karaza Theatre, Japan, 1987-1988', in R. Kronenburg (ed) *Portable Architecture*. London: Routledge.

Kuhlmann, M. (2020) 'What Hamburg's HafenCity Can Learn from the Olympic Games', in G.L. Evans (ed) *Mega-Events, Placemaking, Regeneration and City-Regional Development*. London: Routledge, 140-155.

Kunzmann, K. (2004a) 'Culture, Creativity and Spatial Planning', *Town Planning Review*, 75(4): 383-404.

Kunzmann, K. (2004b) 'Keynote Speech to Intereg III Mid-term Conference. Lille', *Regeneration and Renewal*, 19 November, 2.

Lachmann, R. (1988) 'Graffiti as Career and Ideology', *American Journal of Sociology*, 94(2): 229-250.

Lachmann, R. (1995) 'Review: Crimes of Style: Urban Graffiti and the Politics of Criminality', *Journal of Criminal Justice and Popular Culture*, 3(4): 98-101.

Lacroix, J.-G. and Tremblay, G. (1997) 'The Information Society and Cultural Industries Theory', *Current Sociology,* 45(4): 1-154.

Lacy, S. (1995) *Mapping the Terrain: New Genre Public Art*. Seattle: Bay Press.

Lamont, M. and Aksartova, S. (2002) 'Ordinary Cosmopolitanisms: Strategies for Bridging Racial Boundaries among Working-class Men', *Theory, Culture & Society*, 19(4): 1-25.

Lancaster, H. (2010) *Redefining Places for Art: Exploring the Dynamics of Performance and Location*. Canberra Australian Research Council.

Landry, C. and Bianchini, F. (1995) *The Creative City*. London: Comedia.

Landry, C. (2000) *The Creative City: A Toolkit for Urban Innovators*. London: Earthscan.

Lane, J. (1978) *Arts Centres-Every Town Should Have One*. London: Paul Elek.

Lane, R. (1998) 'The Place of Industry', *Harvard Architecture Review*, 10: 151-161.

LDA (2003) *Creative London: Vision and Plan*. London: London Development Agency.

Leadbetter, C. (1999) *Living on Thin Air: The New Economy*. London: Penguin.

Leader, D. (2002) *Stealing the Mona Lisa: What Arts Stops us from Seeing.* London: Faber & Faber.

Lee, M. (1997) 'Relocating Location: Cultural Geography, the Specificity of Place and the City of Habitus', in J. McGuigan (ed) *Cultural Methodologies.* London: Sage, 126-141.

Leeson, L. (2018) *Art: Process: Change: Inside a Socially Situated Practice.* London: Routledge.

Leeson, L. (2020) 'Active Energy: Communities Countering Climate Change', *Women Eco Artists Dialog Magazine & Directory*, 11.

Lefebvre, H. (1968) *Le droit a la ville.* Paris: Anthropos.

Lefebvre, H. (1970/2003) *The Urban Revolution* (trans. R. Bononno). Minneapolis: University of Minnesota Press.

Lefebvre, H. (1974/1991) *The Production of Space* (trans. D. Nicholson). Oxford: Blackwell.

Lefebvre, H. (1984) *Everyday Life in the Modern World* (trans. S. Rabinovitch). New Brunswick: Transaction.

Lefebvre, H. (1991) *Critique of Everyday Life,* Vol. 1 (trans. J. Moore). London: Verso.

Lefebvre, H. (1992) *Rhythmanalysis: Space, Time and Everyday Life* (trans. S. Elden and G. Moore). London: Continuum.

Lefebvre, H. (1996) 'The Right to the City', in E. Kofman and E. Lebas (eds) *Writings on Cities.* Cambridge, MA: Wiley-Blackwell, 147-159.

Lefebvre, H. (2014) *Toward an Architecture of Enjoyment* (ed. L. Stanek; trans. R. Bononno). Minneapolis: University of Minnesota Press.

Lew, A. (2017) 'Tourism Planning and Place Making: Place-Making or Placemaking?', *Tourism Geographies,* 19(3): 448-466.

Lewisohn, C. (2013) *The Canals Project Fanzine.* London.

Ley, D. and Olds, K. (1988) 'Landscape as Festival: World's Fairs and the Culture of Heroic Consumption', *Environment and Planning D: Society and Space*, 6: 191-212.

Lipovetsky, G. (2002) *The Empire of Fashion. Dressing Modern Democracy.* Princeton: Princeton University Press, 89-91.

Littlewood, J. (1964) 'A Laboratory of Fun', *New Scientist*, 14 May, 432-433.

LLDC (2014) *Ten Year Plan Draft V4.* London: Greater London Authority, 9 May.

Lombard, K.-J. (2013) 'Art Crimes: The Governance of Hip Hop Graffiti', *Journal of Cultural Research,* 17(3): 255-278.

Longley, A. and Duxbury, N. (2016) 'Cultural Mapping: Making the Intangible Visible', Special Issue of City, *Culture and Society,* 7(1): 1-7.

Lorente, J.P. (1998) *Cathedrals of Urban Modernity.* Aldershot: Ashgate.

MacCannell, D. (1996) *Tourist or Traveller?* London: BBC Education.

MacKeith, J. (1996) *The Art of Flexibility-Art Centres in the 1990s.* London: Arts Council of England.

Madgin, R. (2021) *Why Do Historic Places Matter? Emotional Attachments to Urban Heritage.* Glasgow: University of Glasgow.

Malik, K. (2022) 'The Web Has Expanded the Reach of Art But Nothing Beats Standing in Front of a Picasso', *The Observer,* 18 September, 48.

Malone, M. (2007) *Andrea Fraser, 'What Do I, as an Artist, Provide? Mildred Lane Kemper Art Museum.* St. Louis: Washington University in St. Louis.

Manning, H. (2023) *My Experience of Coventry City of Culture - A Legacy of Facebook Followers,* Mar 13. https://alisonsatuma.medium.com/my-experience-of-coventry-city-of-culture-a-legacy-of-facebook-followers-9f37fab63476 (accessed 17 March 2023).

Maramotti, L. (2000) 'Connecting Creativity', in N. White and I. Griffiths (eds) *The Fashion Business: Theory, Practice,* Image. New York: Oxford, 91-102.

Marcotte, P. and Bourdeau, L. (2002) 'Tourists' Knowledge of the UNESCO Designation of World Heritage Sites: The Case of Visitors to Quebec City', *International Journal of Arts Management,* 8(2): 4-13.

Markusen, A. and Gadwa, A. (2010) *Creative Placemaking.* Washington, DC: National Endowment for the Arts.

Marquand, D. (2004) *Decline of the Public: The Hollowing Out of Citizenship.* Cambridge: Polity.

Marx, K. (1852) *The Eighteenth Brumaire of Louis Bonaparte Die Revolution.* Moscow: Progress Publishers.

Marx, K. (1973) *Grundrisse* (trans. M. Nicolaus). London: Penguin.

Massey, D. (1999) 'Space-Time, "Science" and the Relationship Between Physical Geography and Human Geography', *Transactions of the Institute of British Geographers,* 24(3): 261-276.

Massey, M. (2014) *Institute of Contemporary Arts, 1946-58*. London: ICA.

Mattern, S. (2014) 'Library as Infrastructure', *Places Journal*, June. https://doi.org/10.22269/140609 (accessed 14 March 2023).

Mathews, S. (2005) 'The Fun Palace: Cedric Price's Experiment in Architecture and Technology', *Technoetic Arts*, 3(2): 73-91.

Matthews, V.L. (2010) *Place Differentiation: Redeveloping the Distillery District*, Toronto. Unpublished PhD Thesis. University of Toronto, Department of Geography.

McAuliffe, C. (2012) 'Graffiti or Street Art? Negotiating the Moral Geographies of the Creative City', *Journal of Urban Affairs*, 34(2): 189-206.

McKinsey & Co (2011) *East London: World-Class Centre for Digital Enterprise*. London: McKinsey & Co, May.

Merrill, S. (2014) 'Keeping It Real? Subcultural Graffiti, Street Art, Heritage and Authenticity', *International Journal of Heritage Studies*, 21(4): 369-389.

Metro-Dynamics (2010) *The Impact of Arts & Culture on the wider Creative Economy*. London: Arts Council England.

Miège, B. (1989) The Capitalization of Cultural Production. New York: The Capitalization of Cultural Production. Miles, S. (2010) *Spaces for Consumption: Pleasure and Placelessness in the Post-Industrial City*. London: Sage.

Miles, M. (2015) *The Symbolic Economy, Limits to Culture: Urban Regeneration vs. Dissident Art*. London: Pluto Press.

Miller-Idriss, C. and Hanauer, E. (2011) 'Transnational Higher Education: Offshore Campuses in the Middle East', *Comparative Education*, 47(2): 181-207.

Montgomery, J. (1995) 'The Story of Temple Bar: Creating Dublin's Cultural Quarter', *Planning, Practice and Research*, 10(2): 135-171.

Montgomery, J. (2013) 'Cultural Quarters and Urban Regeneration', in G. Young and D. Stevenson (eds) *Planning and Culture*. Farnham: Ashgate.

Moore, R. (2022) 'The Day the Music Died', *The Observer*, 7 August, 28-29.

Molina-Morales, F. et al. (2015) 'Formation and Dissolution of Inter-Firm Linkages in Lengthy and Stable Networks in Clusters', *Journal of Business Research*, 68: 1557-1562.

Moriarty, G. (2004) 'The Wedding Community Play Project: A Cross-Community Production in Northern Ireland', in R. Boon and J. Plastow (eds) *Theatre and*

Empowerment: Community Drama on the World Stage. Cambridge: Cambridge University Press, 13-32.

Moriarty, G. (2014) *Where Have We Come From? Community Arts to Contemporary Practice*. http://communityartsunwrapped.com/page/2/ (accessed 23 April 2023).

Morris, S. (2022) 'It Will Stay in Our Hearts. Port Talbot Bids Farewell to Banksy Ash Child Mural', *The Guardian*, 29 January. www.theguardian.com/artanddesign/2022/jan/28/port-talbot-prepare-bid-farewell banksy-mural-seasons-greetings-taken-from-industrial-town-wales (accessed 12 February 2022).

Morrison, W. and West, E. (1986) 'Child Exposure to the Performing Arts: The Implications for Adult Demand', *Journal of Cultural Economics*, 10: 17-24.

Muir, G. and Massey, A. (2014) ICA London 1946-68. London: ICA Publishing. Murtagh, B., Boland, P. and Shirlow, P. (2017) 'Contested Heritages and Cultural Tourism', *International Journal of Heritage Studies*, 23(6): 506-520.

Myerscough, J. (1988) *The Economic Importance of the Arts in Britain Plus Three Reports on The Economic Importance of the Arts in Glasgow, Ipswich and Merseyside*. London: Policy Studies Institute.

NEA (2019) *U.S. Patterns of Arts Participation: A Full Report from the 2017 Survey of Public Participation in the Arts*. Washington. DC: National Endowment for the Arts.

Nermod, O., Lee, N. and O'Brien, D. (2021) *The European Capital of Culture: A Review of the Academic Evidence. London: Creative Industries Policy and Evidence Centre*, London School of Economics and University of Edinburgh.

NESTA (2010) *Beyond Live: Digital Innovation in the Performing Arts*. London: NESTA.

NESTA (2012) *How Big Are the UK's Creative Industries?* London: NESTA.

NFA (2008) *Artists' Studio Provision in the Host Boroughs: A Review of the Potential Impacts of London's Olympic Project. National Federation of Artists' Studio Providers*. London: NFA, December.

Nichols Clark, T. (ed) (2011) *City as Entertainment Machine*. Lanham, MD: Lexington Books.

Nitzsche, S. (2020) Review: 'Routledge Handbook of Graffiti and Street Art', J. Ross (ed.), *Global Hip Hop Studies*, 1(1): 162-165.

Noonan, D. (2013) 'How US Cultural Districts Shape Neighbourhoods', *Cultural

Trends, 22(3-4): 203-212.

Norberg-Schulz, C. (1979) *Genius Loci: Towards a Phenomenology of Architecture*. New York: Rizzoli.

nVision (2006) *A Life of Leisure: Executive Summary*. London: The Future Foundation.

OBU [Oxford Brookes University] (2003) *Townscape Heritage Initiative Schemes Evaluation: Interim Report Summary*. London: Heritage Lottery Fund.

O'Callaghan, B. (2023) 'The Gallery Without Walls. Season Two: The State We're In', *The Guardian*, 3 February, 1-14.

O'Connor, J. (2007) *The Cultural and Creative Industries: A Review of the Literature*. London: Arts Council England.

O'Connor, J. (2010) *The Cultural and Creative Industries: A Review of the Literature*. Newcastle: Creativity, Culture and Education.

Oevermann, H., et al. (2022) 'Heritage Requires Citizens' Knowledge: The COST Place-Making Action and Responsible Research', in H. Mieg (ed) *The Responsibility of Science*, Vol. 27. Vienna: Springer, 233-255.

O'Neil, D. (2006) *What Is Culture?* www.palomar.edu/anthro/culture/culture_1.htm#:~:text=While%20human%20societies%20and%20cultures,people%20interacting%20with%20each%20other (accessed 13 May 2023).

Ottati, G.D. (2014) 'A Transnational Fast Fashion Industrial District: An Analysis of the Chinese Businesses in Prato', *Cambridge Journal of Economics*, 38(5): 1247-1274.

Page, J. (2020) *Industries Without Smokestacks. Firm Characteristics and Constraints to Growth*. AGR Working Paper #23. Washington, DC: Brookings Institute.

Pain, R., Whitman, G., Milledge, D. and Lune Rivers Trust (2012) *Participatory Action Research Toolkit: An Introduction to Using PAR as an Approach to Learning, Research and Action*. www.dur.ac.uk/resources/beacon/PARtoolkit.pdf

Palmer, R. (2004) *European Cities and Capitals of Culture: Study Prepared for the European Commission*. Brussels: Palmer/RAE Associates.

Palmer, R. and Richards, G. (2010) *Eventful Cities: Cultural Management and Urban Revitalisation*. London: Butterworth.

Pandolfi, V. (2015) *Fashion and the City: The Role of the 'Cultural Economy' in the Development Strategies of Three Western European Cities*. Eburon: Tilburg University.

Park, H.Y. (2013) *Heritage Tourism*. London: Routledge.

Partridge, J. (2022) 'Search 'office'. Rooftop Walks and a Pool set to Lure Google Staff into its New HQ', *The Guardian*, 2 July.

Paterson, M. (2006) *Consumption and Everyday Life*. London: Routledge.

Peck, J. (2005) 'Struggling with the Creative Class', *International Journal of Urban and Regional Research*, 29(4): 740-770.

Pick, J. (1997) *The Arts Industry. Gresham College Lecture*. London: City University, 14 April.

Pick, J. and Anderton, M. (2013) *Building Jerusalem. Art, Industry and the British Millennium*. London: Routledge.

Pickering, J. (1999) 'Designs on the City', in J. Downey and J. McGuigan (eds) *Technocities*. London: Sage.

Pine, B.J. and Gilmore, J.H. (1998) 'Welcome to the Experience Economy', *Harvard Business Review*, 97-105.

Plaza, B. (2009) 'Bilbao's Art Scene and the 'Guggenheim effect' Revisited', *European Planning Studies*, 17(11): 1711-1729.

Plaza, B. (2015) 'Culture-Led City Brands as Economic Engines: Theory and Empirics', *Annals of Regional Science*, 54(2015): 179-196.

Plaza, B., González-Casimiro, P., Moral-Zuazo, P. and Waldron, C. (2015) 'Culture-Led City Brands as Economic Engines: Theory and Empirics', *The Annals of Regional Science,* 54(1): 179-196.

Plaza, B., Tironi, M. and Haarich, S.N. (2009) 'Bilbao's Art Scene and the "Guggenheim Effect" Revisited', *European Planning Studies,* 17(11): 1711-1729.

Plieninger, T., Dijks, S., Oteros-Rozas, E. and Bieling, C. (2013) 'Assessing, Mapping, and Quantifying Cultural Ecosystem Services at Community Level', *Land Use Policy*, 33: 118-129.

Ponzi, D. and Nastasi, M. (2016) *Starchitecture: Actors and Spectacles in the Global City: Scenes, Actors, and Spectacles in Contemporary Cities*. New York: Monacelli Press.

Ponzini, D. and Nastasi, M. (2011) Starchitecture. Venice: Allemandi.

Powell, H. and Marrero-Guillamon, I. (eds) (2012) *The Art of Dissent*. London: Marshgate Press.

Pratt, A.C. (2004) 'Creative Clusters: Towards the Governance of the Creative Industries Production System?', *Media International Australia*, 112(1): 50-66.

Prentice, R. (1993) *Tourism and Heritage Attractions.* London: Routledge.

Presence, S. (2019) 'Britain's First Media Centre: A History of Bristol's Watershed Cinema, 1964-1998', *Historical Journal of Film, Radio and Television*, 39(4): 803-831.

Prigge, W. (2008) 'Reading the Urban Revolution: Space and Representation', in K. Goonewardena, S. Kipfer, R. Milgrom and C. Schmid (eds) *Space, Difference, Everyday Life Reading Henri Lefebvre.* New York: Routledge, 46-61.

Protherough, R. and Pick, J. (2002) *Managing Britannia. Culture and Management in Modern Britain.* Denton: Brynmill Press.

Purcell, M. (2013) 'Possible Worlds: Henri Lefebvre and the Right to the City', *Journal of Urban Affairs*, 36(1): 141-154.

Rantisi, N. (2002) 'The Local Innovation System as a Source of Variety: Openness and Adaptability in New York City's Garment District', *Regional Studies*, 36(6): 587-602.

Raustiala, K. and Sprigman, C. (2006) 'The Piracy Paradox: Innovation and Intellectual Property in Fashion Design', *Virginia Law Review*, 92(8): 1687-1777.

Read, H. (1964) *Contemporary British Art.* London: Pelican.

Read, S. (2017) *Cinderella River: The Evolving Narrative of the River Lee.* London: Middlesex University.

Redström, J. (2006) 'Towards User Design? On the Shift from Object to User as the Subject of Design', *Design Studies*, 27(2): 123-139.

Richards, G. (ed) (1996) *Cultural Tourism in Europe.* Wallingford: CAB International.

Richards, G. (2017) 'From Place Branding to Placemaking: The Role of Events', *International Journal of Event and Festival Management*, 8(1): 8-23.

Richards, G. (2019) 'Creative Tourism: Opportunities for Smaller Places?', *Tourism and Management Studies*, 15: 7-10.

Richards, G., de Brito, M. and Wilks, L. (eds) (2013) *Exploring the Social Impacts of Events.* London: Routledge.

Richards, G. and Marques, L. (2015) 'Exploring Creative Tourism: Introduction', *Transfusion*, 4(2): 1-11.

Richards, G. and Wilson, J. (2006) 'Developing Creativity in Tourist Experience: A

Solution to the Serial Reproduction of Culture', *Tourism Management*, 27(6): 1209-1223.

Riding, A. (2007) 'The Industry of Art Goes Global', *The New York Times,* 28 March.

Rissola, G., Bevilacqua, C., Monardo, B. and Trillo, C. (2019) *Place-Based Innovation Ecosystems: Boston Cambridge Innovation Districts (USA)*. Luxembourg: Publications Office of the European Union.

Roche, M. (2000) *Mega-events and Modernity. Olympics and Expos in the Growth of Global Culture*. London: Routledge.

Roche, M. (2003) 'Mega-events, Time and Modernity: On Time Structures in Global Society', *Time & Society,* 12(1): 99-126.

Roodhouse, S. (2010) *Cultural Quarters. Principles and Practice*, 2nd ed. Bristol: Intellect.

Ross, J. (2016) *Routledge Handbook of Graffiti and Street Art*. New York: Routledge.

Ross, J. and Wright, B. (2014) '"I've Got Better Things to Worry About": Police Perceptions of Graffiti and Street Art in a Large Mid-Atlantic City', *Police Quarterly*, 17(2): 176-200.

Roth, M. (2015) *Victorian Futures*. London: Chelsea College of Art, 14-15 May.

RSA/UCL (2018) *Cities of Making: 03 London*. London: RSA.

Ryan, R.L. (2011) 'The Social Landscape of Planning: Integrating Social and Perceptual Research with Spatial Planning Information', *Landscape and Urban Planning*, 100: 361-363.

Said, E. (1979) *Orientalism*. New York: Knopf Doubleday.

Said, E. (1994) *Culture and Imperialism*. London: Vintage.

Santagata, W. (2004) 'Creativity, Fashion and Market Behavior', in D. Power and A. Scott (eds) *Cultural Industries and the Production of Culture*. London: Routledge, 75-90.

Sassoon, D. (2006) *The Culture of the Europeans: From 1800 to the Present*. London: Harper Press.

Saxenian, A. (1994) *Regional Advantage: Culture and Competition in Silicon Valley and Route 128*. Cambridge, MA: Harvard University Press.

Schouvaloff, A. (ed) (1970) *Place for the Arts. North West Arts Association*. Liverpool: Seel House Press.

Schubert, K. (2000) The Curator's Egg. *The Evolution of the Museum Concept from the French Revolution to the Present Day.* London: One-Off Press.

Scott, A.J. (1997) 'The Cultural Economy of Cities', *International Journal of Urban and Regional Research,* 21(2): 323-339.

Scott, A.J. (2000) *The Cultural Economy of Cities.* London: Sage.

Scott, A.J. (ed) (2001) *Global City-Regions: Trends, Theory, Policy.* New York: Oxford University Press.

Scott, A.J. (2014) 'Beyond the Creative City: Cognitive-Cultural Capitalism and the New Urbanism', *Regional Studies,* 48(4): 565-578.

Sennett, R. (1997) *Carne y piedra.* El cuerpo en la civilización occidental. Madrid: Alianza.

Sennett, R. (1998) *Raoul Wallenberg Lecture.* Michigan: University of Michigan.

Sennett, R. (2000) 'Reflections on the Public Realm', in G. Bridge and S. Watson (eds) *A Companion to the City.* Blackwell: Oxford, 380-387.

Sennett, R. (2008) The Public Realm. https://intensificantvidesnervioses.wordpress.com/2013/08/28/the-public realm-richard-sennett (accessed 20 March 2023).

Servais, E., Quartier, K. and Vanrie, J. (2022) 'Experiential Retail Environments in the Fashion Sector', Fashion Practice, *The Journal of Design, Creative Process & the Fashion Industry,* 14(3): 449-468.

Shaffi, S. (2023) 'It's the Opposite of Art', The Guardian, 23 January, 8-9.

Shaw, P., et al. (2006) *Arts Centres Research.* London: Arts Council of England.

Shaw, S.J. (2012) 'Faces, Spaces and Places, Social and Cultural Impacts of Street Festivals in Cosmopolitan Cities', in S. Page and J. Connell (eds) *Routledge Handbook of Event Studies.* London: Routledge, 401-414.

Shaw, S.J. and Macleod, N. (2000) 'Creativity and Conflict: Cultural Tourism in London's City Fringe', *Tourism Culture and Communication,* 2: 165-175.

Shedroff, N. (2001) *Experience Design 1.* Thousand Oaks: New Riders Publications.

Sherwood, H. (2023) 'From Rebel to Fame: Public Gets Access to David Bowie Archive', *The Guardian,* 23 February, 11.

Shorthouse, J. (2004) 'Nottingham's de Facto Cultural Quarter: The Lace Market, Independents and a Convivial Ecology', in D. Bell and M. Jayne (eds) *City of Quarters.* Aldershot: Ashgate, 149-162.

Shove, E., Pantzar, M. and Watson, M. (2012) *The Dynamics of Social Practice: Every-*

Shove, E., Watson, M., Hand, M. and Ingram, J. (2007) *The Design of Everyday Life*. New York: Berg.

Simetrica, J. (2021a) *Heritage and the Value of Place*. London: Historic England.

Simetrica, J. (2021b) *Culture and Heritage Capital Evidence Bank - Economic Values Database*. London: DCMS.

Simmel, G. (1950) 'The Metropolis and Mental Life', in K.H. Wolff (ed) *The Sociology of Georg Simmel*. Glencoe, IL: The Free Press, 409-424.

Simmel, G. (1958) 'The Ruin', *The Hudson Review*, 11(3): 379-385.

Simmel, G. (1971) *On Individuality and Social Forms: Selected Writings*. Chicago: University of Chicago Press.

Simmie, J. (2006) 'Do Clusters or Innovation Systems Drive Competitiveness?', in B. Asheim, P. Cooke and R. Martin (eds) *Clusters and Regional Development*. London: Routledge, 164-187.

Simmie, J., Carpenter, J., Chadwick, A. and Martin, R. (2008) *History Matters: Path Dependence and Innovation in British Cities*. London: NESTA.

Simpson, M. (2018) 'Heritage: Nonwestern Understandings', in S. Lopez Varela (ed) *The Encyclopaedia of Archaeological Sciences*. London & New York: John Wiley & Sons, 1-5.

Smith, A. (2016) *Events in the City: Using Public Spaces as Event Venues*. Abingdon: Routledge.

Smith, J. (2006) *Uses of heritage*. London & New York: Routledge.

Smith, V.L. (ed) (1977) *Hosts and Guests: The Anthropology of Tourism*. Oxford: Basil Blackwell.

Smith, A., Vodicka, G., Colombo, A., Lindstrom, K.N., McGillivray, D. and Quinn, B. (2021) 'Staging City Events in Public Spaces: An Urban Design Perspective', *International Journal of Event and Festival Management*, 12(2): 224-239.

Soja, E.W. (1996) *Thirdspace: Journeys to Los Angeles and Other Real-and-Imagined Places*. London: Wiley Blackwell.

Solnit, R. (2001) *Hollow City: The Siege of San Francisco and the Crisis of American Urbanism*. Brooklyn: Verso.

Southern, R. (1962) *The Seven Ages of the Theatre*. London: Faber & Faber.

Stanek, L. (2014) 'Introduction', in H. Lefebvre (ed) *Toward an Architecture of Enjoy-*

ment (trans. R. Bononno). Minneapolis: University of Minnesota Press.

Stanek, L. and Schmid, C. (eds) (2014) *Urban Revolution Now: Henri Lefebvre in Social Research and Architecture*. London: Routledge.

Stark, P. (1984) *The Unplanned Arts Center as a Base for Planned Growth in Arts Provision*. London: City University.

Stern, M.J. and Seifert, S. (2007) *Cultivating "Natural" Cultural Districts*. Philadelphia: Penn University The Social Impact of the Arts Programme.

Stern, M.J. and Seifert, S. (2010) 'Cultural Clusters: The Implications of Cultural Assets Agglomeration for Neighbourhood Revitalization', *Journal of Planning Education and Research*, 29: 262-279.

Stoker, G. and Mossberger, K. (1994) 'Urban Regime Theory in Comparative Perspective', *Environment and Planning C: Government and Policy*, 12: 195-212.

Store Smith, J. (1972) 'Social Aspects', in A. Briggs (ed) *Victorian People: A Reassessment of Persons and Themes, 1851-1867*. Chicago: University of Chicago Press.

Storper, M. and Scott, A.J. (2009) 'Rethinking Human Capital, Creativity and Urban Growth', *Journal of Economic Geography*, 9: 147-167.

Sudjic, D. (1993) *The 100 Mile City*. London: Flamingo.

Sudjic, D. (2005) *The Edifice Complex: How the Rich and Powerful Shape the World*. New York: Penguin.

TAC (1988) No Vacancy: *A Cultural Facilities Policy for the City of Toronto*. Toronto: Toronto Arts Council.

TBR and Cities Institute (2011) *The Art of the Possible: Using Secondary Data to Detect Social and Economic Impacts from Investments in Culture and Sport: A Feasibility Study*. CASE Programme. London: DCMS.

TBR, Evans, G.L. and NEF (2016) *The Contribution of Culture to Placeshaping*. CASE Programme. London: DCMS.

Thomas, D. (2004) 'Mcfashion Design', Newsweek, 30 November. www.newsweek.com/mcfashion-design-124199(accessed 2 March 2023).

Thompson, N. (2012) *Living as Form: Socially Engaged Art from 1991-2011*. New York: Creative Time Books/MIT Press.

Tunbridge, J. and Ashworth, G. (1997) 'Dissonant Heritage. The Management of the Past as a Resource in Conflict', *Annals of Tourism Research*, 24(2): 496-498.

UCLG (United Cities and Local Governments) (2004) *Agenda 21 for Culture. An*

Undertaking by Cities and Local Governments for Cultural Development. Barcelona: UCLG/City of Barcelona.

UNESCO (2001) *International Round Table on 'Intangible Cultural Heritage - Working Definitions*. UNESCO: Turin.

UNESCO (2009) *Right of Everyone to Take Part in Cultural Life, art. 15, para. 1(a), of the International Covenant on Economic, Social and Cultural Rights*. Geneva: Committee on Economic, Social and Cultural Rights.

University of Hull (2021) *The Impacts of Hull UK City of Culture 2017. Main Evaluation Findings and Reflections*. Hull: University of Hull.

Unwin, T. (2000) 'A Waste of Space? Towards a Critique of the Social Production of Space', *Transactions of the Institute of British Geographers*, 25(1): 11-29.

Urry, J. (1995) *Consuming Places*. London: Routledge.

van Heur, B. (2010) *Creative Networks and the City. Towards a Cultural Political Economy of Aesthetic Production*. Verlag, Bielfield: Transcript.

van Heur, B., Evans, G.L., de Wilde, R. and Peters, P. (2011) *VIA2018: Maastricht as Knowledge and Learning Region*. Report to the VIA2018 Project Office in Preparation for the Bid Book Maastricht European Capital of Culture 2018. Maastricht: Maastricht University.

Vecchi, A. and Evans, G.L. (2018) The Changing Nature of the Fashion Industry and Its Impact on Place-Making, CLUSTERING 2018, *3rd International Conference on Clusters and Industrial Districts*. Valencia: University of Valencia, May 24-25.

Vercelloni, M. (2014) *Cluster Pavilions EXPO Milano 2015*. Milan: Internigo.

Vervaeke, M. and Lefebvre, B. (2002) 'Design Trades and Inter-firm Relationships in the Nord-Pas de Calais Textile Industry', *Regional Studies*, 36(6): 661-673.

Verwijnen, J. and Lehtovuori, P. (eds) (1999) Managing Urban Change. Helsinki: University of Art and Design Helsinki. Wainwright, O. (2013) 'Olympic Legacy Murals Met with Outrage by London Street Artist's', *The Guardian*, 6 August. www.theguardian.com/artanddesign/2013/aug/06/olympic-legacy-street-art-graffiti-fury (accessed 3 August 2014).

Wainwright, O. (2022) 'Why Not Go Full Vegas? Crass Reinvention of Central London', *The Guardian*, 29 October, 23.

Wallace, N. (1993) 'Introductory Paper to the Symposium on the Future of London Arts Centres', *Drill Hall*, 13 September. London: London Arts Board.

Wallerstein, I. (1991) 'World System Versus World-Systems: A Critique', *Critique of Anthropology*, 11(2): 189-194.

Walmsley, B. (2012) 'Towards a Balanced Scorecard: A Critical Analysis of the Culture and Sport Evidence(CASE) Programme', *Cultural Trends*, 21(4): 325-334.

Ward, S. (1998) Selling Places: *The Marketing and Promotion of Towns and Cities 1850-2000*. London: E & FN Spon.

Warren, S. and Jones, P. (2015) *Creative Economies, Creative Communities: Rethinking Place, Policy and Practice*. London: Routledge.

Waterton, E. and Watson, S. (2015) *The Palgrave Handbook of Contemporary Heritage Research*. London: Palgrave.

Weightman, G. (1992) *Bright Lights, Big City: London Entertained 1830-1950*. London: Collins & Brown.

White, M. (1998) 'Healthy Living Centres - The Arts Remedy', *Mailout*, December/January.

Wieditz, T. (2007) 'Liberty Village: The Makeover of Toronto's King and Dufferin Area', *Research Bulletin #2. Centre for Urban and Community Studies*. Toronto: University of Toronto.

Williams, E. and Currid-Halkett, E. (2011) 'The Emergence of Los Angeles as a Fashion Hub: A Comparative Spatial Analysis of the New York and Los Angeles Fashion Industries', *Urban Studies*, 48(14): 3043-3066.

Williams, R. (1961) *The Long Revolution*. London: Pelican.

Wilson, J.Q. and Kelling, G.L. (1982) 'Broken Windows: The Police and Neighborhood Safety', *Atlantic Monthly*, 249: 29-38.

Winship, L. (2023) 'Music and Movement Combine to Make Mesmerising Show'. Dance Review of Tom Dale Company, The Place, London. *The Guardian*, 23 March, 19.

Wolff, J. (1981) *The Social Production of Art*. London: Macmillan.

Wolfson, S. (2023) '"It Was a Perfect Storm. I Was Dressing Tupac"; Tommy Hillfinger on Fashion, Race and Aspiration', *The Guardian*, 20 February. www.theguardian.com/fashion/2023/feb/20/tommy-hilfiger interview-fashion-brand-history (accessed 16 March 2023).

Worpole, K. (2013) *Contemporary Library Architecture: A Planning and Design Guide*. London: Routledge.

Wu, W. (2005) *Dynamic Cities and Creative Clusters*. Working Paper No. 3509. Washington, DC: World Bank Policy Research.

Zenker, S. (2011) 'How to Catch a City? The Concept and Measurement of Place Brands', *Journal of Place Management and Development*, 4(1): 40-52.

Zenker, S. and Beckmann, S. (2013) 'Measuring Brand Image Effects of Flagship Projects for Place Brands: The Case of Hamburg', *Journal of Brand Management,* 20: 642-655.

Zieleniec, A. (2016) 'The Right to Write the City: Lefebvre and Graffiti', *Urban Environment*, 10: 1-17.

Zukin, S. (1982) *Loft Living: Culture and Capital in Urban Change.* New York: Rutgers University Press.

Zukin, S. (1995) *Culture of Cities.* Cambridge, MA: Blackwell.

찾아보기

ㄱ

가라오케 건축 99
가먼트 지구 172
가상현실 201, 229
개발주의 98, 161
거리예술 23, 152
거리유산활동존 126
거리의 종언 27
거버넌스 72
건축 및 건조환경위원회 67
게이트키퍼 135
경험경제 224
공간의 생산 10
공간적 전환 297
공간적 조정 97
공공문화 44
공공미술 152
공예지구 159
관광지화 138
구겐하임 미술관 54
구축효과 216
국경 간 클러스터 189
국제기념물유적협의회 134
그라피티 25, 222
그랑 프로제 72
그린워싱 261
글라스미디어펠리스 110

글래스고 113
글래스턴베리 108
기성복 236
기억 경관 154
깨진 유리창 이론 264

ㄴ

내셔널시어터 62
노르트 177
뉴브루탈리즘 22
뉴욕 현대미술관 199

ㄷ

다문화주의 74
다중심 클러스터 189
닷컴버블 181
대중문화의 박물관화 41
더드럼 75
데리 114
덴시티 215
델파이 평가 130
도시 브랜딩 17
도시에 대한 권리 13
도클랜드 209
디디털 쇼디치 208
디스틸러리 지구 177
디아스포라 14

디왈리 빛의 축제 83
디자인 마이 축제 104
디자인 품질 지표 67
디자인 피에라 251
디저라티 209
디지털 문화공간 24
디지털 정보도시 200

ㄹ

라마르케타 75
라빌레트 공원 141
라이트하우스 174
라프리시 45, 47
랠프 로런 239
런던 건축축제 225
런던 디자인 페스티벌 105
레비스트로스 239
레이스마켓 172
레이시 292
렘 콜하스 239
로열셰익스피어컴퍼니 201
로프 쿼터 177
루트 205
리버스 엔지니어링 164
리버티빌리지 177
리틀 프랭크 프로젝트 71
리틀저머니 119

ㅁ

마르크스 122
만국박람회 90
매니페스타 47

멀티미디어시티 179
메타버스 203
메트로폴리탄 미술관 237
메트로폴리탄 오페라 62
명시 선호 145
모나 예술박물관 53
모큐멘터리 272
몽스 154
문화 계획 44
문화 매개자 19
문화 매핑 26, 295
문화 생산 22
문화 주도 재생 91, 152
문화 클러스터 159
문화공간 14, 294
문화산업 243
문화산업지구 177
문화상대주의 131
문화생태계 219
문화생태계 매핑 219
문화시설 28, 41, 291, 299
문화실천 26
문화유산 22, 123
문화의 집 21
문화적 자산 298
문화정책 298
미국 문화수도 80
미디어 클러스터 208

ㅂ

바돌로매 박람회 82
박물관의 밤 103

반달리즘 264
반응형 디자인 55
발터 벤야민 222
밤빛 이벤트 99
백야 축제 82, 99
뱅크시 268
베네치아 비엔날레 81
보그 262
부렐 공장 255
북방의 천사 152
브로드웨이 170
빅토리아·앨버트 박물관 90
빌바오 구겐하임 71

ㅅ

사그라다 파밀리아 174
사물인터넷 198
사우스바이사우스웨스트 214
사이버네틱스 202
사이버리아 221
사회자본 131
사회적 근접성 215
사회적 전환 293
사회적 참여 26
산업 클러스터 160
산업적 전환 92
산업지구 171
산책자 10, 200
샤론 주킨 207
서턴하우스 155
선택성 123
세계유산도시 133

세계화 228
세넷 231
소더비스 268
소수민족지구 175
소프트파워 14
쇼디치 285
수선하여 오래 쓰기 운동 24, 259
수정궁 91
스케일적 서사 139
스콧 170
스타건축가 42
스토리텔링 205
스톤스 인 더 파크 107
스톤헨지 135
스트리트웨어 235
스트릭틀리 컴 댄싱 57
스페이스 신택스 66
스핑크스 통로 46
스하우뷔르흐플레인 77
시-마인 47
시티 프린지 210
신 160
실리콘 글렌 208
실리콘 라운드어바웃 200
실리콘 섬웨어 208
실리콘 에브리웨어 24
실리콘 펜 208
실리콘밸리 206
싱크 스페이스 200
쌍둥이축제 100
씨앗 대성당 87

ㅇ

아라비안란타 248
아르세날레 141
아메리카 문화도시 109
아비투스 73, 218
아상블라주 23
아웃터넷 221
아쿠아리안 평화와 음악 축제 107
아트 에브리웨어 289
아트랩 21, 107
아트센터 29, 27
아파르트헤이트 23
알베르토폴리스 81, 90
앙리 르페브르 10
애스토리아 221
애플야드 65
앤디 워홀 235
앤터니 곰리 152
앨런 스콧 224
어메니티 9
억견 20
업무개선지구 152
에듀테인먼트 42, 51
영국 문화도시 80
영국국립오페라 62
영화관 61
예술공간 28
오리엔탈리즘 73
오브로니우아우 258
오트쿠튀르 24
오트쿠튀르 231
오페라하우스 62

오프피스트 105
오픈하우스 106
올드퀘벡 136
올림피코폴리스 81, 90
올림픽 80
올 온 레지던스 288
웨스트엔드 170, 247
웨지우드 98
위그노 238
윈도쇼핑 233
유네스코 창의도시 네트워크 125
유럽 박물관의 밤 100
유럽문화도시 45, 72, 109, 110
유럽지중해문명박물관 45, 47
유럽횡단홀 148
유로메디테라네 45, 47
유산 216
유산활동존 126
유흥 공원 96
이니바 72
이벤트 26, 80
이브생로랑 236
이스트런던 247
이콘 갤러리 75
인지-문화 경제 245
인지문화자본주의 11
인지적 근접성 215
인큐베이터 299
잉글리시 헤리티지 144

ㅈ

자르디니 84

자연발생적 문화지구 204
장미셸 바스키아 268
장소 브랜딩 11, 20, 25, 118, 161
장소 현성 11
장소감 22, 121
장소만들기 11, 131, 192
장소애착성 151
장소의 품질 23
장소의존성 151
장소정체성 151
적시생산 245
전유 234
전치 14, 135, 187, 282
정체성 230
제4의 문 168
제도적 근접성 215
젠트리피케이션 27, 97
주말예술대학 27
주얼리쿼터 177
지구화 193
지네케 퍼레이드 72, 83
지역정체성 121
지위재 231
집합적 기억 132

ㅊ

참여-GIS 202
참여형 행동연구 215, 219
창조도시 11, 17, 224
창조산업 24
창조산업 클러스터 11, 23
창조적 파괴 210

채프먼 224
체험경제 10
축제 26, 80
축제화 119
칙허장 132

ㅋ

카나리 워프 91
카니발 마스 83
카라자 50
카리바나 83
카사데라쿨투라 230
캘빈 클라인 239
커뮤니티 9
커뮤니티 42
코번트리 117
코즈모폴리터니즘 74, 99
코첼라 108
콤팩트시티 190
큐레이션 72
클러컨웰 148
키스 해링 262
키아스마 110

ㅌ

테이킹 파트 61, 127
테이트모던 51, 67
테크 허브 212
테크시티 179, 218
템플바 102
통치성 275
틴팬앨리 221

ㅍ

파빌리온 81, 84
패션공간 23, 227
패션위크 228
패션지구 242
패스트패션 24, 237
펀치드렁크 극장 201
펀팰리스 51, 202
편익이전 146
포블레노우 89, 248
포블레노우 248
포스트식민주의 73
포츠담 광장 222
프로슈머 26
프리다 칼로 204
프리다 칼로 237
프리마베라 108
프리시라벨드메 48
플러그앤드플레이 207
플러그인 시티 51
플레전스 극장 148
피시아일랜드 188
핀테크 214

ㅎ

하이드파크 91
하이라인 174
한자동맹 128
해크니 위키드 282
해크니윅 188, 282
헐 115
헤리티지 트러스트 117

헤테로토피아 20, 135, 280
현대미술관 51
현시 선호 145
혼지 타운홀 211
히든 아트 104

EXPO 80